Michael Miller

Symmetrische Verschlüsselungsverfahren

Michael Miller

Symmetrische Verschlüsselungsverfahren

Design, Entwicklung und Kryptoanalyse klassischer und moderner Chiffren

B. G. Teubner Stuttgart · Leipzig · Wiesbaden

Bibliografische Information der Deutschen Bibliothek
Die Deutsche Bibliothek verzeichnet diese Publikation in der Deutschen Nationalbibliographie;
detaillierte bibliografische Daten sind im Internet über <http://dnb.ddb.de> abrufbar.

Prof. Dr. rer. nat. Michael Miller
Geboren 1966 in Wiesbaden. Von 1986 bis 1992 Studium der Mathematik, 1992 Diplom an der Johannes Gutenberg-Universität Mainz. Von 1992 bis 1995 Systemadministrator im Bereich Musikinformatik und Medientechnik der Johannes Gutenberg-Universität Mainz. 1995 Promotion an der Justus-Liebig-Universität Gießen. 1995 bis 1999 Berater bei der Industrieanlagen-Betriebsgesellschaft mbH, München. Seit 1999 Professor an der FH Gelsenkirchen.

1. Auflage April 2003

Umschlaggestaltung: Ulrike Weigel, www.CorporateDesignGroup.de

Gedruckt auf säurefreiem und chlorfrei gebleichtem Papier.
ISBN-13: 978-3-519-02399-9   e-ISBN-13: 978-3-322-80101-2
DOI: 10.1007/978-3-322-80101-2

In Erinnerung an meinen Vater
Günter Miller
1925 – 1997

Vorwort

Kryptologie ist eine Wissenschaft, die sich mit dem Verschlüsseln geheimer Informationen beschäftigt. Schon im 17. Jahrhundert wurden mechanische Chiffriermaschinen gebaut. Diese Maschinen ermöglichen es, einen „Klartext" einfach und schnell zu verschlüsseln, oder umgekehrt, einen chiffrierten Text zu entschlüsseln. Anfangs funktionierten diese Maschinen rein mechanisch, später elektrisch oder sogar elektronisch. Heute gibt es spezielle Mikrochips, deren einzige Aufgabe es ist, schnell und zuverlässig Daten zu chiffrieren und dechiffrieren.

Aber ebenso, wie man sich bemühte, immer bessere Chiffriermaschinen zu konstruieren, so hat man sich auch bemüht, Analysemethoden und Maschinen zu entwickeln, um Chiffren zu brechen. Das spektakulärste Beispiel für erfolgreiche Kryptoanalyse ist die sogenannte „Turing-Bombe", ein Verfahren, das von Polen und Engländern entwickelt wurde und mit dem es noch während des 2. Weltkriegs gelang, die Chiffren der Deutschen Wehrmacht, erfolgreich zu entschlüsseln. Die deutsche Chiffriermaschine „ENIGMA" galt, nach Meinung der führenden Experten, als „absolut sicher"! Bemerkenswert ist auch die Tatsache, daß das Analyseverfahren erst nach 1967 veröffentlicht wurde. Bis dahin war die Kryptologie eine Domäne militärischer Forschungseinrichtungen.

Mit fortschreitender Entwicklung der Informatik ergaben sich, außer weiteren militärischen Anwendungen, auch zivile Anwendungsgebiete für die Kryptologie. Heute werden kryptographische Methoden im elektronischen Zahlungsverkehr und vielen anderen Bereichen eingesetzt. Mit zunehmender Vernetzung der Computer werden neue Methoden gebraucht, um Daten sicher vor den Augen Unbefugter zu übertragen und zu speichern. Viele Probleme sind noch ungelöst.

In diesem Buch wird die Entwicklung (im Sinne von Evolution) symmetrischer Kryptosysteme vorgestellt. Dabei werden die wichtigsten Chiffren ausführlich beschrieben. Außerdem wird auf ausgewählte Techniken der Kryptoanalyse eingegangen. Diese Techniken werden jeweils so detailliert beschrieben, daß der Leser alle Informationen erhält, die zur Implementierung der Analyseverfahren notwendig sind. Alle Definitionen, Sätze und deren Beweise sind gründlich ausgeführt, so daß sie auch ohne Spezialkenntnisse oder weiterführende Literatur nachvollziehbar sind. Die mathematischen Grundlagen werden erklärt.

Es ist möglich, das Buch innerhalb eines Semesters durchzuarbeiten. Dazu benötigt man etwa vier Vorlesungsstunden pro Woche. Da alle Inhalte sehr ausführlich beschrieben sind, ist das Buch aber auch zum Selbststudium geeignet.

Danksagung

Ein mathematisches Buch zu schreiben beansprucht viel Zeit und als Autor empfinde ich das nicht als Belastung. Als freizeitliebender Mensch und als Ehemann tut es mir jedoch um jede Stunde leid, die ich nicht mit den wirklich wichtigen Dingen verbringe. Trotzdem hat es einen Weg zu diesem Buch gegeben, und dafür danke ich meiner Frau Pia, ohne deren Verständnis und Ermutigungen das alles nicht möglich gewesen wäre.

Inhaltsverzeichnis

Kapitel 1

Kryptoanalyse klassischer Chiffrierverfahren

In diesem ersten Kapitel werden ausschließlich klassische Chiffrierverfahren betrachtet. Dabei handelt es sich um Verfahren, die (lange) vor dem zweiten Weltkrieg entwickelt und verwendet wurden. Besonders interessant sind die Verfahren von J. G. Caesar, Leon Battista Alberti und Blais de Vigenère. Diese Verfahren werden im Rahmen von Beispielen kurz vorgestellt.

Caesar, Alberti und Vigenère waren natürlich nicht die einzigen, die sich Gedanken um Chiffren machten und entsprechende Verfahren erfanden. Viele interessante Verfahren sind entworfen worden, und es wurden die unterschiedlichsten Chiffriermaschinen konstruiert und gebaut. Einige dieser Meisterwerke der Feinmechanik sind noch erhalten und können in Museen und Ausstellungen bewundert werden. Eine hervorragende Übersicht der Verfahren und viele Abbildungen von historischen Chiffriermaschinen wurden von D. Kahn zusammengestellt und in dem Klassiker „The Codebreakers" [Kah67] veröffentlicht.

Um wenigstens einen Teil der klassischen Verfahren zu erfassen, werden in diesem Kapitel drei Klassen von Chiffrierverfahren beschrieben: Die monoalphabetischen Substitutionschiffren, die polyalphabetischen Substitutionschiffren und die Permutationschiffren. Die Beschreibung dieser Chiffren geht so weit, daß auch detailliert dargestellt wird, wie man diese Chiffren analysiert (knackt). Dafür gibt es zwei Gründe: Erstens sind die klassischen Analysetechniken grundlegend und sollten natürlich auch bei der Entwicklung und Anwendung moderner Chiffrierverfahren entsprechend berücksichtigt werden. Zweitens gibt es auch heute noch einige Produkte zum Schutz von Daten, die auf klassischen Verfahren basieren und somit nachweislich unsicher sind.

Das Kapitel ist in zehn Abschnitte unterteilt. Nach einer kurzen Einleitung werden die grundlegenden Elemente und Begriffe der Verschlüsselung vorgestellt. Abschnitt 1.3 beschreibt dann den allgemeinen Aufbau monoalphabetischer Substitutionschiffren, und im darauf folgenden Abschnitt wird erklärt, wie man klassische monoalphabetische Substitutionschiffren analysiert. Die ent-

1

sprechenden Analysetechniken werden in Abschnitt 1.4 an einem ausführlichen Beispiel demonstriert.

Ein wichtiger Schritt in der Entwicklung der Kryptologie war die Erfindung polyalphabetischer Chiffren (16. und 17. Jahrhundert). Diese Chiffren werden in Abschnitt 1.6 vorgestellt. Dazu wird eine allgemeine Definition präsentiert sowie ein klassisches Beispiel, die Vigenère Chiffre.

Für die Analyse einer polyalphabetischen Chiffre sind zwei Methoden von grundlegender Bedeutung. Der Kasiski-Test und die Berechnung der Zeichenkoinzidenz nach Friedman. In den Abschnitten 1.7 und 1.8 werden beide Methoden ausführlich beschrieben. Im darauf folgenden Abschnitt werden die Methoden zur Analyse polyalphabetischer Chiffren an einem Beispiel vorgeführt.

Der letzte Abschnitt in diesem Kapitel dient der Beschreibung sogenannter Permutationschiffren sowie deren Analyse.

1.1 Einleitung

Caesars Chiffre

Überlieferungen zufolge wurden bereits vor ca. 2500 Jahren kryptographische Verfahren zur geheimen Nachrichtenübermittlung verwendet. Wir beginnen jedoch etwas später, mit einer kurzen Geschichte über J. G. Caesar ...

> Der römische Kaiser und Feldherr Gaius Julius Caesar regierte ein Reich, das von Karthago bis Britannien reichte. Dabei führte er Kriege an vielen Fronten. Die Koordination seiner Truppen war schwierig, denn Caesar mußte ohne moderne Telekommunikationsverbindungen auskommen. Zur Nachrichtenübertragung wurden reitende Boten eingesetzt. Es ist leicht vorstellbar, daß die Feinde des römischen Reiches, etwa die Gallier, diesen Boten auflauerten, um die Nachrichten Caesars an seine Feldherren abzufangen. Damit die Gallier nichts von den römischen Schlachtplänen erfahren konnten, verwendete Caesar eine Geheimschrift. Statt einer Klartextnachricht, die etwa
>
> ```
> „im morgengrauen greifen wir die gallier an"
> ```
>
> lauten könnte, bekamen die Boten ein Papyrus ausgehändigt, das folgenden (Geheim-)text enthielt:
>
> ```
> LP PRUJHQJUDXHQ JUHLFHQ ZLU GLH JD11LHU DQ.
> ```
>
> Wir wissen nicht, ob es den Galliern jemals gelang, die Geheimschrift Caesars zu entziffern. Aber im Norden des heutigen Frankreichs soll es ein kleines gallisches Dorf gegeben haben, das die Römer niemals erobern konnten ...

Um Caesars Geheimschrift zu verstehen, betrachten wir Tabelle 1.1. Einen
Geheimtext erhält man, indem jeder Buchstabe der Klartextnachricht durch den
darunterliegenden Geheimtextbuchstaben ersetzt wird. Die Tabelle entsteht,
indem man zweimal das Alphabet aufschreibt und die untere Zeile zyklisch um
drei Buchstaben nach links „verschiebt". Obwohl Caesar angeblich nur die oben
dargestellte Chiffre, bei der um *drei* Buchstaben verschoben wird, verwendet
hat, werden heute alle Chiffren, bei denen das Alphabet um 2, 3 oder mehr
Buchstaben verschoben wird „Caesar-Chiffre" genannt. An vielen Stellen findet
man auch die Bezeichnung „Verschiebechiffre". Verwendet man ein Alphabet
mit 26 Buchstaben, dann gibt es nur 25 verschiedene Verschiebechiffren. Es
ist also nicht schwer, Geheimtexte, die mittels einer Verschiebechiffre erzeugt
wurden, zu entziffern. Auch wenn man nicht weiß, um wieviele Buchstaben in
einem konkreten Fall verschoben wurde, kann man den Klartext ohne großen
Aufwand ermitteln. Man probiert einfach jede der 25 Möglichkeiten aus.

Tabelle 1.1: Caesar-Chiffre

Klartext:	a b c d e f g h i j k l m n o p q r s t u v w x y z
Geheimtext:	D E F G H I J K L M N O P Q R S T U V W X Y Z A B C

Albertis Kreisscheiben

Eine verbesserte Version der Verschiebechiffre wurde im 15. Jahrhundert von
dem italienischen Humanist, Mathematiker und Künstler Leon Battista Alberti
vorgeschlagen. Den Auftrag für die Entwicklung einer verbesserten Caesar-
Chiffre bekam er von Leonhard Dathus, dem mit den Chiffren betrauten Se-
kretär der Päpste Paul II. und Sixtus IV.

Alberti erfand eine „Maschine", bestehend aus zwei Kreisscheiben (siehe
Abbildung 1.1). Die größere der beiden Scheiben, die „Geheimtext-Scheibe", ist
in 24 Segmente unterteilt, und jedes Segment ist mit einem der Zeichen A, B, C,
D, E, F, G, I, L, M, N, O, P, Q, R, S, T, V, X, Z, I, II, III, IIII beschriftet. Die
kleinere Scheibe, die „Klartext-Scheibe", ist ebenfalls in 24 Segmente unterteilt,
die mit den Zeichen g, a, z, e, n, b, o, s, f, c, h, t, y, q, i, x, k, v, p, et, m,
r, d, l beschriftet sind. Die beiden Scheiben sind in ihrem Zentrum durch eine
Achse verbunden, die es erlaubt, die kleinere Scheibe zu drehen, während die
größere Scheibe festgehalten wird.

Albertis Kreisscheiben können in vielfältiger Weise zur Verschlüsselung von
Nachrichten verwendet werden. Das von Alberti 1470 vorgeschlagene Verfahren
wird zum Beispiel in [Alb, Mei06] oder [Kah67] detailliert beschrieben. An
dieser Stelle betrachten wir eine vereinfachte Version.

Sender und Empfänger verfügen jeweils über eine „Alberti-Kreisscheiben-
Maschine". Beide Maschinen sind identisch beschriftet. Vor dem Nachrichten-
austausch müssen Sender und Empfänger einen geheimen „Schlüsselbuchstaben",
zum Beispiel „k" verabreden.

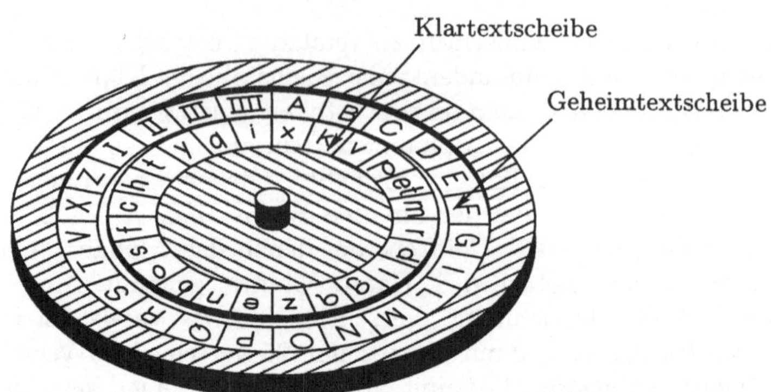

Abbildung 1.1: Modell der Chiffriermaschine von L. B. Alberti

Ein chiffrierter Brief wird mit einem sogenannten „Majuskelbuchstaben" begonnen. Zum Beispiel „B", und das bedeutet, daß der Empfänger die Klartext-
scheibe dreht, bis der verabredete Schlüsselbuchstabe „k" unter dem Majuskelbuchstaben „B" steht. Ist das geschehen, dann kann der Geheimtext übersetzt
werden, indem jeder Geheimtextbuchstabe durch den Buchstaben auf der Klar-
textscheibe ersetzt wird, der unmittelbar unter dem entsprechenden Geheimtextbuchstaben steht.

Die Alberti-Kreisscheibenmaschine in Abbildung 1.1 ist derart eingestellt,
daß der Schlüsselbuchstabe k unter dem Majuskelbuchstaben B steht. Mit dieser
Einstellung würde man den Klartext

`„die chiffren der paepstlichen kuriere"`

in den Geheimtext

```
B R IIII P X Z IIII V V G P Q R P G
D N D D T I L IIII X Z P Q B C G IIII P G P
```

übersetzen.

1.2 Elemente der Verschlüsselung

An Albertis Chiffre erkennt man, daß es vier unterschiedliche Elemente gibt,
die beim Verschlüsseln eine wichtige Rolle spielen. Der „Klartext", der „Geheimtext", der „Chiffrier-/Dechiffrieralgorithmus" und der „Schlüssel". Auch
bei den modernen Chiffrierverfahren, die heute verwendet werden, sind dies die
vier grundlegenden Elemente.

Beim **Klartext** handelt es sich um eine Nachricht oder eine Information, die
man verbergen will. In der Geschichte über J. G. Caesar war das die Nachricht
`„im morgengrauen greifen wir die gallier an"`. Im Beispiel zu Albertis
Kreisscheiben war es der Satz: `„die chiffren der paepstlichen kuriere"`.

Liest man diese Texte, dann wird — zumindest jemandem, der die entsprechende Sprache lesen und verstehen kann — *klar*, was mit diesen Texten gemeint ist. Daher der Name „*Klartext*". Zu den Lebzeiten Albertis und bis in die vierziger Jahre des zwanzigsten Jahrhunderts waren es bis auf wenige Ausnahmen Texte, bestehend aus Buchstaben und Ziffern, die verschlüsselt wurden. Vereinzelt findet man auch Verfahren, die geeignet sind, Partituren zu chiffrieren [Arg, Mei06]. Mit dem Aufkommen der elektronischen Datenverarbeitung hat sich dies grundlegend geändert. In Kapitel 3 wird dargestellt, daß es auch möglich ist, Bilder, Videos, Musik usw. zu verschlüsseln. Man spricht dann immer noch von Klartext, obwohl es sich dabei streng genommen nicht mehr um Texte handelt.

Von **Geheimtext** spricht man, wenn die niedergeschriebene Nachricht derart verändert wurde, daß es nicht mehr ohne weiteres möglich ist, deren Inhalt zu verstehen. Im Beispiel zur Caesar Chiffre war „LP PRUJHQJUDXHQ JUHLFHQ ZLU GLH JD11LHU DQ" der Geheimtext, im Beispiel zur Alberti-Chiffre war der Geheimtext

B R IIII P X Z IIII V V G P Q R P G
D N D D T I L IIII X Z P Q B C G IIII P G P.

Statt „Geheimtext" werden auch die Ausdrücke „Chiffretext" oder „Kryptogramm" verwendet, die man vorwiegend in älteren Büchern findet. Geheimtext ist der heute gebräuchliche Ausdruck.

Im Rahmen der Beschreibung klassischer Chiffren und Beispiele dazu ist es — ungeachtet der orthographischen Regeln — allgemein üblich, Klartexte in kleinen Buchstaben und Geheimtexte in großen Buchstaben zu notieren. Satzzeichen sowie Abstände zwischen den einzelnen Wörtern werden ebenfalls nicht berücksichtigt. Bei neueren Chiffrierverfahren ist diese Regel schwer einzuhalten, da die zu verschlüsselnden Nachrichten in der Regel elektronisch, also in Form von Bits und Bytes, vorliegen.

Um Klartexte in Geheimtexte zu überführen und umgekehrt, benötigt man ein geeignetes Verfahren, über das sich Sender und Empfänger der Nachricht einig sind. „Kryptoverfahren", „**Verschlüsselungsverfahren**" oder auch „Chiffrierverfahren" sind gebräuchliche Ausdrücke dafür. Man sagt auch Verschlüsselungsalgorithmus, Kryptoalgorithmus, Chiffrieralgorithmus oder kurz Chiffre. Einige Autoren unterscheiden diese Begriffe und weisen ihnen unterschiedliche Bedeutungen zu. Im Rahmen dieses Buches ist eine Unterscheidung nicht notwendig. Detailliertere Definitionen der einzelnen Begriffe sind jedoch im Glossar (Anhang A) aufgeführt.

Zwei Verschlüsselungsverfahren wurden bereits vorgestellt. Das Verfahren von Caesar und das von Alberti. Alberti hat sogar eine Maschine konstruiert, die die Durchführung seines Verfahrens unterstützt. Viele der neueren Verschlüsselungsverfahren sind komplizierter als das Alberti-Verfahren. Die Verschlüsselung eines Textes ist zwar bei allen Verfahren mit Papier und Bleistift möglich, im allgemeinen ist dies jedoch mit einem hohen Aufwand verbunden,

so daß für die meisten Verfahren spezielle Maschinen konstruiert wurden, die
den Zeitaufwand zur Ver- und Entschlüsselung von Texten erheblich reduzieren.
Heute verwendet man spezielle Computerprogramme zur Verschlüsselung von
Nachrichten.

Das vierte und wichtigste Element, das beim Verschlüsseln benötigt wird, ist
der sogenannte **Schlüssel**. In der Regel werden Verschlüsselungsverfahren so
konstruiert, daß es möglichst viele verschiedene Varianten gibt, einen Klartext zu
chiffrieren. Der Schlüssel beschreibt, welche Variante im Einzelfall angewendet
wird. Idealerweise sollte es so sein, daß es nicht möglich ist, einen Geheimtext zu
dechiffrieren, wenn man den Schlüssel, der beim Chiffrieren verwendet wurde,
nicht kennt.

Die Verwendung einer Chiffre mit Schlüssel hat praktische Vorteile. Werden
Chiffriermaschinen in großen Stückzahlen produziert und verkauft, kann jeder
Besitzer einer Chiffriermaschine mit seinen Kommunikationspartnern einen eigenen Schlüssel vereinbaren. Obwohl nun viele Parteien die gleiche Chiffriermaschine besitzen, ist es ihnen nicht möglich, die Nachrichten fremder Chiffrier-
maschinenbesitzer zu entschlüsseln. Nur Kommunikationspartner, die sich auf
einen gemeinsamen Schlüssel einigen, können ausgetauschte Nachrichten dechiffrieren.

Auch im Krieg ist die Verwendung einer Chiffre mit Schlüssel vorteilhaft.
Gelingt es dem Feind, eine Chiffriermaschine zu erobern, so ist er damit noch
nicht in der Lage, Nachrichten zu dechiffrieren. Erst wenn er den Schlüssel
kennt, wird ihm das gelingen. Sollte dem Feind durch einen unglücklichen Zufall
auch der Schlüssel bekannt werden, kann man schnell reagieren und einen neuen
(sicheren) Schlüssel vereinbaren. Das ist organisatorisch sehr viel einfacher, als
alle Truppen mit neuen Chiffriermaschinen zu versorgen.

Caesars Verfahren ist streng genommen eine Chiffre *ohne* Schlüssel. Beim
Alberti-Verfahren mußten sich Sender und Empfänger auf einen „Schlüsselbuchstaben" einigen, der beschreibt, in welcher Stellung die Kreisscheiben zu posi-
tionieren sind, um einen Text zu verschlüsseln — oder umgekehrt — zu entschlüsseln. Allerdings ist es — zumindest nach heutigen Maßstäben — viel zu
leicht, den jeweils verwendeten Schlüsselbuchstaben zu ermitteln, denn es gibt
nur 26 Buchstaben im lateinischen Alphabet, und es macht nur wenig Mühe,
diese der Reihe nach auszuprobieren, um den richtigen Schlüsselbuchstaben herauszufinden.

Die Sicherheit der Kreisscheibenchiffre von Alberti beruht eher darauf, daß
das Verschlüsselungsverfahren, beziehungsweise die Konstruktion der Kreisschei-
benmaschine, nur wenigen ausgewählten Personen bekannt war.

Im Laufe der Jahrhunderte hat sich jedoch herausgestellt, daß es nicht sicher
und praktikabel ist, sich auf die Geheimhaltung eines Verschlüsselungsverfahrens
zu verlassen. Verschlüsselungsalgorithmen sind komplex, und zu ihrer Ausführung braucht man eine geeignete Maschine. Seit Alberti ist fast kein Krieg vergangen, in dem es den verfeindeten Parteien nicht gelang, eine der gegnerischen
Chiffriermaschinen zu erobern. Die gesammelten Erfahrungen gipfeln in dem

heute grundlegenden Prinzip der Kryptologie, das 1883 von dem flämischen Professor Auguste Kerckhoffs (1835 – 1903) [Ker83a] formuliert wurde.

Das **Prinzip von A. Kerckhoffs** besagt, daß die Sicherheit einer Chiffre nicht auf der Geheimhaltung des Chiffrierverfahrens beruhen darf. Die Sicherheit beruht nur auf der Geheimhaltung des jeweils verwendeten Schlüssels.

1.3 Monoalphabetische Substitutionschiffren

Eine monoalphabetische Substitutionschiffre zeichnet sich dadurch aus, daß die Buchstaben des Klartextes nacheinander durch andere Buchstaben ersetzt werden. Nach welcher Regel die Buchstaben zu ersetzten sind, wird in einer Tabelle der folgenden Form vorgegeben.

Tabelle 1.2: Substitutionstabelle

Klartext:	a b c d e f g h i j k l m n o p q r s t u v w x y z
Geheimtext:	Q W E R T Z U I O P A S D F G H J K L Y X C V B N M

Die erste Zeile enthält die Buchstaben des Alphabets in ihrer üblichen Reihenfolge, die zweite Zeile enthält ebenfalls alle Buchstaben des Alphabets, jedoch in irgendeiner beliebigen Reihenfolge. Man spricht auch von einer „Permutation" des Alphabets. Die Regel beim Chiffrieren heißt nun: Ersetze jeden Buchstaben des Klartext durch den Buchstaben, der in der Tabelle unter dem entsprechenden Klartextbuchstaben steht! Beim Dechiffrieren geht man umgekehrt vor. Der Schlüssel, über den sich Sender und Empfänger einigen müssen, ist eine Tabelle, die die Zuordnung zwischen Klartextbuchstaben und Geheimtextbuchstaben enthält. Im weiteren wird diese Tabelle „Substitutionstabelle" genannt.

Wie man sieht, sind sowohl das Verfahren von Caesar als auch das Verfahren von Alberti — in der Form, in der es oben vorgestellt wurde — monoalphabetische Substitutionschiffren. Allerdings könnte die durch Tabelle 1.2 vorgegebene Chiffre weder als Caesar- noch als Alberti-Chiffre bezeichnet werden. Die Klasse der monoalphabetischen Chiffren ist also sehr umfangreich.

Im weiteren werden die Elemente (Klartext, Geheimtext, Algorithmus und Schlüssel) der monoalphabetischen Chiffren detailliert betrachtet. Anschließend wird auf die Kryptoanalyse (Dechiffrieren ohne Schlüssel) monoalphabetischer Chiffren eingegangen.

Der **Klartext** besteht aus Buchstaben, die zu einem Alphabet gehören. Viele der klassischen Chiffren verwenden das Klartextalphabet

$$\Sigma_{26} = \{a,\ b,\ c,\ \ldots,\ z\},$$

bestehend aus 26 kleinen lateinischen Buchstaben. Alberti verwendete ein ähnliches Klartextalphabet, das jedoch nur aus 24 Zeichen besteht. Die Verwendung solcher oder ähnlicher Klartextalphabete war bis zum zweiten Weltkrieg üblich. Heute, im Zeitalter der Computer, werden Alphabete verwendet, die auf Bits und Bytes basieren. Grundsätzlich genügt das Alphabet $\Sigma_2 = \{0, 1\}$, bestehend aus zwei Elementen. Häufig wird auch die Menge der ASCII-Zeichen als Alphabet verwendet. Der am meisten verwendete Verschlüsselungsalgorithmus der 70er, 80er und 90er Jahre, der DES, ist eine monoalphabetische Chiffre über dem Alphabet $\mathbf{F}_{64} = \{b_1 b_2 b_3 \ldots b_{64} | b_i \in \{0, 1\}\}$. Jeder „Buchstabe" besteht hier aus 64 Bits. Insgesamt enthält dieses Alphabet ca. 10^{22} verschiedene Zeichen. Wie man sieht, wird der Begriff „Alphabet" im Rahmen der Kryptologie etwas weiter gefaßt, als allgemein üblich.

Der **Geheimtext** besteht, ebenso wie der Klartext, aus Buchstaben, die zu einem Alphabet gehören, dem sogenannten Geheimtextalphabet. Viele klassische Chiffren verwenden für Geheimtext und Klartext verschiedene Alphabete. Die „Freimaurer-Chiffren" (siehe zum Beispiel: [Kah67, FR94]) verwenden exotische Zeichen, die nicht im entferntesten an Buchstaben oder Ziffern erinnern. Ein Beispiel hierzu ist in Abbildung 1.2 dargestellt.

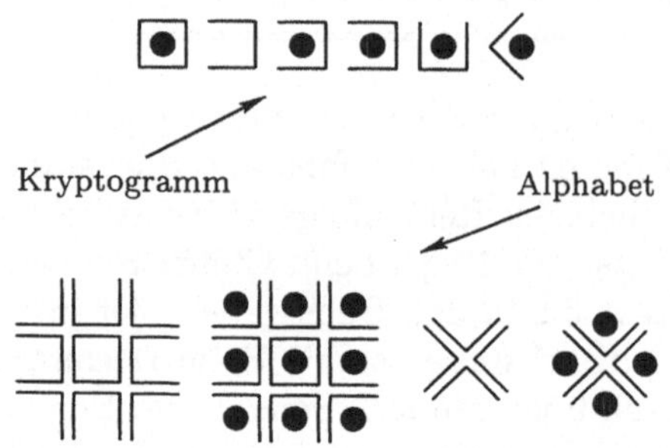

Abbildung 1.2: Freimaurer-Chiffre

Das verwirrt den Gegner, bringt aber streng genommen keinen wesentlichen Vorteil. Die in den Abschnitten 1.4 und 1.9 beschriebenen Analysemethoden sind unabhängig von den verwendeten Alphabeten durchführbar. Im weiteren wird deshalb vorausgesetzt, daß für Klartext und Geheimtext stets das gleiche Alphabet verwendet wird, abgesehen von der Vereinbarung, daß Klartexte in kleinen Buchstaben und Geheimtexte in großen Buchstaben notiert werden.

Der **Schlüssel** einer monoalphabetischen Chiffre kann, wie oben geschehen, in Form einer Substitutionstabelle angegeben werden. Das muß aber nicht so sein. Beim Alberti-Kreisscheibenverfahren ist die Menge der möglichen Schlüssel beschränkt, es gibt nur 24 verschiedene Schlüssel, nämlich a, n, d, ..., z. Das ist ein Nachteil des Alberti-Verfahrens, den 24 Schlüssel kann ein Angreifer systematisch durchprobieren, um den richtigen Schlüssel zu finden. Wird der Schlüssel jedoch, so, wie bei der allgemeinen monoalphabetischen Chiffre in Form einer Tabelle angegeben, ist das exhaustive Durchsuchen aller möglichen Schlüssel sehr viel aufwendiger. Bei einem Klar-/Geheimtextalphabet mit 26

Buchstaben gibt es insgesamt $26! = 26 \cdot 25 \cdot 24 \cdot \ldots \cdot 2 \approx 4 \cdot 10^{26}$ verschiedene Schlüssel. Das ist sehr viel! Benötigt man zum Testen *eines* Schlüssels eine Sekunde (schneller wird man es ohne Computer kaum schaffen), dann dauert das Durchprobieren aller Schlüssel $4 \cdot 10^{26}$ Sekunden, also mehr als 10^{22} Tage. Das bedeutet jedoch noch nicht, daß diese Chiffre sicher ist. Für viele monoalphabetische Substitutionschiffren hat man andere Methoden gefunden, die es erlauben, den richtigen Schlüssel zu ermitteln, ohne dabei sämtliche potentiellen Schlüssel zu testen.

Betrachten wir nun den Fall, daß das Alphabet aus 2^{64} verschiedenen Zeichen besteht. Jedes Zeichen wird durch 64 Bits repräsentiert. Das ist ein realistischer Ausgangspunkt, denn viele moderne Computer arbeiten mit einer 64-Bit Architektur. Bei einem derart großen Alphabet ist es natürlich nicht mehr möglich, den Schlüssel in Form einer Substitutionstabelle darzustellen. Diese Tabelle hätte $2^{64} \approx 10^{24}$ Spalten. Insgesamt gäbe es also $2^{64}! = (2^{64}-1) \cdot (2^{64}-2) \cdot (2^{64}-3) \cdot \ldots \cdot 3 \cdot 2 \cdot 1$ verschiedene Schlüssel. Ein systematisches Durchprobieren aller Schlüssel ist ausgeschlossen, zumindest mit den auf Siliziumkristallen basierten Computern, die uns heute zur Verfügung stehen.

Verwendet man große Alphabete, dann kann die Darstellung einer monoalphabetischen Chiffre nicht mehr in Form einer Tabelle geschehen. Man muß also auf andere Methoden zurückgreifen. Detailliertere Informationen zu diesen Methoden werden in den Kapiteln 4 und 7 dargestellt.

Zusammenfassend kann man monoalphabetische Substitutionschiffren wie folgt beschreiben:

Definition 1.3.1 (Monoalphabetische Substitutionschiffre)
Alphabet
> Für die Klar- und Geheimtexte wird ein Alphabet benötigt. Dieses Alphabet ist eine *geordnete* Menge, die Σ genannt wird und $l \in \mathbf{N}$ Zeichen $\{z_1, z_2, \ldots, z_l\}$ enthält.

Klartext
> Der Klartext M (Message) wird durch eine Folge von n Zeichen repräsentiert. Dabei wird die folgende Bezeichnung verwendet:

$$M = m_1 m_2 m_3 \ldots m_n,$$

> wobei $m_i \in \Sigma$ für alle $i \in \{1, 2, \ldots, n\}$ ist.

Geheimtext
> Der Geheimtext C (Ciphertext) wird ebenfalls durch eine Folge von n Zeichen repräsentiert. Es wird die Bezeichnungsweise $C = c_1 c_2 c_3 \ldots c_n$ verwendet. Auch für die Geheimtextzeichen gilt: $c_i \in \Sigma$ für alle $i \in \{1, 2, \ldots, n\}$.

Schlüssel
> Der Schlüssel einer monoalphabetischen Chiffre ist durch eine Permutation π des Alphabets Σ gegeben. Die Menge aller Schlüssel wird im weiteren

mit K (Key) bezeichnet. Es gibt $l!$ verschiedene Schlüssel, also $|K| = l \cdot (l-1) \cdot (l-2) \cdot \ldots \cdot 3 \cdot 2$. Für einen Schlüssel $\pi \in K$ erhält man die folgende Substitutionstabelle:

Tabelle 1.3: Substitutionstabelle

Klartext:	z_1	z_2	z_3	$\ldots$	z_n
Geheimtext:	$\pi(z_1)$	$\pi(z_2)$	$\pi(z_3)$	$\ldots$	$\pi(z_n)$

Verschlüsselung

Eine Klartext M wird verschlüsselt, indem jedes Klartextzeichen m_i gemäß der Substitutionstabelle durch ein Geheimtextzeichen $c_i = \pi(m_i)$ ersetzt wird.

Entschlüsselung

Eine Geheimtext C wird entschlüsselt, indem jedes Geheimtextzeichen c_i gemäß der Substitutionstabelle durch ein Klartextzeichen $m_i = \pi^{-1}(m_i)$ ersetzt wird.

1.4 Analyse monoalphabetischer Chiffren

Viele der klassischen monoalphabetischen Chiffren basieren auf dem Alphabet $\Sigma_{26} = \{$a, b, c, $\ldots$, z$\}$ oder $\Sigma_{30} = \{$a, b, c, $\ldots$, z, ä, ö, ü, ß$\}$. Das geeignete Mittel zur Analyse dieser Chiffren heißt „Häufigkeitsanalyse". Erste Ansätze dieser Analysetechnik sind schon in Albertis Traktat [Alb] zur Kreisscheibenchiffre beschrieben. Im Rahmen einer Einleitung über das Wesen und den Wert der Buchstaben erörtert Alberti den Gebrauch der Vokale, findet, daß „o" am seltensten, „e" und „i" am häufigsten vorkommen, wobei er sich wohl auf die lateinische Sprache bezieht.

Beim Zählen der Buchstabenhäufigkeiten in deutschen Texten haben sich die in den Abbildungen 1.3 dargestellten relativen Häufigkeiten der einzelnen Buchstaben ergeben. Diese Angaben beziehen sich auf eine Auswertung der Textbasis [Gmb97]. Dabei handelt es sich um *alle* Artikel, die in der Zeitung „DIE ZEIT" im Januar 1997 veröffentlicht wurden. Insgesamt enthalten diese Texte mehr als 3 Millionen Buchstaben. Bei Auswertungen anderer deutscher Texte ergibt sich etwa die gleiche Häufigkeitsverteilung. Abweichungen von $\pm 0.5\%$ bei einzelnen Buchstaben sind jedoch nicht ungewöhnlich. Ganz andere Häufigkeitsverteilungen ergeben sich für Texte in französischer oder englischer Sprache.

Wie man sieht, sind die relativen Häufigkeiten der einzelnen Buchstaben sehr unterschiedlich. Das „e" ist der am meisten verwendete Buchstabe. Die Buchstaben „x", „y" oder „q" hingegen kommen vergleichsweise selten vor. Diese Unregelmäßigkeiten kann man zur Kryptoanalyse eines monoalphabetisch chiffrierten Textes nutzen.

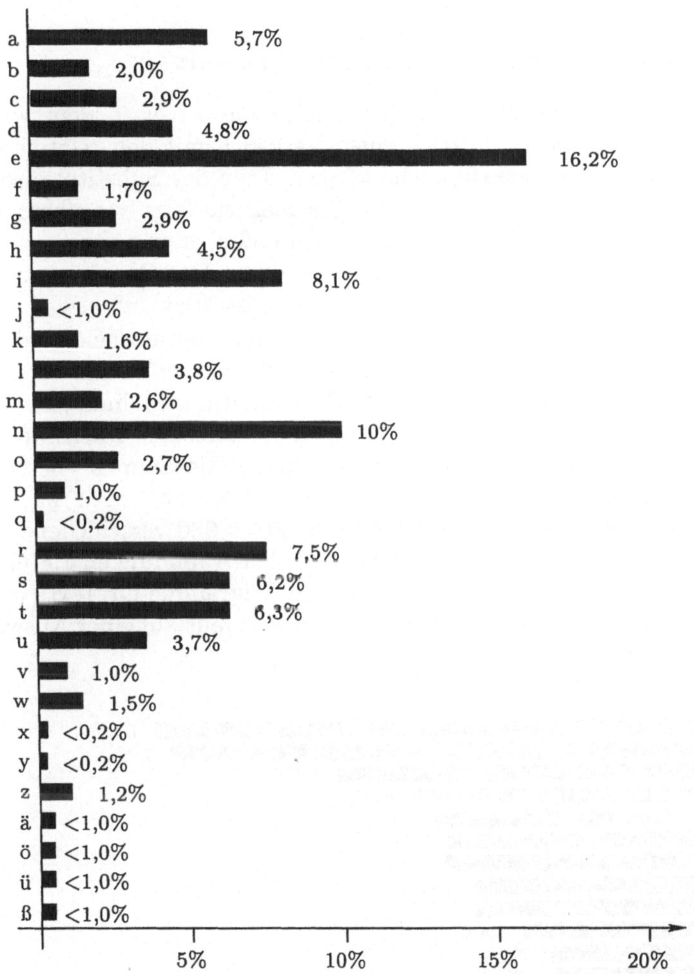

Abbildung 1.3: Buchstabenhäufigkeiten deutscher Texte ohne Berücksichtigung von Leer-, Satz- und Sonderzeichen

Statistiken, die auch Groß-/Kleinschreibung gemäß den Deutschen Rechtschreibregeln sowie Leer-, Satz- und Sonderzeichen berücksichtigen, weisen weitere markante Unregelmäßigkeiten auf, die gute Ansatzpunkte für eine Kryptoanalyse sind. Da dies schon früh erkannt wurde, ist es im Rahmen der klassischen Kryptologie üblich, die Regeln der Groß-/Kleinschreibung sowie Leer-, Satz- und Sonderzeichen zu ignorieren.

Vorgehensweise bei der Häufigkeitsanalyse

Zu jedem Geheimtextzeichen wird ermittelt, wie oft es in dem vorliegenden Geheimtext vorhanden ist. Durch einen Vergleich mit den relativen Buchstabenhäufigkeiten der Klartextsprache können Teile der Substitutionstabelle ermittelt werden. Dabei kann man zum Beispiel wie folgt vorgehen: Bei einem Text in deutscher Sprache würde man dem am häufigsten auftretenden Geheimtextzeichen den Klartextbuchstaben „e" zuordnen. Das Geheimtextzeichen, das am zweithäufigsten vorkommt, den Klartextbuchstaben „n" usw.

Oft gelingt es jedoch nicht, zwischen Zeichen zu unterscheiden, die etwa mit der gleichen Häufigkeit auftreten, so, wie es in deutschen Texten bei den Zeichen „i", „r", „s" und „t" der Fall ist. Diese Problematik kann man jedoch lösen, indem man neben den Häufigkeitsverteilungen der einzelnen Buchstaben auch die Häufigkeitsverteilungen von „Bigrammen" und „Trigrammen" betrachtet. Bigramme sind Folgen aus zwei Zeichen also {aa, ab, ac, ..., zz, ..., ßß}. Bei einem Alphabet mit 30 Zeichen gibt es $30^2 = 900$ verschiedene Bigramme. Trigramme sind Folgen aus drei Zeichen. In den Abbildungen 1.4 und 1.5 sind die relativen Häufigkeiten der Bigramme und Trigramme für Texte in deutscher Sprache dargestellt. Diese Angaben basieren ebenfalls auf einer Auswertung der Textbasis [Gmb97].

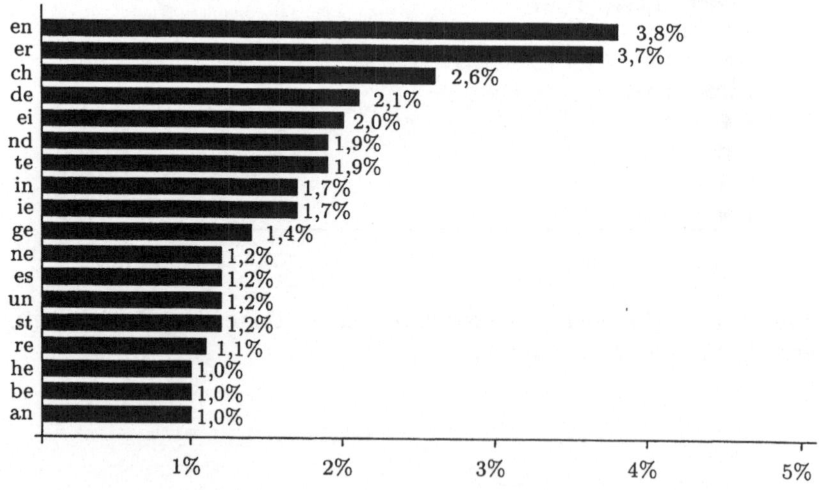

Abbildung 1.4: Häufigkeiten von Bigrammen ohne Berücksichtigung von Leer-, Satz- und Sonderzeichen

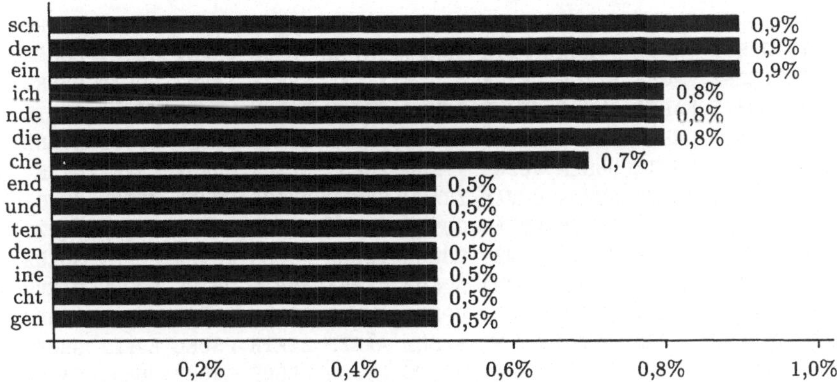

Abbildung 1.5: Häufigkeiten von Trigrammen ohne Berücksichtigung von Leer-, Satz- und Sonderzeichen

Wie man sieht, treten die Bigramme **en** und **er** mit herausragend hohen Häufigkeiten auf. Bei Trigrammen sind es **sch**, **der** und **ein**, die besonders oft auftreten. Vergleicht man diese Häufigkeiten mit den Häufigkeiten der Bi- und Trigramme, die im Geheimtext auftreten, ergeben sich weitere Zuordnungen zwischen Klartextzeichen und Geheimtextzeichen. Mit diesen Informationen kann man genügend Klartextfragmente identifizieren, um die Zuordnung der übrigen Buchstaben zu erraten.

1.5 Beispiel: Analyse einer monoalphabetischen Chiffre

Details der Vorgehensweise bei einer Häufigkeitsanalyse werden nun am Beispiel des folgenden Geheimtextes demonstriert.

```
ßEGEV  ÄMZZA  MQUZS  OESYZ  GEVEM  PRAUÄ  AUZOÖ  URÜMP  NGUEM  RAQPZ  TSEUZ
ESXVU  LMQPZ  GNMÄU  ÖUEZÖ  EOEZS  MZSXV  PRAMP  NTEAE  UÄAMÖ  QPZTG  EVUAZ
OEQVE  NNEZG  EZXEV  SYZEZ  OEHYT  EZEZG  MQEZS  YKEUQ  EUZSR  APQHK  CVGUT
ESUZQ  EVESS  EGMVM  ZOESQ  EAQGM  SOESQ  EAEZE  UZESS  YÖRAE  ZUZQE  VESSE
SUSQM  PSTES  RAÖYS  SEZKE  ZZGMQ  EZUZN  YÖTEU  AVEVM  ÖÖTEÄ  EUZEZ  LEVNC
TOMVÜ  EUQYG  EVKET  EZUAV  EVÄMZ  TEÖZG  EZVCR  ÜNCAV  OMVÜE  UQMPN  GEZOE
QVYNN  EZEZE  UZEÄT  EAEUÄ  AMÖQP  ZTSMZ  SXVPR  AZURA  QHPTF  ZTÖUR  ASUZG
SYKEU  QGUEL  EVKEZ  GPZTL  YZXEV  SYZEZ  OEHYT  EZEZG  MQEZZ  URAQU  ÄÖEOE
ZSKUR  AQUTE  ZUZQE  VESSE  GESOE  QVYNN  EZEZY  GEVÄU  QSEUZ  EVHPS  QUÄÄP
ZTEVN  YÖTQS  UZGOE  SRAVF  ZÜPZT  EZGES  MZSXV  PRASM  PNTEA  EUÄAM  ÖQPZT
ZPVHP  VKMAV  PZTCO  EVKUE  TEZGE  VOEVE  RAQUT  QEVUZ  QEVES  SEZEU  ZESMZ
GEVEZ  HPÖFS  SUTPZ  GHKMV  OEUEU  ZTVUN  NEZEU  ZEVSQ  MMQÖU  RAEZO  EADVG
EZPVM  PNTVP  ZGLYZ  TESEQ  HEZGU  EMPSG  EZUZM  VQMOS  GEVEP  VYXFU  SRAEZ
ÜYZLE  ZQUYZ  HPÄSR  APQHE  GEVÄE  ZSRAE  ZVERA  QEPZG  TVPZG  NVEUA  EUQEZ
EÄVÜO  TOÖZV  TEZMZ  ZQEZT  VCZGE  ZZYQK  EZGUT  SUZGG  EVMVQ  UTETE  SEQHE
```

```
GCVNE ZGUEL EVKEZ GPZTL YZGMQ EZGUE UAVEM VQZMR AOESY ZGEVS SRAPQ
HKCVG UTSUZ GZPVH PVKMA VPZTK URAQU TEVDN NEZQÖ URAEV UZQEV ESSEZ
LYVSE AEZPZ GÄCSS EZTÖE URAHE UQUTM ZTEÄE SSEZE TMVMZ QUEZN CVGEZ
SRAPQ HGEVT EAEUÄ AMÖQP ZTSUZ QEVES SEZGE VOEQV YNNEZ EZNES QÖETE
ZMPRA UÄNMÖ ÖEHPÖ FSSUT EVOES RAVFZ ÜPZTE ZGMVN GEVEU ZTVUN NUZGM
STVPZ GVERA QßEKE UÖSZP VUZGE VTEÖU ZGESQ EZHPÄ HUEÖN CAVEZ GEZMV
QLYVT EZYÄÄ EZKEV GEZßE GEVÄM ZZAMQ SYKEU QUAZO EQVEN NEZGE XEVSY
ZEZOE HYTEZ EGMQE ZHPVM PQYÄM QUYZS PZQEV SQCQH QEZLE VMVOE UQPZT
YGEVH PVLEV MVOEU QPZTU ZÄMZP EÖÖGA YAZEM PQYÄM QUYZS PZQEV SQCQH
PZTTE NCAVQ EZGMQ EUEZO ESQUÄ ÄQSUZ GZMRA ÄMBTM OETES EQHÖU RAEVO
ESQUÄ ÄPZTE ZGMSV ERAQM PNMPS ÜPZNQ GMVCO EVKEV KEÖRA EGMQE ZCOEV
UAZLE VMVOE UQEQK YAEVG UEGMQ EZSQM ÄÄEZP ZGKYH PSUEL EVKEZ GEQKE
VGEZU ZSOES YZGEV EMPRA MZKEZ SUECO EVÄUQ QEÖQK EVGEZ GMSVE RAQMP
NVURA QUTSQ EÖÖPZ TPZVU RAQUT EVGMQ EZPZG GMSVE RAQMP NÖDSR APZTP
ZHPÖF SSUTE VKEUS ELEVM VOEUQ EQEVG MQEZO ESRAV FZÜPZ TEZGE VVERA
QEZMR AMOSS UZGZP VPZQE VGEZU ZMOST EZMZZ QEZLY VMPSS EQHPZ TEZHP
ÖFSSU TTETE ZVERA QSQVF TEVGU EUZNY VÄEZG ESXVU LMQVE RAQSE UZTEV
URAQE QSUZG USQSY KEUQS UEZUR AQUZL YÖÖHU EAPZT GEVTE SEQHE QFQUT
KEVGE ZGMST VPZGV ERAQM PNGMQ EZSRA PQHÄU QMPSZ MAÄEG ESVER AQESM
PNMPS ÜPZNQ MPNGE ÄHULU ÖVERA QSKET TEÖQE ZGHPÄ MRAEZ UZMÖÖ EZCOV
UTEZN FÖÖEZ USQGU EGMQE ZSRAP QHÜYÄ ÄUSSU YZHPV EZQSR AEUGP ZTHPS
QFZGU TESSE UGEZZ GMBMÜ QEGEV TESEQ HTEOP ZTYGE VGEVT EVURA QSOMV
ÜEUQO EQVYN NEZSU ZG
```

Zunächst werden die relativen Häufigkeiten der einzelnen Buchstaben im Geheimtext ermittelt und mit den relativen Häufigkeiten der Buchstaben in deutschen Klartexten verglichen. Das Resultat dieser Arbeit ist in Abbildung 1.6 dargestellt. Die linke Hälfte der Abbildung zeigt die relativen Häufigkeiten der Geheimtextbuchstaben. Die rechte Hälfte der Abbildung zeigt noch einmal die relativen Häufigkeiten der Buchstaben in deutschen Klartexten (siehe auch Abbildung 1.3).

Am häufigsten tritt der Geheimtextbuchstabe E auf, am zweithäufigsten Z. Es ist also naheliegend anzunehmen, daß e durch E ersetzt wurde und n durch Z. Ferner ist anzunehmen, daß die Buchstaben i, r, s, t jeweils durch einen der Buchstaben Q, S, U, V ersetzt wurden, denn alle anderen Buchstaben treten mit zu kleinen Häufigkeiten auf. Des weiteren kann man davon ausgehen, daß die drei seltensten Klartextbuchstaben x, y, q durch die Buchstaben I, J, W ersetzt wurden, da diese im Kryptogramm sehr selten auftreten. Diese Erkenntnisse kann man in Form einer vorläufigen Substitutionstabelle zusammenfassen (siehe Tabelle 1.4).

In der letzten Zeile der Tabelle sind die Geheimtextbuchstaben in alphabetischer Reihenfolge aufgeführt. Klartextbuchstaben, die mit hoher Wahrscheinlichkeit einem Geheimtextbuchstaben zugeordnet werden können, so wie e und n, sind in der vorletzten Zeile an entsprechender Stelle eingetragen. Klartextbuchstaben, die einer Teilmenge der Geheimtextbuchstaben zugeordnet werden, sind in der zweiten Zeile aufgeführt. Die übrigen Klartextbuchstaben stehen in der ersten Zeile der Tabelle.

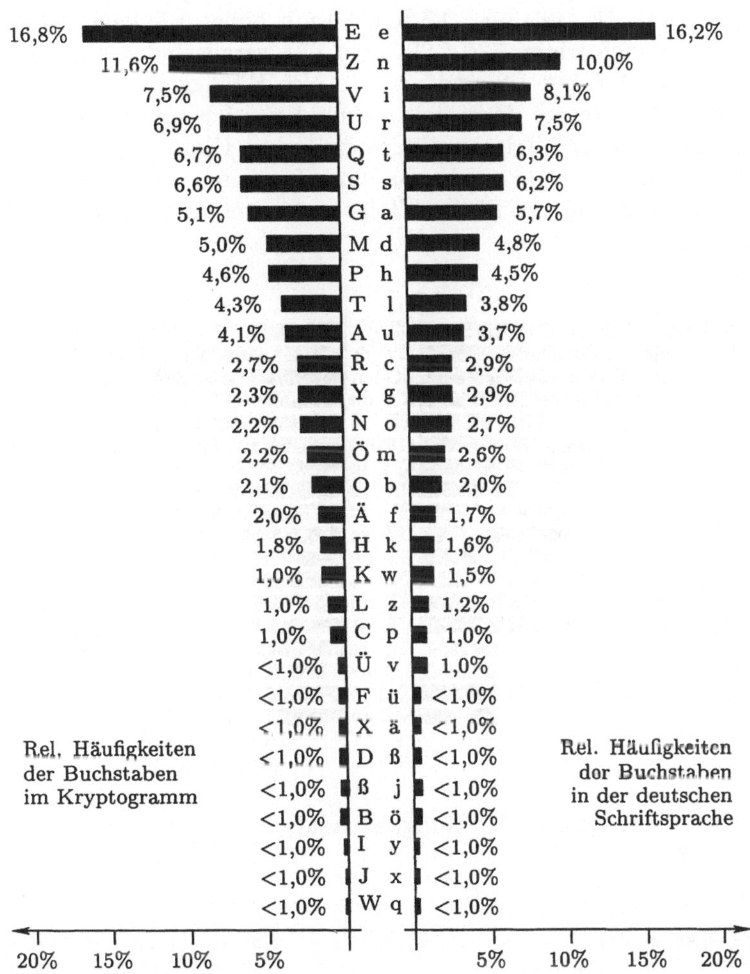

Abbildung 1.6: Vergleich der relativen Häufigkeiten einzelner Buchstaben

Tabelle 1.4: Vorläufige Substitutionstabelle

a, b, c, f, g, h, j, k, l, m, o, p, u, v, w, z, ä, ö, ü, ß

A	B	C	D	E	F	G	H	I	J	K	L	M	N	O	P	Q	R	S	T	U	V	W	X	Y	Z	Ä	Ö	Ü	ß
								q x y	q x y							i r s t	i r s t		i r s t	i r s t	q x y								
-	-	-	-	e	-	-	-	-	-	-	-	-	-	-	-	-	-	-	-	-	-	-	-	n	-	-	-	-	-

Die Häufigkeitsanalyse der Paare und Trigramme ergibt, daß die Bigramme
EZ, EV, ZG, RA, TE, GE, QE, PZ und EU mit hohen Häufigkeiten auftreten.
Bei den Trigrammen treten EZG, GEV und URA vergleichsweise häufig auf. In
den Abbildungen 1.7 und 1.8 sind die relativen Häufigkeiten der Bi- und Trigramme des Geheimtextes dargestellt. Zum Vergleich sind auch die relativen
Häufigkeiten von Bi- und Trigrammen in deutschen Klartexten aufgeführt. Dabei handelt es sich nur um solche Bi- und Trigramme, die besonders häufig
auftreten. Fast alle anderen Bi- und Trigramme treten mit deutlich geringerer
Häufigkeit auf.

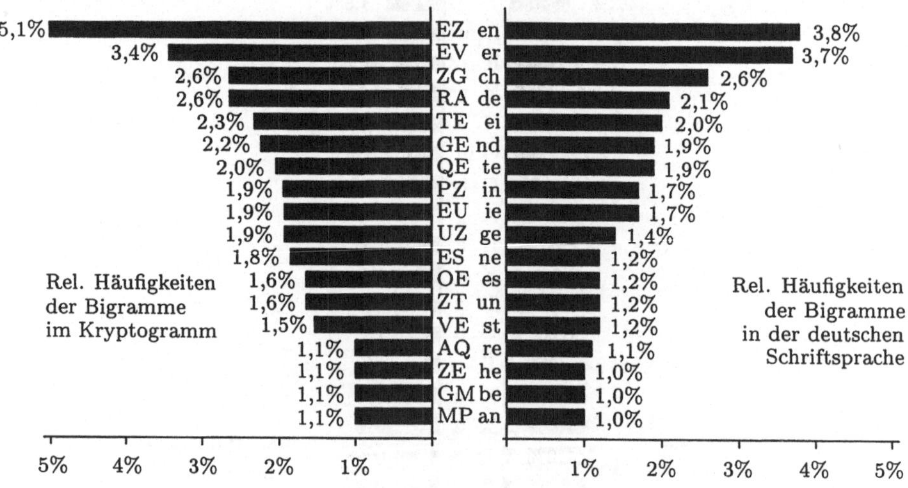

Abbildung 1.7: Häufigkeitsanalyse der Bigramme

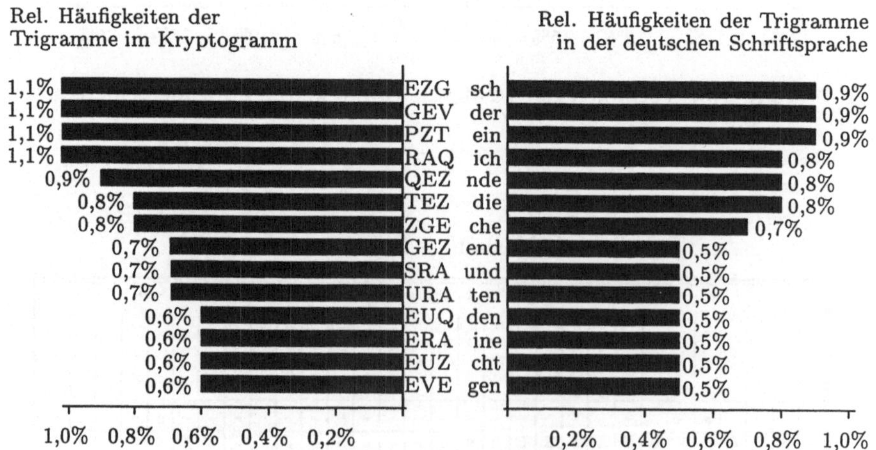

Abbildung 1.8: Häufigkeitsanalyse der Trigramme

Zunächst fällt auf, daß EZ mit herausragend hoher Häufigkeit im Geheimtext auftritt. Das untermauert die Vermutung, daß e durch E und n durch Z substituiert wurde. Mit deutlich höherer Häufigkeit als alle anderen Bigramme tritt auch EV im Geheimtext auf. Das deutet darauf hin, daß r durch V substituiert wurde, denn er tritt in deutschen Texten etwa mit der gleichen relativen Häufigkeit wie EV im Kryptogramm auf.

Die Bigramme ZG bis VE treten mit annähernd gleichen Häufigkeiten auf, so daß eine genaue Zuordnung nicht ohne weiteres möglich ist.

Betrachten wir nun das Trigramm GEV. Nach dem, was bereits ermittelt wurde, muß das dazugehörige Klartexttrigramm mit er enden. Gemäß Abbildung 1.8 kommt nur das Trigramm der in Frage. Folglich wurde d durch den Geheimtextbuchstaben G substituiert. Die gleiche Technik wenden wir nun bei dem Geheimtexttrigramm EUZ an. Das dazugehörige Klartexttrigramm muß mit e beginnen und mit n enden. Wie man sieht, kommt nur das Trigramm ein in Frage. Folglich wurde i durch U substituiert. Damit ist es auch möglich, das Trigramm URA zuzuordnen. Häufige Klartexttrigramme, die mit i beginnen, sind ich und ine. Nach den bisherigen Erkenntnissen entspricht ine dem Geheimtext UZE. Also kann man davon ausgehen, daß URA dem Klartext ich entspricht. Betrachten wir als letztes das Trigramm QEZ und suchen ein Klartexttrigramm, das mit en endet. Potentielle Kandidaten sind ten, den und gen. Das Trigramm den kann ausgeschlossen werden, da d durch G substituiert wurde, und gen kann ausgeschlossen werden, da die relativen Häufigkeiten der Buchstaben g und Q zu unterschiedlich sind. Folglich ist anzunehmen, daß t durch Q substituiert wurde.

Nutzt man diese Resultate zur Ergänzung der vorläufigen Substitutionstabelle 1.4, so erhält man die — ebenfalls noch vorläufige — Substitutionstabelle 1.5.

Tabelle 1.5: Erweiterte Substitutionstabelle

a, b, f, g, j, k, l, m, o, p, u, v, w, z, ä, ö, ü, ß

A	B	C	D	E	F	G	H	I	J	K	L	M	N	O	P	Q	R	S	T	U	V	W	X	Y	Z	Ä	Ö	Ü	ß
								q x y	q x y													q x y							
h	-	-	-	e	-	d	-	-	-	-	-	-	-	-	t	c	s	-	i	r	-	-	-	n	-	-	-	-

Verwendet man diese Tabelle zur Rekonstruktion des Textes, entstehen die folgenden Klarschriftfragmente. Buchstaben, deren Äquivalent noch nicht ermittelt wurde, sind hier durch „-"ersetzt:

```
-eder --nnh -tin- -e--n dere- -chi- hin-- ic--- -die- cht-n --ein
e--ri --t-n d---i -ien- e-en- -n--r -ch-- --ehe i-h-- t-n-d erihn
-etre --end en-er --nen -e--- enend -ten- --eit ein-c h-t-- -rdi-
e-int ere-- ed-r- n-e-t ehtd- --e-t ehene ine-- --che ninte re--e
```

```
-i-t- ---e- ch--- -en-e nnd-t enin- ---ei hrer- ---e- einen -er--
---r- eit-d er-e- enihr er--n -e-nd enr-c ---hr --r-e it--- den-e
tr--- enene ine-- ehei- h--t- n---n --r-c hnich t---- n--ic h-ind
---ei tdie- er-en d-n-- -n-er --nen -e--- enend -tenn ichti --e-e
n--ic hti-e ninte re--e de--e tr--- enen- der-i t-ein er--- ti---
n-er- ---t- ind-e -chr n--n- ende- -n--r -ch-- ---eh ei-h- -t-n-
n-r-- r--hr -n--- er-ie -ende r-ere chti- terin tere- -enei ne--n
deren ----- -i--n d---r -eiei n-ri- -enei ner-t --t-i chen- eh-rd
en-r- ---r- nd--n -e-et -endi e---d enin- rt--- dere- r---i -chen
--n-e nti-n ----c h-t-e der-e n-che nrech te-nd -r-nd -reih eiten
e-r-- ---nr -en-n nten- r-nde nn-t- endi- -indd er-rt i-e-e -et-e
d-r-e ndie- er-en d-n-- -nd-t endie ihre- rtn-c h-e-- nder- -ch-t
---rd i--in dn-r- -r--h r-n-- ichti -er-- -ent- icher inter e--en
--r-e hen-n d---- en--e ich-e iti-- n-e-e --ene --r-n tien- -rden
-ch-t -der- ehei- h--t- n--in tere- -ende r-etr ---en en-e- t-e-e
n--ch i---- -e--- ---i- er-e- chr-n --n-e nd-r- derei n-ri- -ind-
--r-n drech t-e-e i--n- rinde r-e-i nde-t en--- -ie-- -hren den-r
t--r- en--- en-er den-e der-- nnh-t ---ei tihn- etre- -ende -er--
nen-e ---en ed-te n--r- -t--- ti-n- -nter -t-t- ten-e r-r-e it-n-
-der- -r-er -r-ei t-n-i n--n- e--dh -hne- -t--- ti-n- -nter -t-t-
-n--e --hrt end-t eien- e-ti- -t-in dn-ch ----- -e-e- et--i cher-
e-ti- --n-e nd--r echt- ----- --n-t d-r-- er-er -e-ch ed-te n--er
ihn-e r-r-e itet- -herd ied-t en-t- --en- nd--- --ie- er-en det-e
rdeni n--e- -nder e--ch -n-en -ie-- er-it te-t- erden d--re cht--
-rich ti--t e---n --nri chti- erd-t en-nd d--re cht-- ----c h-n--
n---- --i-e r-ei- e-er- r-eit eterd -ten- e-chr -n--n -ende rrech
ten-c h---- indn- r-nte rdeni n---- en-nn ten-- r---- et--n -en--
----i --e-e nrech t-tr- -erdi ein-- r-end e--ri --tre cht-e in-er
ichte t-ind i-t-- -eit- ienic htin- ----i eh-n- der-e -et-e t-ti-
-erde nd--- r-ndr echt- --d-t en-ch -t--i t---n -h-ed e-rec hte--
----- --n-t ---de --i-i -rech t--e- -e-te nd--- -chen in--- en--r
i-en- ---en i-tdi ed-te n-ch- t---- -i--i -n--r ent-c heid- n----
t-ndi -e--e idenn d---- teder -e-et --e-- n--de rder- erich t---r
-eit- etr-- -en-i nd
```

Da die deutsche Sprache, ebenso wie alle anderen Sprachen, redundant ist,
kann man die Zuordnung der übrigen Buchstaben leicht erraten, und es ergibt
sich die Substitutionstabelle 1.3.

Tabelle 1.6: Substitutionstabelle zum Beispiel in Abschnitt 1.5

a	b	c	d	e	f	g	h	i	j	k	l	m	n	o	p	q	r	s	t	u	v	w	x	y	z	ä	ö	ü	ß
M	O	R	G	E	N	T	A	U	ß	Ü	Ö	Ä	Z	Y	X	W	V	S	Q	P	L	K	J	I	H	F	D	C	B

Wie man sieht, ist die Zuordnung der Buchstaben schematisch und enthält
das Wort „M O R G E N T A U". So ist es relativ einfach, die Buchstabenzuord-
nung im Gedächtnis zu behalten. Ein Trick, der in dieser und ähnlicher Form
oft verwendet wurde.

Eine vollständige Entschlüsselung des Kryptogramms ergibt dann folgenden Klartext (Artikel 1, §1, Absatz 1 bis 5 des deutschen Datenschutzgesetzes). Der besseren Lesbarkeit halber sind Leer-, Satz- und Sonderzeichen eingefügt worden.

> Jedermann hat, insbesondere auch im Hinblick auf die Achtung seines Privat- und Familienlebens, Anspruch auf Geheimhaltung der ihn betreffenden personenbezogenen Daten, soweit ein schutzwürdiges Interesse daran besteht. Das Bestehen eines solchen Interesses ist ausgeschlossen, wenn Daten infolge ihrer allgemeinen Verfügbarkeit oder wegen ihrer mangelnden Rückführbarkeit auf den Betroffenen einem Geheimhaltungsanspruch nicht zugänglich sind.

> Soweit die Verwendung von personenbezogenen Daten nicht im lebenswichtigen Interesse des Betroffenen oder mit seiner Zustimmung erfolgt, sind Beschränkungen des Anspruchs auf Geheimhaltung nur zur Wahrung überwiegender berechtigter Interessen eines anderen zulässig, und zwar bei Eingriffen einer staatlichen Behörde nur auf Grund von Gesetzen, die aus den in Art. 8 Abs. 2 der Europäischen Konvention zum Schutze der Menschenrechte und Grundfreiheiten (EMRK), BGBl. Nr. 210/1958, genannten Gründen notwendig sind. Derartige Gesetze dürfen die Verwendung von Daten, die ihrer Art nach besonders schutzwürdig sind, nur zur Wahrung wichtiger öffentlicher Interessen vorsehen und müssen gleichzeitig angemessene Garantien für den Schutz der Geheimhaltungsinteressen der Betroffenen festlegen. Auch im Falle zulässiger Beschränkungen darf der Eingriff in das Grundrecht jeweils nur in der gelindesten, zum Ziel führenden Art vorgenommen werden.

> Jedermann hat, soweit ihn betreffende personenbezogene Daten zur automationsunterstützten Verarbeitung oder zur Verarbeitung in manuell, d.h. ohne Automationsunterstützung geführten Dateien bestimmt sind, nach Maßgabe gesetzlicher Bestimmungen

> 1. das Recht auf Auskunft darüber, wer welche Daten über ihn verarbeitet, woher die Daten stammen und wozu sie verwendet werden, insbesondere auch, an wen sie übermittelt werden;

> 2. das Recht auf Richtigstellung unrichtiger Daten und das Recht auf Löschung unzulässigerweise verarbeiteter Daten.

> Beschränkungen der Rechte nach Abs. 1 sind nur unter den in Abs. 2 genannten Voraussetzungen zulässig.

> Gegen Rechtsträger, die in Formen des Privatrechts eingerichtet sind, ist, soweit sie nicht in Vollziehung der Gesetze tätig werden, das Grundrecht auf Datenschutz mit Ausnahme des Rechtes auf Auskunft auf dem Zivilrechtsweg geltend zu machen. In allen übrigen Fällen ist die Datenschutzkommission zur Entscheidung zuständig, es sei denn, daß Akte der Gesetzgebung oder der Gerichtsbarkeit betroffen sind.

Artikel 1, §1, Absatz 1 bis 5 des deutschen Datenschutzgesetzes

1.6 Polyalphabetische Chiffrierverfahren

Die entscheidende Schwachstelle monoalphabetischer Substitutionschiffren besteht offensichtlich darin, daß die Häufigkeitsverteilung der Klartextzeichen auf den Geheimtext übertragen wird. Möglicherweise ist diese Schwachstelle schon L. B. Alberti bekannt gewesen, denn neben seinen Untersuchungen zur Häufigkeitsverteilung der Buchstaben in der lateinischen Sprache beschrieb Alberti in seinem Traktat zur Kreisscheibenchiffre eine Anwendung seiner Chiffriermaschine, die einem Angreifer die Häufigkeitsanalyse erschwert.

Alberti schlägt vor, die Stellung der Kreisscheiben — gegeben durch den geheimen Schlüssel und einen Majuskelbuchstaben, der am Anfang des Geheimtextes steht — beim Chiffrieren eines Briefes mehrmals zu ändern. Dazu wird jeweils nach einigen Wörtern oder Sätzen ein entsprechend gekennzeichneter Majuskelbuchstabe in den Brief eingefügt, der angibt, wie die Kreisscheibe einzustellen ist.

Ähnliche Ideen wurden zur Verschleierung der Buchstabenhäufigkeiten von Blais de Vigenère (1523–1596) [dV87], Johannes Trithemius (1462–1516) [Tri18] und Giovanni Battista Porta (1538–1615) [Por96] vorgeschlagen.

Die Grundidee der polyalphabetischen Chiffre besteht darin, verschiedene monoalphabetische Substitutionschiffren im Wechsel zu verwenden. In Analogie zu Definition 1.3.1 kann die Klasse der polyalphabetischen Chiffren wie folgt definiert werden:

Definition 1.6.1 (Polyalphabetische Substitutionschiffre)
Alphabet

> Für die Klar- und Geheimtexte wird ein Alphabet benötigt. Dieses Alphabet ist eine *geordnete* Menge, die Σ genannt wird und $l \in \mathbf{N}$ Zeichen $\{z_1, z_2, \ldots, z_l\}$ enthält.

Klartext

> Der Klartext M (Message) wird durch eine Folge von n Zeichen repräsentiert. Dabei wird die folgende Bezeichnung verwendet:

$$M = m_1 m_2 m_3 \ldots m_n,$$

> wobei $m_i \in \Sigma$ für alle $i \in \{1, 2, \ldots, n\}$ ist.

Geheimtext

> Der Geheimtext C (Ciphertext) wird ebenfalls durch eine Folge von n Zeichen repräsentiert. Es wird die Bezeichnungsweise $C = c_1 c_2 c_3 \ldots c_n$ verwendet. Auch für die Geheimtextzeichen gilt: $c_i \in \Sigma$ für alle $i \in \{1, 2, \ldots, n\}$.

Schlüssel

> Der Schlüssel (K Key) einer polyalphabetischen Chiffre ist durch $s \in \mathbf{N}$ Permutationen $k = (\pi_1, \pi_2, \ldots, \pi_s)$ des Alphabets Σ gegeben. Jede dieser Permutationen kann — wie bei der monoalphabetischen Verschlüsselung — durch eine Substitutionstabelle dargestellt werden.

Verschlüsselung

Die Verschlüsselung eines Klartextes M geschieht zeichenweise, und es gilt:

$$
\begin{aligned}
c_1 &= \pi_1(m_1), & c_2 &= \pi_2(m_2), & \dots, & & c_s &= \pi_s(m_s) \\
c_{s+1} &= \pi_1(m_{s+1}), & c_{s+2} &= \pi_2(m_{s+2}), & \dots, & & c_{2s} &= \pi_s(m_{2s}) \\
c_{2s+1} &= \pi_1(m_{2s+1}), & & \dots \\
&\;\vdots & &\;\vdots
\end{aligned}
$$

Entschlüsselung

Die Entschlüsselung eines Geheimtextes C geschieht analog zur Verschlüsselung unter Verwendung der inversen Permutationen

$$
\pi_1^{-1}, \pi_2^{-1}, \dots, \pi_s^{-1}.
$$

Vigenère Chiffre

Die wohl bekannteste aller polyalphabetischen Chiffren ist die nach Blais de Vigenère benannte Vigenère-Chiffre. Diese Chiffre wurde nach B. de Vigenère benannt, weil man lange Zeit glaubte, daß Vigenère sie erfunden habe. Tatsächlich ist das Verfahren schon Trithemius bekannt gewesen, denn es wird im fünften Band seines Werkes *Polygraphiae* [Tri18] unter dem Namen „tabula recta" beschrieben. Betrachten wir zunächst die klassische Darstellung dieser Chiffre.

Verwendet man ein Alphabet mit 26 Buchstaben, dann benötigt man 26 verschiedene Verschiebechiffren, die in Form einer Tabelle angegeben werden, dem sogenannten Vigenère-Tableau.

Abbildung 1.9 zeigt ein Vigenère-Tableau für das deutsche Alphabet. Dabei handelt es sich um eine Tabelle mit 26 Zeilen und 26 Spalten. Die Spalten sind mit kleinen Buchstaben (Klartextbuchstaben) a,b, ..., z, ..., ß gekennzeichnet. Die Zeilen des Vigenère-Tableaus sind mit großen Buchstaben A, B, ..., Z, ..., ß gekennzeichnet. In jeder Zelle der Tabelle steht ein großer Buchstabe (Geheimtextbuchstabe). In der ersten Zeile sind die 26 Buchstaben in alphabetischer Reihenfolge, beginnend mit A, aufgeführt. In der zweiten Zeile sind ebenfalls alle 26 Buchstaben in alphabetischer Reihenfolge aufgeführt, allerdings wird hier mit dem Buchstaben B begonnen. In der dritten Zeile mit C usw. Die Anwendung dieses Tableaus wird im weiteren an einem Beispiel beschrieben.

Beispiel 1.6.2 (Polyalphabetische Verschlüsselung nach Vigenère)
Zunächst benötigt man ein „Schlüsselwort", das nur dem Sender und dem Empfänger der Nachricht bekannt sein darf. Im Rahmen dieses Beispiels wird BVIGENERE als Schlüsselwort verwendet. Um den Klartext „die grossen und kleinen sorgen des lebens" zu chiffrieren, wird wie folgt vorgegangen.

So, wie in Abbildung 1.10 dargestellt, schreibt man das Schlüsselwort mehrfach hintereinander über den Klartext. Die Verschlüsselung geschieht buchstabenweise. Wir beginnen mit „d". Der dazugehörige Schlüsselbuchstabe steht

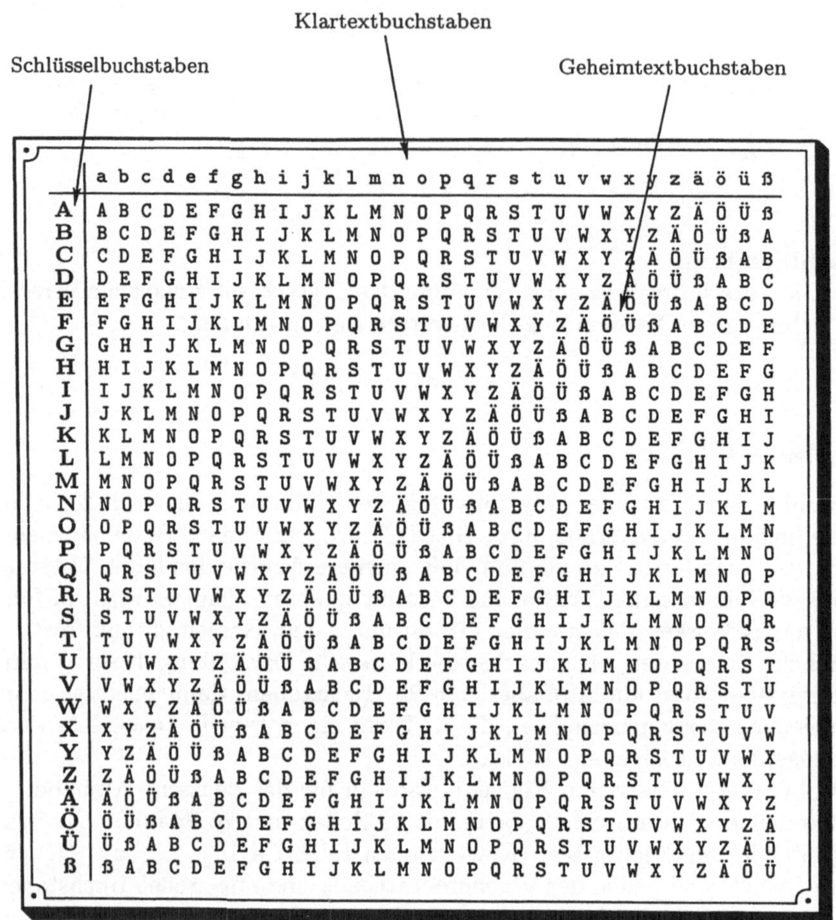

Abbildung 1.9: Vigenère-Tableau

Schlüssel: BVIGENEREBVIGENEREBVIGENEREBVIGENEREB
Klartext: diegroßenunddiekleinensorgendeslebens
Geheimtext: EßMMVÖDVRVELJMROÜIJEMTWÖVXIOYMYPRFVRT

Abbildung 1.10: Vigenère-Verschlüsselung

Tabelle 1.7: Zuordnung zwischen Buchstaben und Zahlen

a	0	k	10	u	20
b	1	l	11	v	21
c	2	m	12	w	22
d	3	n	13	x	23
e	4	o	14	y	24
f	5	p	15	z	25
g	6	q	16	ä	26
h	7	r	17	ö	27
i	8	s	18	ü	28
j	9	t	19	ß	29

unmittelbar über dem Klartextbuchstaben, hier im Beispiel „B". Den gesuchten Geheimtextbuchstaben finden wir im Vigenère-Tableau. Es ist der Buchstabe, der in der Spalte „d" (Klartext) und der Zeile „B" (Schlüssel) steht, also „E". Um den zweiten Geheimtextbuchstaben zu ermitteln, geht man analog vor. Klartextbuchstabe „1" (Spalte), Schlüsselbuchstabe „V" (Zeile) ergibt den Geheimtextbuchstaben „ß" usw.

Zum Dechiffrieren einer Nachricht schreibt man das Schlüsselwort mehrfach hintereinander über den Geheimtext. Um nun zu einem Geheimtextbuchstaben den entsprechenden Klartextbuchstaben zu finden, geht man ähnlich wie beim Chiffrieren vor. Der benötigte Schlüsselbuchstabe steht direkt über dem Geheimtextbuchstaben. Im Vigenère-Tableau betrachtet man die Zeile, die durch diesen Schlüsselbuchstaben gekennzeichnet ist, und sucht den gegebenen Geheimtextbuchstaben. Die Spalte, in der dieser Geheimtextbuchstabe steht, ist durch den gesuchten Klartextbuchstaben gekennzeichnet.

An vielen Stellen [Den83, Sti95] findet man eine mathematischere Darstellung der Vigenère-Chiffre. Auch bei dieser Darstellung wird die Zuordnung zwischen Klartextbuchstaben und Schlüsselbuchstaben dadurch hergestellt, daß man das Schlüsselwort mehrfach hintereinander über den Klartext schreibt. Um einen Geheimtextbuchstaben zu ermitteln, wird der entsprechende Klartextbuchstabe mit dem dazugehörigen Geheimtextbuchstaben „addiert", beim Dechiffrieren wird der Schlüsselbuchstabe vom Geheimtextbuchstaben subtrahiert. Das ist alles. Es bleibt nur noch zu beschreiben, wie man Buchstaben miteinander addiert bzw. „subtrahiert".

Exkurs 1.6.3 (Addition von Buchstaben, Addition modulo 26)
Zunächst wird jedem Buchstaben des Alphabets eine Zahl zugeordnet, so, wie in Tabelle 1.7 dargestellt.

Statt der Buchstaben addiert man nun die entsprechenden Zahlen. Aus c+g wird dann $2+6 = 8$. Gemäß Tabelle 1.7 entspricht 8 dem Buchstaben i, also c+g = i. Es kann jedoch vorkommen, daß sich bei der Addition eine Zahl ergibt, die größer als 26 ist. In diesem Fall dividiert man das Resultat durch 26 und betrachtet den „Rest" der Division. Beispiel:

$$
\begin{aligned}
\mathrm{o} + \mathrm{t} &\mathrel{\hat=} 14 + 19, \\
14 + 19 &= 33, \\
33 \text{ div } 30 &= 1 \text{ Rest } 3, \\
3 &\mathrel{\hat=} \mathrm{d}.
\end{aligned}
$$

Also ist $\mathrm{o} + \mathrm{t} = \mathrm{d}$. Für diese Art der Addition verwendet man in der Regel die Schreibweise:

$$14 + 19 \text{ MOD } 30 = 3 \qquad \text{oder} \qquad 14 + 19 \equiv 3 \bmod 30.$$

Die „Modulare-Arithmetik" spielt bei modernen Chiffrierverfahren eine wichtige Rolle. Die Grundlagen dazu sind in Anhang 8.1.2 (Mathematische Grundlagen) kurz dargestellt.

Analyse der Vigenère-Chiffre

Die Vigenère-Chiffre wurde lange Zeit für sicher gehalten. Erst gegen Ende des 19. Jahrhunderts wurden Methoden entdeckt, die es ermöglichen, Vigenère-Chiffren zu brechen. Im weiteren werden unterschiedliche Analysemethoden betrachtet, die sich in ihrer Anwendung dadurch unterscheiden, daß der Angreifer verschiedene Informationen über den Klartext benötigt. Zunächst wird der einfachste Fall betrachtet.

Von einem **Angriff mit bekanntem Klartext** spricht man, wenn dem Analytiker neben dem Geheimtext auch ein Klartextstück wie zum Beispiel „sehr geehrte Damen, sehr geehrte Herren" oder „mit freundlichen Grüßen" bekannt ist. Das ist keine unrealistische Annahme, besonders heutzutage nicht, wo fast alle Informationen elektronisch verarbeitet werden. Die meisten Datenstrukturen zur Speicherung oder zum Transport von Daten benötigen sogenannte Header oder Trailer, deren Aufbau allgemein bekannt ist [Bor01]. Im Fall der Vigenère-Chiffre subtrahiert der Analytiker die bekannten Klartextbuchstaben von den Geheimtextbuchstaben und erhält die Schlüsselbuchstaben. Falls der Analytiker nicht genau weiß, an welcher Stelle sein Klartextstück im Geheimtext verborgen ist, bleibt ihm nichts anderes übrig, als alle Möglichkeiten sukzessive zu testen. In den meisten Fällen ist diese Arbeit — auch ohne Computerunterstützung — mit erträglichem Aufwand zu bewältigen.

Etwas schwieriger gestaltet sich die Analyse, wenn dem Angreifer **nur der Geheimtext bekannt** ist. Das folgende Analyseverfahren setzt voraus, daß der Analytiker die Länge des Schlüsselwortes kennt. Diese glückliche Situation erscheint auf den ersten Blick unrealistisch. Es gibt jedoch Methoden, die es ermöglichen, die Länge des Schlüsselwortes zu ermitteln. Weiter unten werden diese Methoden detailliert beschrieben.

Tabelle 1.8: Analyse einer Vigenère-Chiffre

k_1	k_2	k_3	$\ldots$	k_s
c_1	c_2	c_3	$\ldots$	c_s
c_{s+1}	c_{s+2}	c_{s+3}	$\ldots$	c_{2s}
c_{2s+1}	c_{2s+2}	c_{2s+3}	$\ldots$	c_{3s}
c_{3s+1}	c_{3s+2}	c_{3s+3}	$\ldots$	c_{4s}
$\vdots$	$\vdots$	$\vdots$		$\vdots$

Angenommen, das Schlüsselwort K besteht aus s (Schlüssellänge) Buchstaben $K = k_1 k_2 k_3 \ldots k_s$ und der Geheimtext $C = c_1 c_2 c_3 \ldots c_n$ besteht aus einer Folge von n Buchstaben, wobei n deutlich größer als s ist. Die Analyse der Vigenère-Chiffre gestaltet sich besonders übersichtlich, wenn man die Geheimtextbuchstaben in Form einer Tabelle mit s Spalten anordnet. Dabei werden die Geheimtextbuchstaben $c_1, c_2, \ldots c_s$ in die erste Zeile der Tabelle eingetragen, die Geheimtextbuchstaben $c_{s+1}, c_{s+2}, \ldots c_{2s}$ in Zeile zwei usw. Zur Kennzeichnung der Spalten verwenden wir die – noch unbekannten – Buchstaben des Schlüsselwortes (siehe Tabelle 1.8).

Zunächst wird nur die erste Spalte dieser Tabelle betrachtet. Alle Geheimtextbuchstaben $c_1, c_{s+1}, c_{2s+1}, c_{3s+1}, \ldots$ dieser Spalte sind durch eine Caesar-Chiffre mit dem Schlüsselbuchstaben k_1 entstanden. Um k_1 zu ermitteln, kann eine Häufigkeitsanalyse durchgeführt werden. Dazu bestimmt man den Geheimtextbuchstaben c^*, der in Spalte 1 am häufigsten vorkommt. Falls C durch Verschlüsselung eines deutschen Textes entstand, kann man davon ausgehen, daß c^* durch Verschlüsselung des Buchstabens e entstand, also ist $k_1 = c^* - e$. Analog verfährt man mit den restlichen Spalten der Tabelle, um die übrigen Buchstaben des Schlüsselwortes zu bestimmen.

Bemerkung 1.6.4
Das Analyseverfahren ist auch anwendbar, wenn im Vigenère-Tableau permutierte Geheimtextalphabete verwendet werden. Um die entsprechenden Permutationen bzw. Substitutionstabellen zu bestimmen, ist für jede Spalte eine Häufigkeitsanalyse, wie sie in Abschnitt 1.4 vorgestellt wurde, durchzuführen.

Bleibt noch zu erklären, wie man die Länge des Schlüsselwortes aus dem Geheimtext bestimmt. Dazu werden zwei Verfahren vorgestellt. Der „Kasiski-Test" und die Berechnung des „Koinzidenzindex" nach W. Friedman.

1.7 Kasiski-Test

Der Kasiski-Test ist eine Methode zur Bestimmung der Länge des Schlüsselwortes einer polyalphabetischen Chiffre, die 1863 von Friedrich Wilhelm Kasiski [Kas63] publiziert wurde. Bei diesem Verfahren sucht man Zeichenfolgen aus mindestens

3 Buchstaben, die mehrfach im Geheimtext auftreten. Die Stellen, an denen eine bestimmte Zeichenfolge auftritt, werden im weiteren *Parallelstellen* genannt. Das „synthetische" Beispiel in Abbildung 1.11 enthält zwei Parallelstellen.

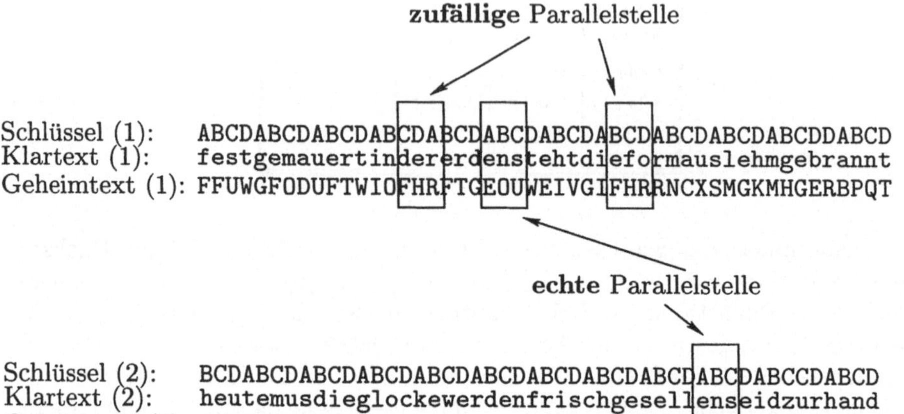

Abbildung 1.11: Beispiel zur Entstehung von Parallelstellen

Wie man sieht, können Parallelstellen auf zwei Arten entstehen. Bei „echten" Parallelstellen sind nicht nur die Geheimtextzeichen gleich, sondern auch die dazugehörigen Klartextzeichen und somit auch die dazugehörigen Schlüsselbuchstaben. Folglich muß der Abstand zwischen echten Parallelstellen ein Vielfaches der Schlüssellänge sein.[1]

Bestimmt man also zu allen *echten* Parallelstellen den Abstand und berechnet den größten gemeinsamen Teiler dieser Abstände, erhält man mit hoher Wahrscheinlichkeit die Länge des Schlüsselwortes. *Zufällige* Parallelstellen lassen keinen Rückschluß auf die Länge des Schlüsselwortes zu.

Das Kryptogramm in Beispiel 1.7.1 enthält zahlreiche Parallelstellen, von denen hier nur eine gekennzeichnet ist (unterstrichene Buchstaben). Über die Anzahl der Parallelstellen gibt Tabelle 1.9 Auskunft.

Beispiel 1.7.1

```
AQURY INZÜY ASSAR QNKCÖ IENSB FSEHÄ ÖKGQW PKXQE OBMGP SAGPK JPYJE
USANB VUÄJR UKPCH XQEOW EEUÖV QOMOP VLßUB ERYSC TXVRP SÄPTÖ FLGGY
UTSUP YWHGV VSSBF SZKLU IAQCN XßJCÄ JRUHE QLPÄG UOYFO VALQÖ GUWIA
YWAQT KJÄUI ÖMÖÄW PVUJÄ PPACR OßÜEO IIUUS ÄVAWD SÖIXQ ÖUHTÖ GUJRU
MÖQHÜ MWTHX NZRRX YÖGYU VROVR QOQGZ XYVNE ÄJPVD PHMTT ÖNFSU GOGEÜ
AJFDY DKNÜE YßSÄG TMULL MVPSA DBNPH ÄQZZR RPTKJ KÖIRX DRQGÜ UJÄVZ
RDRQC WPßXP TTSÄL NPFLC WTTZL VßMNS PRXAD EHÜOG ZHIAT OCWPA KLWIE
PSPKT NHYÖI EBSNX QLKLÄ MVßRD UNPIL HEßYS YWPVG YYEYß EÄJPV ILHXP
BJCVB KJÄXM TTRVH OMEOÖ JWßWR UVÜPZ IWBES VWPÄF LGKVS SÄVAI PKZIF
```

---
[1] Wir gehen davon aus, daß das Schlüsselwort selbst keine Parallelstellen enthält.

```
BOCWP ÖCÖYE ÜSSOU LQUJÄ IXßEÄ GßEVC XßHßM PNGÜH FÄVVZ GÖEPQ OPGHZ
QSVJP VVFBP ZOVRÜ BÄCTB IAASC ÜBVIL ÖRVßX RGPVG ÖGSCI WBFSM PZVLE
UTCVÄ ZCJÄI RCCOX NPUÄT FVZRR QLVJH AXXMP QLPÄG CJWRY ÄRQßM VCJRX
PSAZI ZVLGJ PTBCH XQEOT YWPWR LOMGL ÖRVAQ UOJÄU LAXRN SYOPI PCJJV
ßDVJP VFPXW ZOVOH TUCÖY WHOVR QOMTI JGYAD NEPVF LHWTT ZLVßM NZÖRU
QÖZLA LGYVL ZRTAH ÖÜCYG IXQCP KÜQGI XRVZC PKÜQH ÄXRIÄ ZYNZU OLCFV
EKUUA MUVWE QUQUG BZEOW MVASY EPNAY ÜIUQQ ULQNT LHGYß WSWOQ GZXVR
ßDQLP JKZOI ZXSÄO LVIßT VHZRX HTVGU DRIMZ RXÜÄG UILZQ ZCGPV UJÄPP
ACROL ÜHLÖR WMQUH LZVMT RUMZB YZZAI JRXHE ZGPKJ PYJEU SAHYL GYVLZ
RTAHÖ ÜCYGI ZADQD ßLGYX MAROP KPVEO ÖJWßS BFSZK MIIAH EOHAZ CJÄXV
ZRVHß COWTX YQDVV NPGUI MABSÄ EPQYL AGYQÖ VFSIN SXMAE WRJWM DHAWD
CSYOP JGUJX MQÖXR YVVLH MAPRR UCWNS HXNZR VJVMK ÄLIXQ ÖNXQO GMRLE
BO
```

Leider ist es nicht ohne weiteres möglich, zwischen echten und zufälligen Parallelstellen im Geheimtext zu unterscheiden, wenn man weder den Klartext noch das Schlüsselwort kennt.

Bestimmt man nun zu *allen* Parallelstellen den Abstand und ermittelt zu jedem Abstand alle Teiler, so erhält man eine Menge von Zahlen, die als Schlüsselwortlänge in Frage kommen. Bei der Auswahl der „richtigen" Schlüsselwortlänge hilft folgende Überlegung.

Wie man an Beispiel 1.7.1 sieht, gibt es lange Parallelstellen und kurze Parallelstellen. Kurze Parallelstellen basieren auf Zeichenfolgen, die aus wenigen Buchstaben bestehen (drei oder vier), lange Parallelstellen basieren auf Buchstabenfolgen mit vielen Zeichen.

Bei der Auswahl einer potentiellen Schlüsselwortlänge aus der Teilermenge sollte man besser auf Teiler vertrauen, die aus langen Parallelstellen resultieren, denn bei langen Parallelstellen ist es sehr unwahrscheinlich, daß es sich um zufällige Parallelstellen handelt. Es ist schwierig, diese Wahrscheinlichkeit exakt zu bestimmen, da sie von der Art des Schlüsselwortes (Zufallszeichen oder umgangssprachlich) und der Klartextsprache abhängt. Tabelle 1.9 zeigt eine Statistik, die durch Vergleich mit dem zu Beispiel 1.7.1 gehörenden Klartext erstellt wurde.

Wie man sieht, ist Kasiskis Methode zur Bestimmung der Schlüsselwortlänge praktikabel und durchführbar, da es fast keine zufälligen Parallelstellen gibt.

1.8   Koinzidenzindex von Friedman

Das folgende Verfahren zur Bestimmung der Schlüsselwortlänge basiert auf einer Kennzahl zur Häufigkeitsverteilung der Geheimtextzeichen, dem sogenannten „Koinzidenzindex". Der Koinzidenzindex einer Zeichenfolge und seine Anwendung in der Kryptoanalyse wurde in den 20er Jahren von dem amerikanischen Kryptoanalytiker William F. Friedman eingeführt und in [Fri22] publiziert.

Tabelle 1.9: Parallelstellenstatistik

Länge der Parallelst.	Anzahl der Parallelst.	echte Parallelst.	zufällige Parallelst.
3	62	46	16
4	10	10	0
5	6	6	0
6	3	3	0
7	0	0	0
8	0	0	0
9	1	1	0
10	0	0	0
11	2	2	0
12	0	0	0
13	0	0	0
14	0	0	0
15	0	0	0
16	1	1	0

Definition 1.8.1 (Koinzidenzindex nach Friedman)

Wir betrachten eine Folge von n Buchstaben $C = c_1 c_2 c_3 \ldots c_n$. Die einzelnen Buchstaben seien Elemente des Alphabets

$$\Sigma_{30} = \{\text{A, B, C, } \ldots, \text{ Z,Ä, Ö, Ü, ß}\}.$$

Sei n_0 die Häufigkeit des Buchstabens A in der Buchstabenfolge C, n_1 die Häufigkeit des Buchstabens B usw. Dann ist der *Koinzidenzindex der Buchstabenfolge C* gegeben durch die Zahl

$$\kappa(C) := \frac{\sum_{i=0}^{29} n_i(n_i - 1)}{n(n - 1)}. \tag{1.1}$$

Die Bezeichnung der Zeichenkoinzidenz mit dem griechischen Buchstaben κ (Kappa) wurde von Friedman eingeführt. Ihre Verwendung ist heute allgemein üblich.

Die folgenden Sätze beschreiben zwei für die Kryptoanalyse wichtige Eigenschaften des Koinzidenzindex.

Satz 1.8.2

Wir betrachten eine Buchstabenfolge $C = c_1 c_2 \ldots c_n$, wobei $c_i \in \Sigma_{30}$ für alle $i \in \{1, \ldots, n\}$ ist.

Die Wahrscheinlichkeit, daß an zwei zufällig gewählten Stellen der Buchstabenfolge C der gleiche Buchstabe steht, ist $\kappa(C)$.

Beweis:

Wir bestimmen $\kappa(C)$ als Laplace-Wahrscheinlichkeit (siehe 8.3.1).

$$\kappa(C) \;=\; \frac{\text{Anzahl der Paare aus gleichen Buchstaben}}{\text{Anzahl der Buchstabenpaare}} \tag{1.2}$$

Anzahl der Buchstabenpaare:

Wählt man aus einer Menge von n Buchstaben zwei beliebige Buchstaben aus, so bieten sich bei der Wahl des ersten Buchstabens n Möglichkeiten. Bei der Wahl des zweiten Buchstabens bieten sich $n - 1$ Möglichkeiten. Insgesamt also $n \cdot (n - 1)$ Möglichkeiten. Da es nicht auf die Reihenfolge der Buchstaben ankommt, gilt im vorliegenden Fall:

$$\text{Anzahl der Buchstabenpaare} = \frac{n \cdot (n - 1)}{2}.$$

Anzahl der Paare aus gleichen Buchstaben:

Wir ermitteln zunächst die Anzahl der Paare, bei denen beide Buchstaben ein A sind. Für die Auswahl des ersten A bieten sich n_0 Möglichkeiten, für das zweite A gibt es $n_0 - 1$ Möglichkeiten. Da die Reihenfolge der beiden Buchstaben auch hier unerheblich ist, gilt:

$$\text{Anzahl der „A-Paare"} = \frac{n_0 \cdot (n_0 - 1)}{2}.$$

Für „B-Paare", „C-Paare" usw. gilt analog:

$$\text{Anzahl der „B-Paare"} = \frac{n_1 \cdot (n_1 - 1)}{2},$$

$$\text{Anzahl der „C-Paare"} = \frac{n_2 \cdot (n_2 - 1)}{2} \quad \text{usw.}$$

Insgesamt ergibt sich für die Anzahl der Paare aus gleichen Buchstaben:

$$\text{Anzahl der Paare aus gleichen Buchstaben} = \sum_{i=0}^{29} \frac{n_i \cdot (n_i - 1)}{2}.$$

Gemäß der Formel 1.2 ist dann

$$\kappa(C) = \frac{\sum_{i=0}^{29} n_i(n_i - 1)}{n(n - 1)}.$$

Satz 1.8.3

Angenommen, die relativen Häufigkeiten der Buchstaben eines Textes sind durch eine Tabelle folgender Art gegeben:
Der Koinzidenzindex des Textes kann dann wie folgt approximiert werden:

$$\kappa(C) \approx \sum_{i=0}^{29} (h_i)^2. \tag{1.3}$$

Buchstabe	Häufigkeit	rel. Häufigkeit
A	n_0	$h_0 = n_0/n$
B	n_1	$h_1 = n_1/n$
$\vdots$	$\vdots$	$\vdots$
Z	n_{25}	$h_{25} = n_{25}/n$
Ä	n_{26}	$h_{26} = n_{26}/n$
Ö	n_{27}	$h_{27} = n_{27}/n$
Ü	n_{28}	$h_{28} = n_{28}/n$
ß	n_{29}	$h_{29} = n_{29}/n$

Beweis:

Gemäß Definition 1.8.1 ist

$$\kappa(C) = \frac{\sum_{i=0}^{29} n_i(n_i - 1)}{n(n - 1)}$$

$$= \sum_{i=0}^{29} \frac{n_i}{n} \cdot \frac{n_i - 1}{n - 1}$$

Für große n ($n > 1\,000$) und somit auch große n_i ist

$$\frac{n_i - 1}{n - 1} \approx \frac{n_i}{n},$$

und daraus folgt:

$$\kappa(C) \approx \sum_{i=0}^{29} \frac{n_i}{n} \cdot \frac{n_i}{n}$$

$$= \sum_{i=0}^{29} (h_i)^2.$$

$\Diamond$

Der Koinzidenzindex hängt also nur von der Häufigkeitsverteilung der einzelnen Buchstaben eines Textes ab. Aus Abschnitt 1.4 ist bereits bekannt, daß diese Häufigkeiten für Texte des gleichen Typs annähernd gleich sind. Folglich ist auch der Koinzidenzindex für Texte gleichen Typs konstant.

Beispiel 1.8.4 (Koinzidenzindex deutscher Texte)
Zählen der Buchstabenhäufigkeiten in der Textbasis [Gmb97] und Berechnung des Koinzidenzindex gemäß Definition 1.8.1 ergibt:

$$\kappa_D = \frac{\sum_{i=0}^{29} n_i(n_i - 1)}{n(n - 1)}$$

$$\approx 0,071345873.$$

Verwenden wir die relativen Häufigkeiten der einzelnen Buchstaben, die ebenfalls auf einer Auswertung der Textbasis [Gmb97] beruhen und verwenden die Formel 1.3, dann ergibt sich

$$\tilde{\kappa}_D \approx \sum_{i=0}^{29} (h_i)^2$$

$$\approx 0,07134618.$$

Beispiel 1.8.5 (Koinzidenzindex von Zufallsbuchstaben)
Ein „Text", der aus zufällig gewählten Buchstaben besteht, hat die Eigenschaft, daß alle Buchstaben mit annähernd gleicher Häufigkeit auftreten. Hat das verwendete Alphabet 30 Zeichen, ist $h_i \approx \frac{1}{30}$ für alle $i \in \{0, \ldots, 29\}$. Für den Koinzidenzindex gilt dann:

$$\tilde{\kappa}_Z \approx \sum_{i=0}^{29} (\frac{1}{30})^2$$

$$= \frac{1}{30} \approx 0,03333.$$

Beispiel 1.8.6 (Koinzidenzindex monoalphabetischer Chiffren)
Wenn M ein Klartext ist und C ein Kryptogramm, das durch eine monoalphabetische Substitution aus M erstellt wurde, dann ist

$$\kappa(C) = \kappa(M).$$

Betrachten wir weiter den Koinzidenzindex von verschiedenen Vigenère-Verschlüsselungen, wobei wir die Länge des Schlüsselwortes variieren. Als Klartext dient die Textbasis [Gmb97].

Tabelle 1.10: Koinzidenzen verschlüsselter Texte

	Schlüsselwort	Länge	$\kappa(C)$
Klartext	—	0	$0,07132166$
Monoalphabetisch	M	1	$0,07132166$
Vigenère	MO	2	$0,05200166$
Vigenère	MOR	3	$0,04493931$
Vigenère	MORG	4	$0,03994598$
Vigenère	MORGE	5	$0,03811219$
Vigenère	MORGEN	6	$0,03862803$
Vigenère	MORGENT	7	$0,03791986$
Vigenère	MORGENTA	8	$0,03751093$
Vigenère	MORGENTAU	9	$0,03661592$

Führt man die Bestimmung des Koinzidenzindex für andere deutsche Texte durch, stellt man fest, daß die Koinzidenzen in Tabelle 1.10 unabhängig von der Textbasis sind. Ein wichtiges Resultat dieser Untersuchungen kann also wie folgt festgehalten werden: Bei polyalphabetischer Chiffrierung gibt es einen Zusammenhang zwischen dem Koinzidenzindex des Kryptogramms und der Länge des Schlüsselwortes.

Um die Länge des Schlüsselwortes zu bestimmen, das bei einer Vigenère-Verschlüsselung verwendet wurde, kann man also folgendermaßen vorgehen:

1. Berechne den Koinzidenzindex des Geheimtextes mit der Formel

$$\kappa(C) = \frac{\sum_{i=0}^{29} n_i(n_i - 1)}{n(n - 1)}.$$

2. Ermittle die zu $\kappa(C)$ gehörende Schlüsselwortlänge in Tabelle 1.10.

Der in Tabelle 1.10 dargestellte Zusammenhang zwischen Koinzidenzindex und Schlüsselwortlänge ist unabhängig vom Schlüsselwort und kann auch analytisch hergeleitet und in Form einer Formel dargestellt werden, wie der folgende Satz zeigt.

Satz 1.8.7 (Koinzidenzindex bei Vigenère-Verschlüsselung)
Sei $M = m_1 m_2 \ldots m_n$ ein deutscher Klartext mit dem Koinzidenzindex κ_D und $C = c_1 c_2 \ldots c_n$ ein Geheimtext, der durch polyalphabetische Verschlüsselung von M erzeugt wurde. Bei der Verschlüsselung wurde ein Schlüssel $K = \pi_1 \pi_2 \ldots \pi_s$, bestehend aus s Permutationen, verwendet.

Dann gilt für die Länge s des Schlüsselwortes:

$$s \approx \frac{n \cdot (\kappa_D - \kappa_Z)}{\kappa(C) \cdot (n - 1) + \kappa_D - n\kappa_Z}.$$

Beweis:
Für die folgenden Schritte ist es vorteilhaft, davon auszugehen, daß der Geheimtext in Form einer Tabelle mit s Spalten und n/s Zeilen notiert ist. In jeder Zelle steht ein Buchstabe. Die Buchstaben werden so eingetragen, daß in der ersten Spalte alle Buchstaben stehen, die mittels π_1 verschlüsselt wurden, in der zweiten Spalte die Buchstaben, die mittels π_2 verschlüsselt wurden usw. Tabelle 1.11 zeigt dieses Notationsschema.

Basis der weiteren Schritte ist ein Zufallsexperiment. Es werden *zufällig* zwei Buchstaben c_i und c_j aus der Geheimtexttabelle gewählt. Dabei interessieren uns folgende Ereignisse und ihre Wahrscheinlichkeiten.

Z: Mit Z (Zwilling) wird das Ereignis bezeichnet, daß zwei gleiche Buchstaben gewählt werden.

S: Mit S (Spalte) wird das Ereignis bezeichnet, daß zwei Buchstaben gewählt werden, die in der gleichen Spalte stehen.

$\bar{S}$: Das Ereignis $\bar{S}$ tritt ein, wenn zwei Buchstaben gewählt werden, die *nicht* in der gleichen Spalte stehen. Die Ereignisse S und $\bar{S}$ sind komplementär.

Tabelle 1.11: Geheimtexttabelle

π_1	π_2	π_3	$\cdots$	π_s
c_1	c_2	c_3	$\cdots$	c_s
c_{s+1}	c_{s+2}	c_{s+3}	$\cdots$	c_{2s}
c_{2s+1}	c_{2s+2}	c_{2s+3}	$\cdots$	c_{3s}
c_{3s+1}	c_{3s+2}	c_{3s+3}	$\cdots$	c_{4s}
$\vdots$	$\vdots$	$\vdots$		$\vdots$
$c_{\frac{n}{s}+1}$	$c_{\frac{n}{s}+2}$	$c_{\frac{n}{s}+3}$	$\cdots$	

Der Satz über die mittlere Wahrscheinlichkeit (siehe Anhang 8.3.11, Seite 275) besagt, daß für die Wahrscheinlichkeiten und die bedingten Wahrscheinlichkeiten der aufgeführten Ereignisse folgende Formel gilt:

$$p(Z) \;=\; p(S) \cdot p(Z|S) + p(\bar{S}) \cdot p(Z|\bar{S}). \tag{1.4}$$

Die weitere Beweisführung besteht nun darin, die benötigten Wahrscheinlichkeiten als Laplace-Wahrscheinlichkeiten zu bestimmen und in die Gleichung 1.4 einzusetzen. Anschließendes Auflösen der Gleichung nach s liefert die gesuchte Formel.

$p(Z)$: Laplace-Wahrscheinlichkeiten können bestimmt werden, indem man die Anzahl der für das betrachtete Ereignis günstigen Versuche und die Anzahl aller möglichen Versuchsausgänge dividiert. Berücksichtigt man die Aussage von Satz 1.8.2, dann ergibt sich unmittelbar:

$$p(Z) = \kappa(C).$$

$p(Z|S)$: Alle Geheimtextzeichen einer Spalte sind durch monoalphabetische Verschlüsselung entstanden. Da bei monoalphabetischen Chiffren Klartext und Geheimtext stets den gleichen Koinzidenzindex haben, gilt:

$$p(Z|S) \approx \kappa(M).$$

Da wir Klartexte in deutscher Sprache untersuchen, ist $p(Z|S) \approx \kappa_D = 0,071346$.

$p(Z|\bar{S})$: Wenn man davon ausgeht, daß die Substitutionsvorschriften der einzelnen Spalten zufällig gewählt wurden und das Schlüsselwort hinreichend lang ist, kann auch nur zufällig ein Buchstabenpaar aus gleichen Buchstaben gewählt werden. Mit dem Resultat aus Beispiel 1.8.5 folgt:

$$p(Z|\bar{S}) \approx \kappa_Z = 0,033333.$$

$p(S)$: Betrachtet man die Wahl der zwei Buchstaben als zweistufiges Zufalls-experiment, kann $p(S)$ wie folgt bestimmt werden. Für die Wahl des ersten Buchstabens gibt es n Möglichkeiten, für die Wahl des zweiten Buchstabens gibt es dann noch $(n-1)$ Möglichkeiten. Da es uns nicht auf die Reihenfolge der gewählten Buchstaben ankommt, gibt es $\frac{n \cdot (n-1)}{2}$ Möglichkeiten, zwei Buchstaben zu wählen.

Die Anzahl der Buchstabenpaare, die in einer Spalte stehen, ist $\frac{n \cdot (n/s-1)}{2}$. Um den ersten Buchstaben zu wählen, gibt es n Möglichkeiten, für den zweiten Buchstaben ergeben sich nur noch $(n/s-1)$ Möglichkeiten, da dieser in der gleichen Spalte wie der erste Buchstabe stehen soll.

Insgesamt ergibt sich:

$$p(S) \approx \frac{n \cdot (n/s - 1)}{n \cdot (n - 1)} = \frac{n/s - 1}{n - 1}.$$

$p(\bar{S})$: Da die Ereignisse S und $\bar{S}$ komplementär sind, gilt:

$$p(\bar{S}) = 1 - p(S) \approx 1 - \frac{n/s - 1}{n - 1} = \frac{n - n/s}{n - 1}.$$

Einsetzen dieser Resultate in Gleichung 1.4 liefert

$$\kappa(C) \quad \approx \quad \frac{n/s - 1}{n - 1} \cdot \kappa_D + \frac{n - n/s}{n - 1} \cdot \kappa_Z.$$

Durch Auflösen nach s ergibt sich die zu beweisende Formel

$$s \approx \frac{n \cdot (\kappa_D - \kappa_Z)}{\kappa(C) \cdot (n - 1) + \kappa_D - n\kappa_Z}.$$

$\diamond$

Der Koinzidenzindex liefert nicht immer die exakte Schlüsselwortlänge, besonders wenn man nur kurze Geheimtexte untersucht. Man kann aber davon ausgehen, daß der Friedman-Test zuverlässig die Größenordnung der Schlüssel-wortlänge liefert. Kombiniert man dieses Resultat mit den Resultaten des Kasiski-Tests, gelingt die exakte Bestimmung der Schlüsselwortlänge in fast allen Fällen.

1.9 Beispiel: Analyse einer polyalphabetischen Chiffre

Im Beispiel 1.7.1 auf Seite 26 wurde ein Kryptogramm vorgestellt, das mittels einer Vigenère-Verschlüsselung erstellt wurde. Um die Analysemethoden aus den vorhergehenden Abschnitten zu demonstrieren, wird dieses Kryptogramm im weiteren analysiert. Wir beginnen damit, die Länge des Schlüsselwortes zu ermitteln.

Bestimmung der Schlüsselwortlänge

Zunächst wird der Koinzidenzindex des Geheimtextes berechnet. Das Zählen der einzelnen Buchstabenhäufigkeiten $n_0, n_1, \ldots, n_{29}$ und das Einsetzen dieser Werte in die Formel aus Definition 1.8.1 ergibt:

$$\kappa(C) = \frac{\sum_{i=0}^{29} n_i(n_i - 1)}{n(n - 1)} \approx 0,036.$$

Mit den Werten $\kappa_D \approx 0,071$, $\kappa_Z \approx 0,033$, $n = 1\,157$ und der Formel aus Satz 1.8.7 kann die Größenordnung der Schlüssellänge bestimmt werden. Durch Einsetzten und Ausrechnen ergibt sich:

$$\begin{aligned} s &\approx \frac{n \cdot (\kappa_D - \kappa_Z)}{\kappa(C) \cdot (n - 1) + \kappa_D - n\kappa_Z} \\ &\approx 12,540. \end{aligned}$$

Um die genaue Länge des Schlüsselwortes zu erhalten, verwenden wir die von Kasiski vorgeschlagene Methode. Mit Hilfe eines geeigneten Computerprogramms werden alle Parallelstellen sowie deren Abstände ermittelt. Um die gemeinsamen Teile der Abstände zu ermitteln, werden die Primfaktoren der Abstände bestimmt. In Tabelle 1.12 sind die Resultate dieser Untersuchung zusammengefaßt.

Tabelle 1.12: Abstände der Parallelstellen

Länge der Parallelst.	Anzahl der Parallelst.	Primteiler der Abstände								
		2	3	5	7	11	13	17	19	sonst.
3	62	24	18	10	13	46	9	3	1	14
4	10	2	7	0	1	10	2	1	0	0
5	6	2	3	3	0	6	0	0	1	1
6	3	1	1	1	0	3	0	1	0	1
7	0	0	0	0	0	0	0	0	0	0
8	0	0	0	0	0	0	0	0	0	0
9	1	0	0	0	0	1	0	0	0	1
10	0	0	0	0	0	0	0	0	0	0
11	2	2	1	0	1	2	0	1	0	0
12	0	0	0	0	0	0	0	0	0	0
13	0	0	0	0	0	0	0	0	0	0
14	0	0	0	0	0	0	0	0	0	0
15	0	0	0	0	0	0	0	0	0	0
16	1	0	0	0	0	1	0	0	1	0

Die erste Spalte der Tabelle kennzeichnet die Länge der Parallelstellen, nach denen gesucht wurde. In der zweiten Spalte ist angegeben, wieviele Parallelstellen der entsprechenden Länge gefunden wurden. Zu allen Parallelstellen wurde der Abstand bestimmt. Diese Abstände wurden in Primfaktoren zerlegt. Die Spalten drei bis elf geben an, wie oft die einzelnen Primfaktoren in den

Abständen vorhanden sind. Die Anzahl der Primfaktoren, die größer als 19 sind, wurde in einer Spalte „sonstige" zusammengefaßt, da gemäß Koinzidenzindex nicht zu erwarten ist, daß das Schlüsselwort größer als 20 ist.

Wie man sieht, tritt der Primfaktor 11 als einziger mit herausragend hoher Häufigkeit auf. Das entspricht auch etwa der Schlüssellänge, die mit dem Koinzidenzindex berechnet wurde. Es ist also anzunehmen, daß das Schlüsselwort aus 11 Buchstaben besteht.

Bestimmung des Schlüsselwortes

Wir beginnen damit, den Geheimtext in ein Schema mit 11 Spalten (siehe Seite 36) zu schreiben. Anschließend werden die Buchstabenhäufigkeiten jeder einzelnen Spalte bestimmt. Das Resultat dieser Auswertung ist in Tabelle 1.13 zusammengefaßt.

```
A Q U R Y I N Z Ü Y A      B S N X Q L K L Ä M V      Q C P K Ü Q G I X R V
S S A R Q N K C Ö I E      ß R D U N P I L H E ß      Z C P K Ü Q H Ä X R I
N S B F S E H Ä Ö K G      Y S Y W P V G Y Y E Y      Ä Z Y N Z U O L C F V
Q W P K X Q E O B M G      ß E Ä J P V I L H X P      E K U U A M U V W E Q
P S A G P K J P Y J E      B J C V B K J Ä X M T      U Q U G B Z E O W M V
U S A N B V U Ä J R U      T R V H O M E O Ö J W      A S Y E P N A Y Ü I U
K P C H X Q E O W E E      ß W R U V Ü P Z I W B      Q Q U L Q N T L H G Y
U Ö V Q O M O P V L ß      E S V W P Ä F L G K V      ß W S W O Q G Z X V R
U B E R Y S C T X V R      S S Ä V A I P K Z I F      ß D Q L P J K Z O I Z
P S Ä P T Ö F L G G Y      B O C W P Ö C Ö Y E Ü      X S Ä O L V I ß T V H
U T S U P Y W H G V V      S S O U L Q U J Ä I X      Z R X H T V G U D R I
S S B F S Z K L U I A      ß E Ä G ß E V C X ß H      M Z R X Ü Ä G U I L Z
Q C N X ß J C Ä J R U      ß M P N G Ü H F Ä V V      Q Z C G P V U J Ä P P
H E Q L P Ä G U O Y F      Z G Ö E P Q O P G H Z      A C R O L Ü H L Ö R W
O V A L Q Ö G U W I A      Q S V J P V V F B P Z      M Q U H L Z V M T R U
Y W A Q T K J Ä U I Ö      O V R Ü B Ä C T B I A      M Z B Y Z Z A I J R X
M Ö Ä W P V U J Ä P P      A S C Ü B V I L Ö R V      H E Z G P K J P Y J E
A C R O ß Ü E O I I U      ß X R G P V G Ö G S C      U S A H Y L G Y V L Z
U S Ä V A W D S Ö I X      I W B F S M P Z V L E      R T A H Ö Ü C Y G I Z
Q Ö U H T Ö G U J R U      U T C V Ä Z C J Ä I R      A D Q D ß L G Y X M A
M Ö Q H Ü M W T H X N      C C O X N P U Ä T F V      R O P K P V E O Ö J W
Z R R X Y Ö G Y U V R      Z R R Q L V J H A X X      ß S B F S Z K M I I A
O V R Q O Q G Z X Y V      M P Q L P Ä G C J W R      H E O H A Z C J Ä X V
N E Ä J P V D P H M T      Y Ä R Q ß M V C J R X      Z R V H ß C O W T X Y
T Ö N F S U G O G E Ü      P S A Z I Z V L G J P      Q D V V N P G U I M A
A J F D Y D K N Ü E Y      T B C H X Q E O T Y W      B S Ä E P Q Y L A G Y
ß S Ä G T M U L L M V      P W R L O M G L Ö R V      Q Ö V F S I N S X M A
P S A D B N P H Ä Q Z      A Q U O J Ä U L A X R      E W R J W M D H A W D
Z R R P T K J K Ö I R      N S Y O P I P C J J V      C S Y O P J G U J X M
X D R Q G Ü U J Ä V Z      ß D V J P V F P X W Z      Q Ö X R Y V V L H M A
R D R Q C W P ß X P T      O V O H T U C Ö Y W H      P R R U C W N S H X N
T S Ä L N P F L C W T      O V R Q O M T I J G Y      Z R V J V M K Ä L I X
T Z L V ß M N S P R X      A D N E P V F L H W T      Q Ö N X Q O G M R L E
A D E H Ü O G Z H I A      T Z L V ß M N Z Ö R U      B O - - - - - - - - -
T O C W P A K L W I E      Q Ö Z L A L G Y V L Z      - - - - - - - - - - -
P S P K T N H Y Ö I E      R T A H Ö Ü C Y G I X      - - - - - - - - - - -
```

Tabelle 1.13: Buchstabenhäufigkeiten der einzelnen Spalten

	1	2	3	4	5	6	7	8	9	10	11
A	10	0	10	0	5	1	2	0	4	0	10
B	5	2	5	0	6	0	0	0	3	0	1
C	2	6	8	0	2	1	9	5	2	0	1
D	0	8	1	3	0	1	3	0	1	0	1
E	3	6	2	4	0	2	7	0	0	7	8
F	0	0	1	6	0	0	5	2	0	2	2
G	0	1	0	7	2	0	21	0	9	4	2
H	3	0	0	14	0	0	5	4	9	1	3
I	1	0	0	0	1	4	4	3	5	20	2
J	0	2	0	6	1	3	6	6	9	6	0
K	1	1	0	5	0	5	8	2	0	2	0
L	0	0	2	8	5	4	0	19	2	6	0
M	6	1	0	0	0	13	0	3	0	10	1
N	3	0	5	3	4	5	5	1	0	0	2
O	5	4	4	6	6	2	4	8	2	0	0
P	7	2	6	2	24	4	6	6	1	4	4
Q	12	5	5	8	5	10	0	0	0	1	1
R	4	9	17	4	0	0	0	0	1	14	7
S	4	26	2	0	6	1	0	4	0	1	0
T	7	4	0	0	8	0	2	3	5	0	5
U	8	0	7	6	0	3	9	7	3	0	7
V	0	5	9	7	2	16	6	1	4	7	14
W	0	7	0	6	1	3	2	1	5	7	4
X	2	1	2	6	3	0	0	0	11	8	8
Y	3	0	5	1	6	1	1	9	5	4	7
Z	8	6	2	1	2	8	0	8	1	0	10
Ä	1	1	11	0	1	6	0	8	9	0	0
Ö	0	9	1	0	2	5	0	3	11	0	1
Ü	0	0	0	2	5	7	0	0	3	0	2
ß	11	0	0	0	8	0	0	2	0	1	2
Geheimtext:	Q	S	R	H	P	M	G	L	X	I	V
Klartext:	e	e	e	e	e	e	e	e	e	e	e
Schlüssel:	M	O	N	D	L	I	C	H	T	E	R

Wie man sieht, wurde der Klartext offensichtlich mit dem Schlüsselwort „MONDLICHTER" chiffriert. Das dechiffrierte Kryptogramm ist weiter unten aufgeführt. Es handelt sich dabei um das Vorwort des Buches „Die Geheimschriften und die Dechiffrier-Kunst" von F. W. Kasiski.

Schon als junger Offizier beschäftigte ich mich mit der Dechiffrierkunst und übte mich darin, indem ich mir von Kameraden mit der chiffre quarre Geschriebenes ausbat und zu diesen Zuschriften den mir nicht bekannten Schlüssel suchte. Dienstobliegenheiten und andere Umstände unterbrachen diese Uebungen, bis ich nach mehr als zwanzig Jahren diese wieder aufnahm, indem ich die alten Zuschriften, von welchen ich den Schlüssel längst vergessen hatte, wieder dechiffrierte.

Auf die hierdurch gesammelten Erfahrungen gestützt, suchte ich die Dechiffrierkunst, so weit es der Gegenstand gestattet, auf algebraische Grundsätze zurückzuführen, wobei mir die eigentümliche Zusammensetzung einer jeden (europäischen) Schriftsprache aus Buchstaben den Anhalt gab; diese Zusammensetzung der Wörter führte mich auf die Idee, eine Schlüssel=Tabelle anzufertigen, die sich beim Aufsuchen der Buchstaben des Schlüssels in den mit der chiffre quarre geschriebenen Schriften vollkommen bewährte, so daß ich durch dieselbe für jede Chiffre=Schrift dieser Art, die 10 bis 12 Zeilen lang war und keine non-valeurs enthielt, den Schlüssel auf einfache Art fand.

Als Vorübung zum Dechiffrieren der chiffre quarre ist das der einfachen Chiffre=Schriften zu betrachten; die sympathetischen Tinten, bei welchen ich allein Wiegleb als Quelle benutzen konnte, sind der Vollständigkeit wegen aufgeführt.

Kasiski, 1863, [Kas63]

1.10 Permutationschiffren

Im Gegensatz zu Substitutionschiffren liegt den Permutationschiffren — auch Transpositionschiffren genannt — die Idee zugrunde, daß die einzelnen Buchstaben des Klartextes nicht ersetzt, sondern „lediglich" in ihrer Anordnung vertauscht werden. In der älteren Literatur zur Kryptologie finden sich zahlreiche Verfahren und Schemata, die auf dieser Idee basieren. Das bekannteste und älteste Verfahren ist die sogenannte *Skytala von Sparta*. Es gibt Hinweise darauf, daß dieses Verfahren schon 400 v. Chr. verwendet wurde.

Bei der Skytala handelt es sich um einen Zylinder mit festgelegtem Durchmesser, um den ein dünner Papyrusstreifen gewickelt wird (siehe Abbildung 1.12). Der Papyrusstreifen wird dann in Richtung der Zylinderachse beschrieben. Auf dem abgewickelten Streifen stehen die Buchstaben dann in permutierter Reihenfolge.

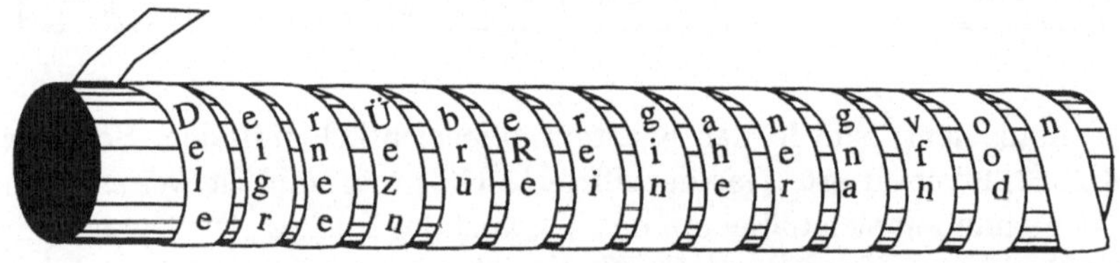

Abbildung 1.12: Skytala von Sparta

Interessante Details zu dieser und anderen klassischen Permutationschiffren finden sich zum Beispiel in [Klü09] oder [vW81]. Besonders bemerkenswert ist auch die Tatsache, daß schon Giovanni Baptista Porta in seinem Chiffrentraktat von 1593 [Por96] zwischen Substitutions- und Permutationschiffren unterschied.

Betrachten wir nun eine formale Definition der Permutationschiffre und anschließend ein Beispiel.

Definition 1.10.1 (Permutationschiffre)
Alphabet

Für die Klar- und Geheimtexte wird ein Alphabet benötigt. Dieses Alphabet ist eine *geordnete* Menge, die Σ genannt wird und $l \in \mathbf{N}$ Zeichen $\{z_1, z_2, \ldots, z_l\}$ enthält.

Klartext

Der Klartext M wird durch eine Folge von n Zeichen repräsentiert. Dabei wird die folgende Bezeichnung verwendet: $M = m_1 m_2 m_3 \ldots m_n$, wobei $m_i \in \Sigma$ für alle $i \in \{1, 2, \ldots, n\}$ ist.

Geheimtext

Der Geheimtext C wird ebenfalls durch eine Folge von n Zeichen repräsentiert. Es wird die Bezeichnungsweise $C = c_1 c_2 c_3 \ldots c_n$ verwendet. Auch für die Geheimtextzeichen gilt: $c_i \in \Sigma$ für alle $i \in \{1, 2, \ldots, n\}$.

Schlüssel

Der Schlüssel einer Permutationschiffre ist durch eine Permutation π der Zahlen $1, 2, \ldots, s$ gegeben. Also ist:

$$\pi = \begin{pmatrix} 1 & 2 & 3 & 4 & \ldots & s \\ \pi(1) & \pi(2) & \pi(3) & \pi(4) & \ldots & \pi(s) \end{pmatrix}.$$

Verschlüsselung

Die Verschlüsselung eines Klartextes M geschieht zeichenweise, und es gilt:

$$
\begin{aligned}
c_1 &= m_{\pi(1)}, & c_2 &= m_{\pi(2)}, & \ldots, & & c_s &= m_{\pi(s)} \\
c_{s+1} &= m_{s+\pi(1)}, & c_{s+2} &= m_{s+\pi(2)}, & \ldots, & & c_{2s} &= m_{s+\pi(s)} \\
c_{2s+1} &= m_{2s+\pi(1)}, & \ldots & & & & &
\end{aligned}
$$

Entschlüsselung

Die Entschlüsselung eines Geheimtextes C geschieht analog zur Verschlüsselung unter Verwendung der inversen Permutation π^{-1}.

Beispiel 1.10.2 (Permutationschiffre)

Als Schlüssel verwenden wir die Permutation

$$\pi = \begin{pmatrix} 1 & 2 & 3 & 4 & 5 & 6 & 7 \\ 3 & 1 & 4 & 2 & 7 & 5 & 6 \end{pmatrix}.$$

und verschlüsseln den Klartext

```
Fischers Fritze fischt frische Fische.
```

Wie früher üblich wird der Klartext in kleinen Buchstaben notiert und auf die Verwendung des Leerzeichens zwischen den Worten verzichtet. Statt dessen wird ein Leerzeichen nach jedem siebten Buchstaben eingefügt und am Ende werden die Buchstaben xy ergänzt. Damit enthält der Klartext genau 35 Buchstaben (durch sieben teilbar) und ist, zum Zweck der Verschlüsselung, in einer übersichtlichen Form notiert. Man erhält die fünf Blöcke

```
fischer sfritze fischtf rischef ischexy.
```

In jedem Block werden die Buchstaben nun gemäß der Permutation π vertauscht. In Abbildung 1.13 wird dies für den ersten Block dargestellt. Insgesamt erhält man den Geheimtext

```
SFCIRHE RSIFETZ SFCIFHT SRCIFHE CIHSYEX.
```

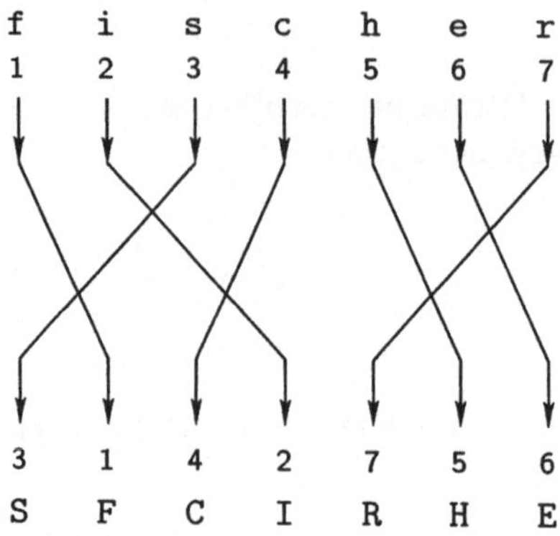

Abbildung 1.13: Permutieren der Buchstaben

Kryptoanalyse der Permutationschiffre

Die Kryptoanalyse einer Permutationschiffre wird hier nur anhand eines Beispiels vorgeführt. Details und ausgefeilte Methoden findet man zum Beispiel in [Gai56].

Wenn man davon ausgeht, daß dem Angreifer zu einigen Geheimtextblöcken auch der Klartext bekannt ist, kann man die bei der Verschlüsselung verwendete Permutation leicht ablesen, wenn man Klartext und Geheimtext untereinander schreibt, so wie in Abbildung 1.13. Damit ist es dann auch möglich, den restlichen Geheimtext zu entziffern.

Etwas schwieriger ist die Analyse, wenn kein Klartextfragment bekannt ist. Da durch das Vertauschen der Buchstaben die Häufigkeit der einzelnen Buchstaben nicht verändert wird, basiert die Kryptoanalyse im wesentlichen auf der Rekonstruktion von Bigrammen und Trigrammen. Als Beispiel betrachten wir das folgende Kryptogramm und ermitteln die bei der Verschlüsselung verwendete Permutation. Dabei gehen wir davon aus, daß eine Permutation der Zahlen eins bis sieben verwendet wurde.

```
ACHNMMA TÄURMLT ÖERRKEE IEFTLNN RNDEUEG IIEDHCH
CLSEAMM RNDUEHT IGEÖWFL LNFIAEE HURDCKE UTANGDE
HURDCND HNAECDI TNEISTE NSKEOAG IRSEWNT UICLHRK
```

```
ORFELND UCHOAGH ARSETFD RNDUEDT WELGTSE AINEFIE
CDUERLK GNTEAHD CDUDRUN CENIAHD WLLAEHT ESTTIEL
NNDIERT UMEMLHI TIEDSND HMASCAA OGTAVTS IIKEERB
FDARRNE GNVEOWI GLIFEEL MERDIEN NSESIPA NSCNHME
HSEHIOC IEFTLEU IERTHEG LRWEONT NDENNKE HSUNCIH
LEPIOTD SIGEEIZ RNWRATE DMORNDE NZDRUKU LDALFKE
DOHWLOG VANMNER AEIBDOR ANDUWNN SIBGTNN AENNMEI
IERDWNN GNVIOEE GLIFEEL NANKNEN
```

In der deutschen Schriftsprache treten die Bigramme **en**, **er** und **ch** mit herausragend hohen Häufigkeiten auf (siehe Tabelle 1.4 auf Seite 12). Durchsucht man nun das Kryptogramm nach Blöcken, in denen die Buchstaben dieser Paare auftreten, findet man zum Beispiel den Block **HNAECDI**.

Es ist nun naheliegend anzunehmen, daß die Buchstaben **C** und **H** zu einem Bigramm **ch** gehören und die Buchstaben **E** und **N** zu einem Bigramm **en**. Falls diese (wahrscheinlichen) Annahmen richtig sind, dann besteht der Klartext zu dem betrachteten Bock aus den Fragmenten **en**, **ch**, **a**, **d** und **i**. Nun stellt sich die Frage, in welche Reihenfolge die Fragmente gehören. Da es sich jedoch nur um fünf Fragmente handelt, gibt es maximal 5! = 120 Möglichkeiten, diese anzuordnen. Schreibt man alle Kombinationen auf, stellt man fest, daß nur wenige davon einen sinnvollen Klartextblock ergeben. Der wahrscheinlichste Klartextblock ist die Kombination **dienach**. Durch Vergleich mit dem entsprechenden Kryptogramm **HNAECDI** erhält man die Permutation

$$\pi = \begin{pmatrix} 1 & 2 & 3 & 4 & 5 & 6 & 7 \\ 7 & 4 & 5 & 3 & 6 & 1 & 2 \end{pmatrix}.$$

Verwendet man π zur Entschlüsselung weiterer Blöcke, ergeben sich ebenfalls sinnvolle Klartexte. Nach der Entschlüsselung aller Blöcke erhält man als Klartext das folgende Gedicht von Armin Müller-Stahl (1962). Dabei wurden die Leerzeichen wieder an den entsprechenden Stellen positioniert.

manchmal träumte er er könnte
fliegen durch die himmel sacht
und er flöge wie ein falke
durch den tag und durch die nacht

eines tages konnt ers wirklich
und er flog hoch auf der stadt
und er segelt wie ein falke
durch den tag und durch die nacht

alle welt stiert in den himmel
und die staatsmacht sagt vorbei
keiner darf wien vogel fliegen
der im pass ein mensch noch sei

heute fliegt er hinter wolken
denn ihn sucht die polizei
gestern war der mond kurz dunkel
da flog wohl der mann vorbei

dann und wann gibts einen mann
der wie ein vogel fliegen kann

Armin Müller-Stahl, 1962

Kapitel 2

Die Kryptoanalyse der „Enigma"-Chiffre

Anfang des 20. Jahrhunderts wurden im Zuge der fortschreitenden Entwicklung
von Elektrizität und Feinmechanik eine Reihe von Chiffriermaschinen erfunden,
mit denen man Texte leicht und einfach verschlüsseln konnte. Sehr bekannt waren die verschiedenen „Enigma"[1] Modelle, deren grundlegende Funktionsweise
von dem deutschen Ingenieur Dr. Arthur Scheribus erfunden wurde. Die deutsche Wehrmacht hat Maschinen dieser Art im zweiten Weltkrieg zur Verschlüsselung geheimer Nachrichten verwendet. Polnischen und britischen Mathematikern gelang es jedoch schon vor und während des Krieges, die Enigma-Chiffren
zu brechen und so die Funksprüche der deutschen Wehrmacht mitzuhören.

Die Geschichte der Enigma gehört sicher zu den spektakulärsten Kryptoanalysen des 20. Jahrhunderts. Die Arbeitsweise dieser Chiffriermaschine, die
Analysemethoden der Polen und Engländer sowie ein kleiner Ausschnitt des ge-
schichtlichen Hintergrundes werden in diesem Kapitel vorgestellt, um an einem
realen Beispiel zu demonstrieren, wie leicht es ist, sich von brillant anmutenden
Ideen und technischer Komplexität blenden zu lassen und sich leichtgläubig der
scheinbaren Sicherheit eines Chiffrierverfahrens auszuliefern.

Das Beispiel der Enigma Analyse zeigt auch, wie wichtig es ist, nicht nur
das eigentliche Verschlüsselungsverfahren unter Sicherheitsaspekten zu betrachten, sondern auch das organisatorische Umfeld, den Bedienungskomfort, die
Schlüsselverwaltung sowie die potentiellen Möglichkeiten unberufener Entziffe-
rer.

Die Chiffrierverfahren unserer Zeit sind natürlich wesentlich sicherer als die
Enigma-Chiffre, denn die Grundlagen der Kryptologie sind heute besser er-
forscht, und es gibt ausgereifte Methoden, um die Sicherheit eines neuen Verfahrens zu prüfen. Dennoch ist es bei den meisten Verfahren bislang noch nicht
gelungen, ihre Vertrauenswürdigkeit mathematisch nachzuweisen. Die prinzipielle Möglichkeit einer Kryptoanalyse bewährter Verschlüsselungsverfahren ist
heute noch ebenso gegeben wie zu Zeiten der Enigma-Chiffren.

---

[1]griech. Geheimnis, Rätsel

Das Kapitel ist in sechs Abschnitte unterteilt. Zunächst wird kurz auf die Entwicklung kryptographischer Geräte und Methoden zu Beginn des 20. Jahrhunderts eingegangen. Dabei werden verschiedene Chiffriermaschinenmodelle kurz vorgestellt, die damals verwendet wurden.

Anschließend folgt ein Abschnitt, in dem die Funktionsweise der Rotorchiffrierung detailliert erklärt wird. Dieses Prinzip war Grundlage vieler Chiffrieralgorithmen, die bis in die fünfziger Jahre verwendet wurden. Aber auch heute werden vereinzelt Verschlüsselungsalgorithmen eingesetzt, die auf dem Prinzip der Rotorchiffrierung basieren, so z.B. der UNIX Standardchiffrieralgorithmus crypt(4).

Im dritten Abschnitt wird die Arbeitsweise der Wehrmachtsenigma beschrieben, wobei hier nur auf das Standardmodell eingegangen wird. Während des Krieges wurde die Enigma weiterentwickelt und verbessert. Es wurden auch Zusatzgeräte entwickelt, die eine Kryptoanalyse erschweren sollten. Alle diese Modifikationen änderten aber nichts an dem grundlegenden Verschlüsselungsprinzip der Enigma.

In Abschnitt 2.4 werden die wesentlichen Eigenschaften der im Krieg verwendeten Schlüsselverfahren vorgestellt, also die organisatorischen Regelungen zur Verteilung und Verwendung der Chiffrierschlüssel.

Anschließend werden die Arbeiten der polnischen Kryptoanalytiker skizziert, die schon vor Ausbruch des Krieges ein Mithören der Wehrmachtsfunksprüche ermöglichten. Wegen des Einmarsches der deutschen Soldaten in Polen mußten diese Arbeiten 1939 jedoch abgebrochen werden.

Die grundlegenden Ideen der polnischen Analysen wurden von der britischen Institution „Government Code and Cypher School" aufgegriffen und weiterentwickelt, was im letzten Abschnitt dieses Kapitels beschrieben wird.

2.1 Entwicklung kryptographischer Geräte zu Beginn des 20. Jahrhunderts

Um die Jahrhundertwende wurden unzählige Chiffrier- und Dechiffriergeräte und -maschinen patentiert. Darunter befanden sich primitivste Geräte, praktische und unpraktische Chiffrierhilfen, einfachere und komplizierte Maschinen. Eine vollständige Aufzählung aller Chiffrierapparate ist schwer möglich, da sich diese von anderen Apparaten nicht immer streng voneinander abgrenzen lassen. Eine Schreibmaschine, die irgendeine Stenografieschrift schreibt, kann ja schließlich auch zum Schreiben von Geheimtexten verwendet werden. Sehr beliebt waren zum Beispiel die Chiffriervorrichtungen des Ingenieurs Alexander von Kryha, die sogar im Taschenformat erhältlich waren (siehe auch [Kon82]).

Tabelle 2.1 enthält einen Auszug der bekannteren Patente, die für Chiffriermaschinen in den Jahren 1880 bis 1925 in Deutschland erteilt wurden. Die Patentämter in England, Frankreich, Österreich, der Schweiz und den Vereinigten Staaten haben vergleichbar viele Patente vorzuweisen (siehe [Tü27]).

Entscheidend für die Entwicklung der Chiffriermaschinen war die Erfindung der Funk- und Radiotelegrafie, denn die Postbehörden der verschiedenen Länder sicherten ihren Kunden ausnahmslos die Geheimhaltung brieflicher oder telegrafischer Nachrichten zu und taten alles, was in ihren Kräften stand, um das Post- und Telegrafengeheimnis auch de facto zu wahren. Die Übermittlung telegrafischer Nachrichten durch ein Kabel war vergleichsweise sicher, da es schwierig war, die zum Abhören notwendige Apparatur unbemerkt an die Telegrafenleitung anzuschließen. Die Funktelegrafie war gegen das Mithören von Nachrichten wesentlich weniger geschützt, zumal die Abhörapparaturen immer billiger und handlicher wurden. Die Funktelegrafie konnte erst als angemessen sicher angesehen werden, wenn die Nachrichten vor der Übertragung verschlüsselt wurden. Wegen der großen Anzahl der zu übertragenden Nachrichten konnte zwischen großen Fernmeldestationen nur mit Chiffriermaschinen gearbeitet werden, die die Arbeit des Chiffrierens und Dechiffrierens vollständig übernahmen, so daß die Arbeit des Postbeamten lediglich auf die des Schreibens (ähnlich wie bei einer Schreibmaschine) beschränkt war. Ferner mußten die Chiffriermaschinen noch die Forderung erfüllen, daß die Kryptogramme sicher sind, also keinen Anhaltspunkt für die unberufene Entzifferung bieten, um die Geheimhaltung der Nachrichten zu sichern.

Natürlich war die Entwicklung der Funktelegrafie auch im militärischen Bereich von großer Bedeutung. Fast gleichzeitig mit der Radio- und Funktelegrafie entwickelte sich aber auch die Funkaufklärung. Bereits 1907 wurde auf Helgoland die erste Abhörstelle errichtet, weitere folgten. Die Nutzung der Funktelegrafie für geheime Nachrichten war folglich nur für chiffrierte Texte zu empfehlen. Es mußten also leicht handhabbare und sichere Möglichkeiten der Verschlüsselung gefunden werden.

Ein großer Schritt bei der Entwicklung mechanischer Chiffriermethoden, die den Ansprüchen der Funktelegrafie gerecht wurden, war die Entdeckung der Rotorchiffre. Das erste Patent einer Rotor-Chiffriermaschine wurde am 23.2.1918 von Arthur Scheribus[2] in Deutschland eingereicht, das Patent wurde jedoch erst sieben Jahre später erteilt. Grundlage für dieses Patent war das erste „Enigma"-Modell, das später — mit einigen Modifikationen — von der Wehrmacht als Standardverschlüsselungsgerät eingesetzt wurde. Über den Erfinder Arthur Scheribus ist nur wenig bekannt. Eine kurze Zusammenfassung über sein Leben und Schaffen ist in [Bau91] veröffentlicht.

In anderen Ländern wurden ähnliche Patente erteilt. H. A. Koch[3] meldete 1919 in den Niederlanden ein Patent an, drei Tage später wurde von Arvid Gerhard Damm[4] ein schwedisches Patent angemeldet und 1924 ein amerikanisches von Edward Hugh Hebern[5].

Die verschiedenen Enigma Modelle und einige andere Chiffriermaschinen werden im folgenden kurz vorgestellt, ohne auf mechanische Einzelheiten einzugehen.

---

[2]Deutsches Patent Nr. 416.219 vom 23.2.1918; Dr. Ing. Arthur Scheribus, 1879 – 1929
[3]Niederländisches Patent vom 7.10.1919; Hugo Alexander Koch, 1870 bis 1928
[4]Schwedisches Patent vom 10.10.1919; Arvid Gerhard Damm, gestorben 1927
[5]US-Patent Nr. 510.441 von 1924; Edward Hugh Hebern, 1869 bis 1952

Tabelle 2.1: Chiffriermaschinenpatente in Deutschland

Patent Nr.	Ausgabedatum			Patent Nr.	Ausgabedatum		
...				283.697	4.	Mai	1915
5.650	19.	Juli	1879	299.994	21.	August	1917
14.877	20.	August	1881	300.919	1.	Oktober	1917
18.028	8.	Mai	1882	307.655	9.	September	1919
47.705	5.	August	1889	307.895	16.	September	1918
57.812	28.	Juli	1891	311.955	3.	Mai	1919
61.472	15.	März	1892	311.999	23.	April	1919
67.611	7.	April	1893	362.739	4.	Oktober	1920
67.792	4.	April	1893	329.067	12.	November	1920
68.167	25.	April	1893	336.669	7.	Mai	1921
69.144	17.	Juni	1893	364.184	18.	November	1922
72.239	18.	Dezember	1893	366.614	8.	Januar	1923
89.897	17.	Dezember	1896	368.500	6.	Februar	1923
115.344	1.	Dezember	1900	371.087	10.	März	1923
116.828	15.	Januar	1901	371.608	16.	März	1923
125.536	5.	Dezember	1901	372.217	24.	März	1923
146.924	6.	Januar	1904	380.042	31.	August	1923
147.918	8.	Februar	1904	383.003	9.	Oktober	1923
190.965	19.	November	1907	383.593	15.	Oktober	1923
191.568	16.	November	1907	383.594	15.	Oktober	1923
214.719	15.	Oktober	1909	385.682	27.	November	1923
256.905	24.	Februar	1913	400.795	19.	August	1924
266.583	28.	Oktober	1913	407.804	22.	Januar	1925
274.556	23.	Mai	1914	412.582	23.	März	1925
275.011	5.	Juni	1914	414.283	28.	März	1925
275.390	18.	Juni	1914	414.547	18.	Juni	1925
275.848	29.	Juni	1914	416.219	8.	Februar	1925
277.366	21.	August	1914	416.833	27.	Juni	1925
277.503	24.	August	1914	418.344	3.	März	1925
278.136	25.	September	1914	425.147	13.	September	1926
280.874	3.	Dezember	1914	425.566	22.	Februar	1926
282.753	15.	März	1915	...			

Die ältesten kommerziellen Enigma-Modelle (20er Jahre) haben das Aussehen einer Schreibmaschine. Sie ermöglichen es, Klartexte zu chiffrieren und Kryptogramme zu dechiffrieren; einige Modelle können auch als gewöhnliche Schreibmaschinen zur Niederschrift irgendeiner Mitteilung in Klarschrift verwendet werden.

Das „**Enigma A**"-Modell kann mit einem an der Maschine angebrachten Hebel jederzeit von „Klarschrift" auf „Geheimschrift" umgeschaltet werden. Ein rotierendes Typenrad druckt den Klartext bzw. den Chiffretext direkt auf Papier. Beim Chiffrieren wird der Geheimtext automatisch in Gruppen von je fünf Buchstaben zerlegt, und je zehn Gruppen in eine Zeile geschrieben, so daß in jeder Zeile genau 50 Chiffrebuchstaben stehen. Das Chiffrat besteht dabei nur aus den 26 Buchstaben des internationalen Telegrafenalphabetes, während das Dechiffrat wieder alle Buchstaben, Ziffern, Zeichen und Zwischenräume des Klartextes enthält, wie ein gewöhnlicher Schreibmaschinentext. Die Enigma A wurde 1924 anläßlich des Weltkongresses in Stockholm vorgeführt. Dabei übermittelte die deutsche Reichspost eine Depesche folgenden Inhalts:

```
Kenntnis erhaltend von den wichtigen Versuchen
zur telegraphischen Übermittlung verschlüsselter
Nachrichten, die z:zt von der Chiffriermaschinen
A.-G. Berlin zwischen Stockholm und Berlin mit der
Chiffriermaschine Enigma ausgeführt werden, nehme
ich gern Gelegenheit, diesen Weg zu benutzen, um
die besten Wünsche der deutschen Reichspost für
ein erfolgreiches Arbeiten des Weltpostkongresses
auszusprechen.
```

Das dazugehörige Kryptogramm lautete:

```
praesident schenk
erudw ffpbf knjkk btbye fifac tgzjz esqmv vizpp odsed oeszj
kanhs vivsm kvgyu cmdov oezap bntgu fjzbp zvluk ltnfk ygbju
duoqj opovu esslp mvipp qhuii kgdix plesi yijqm yhnxy nrhdw
orcyd ecnwb glebh pmpit dgweg sxqki zkfhx wbldx sralh sbhoc
fhvmu ovgdu owwof vahzy ybenc hcses zcyut zocov ofcke sfndr
hybqr xsvdr vwtrg ubksj krmyl wavri ixdmk lwili rcfsq ozouq
yiuui mmsmu jhobm jlnkn lazxq hhied vgyio tonsd qdnsg skhfd
aijux kemfq selkp bifxc dhbkf dcepb zcuzn lqqmj ctimt szild
cknwd xrchc xnfgp
x 416reichspostminister
```

Die praktischen Vorteile der Enigma A und Überlegungen zur Sicherheit der Enigma-Kryptogramme sind von Arthur Scheribus in Fachzeitschriften über Elektrotechnik und Radiotelegrafie veröffentlicht worden (siehe [Sch23a, Sch23b]).

Beim „**Enigma B**"-Modell wurde das langsame Typenrad durch Typenhebel ersetzt, da die Geschwindigkeit der Typenradmechanik für den Fernmeldedienst nicht ausreichte. Der Chiffriermechanismus ist nicht verändert worden.

Das „**Enigma C**"-Modell, ausgerüstet mit einer Trockenbatterie von 4 Volt Spannung, ist erheblich kleiner und leichter als die Modelle A und B. Allerdings verfügte dieses Modell nicht über eine Schreibvorrichtung. Statt dessen zeigt eine von 26 Glühlampen durch Aufblitzen an, welcher Chiffretextbuchstabe zu notieren ist, wenn eine der 26 Tasten gedrückt wird. Aber auch der Chiffriermechanismus unterscheidet sich wesentlich von dem der Modelle A und B. Erstmals wurde eine sogenannte „Umkehrwalze" eingebaut, wie sie auch in der Wehrmachtsenigma vorzufinden ist. Diese Umkehrwalze kann in zwei Stellungen montiert werden, was den Chiffriermechanismus beeinflußt.

Später wurde noch eine „**Enigma D**" produziert, die sich von Modell C im wesentlichen nur dadurch unterscheidet, daß die Umkehrwalze in 26 verschiedenen Stellungen montiert werden kann.

Für militärische Zwecke wurde das Modell „**Enigma I**" (eins) — auch „Wehrmachtsenigma" genannt — hergestellt. Dieses Modell basiert auf der Enigma C und unterscheidet sich hauptsächlich durch ein sogenanntes Steckerbrett, mit dem eine zusätzliche Vertauschung der Buchstaben beim Chiffrieren eingestellt werden kann.

Auch in anderen Ländern wurden Chiffriermaschinen zum Verschlüsseln militärischer Nachrichten eingesetzt. Einige davon werden im folgenden kurz vorgestellt:

TYPEX: Britische Rotor-Chiffriermaschine, die während des 2. Weltkrieges verwendet wurde.

SIGABA: Auch als Convert M-134-C bekannte Chiffriermaschine. Die Maschine wurde im 2. Weltkrieg von den Streitkräften der USA verwendet und konnte von der Wehrmacht vermutlich nicht gebrochen werden.

M-209: Auch unter der Bezeichnung Hagelin C-36 bekannte Chiffriermaschine, die bis in die 50er Jahre von der US-Armee eingesetzt wurde. Die M-209-Codes konnten jedoch 1942 von den deutschen Kryptoanalytikern in Nordafrika gebrochen werden. Eine ausführliche Beschreibung der Funktion und Analyse dieser Maschine findet sich in [BP82].

Geheimschreiber T-25: Von August Jipp und Erhard Roßberg erfundene und am 18.7.1930 zum Patent gemeldete (Patent Nr. 615.016) Chiffriermaschine. Die T-52 wurde im 2. Weltkrieg von den deutschen Militärs zur Übertragung streng geheimer Nachrichten eingesetzt und blieb vermutlich während des ganzen Krieges sicher. Die Maschine wurde damals von Siemens & Halske gebaut.

Details und sehr schöne Abbildungen zu diesen und anderen Chiffriermaschinen finden sich in dem Buch „The Codebreakers" von David Kahn [Kah67], auch die historischen Zusammenhänge sind dort ausführlich beschrieben. Einige Chiffriermaschinen, die in Deutschland und Österreich hergestellt wurden, sind in [Tü27] beschrieben und abgebildet.

2.2 Prinzip der Rotorchiffrierung

Wie bei allen Chiffriermethoden ist es auch Ziel der Rotorchiffrierung, eine geheime Nachricht, die in Form eines geschriebenen Textes vorliegt, in ein sogenanntes Kryptogramm zu übersetzen, das ein Unbefugter nicht entziffern kann. Bei der Rotorchiffrierung bedient man sich hierzu eines elektromechanischen Gerätes, das im folgenden beschrieben wird.

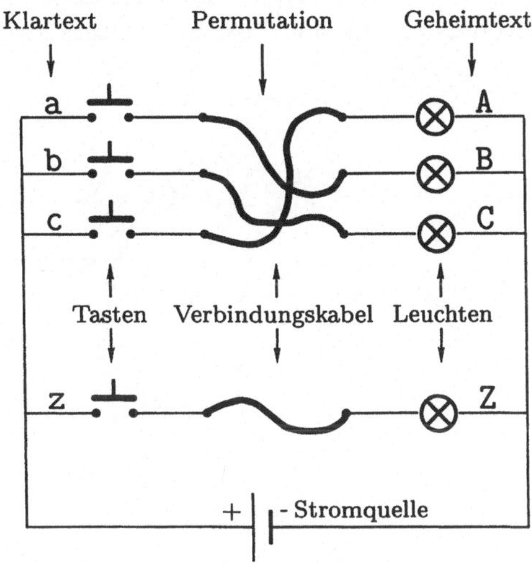

Abbildung 2.1: Permutation des Alphabets

Die *Permutation der Buchstaben des Alphabets* ist eine sehr naheliegende Art der Chiffrierung und läßt sich mit einer einfachen elektrischen Schaltung, wie sie in Abbildung 2.1 dargestellt ist, realisieren. Auf der linken Seite sieht man 26 Tasten, die mit den Buchstaben a, ..., z gekennzeichnet sind, rechts 26 Leuchten, die mit den Buchstaben A, ..., Z beschriftet sind.

Will man nun eine geheime Nachricht chiffrieren, so geschieht dies Buchstabe für Buchstabe, indem man die entsprechende Taste für den Klartextbuchstaben drückt. Den dazugehörigen Geheimtextbuchstaben erkennt man am Aufblitzen der entsprechenden Leuchte. Bei der Schaltung in Abbildung 2.1 würde das Drücken der Taste „c" zum Aufleuchten der Lampe „A" führen. Wie in Kapitel 1 bereits ausführlich dargelegt wurde, ist diese Art der Chiffrierung jedoch leicht zu brechen.

Grundlage der Rotorchiffrierung ist es, die unveränderliche Permutation des Alphabets — realisiert mit den Verbindungskabeln — durch eine mechanische Apparatur zu ersetzen, so daß die Verbindungen zwischen Klartext (Schalter) und Geheimtext (Leuchten) nach jedem Buchstaben, der chiffriert wurde, verändert wird. Die Idee, solch eine Mechanik mit sogenannten „Rotoren" zu realisieren, hat Anfang des 20. Jahrhunderts zu einer neuen Generation von Chiffriermaschinen geführt.

In Abbildung 2.2 ist eine einfache Rotor-Chiffriermaschine skizziert. Die 26 Kontakte, die mit den einzelnen Tasten verbunden werden, sind hier kreisförmig angeordnet. Gegenüberliegend sind, ebenfalls kreisförmig, 26 Kontakte montiert, die mit den Leuchten verbunden sind. Zwischen den Kontakten befindet sich der sog. Rotor, er ist drehbar gelagert und kann 26 verschiedene Positionen einnehmen. Die Kontakte auf der linken Seite des Rotors sind gemäß einer festen Permutation mit den Kontakten auf der rechten Seite des Rotors verbunden. Eine in Abbildung 2.2 nicht dargestellte Mechanik sorgt dafür, daß der Rotor nach jedem Tastendruck um eine Position weitergedreht wird.

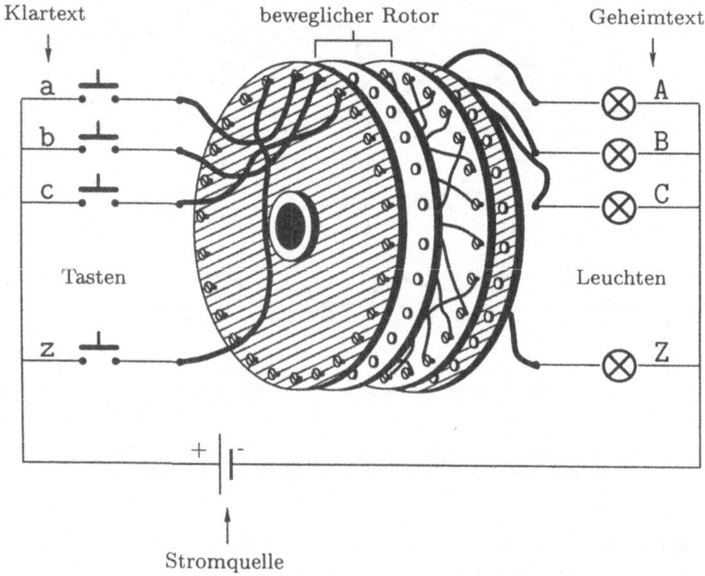

Abbildung 2.2: Prinzip der Rotorchiffrierung

Auch die Kryptogramme dieser einfachen Rotormaschine können mit primitiven Mitteln dechiffriert werden, denn es handelt sich um eine polyalphabetische Chiffre, deren Kryptoanalyse in Kapitel 1 bereits vorgestellt wurde. Um die Sicherheit der Rotorchiffren zu verbessern, hat man Maschinen mit mehreren hintereinandergeschalteten Rotoren gebaut. Bei den meisten Rotor-Chiffriermaschinen sind die Rotoren nebeneinander auf einer Achse montiert, und ihre Stellungen werden von einer aufwendigen Mechanik nach jedem Chiffrierschritt verändert. Abbildung 2.3 zeigt die elektrische Schaltung des ersten Enigma Modells (Enigma A). Die Mechanik zum Fortschalten der Rotoren ist hier nicht dargestellt. Auch auf die Darstellung der Druckvorrichtung wurde verzichtet.

Die Enigma A hat vier Rotoren, die jeweils 26 Positionen einnehmen können. Insgesamt gibt es dann $26 \cdot 26 \cdot 26 \cdot 26 = 456\,976$ verschiedene Rotorpositionen, womit die Kryptoanalyse einer solchen Maschine deutlich erschwert wird.

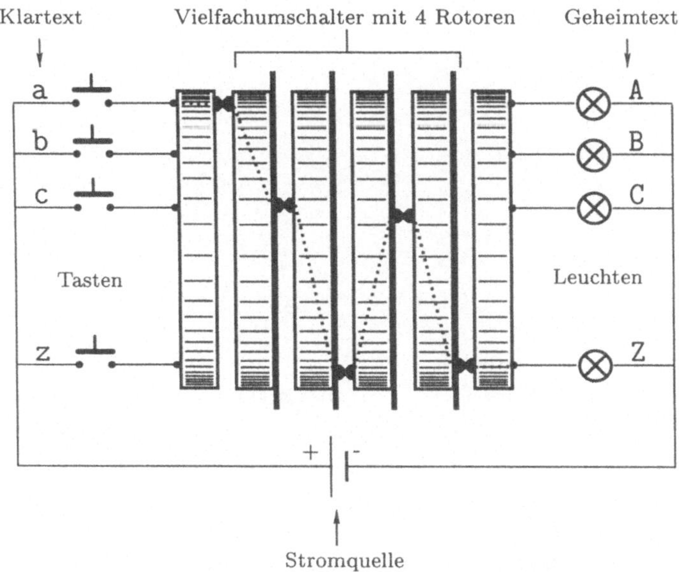

Abbildung 2.3: Schaltung der Enigma A

Zum Dechiffrieren eines Kryptogramms kann prinzipiell die gleiche Maschine verwendet werden wie zum Chiffrieren einer Nachricht, wenn man die Leuchten durch Tasten ersetzt und umgekehrt.

2.3 Arbeitsweise der Wehrmachtsenigma

Schätzungen zufolge waren etwa 200 000 Exemplare der Wehrmachtsenigma während des 2. Weltkrieges in Gebrauch. Der Bedienungskomfort dieser Maschine ist nicht vergleichbar mit dem der kommerziellen Enigma-Modelle, dafür ist die Wehrmachtsenigma wesentlich leichter und mechanisch nicht so anfällig. Außerdem ist Komfort eine Eigenschaft, auf die man beim Militär ohnehin wenig Wert legt. Abbildung 2.4 zeigt schematisch die elektrische Schaltung der Enigma I.

Die drei beweglichen Walzen sind auf einer gemeinsamen Achse montiert, und sie bewegen sich ähnlich wie die Ziffernräder eines mechanischen Kilometerzählers. Nach jedem Verschlüsselungsschritt (1 Buchstabe) wird die rechte Walze automatisch um einen Schritt weitergeschaltet. Jedesmal, wenn diese (schnelle) Walze eine Umdrehung zurückgelegt hat, sorgt eine einfache Mechanik dafür, daß die mittlere Walze um eine Position weitergedreht wird. Nach jeder Umdrehung der mittleren Walze wird die linke Walze (langsame Walze) um eine Position verschoben. Eine spezielle Mechanik sorgt außerdem noch dafür, daß die mittlere Walze nach jeder Umdrehung um einen zusätzlichen Schritt weitergedreht wird. Die Umkehrwalze ist nicht beweglich. Damit ergibt sich eine Zykluslänge von $26 \cdot 25 \cdot 26 = 16\,900$.

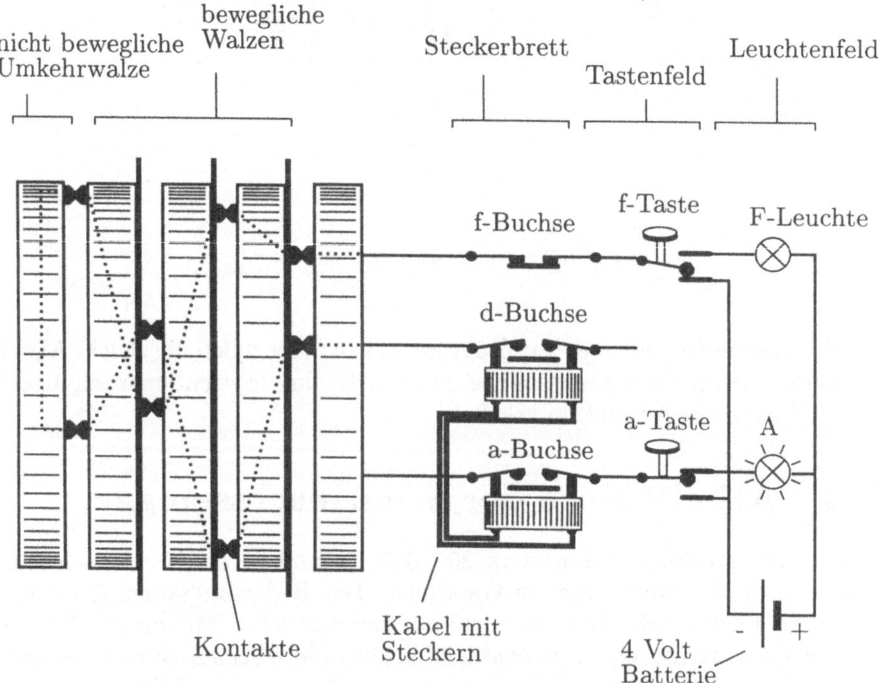

Abbildung 2.4: Schaltung der Wehrmachtsenigma

Die Umkehrwalze sorgte dafür, daß der Strompfad den Satz der beweglichen Rotoren zweifach durchläuft. Diese Erfindung stammt vermutlich von Willi Korn, einem Mitarbeiter von Arthur Scheribus. Die Konstruktion hat den praktischen Vorteil, daß die Maschine zum Dechiffrieren in der gleichen Konfiguration wie zum Chiffrieren verwendet werden kann. Eine weitere Folge dieser Konstruktion ist, daß die Substitutionen der Enigma echt involutorisch sind. Dies hat sich später jedoch als die entscheidende Schwachstelle herausgestellt und letztlich die erfolgreiche Kryptoanalyse der Polen und Engländer ermöglicht.

Das Außergewöhnliche der Enigma-Walzen ist der Alphabetring. Ein Ring, der um den eigentlichen Rotor angebracht und mit den 26 Buchstaben A, ..., Z des Alphabets beschriftet ist. Dieser Ring ist beweglich montiert, so daß er gegenüber dem eigentlichen Rotor verstellbar ist. Von der Stellung des Rings hängt ab, in welcher Position die nachfolgende Walze weitergeschaltet wird.

Die drei Walzen der Enigma I sind leicht austauschbar und können in beliebiger Reihenfolge montiert werden. Um die kryptographische Sicherheit der Maschine zu erhöhen, wurden im Dezember 1938 zwei zusätzliche Walzen eingeführt, so daß für jedes Gerät insgesamt 5 unterschiedliche Walzen vorhanden waren, von denen man drei in beliebiger Reihenfolge montieren konnte. Tabelle 2.2 beschreibt die Rotorverkabelungen der fünf Enigma-Walzen I, II, III, α und β. Abbildung 2.5 zeigt den Aufbau einer Enigma-Walze.

Tabelle 2.2: Rotorverkabelungen der Wehrmachtsenigma

Eingang:	a b c d e f g h i j k l m n o p q r s t u v w x y z
Ausgang:	
Rotor I	E K M F L G D Q V Z N T O W Y H X U S P A I B R C J
Rotor II	A J D K S I R U X B L H W T M C Q G Z N P Y F V O E
Rotor III	B D F H J L C P R T X V Z N Y E I W G A K M U S Q O
Rotor α	E S O V P Z J A Y Q U I R H X L N F T G K D C M W B
Rotor β	V Z B R G I T V U P S D N H L X A W M J Q O F E C K
Involutor	Y R U H Q S L D P X N G O K M I E B F Z C W V J A T

Ein wesentlicher Unterschied zwischen den militärischen und kommerziellen Enigma-Modellen ist das sogenannte „Steckerbrett", das eine zusätzliche Permutation der Buchstaben erlaubt. Diese Permutation wird mit losen Kabeln gesteckt. Abbildung 2.6 zeigt das Steckerbrett der Enigma I und ein Kabel.

Die Enigma I wurde ausschließlich den Kommandostellen des Heeres ausgeliefert. Unterlagen über die Konstruktion und Funktionsweise der Maschine waren streng geheim. Trotzdem mußte man damit rechnen, daß dem Feind die Konstruktion der Maschine bekannt war. Immerhin wurden schon vor dem Krieg 40 000 Exemplare für die Wehrmacht produziert und während des Krieges ca. 160 000 weitere. Ferner wurden die Vorgängermodelle Enigma A, B, C und D kommerziell genutzt und auch in das benachbarte Ausland verkauft.

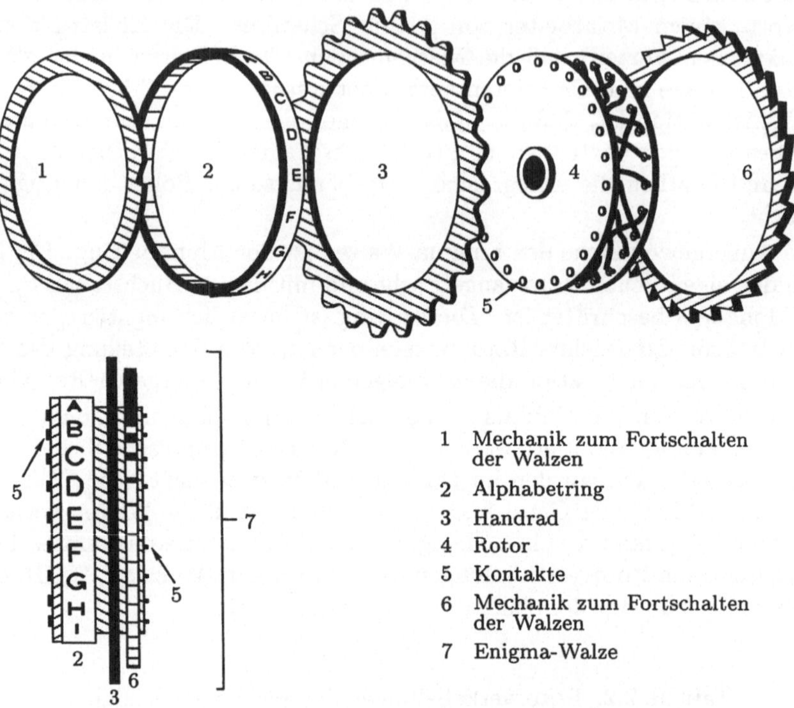

Abbildung 2.5: Konstruktion einer Enigma-Walze

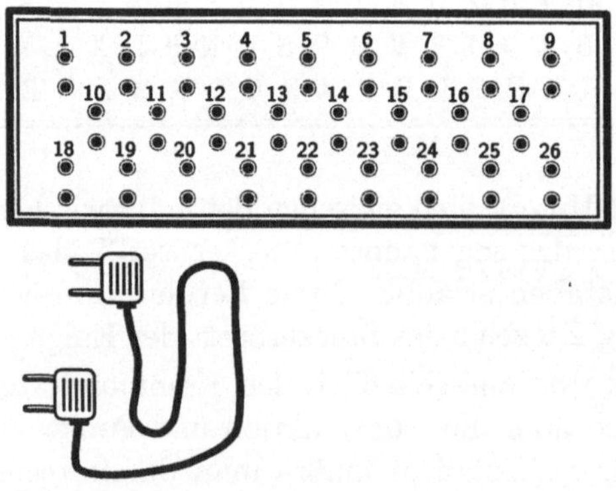

Abbildung 2.6: Steckerbrett der Wehrmachtsenigma

Wer eine Enigma besitzt, kann natürlich nicht automatisch die Kryptogramme anderer Enigma Besitzer lesen. Entscheidend ist, daß zum Dechiffrieren eines Kryptogramms die gleichen Einstellungen an der Maschine vorgenommen werden wie beim Chiffrieren der entsprechenden Nachricht. Man kann auch nicht alle Einstellungen systematisch auszuprobieren, denn dazu gibt es zu viele Möglichkeiten. Partner, die verschlüsselt kommunizieren wollen, mußten sich über folgende Einstellungen der Maschine einigen:

1. Auswahl und Position der Walzen. Dazu gibt es insgesamt $5 \cdot 4 \cdot 3 = 60$ Möglichkeiten.

2. Ringstellung der drei Walzen. Für jede Walze gibt es 26 mögliche Ringpositionen, insgesamt also $26^3 = 17\,576$ Möglichkeiten.

3. Startpositionen der drei Rotoren. Für jeden Rotor gibt es 26 mögliche Startpositionen, insgesamt also ebenfalls $26^3 = 17\,576$ Möglichkeiten.

4. Die Konstruktion des Steckerbrettes erlaubt mehr als 10^{11} unterschiedliche Konfigurationen.

Insgesamt gibt es also mehr als $60 \cdot 26^6 \cdot 10^{11} > 2^{63}$ verschiedene Einstellungen der Maschine. Dieser „Schlüssel" ist ein Geheimnis, auf das sich die Kommunikationspartner vor der Verschlüsselung einigen müssen und das keinesfalls dem Gegner in die Hände fallen darf, denn dieser Schlüssel ermöglicht die Dechiffrierung der Kryptogramme.

Die große Anzahl potentieller Schlüssel, die Zykluslänge und auch die beeindruckend raffinierte Konstruktion der Enigma verleitete die Experten der damaligen Zeit dazu, die Kryptogramme der Enigma auch dann noch für sicher zu halten, als die technischen Details der Maschine den Polen, Engländern und Franzosen bekannt waren. Damit folgte man dem Prinzip Kerckhoffs, das erstmals in dem 1883 erschienenen Buch „La cryptographie militaire" [Ker83b] veröffentlicht wurde und besagt, daß die Sicherheit eines Kryptosystems nicht von der Geheimhaltung des Verfahrens abhängen sollte, sondern lediglich von der Geheimhaltung des Schlüssels.

Detailliertere Beschreibungen der Wehrmachtsenigma finden sich zum Beispiel in [DK85] oder [Bau93]. Es existieren auch noch einige Enigma-Modelle, die während des Krieges nicht zerstört wurden. Das Deutsche Museum in München oder das britische Nationalmuseum Bletchley Park verfügen über verschiedene Enigma-Modelle.

2.4 Enigma-Schlüsselverfahren im zweiten Weltkrieg

Die Geheimhaltung der Schlüssel ist bei vielen Anwendungen der Kryptographie der schwächste Punkt. Auch bei der militärischen Verwendung der Enigma war dies ein großes Problem. Zehntausende von Enigma-Maschinen waren über das ganze Land verteilt, und alle mußten mit einem bestimmten Schlüssel versorgt werden. Um sich vor Verrat der Schlüssel durch Überläufer zu schützen, war es notwendig, die Schlüssel regelmäßig und in möglichst kurzen Abständen zu ändern. Das alles mußte geheim geschehen, um dem Feind keine Chance zu bieten, die Schlüssel auszuspionieren.

Ab 1930 wurden in den östlichen Provinzen Deutschlands im Rahmen von Manövern und übungsweise Enigma-chiffrierte Funksprüche abgesetzt. Für jeden Tag gab es eine neue Grundeinstellung der Maschine, die allen Chiffrierern bekannt war. Dieser „Tagesschlüssel" bestand aus den Positionen der damals verfügbaren Walzen I, II und III, der Ringstellung jeder Walze und einer Grundstellung der drei Walzen. Das Steckerbrett wurde zu dieser Zeit noch nicht verwendet.

Damit nicht alle Funksprüche eines Tages mit dem gleichen Schlüssel chiffriert wurden, mußte der Absender eines Funkspruchs einen zufälligen Spruchschlüssel wählen. Dieser Spruchschlüssel bestand aus drei Buchstaben, die die Anfangsstellung der Walzen für den folgenden Funkspruch beschrieben. Wegen des störanfälligen Funkverkehrs wurde der Spruchschlüssel verdoppelt. Die resultierenden sechs Buchstaben wurden dann mit dem Tagesschlüssel chiffriert und vor der eigentlichen Nachricht gesendet. Da der Spruchschlüssel *vor* der Verschlüsselung verdoppelt wurde, war dem Kryptogramm nicht unmittelbar anzusehen, daß zweimal die gleichen drei Buchstaben gesendet wurden.

Aufgrund von Spionage und mathematischen Analysen, die auf der Verdoppelung des Spruchschlüssels basierten, gelang es den polnischen Kryptoanalytikern, die Enigma-Kryptogramme zu entschlüsseln und die meisten Funksprüche zu dechiffrieren. Vermutlich ist dies dem deutschen Geheimdienst bekanntgeworden, denn das Schlüsselverfahren wurde entsprechend geändert. Seit dem 15. September 1938 bestand der Tagesschlüssel nur noch aus den Walzenpositionen und der Ringstellung. Die Grundstellung der Walzen wurde vom Absender für jeden Funkspruch willkürlich festgelegt und dem Empfänger im Klartext übertragen. Anschließend folgte der verdoppelte und mit der Grundstellung chiffrierte Spruchschlüssel. Am 15. Dezember 1938 wurde die vierte und fünfte Walze eingeführt, was zu 60 verschiedenen Walzenlagen führte. Ab Kriegsbeginn änderte sich die Ausgangslage der Walzen alle 8 Stunden.

Das neue Schlüsselverfahren erscheint auf den ersten Blick unverständlich, da die Grundstellung der Walzen nun im Klartext übertragen wurde. Dennoch konnten die polnischen Analysen auf diese Art unterbunden werden. In Abschnitt 2.5 wird dies detailliert beschrieben.

Ausgenommen von der Änderung des Schlüsselverfahrens im Herbst 1938 war der Sicherheitsdienst (SD). Hier wurde schon im September die vierte und fünfte Walze eingeführt, allerdings wurde das neue Schlüsselverfahren nicht verwendet. Statt dessen wurden die Klartexte mit einem einfachen Papier-und-Bleistift-Verfahren chiffriert, bevor man sie den Funkern zum Verschlüsseln und Senden übergab. Vermutlich tat man dies, um die wichtigen Nachrichten des SD vor den Funkern geheimzuhalten.

Den polnischen Analytikern gelang es jedoch, diese Überverschlüsselung zu erkennen und aufzulösen, da die Vorgehensweise des SD einen entscheidenden Nachteil hatte. Das verwendete Papier-und-Bleistift-Verfahren erlaubte auch die Verwendung von Ziffern. Da im Enigma-Alphabet jedoch keine Ziffern vorkommen, wurden Ziffern vor der Enigma-Verschlüsselung ausgeschrieben. So wurde zum Beispiel „1" in Form von „eins" verschlüsselt und übertragen. Dies gab den Polen aber die Möglichkeit zu erkennen, daß es sich hier um einen Code handeln mußte, der mit der Enigma überverschlüsselt wurde. Die Auflösung dieses Codes war vergleichsweise einfach.

Am 1. Mai 1940, kurz vor Beginn des Feldzuges in Frankreich, wurde das Schlüsselverfahren erneut geändert, indem die Verdoppelung des Spruchschlüssels aufgehoben wurde.

2.5   Polnische Analysen — 1926 bis 1939

Die wenigen bekannten Details der polnischen Analysen wurden 1980 von Marian Rejewski, lange nach Ende des zweiten Weltkrieges, niedergeschrieben. Die englischsprachige Übersetzung [Rej81] wurde 1981 veröffentlicht. In den Büchern [Bau93] und [DK85] befinden sich ebenfalls sehr gute Beschreibungen der polnischen Analysen. Die historischen Zusammenhänge sind in dem Buch „Im Banne der Enigma" von Władysław Kozaczuk [Koz79] ausführlich beschrieben worden.

Die Darstellung auf den folgenden Seiten beschreibt nur das eigentliche Analyseverfahren, mit dem es den polnischen Analytikern gelang, die Funksprüche der Wehrmacht bis 1939 mitzuhören. Die vielen Überlegungen, Irrwege und Mühen, die es erforderte, das Analyseverfahren zu entwickeln, werden hier nicht nachvollzogen.

Die Entwicklung eines Verfahrens zur Analyse der Enigma-Chiffren begannen schon lange vor dem Krieg. Seit 1926 beschäftigte sich der polnische Dechiffrierdienst mit Maschinenchiffren, und die Arbeitsweise der kommerziellen Enigma-Modelle war den Mitarbeitern des „Biuro Szyfrów" in Warschau wohl vertraut. Dennoch gelang es den Polen nicht sofort, den 1930 verstärkt einsetzenden militärischen Funkverkehr mitzuhören, da sich die Wehrmachtsenigma von den kommerziellen Modellen in zu vielen Dingen unterschied.

Die Leiter des polnischen Dechiffrierdienstes Major Franciszek und Oberleutnant Maksymilian Ciężki suchten schon 1928 an den Universitäten nach interessierten jungen Mathematikern, die sie zusätzlich in Kryptologie ausbilden ließen. Drei von ihnen — Marian Rejewski, Jerzy Rózicki und Henryk Zygalski — wurden neben ihrer Arbeit an der Universität mit der Analyse der Enigma-Chiffren beauftragt. Sie kannten den prinzipiellen Aufbau der Enigma I, wußten aber nicht die Verdrahtungen der einzelnen Rotoren. Auch das Schlüsselverfahren war ihnen anfangs nicht bekannt. Erst seit Oktober 1931 wurden Gwido Langer, dem Leiter der Abteilung BS4, Gebrauchsanweisungen, Schlüsselanleitungen und manchmal auch Tagesschlüssel von dem französischen Geheimdienstchef Gustave Bertrande (Spitzname „Bolek") zugespielt. Das Material stammte von dem im Reichsministerium tätigen Spion Hans-Thilo Schmidt, der bis 1938 in der Chiffrierstelle des Reichsministeriums tätig war. Er wurde jedoch als Spion entlarvt und 1943 hingerichtet.

Analyse der Spruchschlüssel

Die polnischen Mathematiker waren gut auf ihre Aufgabe vorbereitet, so kannten sie auch den von Friedmann 1925 eingeführten Begriff der Zeichenkoinzidenz. Bei den Analysen der deutschen Kryptogramme fiel ihnen auf, daß bei Funksprüchen, die mit den gleichen sechs Buchstaben begannen, eine deutlich erhöhte Zeichenkoinzidenz nahe κ_D auftrat. Das war ein deutliches Zeichen dafür, daß diese Texte mit dem gleichen Schlüssel chiffriert wurden. Es lag also nahe anzunehmen, daß die ersten sechs Zeichen etwas mit dem Schlüssel zu tun hatten. Man hatte schnell festgestellt, daß es sich um einen Spruchschlüssel handelte, der mit der gleichen Tageseinstellung zweifach in chiffrierter Form gesendet wurde. Dieses Wissen konnte man in folgender Form nutzen:

Seien $P_1, P_2, \ldots, P_6$ die Permutationen des 26-Buchstabenalphabets Σ, die bei den ersten sechs Chiffrierschritten von der Wehrmachtsenigma ausgeführt werden. Aufgrund der Konstruktion des Walzensatzes (siehe Abbildung 2.4) sind diese Permutationen involutorisch, sie erfüllen also die folgenden Eigenschaften:

$$aP_i \neq a \quad \text{und}$$
$$aP_i = x \quad \Leftrightarrow \quad xP_i = a,$$

wobei $a, x \in \Sigma = \{A, B, \ldots, Z\}$ und $P_i \in \{P_1, \ldots, P_6\}$ sind.

Sei nun $aP_i = x$ und $aP_{i+3} = y$, dann folgt, daß $xP_iP_{i+3} = y$ für $i \in \{1, 2, 3\}$ ist. Tabelle 2.3 zeigt die ersten sechs Buchstaben zu verschiedenen Funksprüchen, die mit der gleichen Tageseinstellung gesendet wurden. Die Permutationen P_1P_4, P_2P_5 und P_3P_6 können dort leicht abgelesen werden. In Zyklenschreibweise haben sie die folgende Form:

$$P_1P_4 = (a)(s)(bc)(rw)(dvpfkxgzyo)(eijmunqlht),$$
$$P_2P_5 = (axt)(blfqveoum)(cgy)(d)(hjpswizrn)(k) \quad \text{und}$$
$$P_3P_6 = (abviktjgfcqny)(duzrehlxwpsmo).$$

Es ist nun zu ermitteln, wie die Permutationen $P_1, \ldots, P_6$ im einzelnen aussehen.

Im Beispiel fällt auf, daß Zyklen gleicher Länge in den P_iP_{i+3} jeweils paarweise auftreten. Das ist kein Zufall, sondern folgt aus der Tatsache, daß der Alphabetumfang $|\Sigma| = 26$ gerade ist. Man schreibt nun die Zyklen dieser Paare jeweils untereinander, wobei die Buchstaben des unteren Zyklus in umgekehrter Reihenfolge notiert werden. Ein Satz aus der Gruppentheorie besagt, daß die Transpositionen von P_i senkrecht und die von P_{i+3} diagonal abzulesen sind,

Tabelle 2.3: Chiffrierte Spruchschlüssel eines Tages

1. AUQ AMN	14. IND JHU	27. PVJ FEG	40. SJM SPO	53. WTM RAO
2. BNH CHL	15. JWF MIC	28. QGA LYB	41. SJM SPO	54. WTM RAO
3. BCT CGJ	16. JWF MIC	29. QGA LYB	42. SJM SPO	55. WTM RAO
4. CIK BZT	17. KHB XJV	30. RJL WPX	43. SUG SMF	56. WKI RKK
5. DDB VDV	18. KHB XJV	31. RJL WPX	44. SUG SMF	57. XRS GNM
6. EJP IPS	19. LDR HDE	32. RJL WPX	45. TMN EBY	58. XRS GNM
7. FBR KLE	20. LDR HDE	33. RJL WPX	46. TMN EBY	59. XOI GUK
8. GPB ZSV	21. MAW UXP	34. RFC WQQ	47. TAA EXB	60. XYW GCP
9. HNO THD	22. MAW UXP	35. SYX SCW	48. USE NWH	61. YPC OSQ
10. HNO THD	23. NXD QTU	36. SYX SCW	49. VII POH	62. YPC OSQ
11. HXV TTI	24. NXD QTU	37. SYX SCW	50. VII POH	63. ZZY YRA
12. IKG JKF	25. NLU QFZ	38. SYX SCW	51. VII POH	64. ZEF YOC
13. IKG JKF	26. OBU DLZ	39. SYX SCW	52. VQZ PVR	65. ZSJ YWG

wenn die Zyklen, mit dem richtigen Buchstaben beginnend, aufgeschrieben wurden. Abbildung 2.7 veranschaulicht diese Vorgehensweise für $P_1 P_4$.

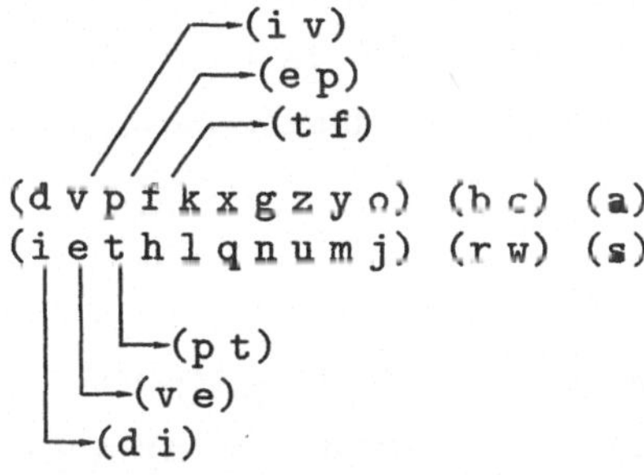

Abbildung 2.7: Ermittlung der Transpositionen von P_1 und P_4

Es bleibt noch die Beantwortung der Frage, mit welchem Buchstaben beginnend, die einzelnen Zyklen untereinanderzuschreiben sind.

Falls man den Tagesschlüssel und die Verdrahtungen der Walzen kennt — für September und Oktober 1932 war der Tagesschlüssel dank Boleks Material bekannt —, kann man alle Möglichkeiten durchspielen und die so gewonnenen Spruchschlüssel ausprobieren, indem man die aufgefangenen Nachrichten dechiffriert. Falls ein sinnvoller Text dabei herauskommt, war die Wahl gut.

Aber auch ohne die Tagesschlüssel gab es noch Hoffnung. Man hatte nämlich herausgefunden, daß die deutschen Chiffrierer sehr einfallslos bei der Wahl der Spruchschlüssel waren. Tabelle 2.4 zeigt die dechiffrierten Spruchschlüssel eines Tages. Den stereotypen Charakter der Spruchschlüssel kann man aber auch erkennen, wenn man die chiffrierten Spruchschlüssel eines Tages in Tabelle 2.3 betrachtet.

Tabelle 2.4: Dechiffrierte Spruchschlüssel

AUQ AMN:sss	IKG JKF:ddd	QGA LYB:xxx	VQZ PVR:ert
BNH CHL:rfv	IND JHU:dfg	RJL WPX:bbb	WTM RAO:ccc
BCT CGJ:rtz	JWF MIC:ooo	RFC WQQ:bnm	WKI RKK:cde
CIK BZT:wer	KHB XJV:lll	SYX SCV:aaa	XRS GNM:qqq
DDB VDV:ikl	LDR HDE:kkk	SJM SPO:abc	XOI GUK:qwe
EJP IPS:vbn	MAW UXP:yyy	SUG SMF:asd	XYW GCP:qay
FBR KLE:hjk	NXD QTU:ggg	TMN EBY:ppp	YPC OSQ:mmm
GPB ZSV:nml	NLU QFZ:ghj	TAA EXB:pyx	ZZY YRA:uvw
HNO THD:fff	OBU DLZ:jjj	USE NWH:zui	ZEF YOC:uio
HXV TTI:fgh	PVJ FEG:tzu	VII POH:eee	ZSJ YWG:uuu

Die Kombination SYX SCW kommt fünfmal vor, RJL WPX, SJM SPO und WTM
RAO jeweils dreimal. Da es sich um Spruchschlüssel unterschiedlicher Sender
handelt, ist anzunehmen, daß es sich um einfache stereotype Schlüssel wie zum
Beispiel aaa, xyz oder ähnliche handelt. Wenn man unter allen Möglichkeiten
der $P_1, \ldots, P_6$ nun diejenigen wählt, die diese Annahme bestätigen, wird man
in den meisten Fällen die richtige Wahl getroffen haben.

Mit diesem Verfahren ergibt sich für die Permutationen $P_1, \ldots, P_6$ die folgende Darstellung:

$$
\begin{aligned}
P_1 &= (as)(br)(cw)(di)(ev)(fh)(gn)(jo)(kl)(my)(pt)(qx)(uz) \\
P_2 &= (ay)(bj)(ct)(dk)(ei)(fh)(gx)(ln)(mp)(ow)(qr)(su)(vz) \\
P_3 &= (ax)(bl)(cm)(dg)(ei)(fo)(hv)(ju)(kr)(np)(qs)(tz)(wy) \\
P_4 &= (sa)(rc)(wb)(iv)(ep)(tf)(hk)(lx)(qg)(nz)(uy)(mo)(jd) \\
P_5 &= (yx)(gt)(ca)(jl)(nf)(hq)(rv)(ze)(io)(wu)(sm)(pb)(kd) \\
P_6 &= (xb)(lv)(hi)(ek)(rt)(zj)(ug)(df)(oc)(mq)(sn)(py)(wa)
\end{aligned}
$$

Besonders bemerkenswert ist, daß es so gelang, die Spruchschlüssel zu analysieren, ohne die innere Verdrahtung der einzelnen Walzen zu kennen. Vermutlich
ist auch dem deutschen Chiffrierdienst diese Schwäche des Schlüsselverfahrens
aufgefallen, denn 1933 wurde die Verwendung der Buchstabenwiederholung bei
den Spruchschlüsseln ausdrücklich verboten. Den polnischen Analytikern fiel
jedoch auf, daß nun verstärkt Spruchschlüssel wie qwe, asd (nebeneinander-
liegende Buchstaben auf der Enigma-Tastatur) verwendet wurden, so daß sich
eine neue Einbruchsmöglichkeit ergab.

Analyse der Rotorverkabelungen

Nachdem eine Reihe Spruchschlüssel in chiffrierter und dechiffrierter Form vorlagen, konnte man beginnen, die Verdrahtung der drei Walzen I, II und III zu analysieren. Auch dazu wurden nur die ersten sechs Zeichen, also die mittlerweile analysierten Spruchschlüssel der Funksprüche eines Tages, benötigt. Man ging dabei von dem Gleichungssystem

$$y_{k_i} = x_{k_i} S P \tilde{P}_i P^{-1} S^{-1} \tag{2.1}$$

aus, wobei x_{k_i} ein Klartextzeichen aus dem verdoppelten Spruchschlüssel ist, das an i-ter ($i \in \{1,\ldots,6\}$) Position steht, und y_{k_i} ist das entsprechende Geheimtextzeichen. $S = S^{-1}$ ist die unbekannte aber konstante Substitution des Steckerbrettes, P die Substitution der mittleren und langsamen Walze, $\tilde{P}_i$ ist die Substitution der schnellen Walze in i-ter Position. Da sich bei sechs aufeinanderfolgenden Zeichen in den meisten Fällen (20 von 26) nur die schnelle Walze bewegte, kann man die Substitution P und somit auch P^{-1} als konstant annehmen.

Wenn genügend unterschiedliche Spruchschlüssel für eine Grundstellung vorliegen — das war an Manövertagen meistens der Fall —, kann man durch Auflösung des Gleichungssystems 2.1 die Verdrahtung der schnellen Walze ermitteln. Da die Positionen der Walzen regelmäßig gewechselt wurden, konnten alle Walzen analysiert werden.

Im September 1938 wurden zwei weitere Walzen, die sogenannten Griechenwalzen α und β eingeführt. Gleichzeitig änderte sich auch das Schlüsselverfahren. Da der SD aber weiterhin das alte Schlüsselverfahren verwendete, konnte auch die Verkabelung der neuen Walzen ermittelt werden.

Mit diesem Wissen war es nun möglich, die Wehrmachtsenigma nachzubauen. Im Jahr 1939 bekamen die Briten und Franzosen nachgebaute Enigma I Modelle mit fünf Walzen vom polnischen Geheimdienst geliefert.

Um den Funkverkehr mitzuhören, mußte man aber auch den Tagesschlüssel rekonstruieren, also die Walzenlage und Ausgangsstellung der Rotoren, die Ringstellung und die Steckerbrettsubstitution.

Analyse der Walzenlage und Grundstellung

Betrachten wir noch einmal die Zyklenschreibweise der $P_i P_{i+3}$ für $i \in \{1,2,3\}$. Da man diese Permutationen aus den ersten sechs Zeichen eines Funkspruchs ermitteln kann — und sich bei sechs Verschlüsselungsschritten meistens nur die schnelle Walze bewegte —, sind sie unabhängig von der Ringstellung. Anders ist es mit der Steckerbrettsubstitution, je nach Einstellung änderten sich die Permutationen $P_i P_{i+3}$. Da die Steckerbrettsubstitution involutorisch ist, ändern sich aber nicht die Längen der einzelnen Zyklen in den $P_i P_{i+3}$.

Für die Aufteilung der Zykluslängen in den Permutationen $P_1 P_4$, $P_2 P_5$ und $P_3 P_6$ gibt es genau $101^3 = 1\,030\,301$ Möglichkeiten ($101 = $ Anzahl der Par-

titionen von 13). Für die Walzenlage und Rotorstellung gibt es jedoch nur
$6 \cdot 26 \cdot 26 \cdot 26 = 105\,456$ Möglichkeiten. Die Aufteilung der Zykluslängen in den
drei Permutationen $P_1 P_4$, $P_2 P_5$ und $P_3 P_6$ könnte also ausreichend sein, um die
Lage und Stellung der Walzen zu charakterisieren.

Mit Hilfe der nachgebauten Enigma-Modelle begannen die polnischen Analytiker, einen Katalog anzufertigen, der zu allen Grundstellungen die Zyklenpar-
tition der $P_i P_{i+3}$, $i \in \{1, 2, 3\}$ enthielt. Um diese Arbeit zu beschleunigen, ließ
das BS4 bei der Firma AVA ein Gerät (Zyklometer) anfertigen, das wesentliche
Teile dieser mühseligen Arbeit mechanisierte. Der Katalog war 1937 fertig, und
es gelang tatsächlich, die Walzenlage und Grundstellung der Rotoren mit Hilfe
des Kataloges zu ermitteln.

Analyse der Steckerbrettsubstitution

Auf einer nachgebauten Wehrmachtsenigma wurde die mit dem Katalog ermittelte Walzenlage und Grundstellung eingestellt. Die bereits bekannten Spruchschlüssel wurden verdoppelt und chiffriert. Beim Vergleich der so erhaltenen
Kryptogramme mit den Originalkryptogrammen konnte man die Steckerbrettsubstitution ablesen. Die Ringstellung war für dieses Vorgehen nicht relevant,
da bei jeweils sechs Zeichen in den meisten Fällen nur der schnelle Rotor bewegt
wurde.

Analyse der Ringstellung

Da die Ausgangsstellung der Rotoren schon bekannt war, ging es beim Ermitteln der Ringstellung nur noch darum, herauszufinden, in welcher Position die
Rotoren fortgeschaltet wurden. Mit Hilfe einer nachgebauten Enigma konnte
man dies durch geschicktes Ausprobieren leicht feststellen. Sehr hilfreich war
dabei der stereotype Charakter deutscher Funksprüche. So begannen fast alle
Nachrichten mit den Buchstaben „ANX", wobei das X anstelle eines Leerzeichens
verwendet wurde, da es kein spezielles Leerzeichen im Alphabet der militärischen Enigma gab.

Die polnische Kryptographiebombe

Im Herbst 1938 änderten die Deutschen das Schlüsselverfahren. Die Grundstellung der Walzen wurde nun im Klartext übertragen. Anschließend folgte
der verdoppelte Spruchschlüssel. Die bisherige Geheimtext-Geheimtext Analyse des Spruchschlüssels war nun nicht mehr anwendbar, da nicht genügend
Spruchschlüssel mit der gleichen Grundeinstellung übertragen wurden. Der im
Klartext übertragene Drei-Buchstaben-Code für die Grundstellung war wertlos,
da er die eigentliche Rotorstellung nur verriet, wenn man die Ringstellung kannte, die zusammen mit den Walzenpositionen und der Steckerbrettsubstitution
den Tagesschlüssel bildete.

Auf polnischer Seite entwickelte man nun eine elektromechanische Maschine, mit der es möglich war, die $26^3 = 17\,576$ Rotorstellungen durchzutesten.

Diese Apparatur wurde — vermutlich wegen ihres Aussehens — „Bomba" genannt. Das maschinelle Durchtesten aller Rotorstellungen war ein mechanisches Problem, das schnell gelöst war. Schwieriger war es, einen Mechanismus zu konstruieren, der die „richtige" Rotorstellung automatisch erkennt.

Man verwendete dazu Spruchschlüssel-Kryptogramme, die sogenannte Einerzyklen aufwiesen. Da genügend Funksprüche abgesetzt wurden, war es unproblematisch, solche zu finden.

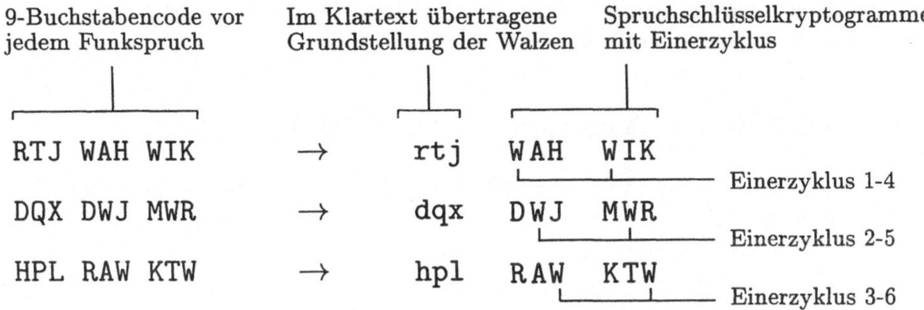

Abbildung 2.8: Einerzyklen in den Spruchschlüsseln

Es wurden drei Spruchschlüssel S_1, S_2, S_3 benötigt, die jeweils an den Positionen 1-4, 2-5 und 3-6 den gleichen Buchstaben enthielten, so wie die Spruchschlüssel in Abbildung 2.8. Die Maschine zum Testen der Rotorstellungen bestand aus 6 Enigma-Walzensätzen, deren Rotoren mittels eines gemeinsamen Antriebs simultan fortgeschaltet wurden. Auf diese Weise konnte man alle Rotorstellungen auf den 6 Walzensätzen durchtesten.

Zwei Walzensätze wurden gemäß der Grundstellung S_1 (RTJ) eingestellt, zwei gemäß S_2 (DQX) und die letzten beiden gemäß S_3 (HPL). Anschließend wurden die Walzen manuell um so viele Schritte fortgeschaltet, daß die Einerzyklen bei richtiger Ringstellung an allen 6 Rotorsätzen gleichzeitig auftraten.

Die Maschine war so konstruiert, daß die Walzensätze simultan fortgeschaltet wurden. Wenn sich an allen Walzensätzen der gleiche Buchstabe eingestellt hat — welcher Buchstabe das war, konnte man wegen der unbekannten Steckerbrettsubstitution nicht sagen —, sorgte eine entsprechende Relaisschaltung dafür, daß die Maschine anhielt, so daß man die Rotorstellung ablesen konnte.

Die so ermittelte Rotorstellung mußte nicht unbedingt die richtige sein. Die Maschine stoppte aber relativ selten, und man konnte die ermittelten Rotorstellungen mit einer nachgebauten Wehrmachtsenigma testen. Durch Vergleich der Rotorpositionen mit den im Klartext übertragenen Walzenstellungen ergaben sich die gesuchten Einstellungen der Alphabetringe.

Die Maschine zum Testen der Rotorpositionen wurde ebenso wie die Enigma-Replikate und das Zyklometer von der Firma AVA hergestellt. Das Durchtesten aller 17 567 Ringstellungen eines Tagesschlüssels dauerte etwa 2 Stunden.

Parallel wurde noch ein alternatives Verfahren entwickelt, das mit Lochkarten arbeitete. Dieses wird hier nicht näher betrachtet. Eine Beschreibung findet sich z.B. in [Bau93].

Ende Juli 1939 zeigten die Polen dem britischen Kryptoanalytiker Alfred Dyllwyn Knox ihre Analysemethoden und -resultate. Es ist anzunehmen, daß auch dem deutschen Chiffrierdienst die polnischen Analysen bekannt waren, denn am 1. Mai 1940, kurz vor dem Einmarsch in Frankreich, wurde das Schlüsselverfahren erneut geändert. Der Spruchschlüssel wurde nur noch einfach chiffriert, wodurch die bisherigen Methoden zur Analyse der gesendeten Enigma-Kryptogramme unbrauchbar wurden.

2.6 Britische Analysen — 1939 bis 1945

Lange vor dem zweiten Weltkrieg, 1922, wurde eine als „Room 40" bekannte Organisation von der britischen Admiralität abgekoppelt und in „Government Code and Cypher School", kurz „GC&CS", umbenannt. Aufgabe dieser Organisation war es, Nachrichtencodes fremder Länder zu studieren und die britische Regierung in Sachen Codes und Chiffren technisch zu beraten. Die GC&CS erzielte recht gute Erfolge beim Entschlüsseln der Nachrichtenverbindungen der Italiener und Japaner, aber auch russische Meldungen wurden abgehört und erfolgreich entschlüsselt.

Im Jahre 1938 erwarb die GC&CS das viktorianische Landhaus Bletchley Park, etwa 50 Meilen nördlich von London, da man befürchtete, daß London im Falle eines Krieges stark bombardiert und die wichtige Arbeit der Kryptologen somit behindert würde. Anfangs arbeiteten dort nur neun Männer, darunter auch Alan Turing. Im Laufe des ersten Jahres stieg die Mitarbeiterzahl auf 60 Personen. Später wurden auf dem Gelände rund um das viktorianische Landhaus zahlreiche Gebäude (Huts) errichtet und weitere Mitarbeiter und Mitarbeiterinnen eingestellt. In den letzten Kriegsjahren arbeiteten über 7 000 Personen in einem Drei-Schichten-Betrieb daran, die feindlichen Funksprüche zu analysieren, zu lesen, auszuwerten und zu katalogisieren.

Die Geschehnisse in Bletchley Park sind zum Beispiel im Rahmen der Biographie Alan Turings von A. Hodges [Hod94] beschrieben. Gut recherchierte Informationen finden sich auch in den Büchern [Str95], [Ene95] und [Hin94]. Sehr schön zu lesen ist auch der Roman „ENIGMA" von Robert Harris [Har95].

Bei dem britischen Analyseansatz der Enigma handelte es sich um eine sogenannte Geheimtext-Klartext-Analyse. Grundlage dafür war ein zusammenhängendes — möglichst langes — Klartext-/Geheimtextpaar. Um ein solches Paar zu finden, suchte man nach langen Worten oder Phrasen, die mit großer Wahrscheinlichkeit in den verschlüsselten Texten vorhanden waren. Wegen der Vorliebe für stereotype Redewendungen im Wehrmachtsjargon war es nicht schwierig, geeignete Textpassagen zu finden.

Anschließend mußte man herausfinden, an welcher Stelle diese Textpassagen in den Kryptogrammen versteckt waren. Unter Ausnutzung des involutorischen

Charakters der Enigma eignete sich hierfür die „negative Mustersuche". Diese Vorgehensweise wird nun an einem Beispiel erklärt, das aus [Bau93] stammt.

Sei „...ULOEBZMGERFEWMLKMTAWXTSWVUTNZPR ..." eine Folge von Geheimtextzeichen. Als wahrscheinliches Wort wird hier im Beispiel „oberkommandoderwehrmacht" angenommen. Da ein Zeichen wegen des involutorischen Charakters der Enigma nie zu sich selbst verschlüsselt wird, führen die meisten Positionen zu einem Widerspruch. Diese Widersprüche sind in Abbildung 2.9 durch Kreise um den entsprechenden Buchstaben gekennzeichnet. Letztlich verbleibt nur eine mögliche Position.

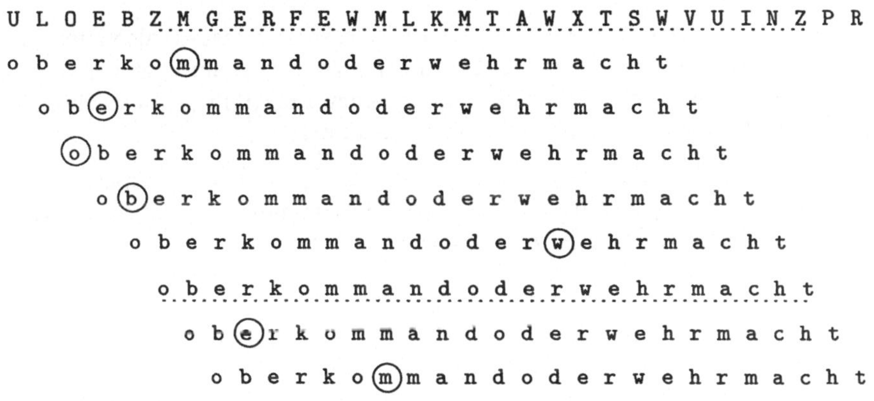

Abbildung 2.9: Negative Mustersuche

Nachdem man auf diese Weise ein geeignetes Klartext-/Geheimtextpaar findet, wäre es theoretisch möglich, alle potentiellen Schlüssel zu testen, dabei gibt es jedoch zwei Probleme:

- Die Anzahl aller möglichen Enigma-Schlüssel ist derart groß, daß auch ein maschinelles Testen nicht in akzeptabler Zeit durchzuführen ist.

- Selbst wenn es gelingt, eine Maschine zu bauen, die alle potentiellen Einstellungen der Enigma durchprobiert, muß man noch dafür sorgen, daß die richtige Einstellung erkannt wird. Natürlich erkennt man den richtigen Schlüssel, wenn man den Geheimtext dechiffriert und dabei kontrolliert, ob der richtige Klartext erscheint. Aber eben dieses Erkennen eines sinnvollen Klartextes war mit den technischen Möglichkeiten der Dreißiger und Vierziger Jahre nicht ohne weiteres zu automatisieren.

Das Verfahren, mit dem es möglich wurde, den richtigen Schlüssel zu ermitteln, stammt von Alan M. Turing. Betrachten wir noch einmal den Klartext und das dazugehörige Kryptogramm aus dem Beispiel oben. In Abbildung 2.10 ist eine „Schleife" eingezeichnet, die durch die Positionen 14, 9 und 7 geht.

Bei Position 14 wird e zu A verschlüsselt, bei Position 9 wird a zu M verschlüsselt und bei Position 7 wird m zum Anfangsbuchstaben E der Schleife chiffriert. Turing hat erkannt, daß sich solche Schleifen schaltungstechnisch mittels

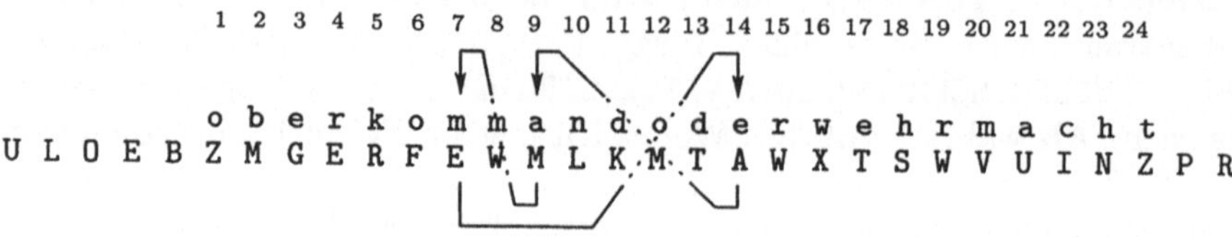

Abbildung 2.10: Darstellung einer Schleife

einer geeigneten elektromechanischen Maschine erkennen lassen, also zum automatischen Prüfen der verschiedenen Schlüssel verwendbar sind. Bevor wir uns jedoch ansehen, wie so eine Maschine im einzelnen funktioniert, betrachten wir die im Beispiel auftretenden Schleifen etwas genauer.

Sei T die Substitution des Steckerbrettes und P_i die Rotorsatzpermutation im i-ten Verschlüsselungsschritt. Mit diesen Bezeichnungen wird die in Abbildung 2.10 dargestellte Schleife wie folgt beschrieben:

$$14,9,7: \quad eT = mTP_7, \quad mT = aTP_9,$$
$$aT = eTP_{14} \qquad \Rightarrow \quad eT = eTP_{14}P_9P_7$$

Unter Berücksichtigung der Tatsache, daß die Enigmasubstitutionen involutorisch sind, findet man noch die „Schleifen":

$$4,15,8,7: \quad eT = rTP_4, \quad wT = rTP_{15},$$
$$wT = mTP_8, \quad eT = mTP_7 \quad \Rightarrow \quad eT = eTP_4P_{15}P_8P_7$$

$$4,5,11,13,17: \quad eT = rTP_4, \quad rT = kTP_5,$$
$$kT = dTP_{11}, \quad dT = tTP_{13},$$
$$tT = eTP_{17} \qquad \Rightarrow \quad eT = eTP_{17}P_{13}P_{11}P_5P_7$$

Man sieht hier, daß die Existenz dieser Schleifen unabhängig von der Einstellung des Steckerbrettes ist. Das ist der entscheidende Vorteil dieses Verfahrens, denn wenn es gelingt, durch Betrachtung dieser Schleifen den richtigen Schlüssel zu erkennen, kann man sich zunächst auf die Ausgangsstellung der Rotoren konzentrieren, was dazu führt, daß man nur $26^3 = 17\,576$ Möglichkeiten durchtesten muß und nicht den gesamten Schlüsselraum. Die Analytiker in Bletchley Park hofften, daß die Schleifen dieser relativen Rotorpositionen nur bei sehr wenigen Ausgangstellungen der drei Rotoren auftreten. Diese Hoffnung hat sich bestätigt. Es war also möglich, die so gefundenen Ausgangsstellungen der Walzen manuell zu prüfen, um den richtigen Schlüssel zu finden.

In Bletchley Park war es damals üblich, die Schleifen in Form ungerichteter Diagramme darzustellen. Abbildung 2.11 zeigt das entsprechende Diagramm zu den oben beschriebenen Schleifen.

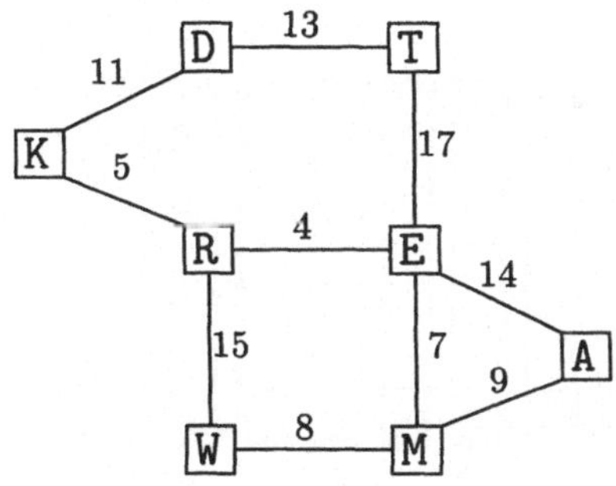

Abbildung 2.11: Schleifen in Diagrammform

Die Turing-Bombe

Die Konstruktion einer Maschine, die es ermöglichte, den richtigen Schlüssel unter Ausnutzung der Schleifen in einem Klartext-/Geheimtextpaar zu finden, war Alan Turings Aufgabe. Auch der Bau dieser Maschine verlief unter seiner Aufsicht bei der British Tabulating Machine Company. Die sogenannte „Turing-Bombe" unterschied sich wesentlich von der polnischen Dechiffriermaschine „Bomba", der Name wurde aber dennoch beibehalten.

Die polnische „Bombe" bestand aus sechs Enigma-Walzensätzen, diese wiederum aus jeweils drei Walzen und einer Umkehrwalze, was dazu führte, daß die 26-polige Kontaktleiste des Walzensatzes sowohl für das Eingangssignal als auch für das Ausgangssignal verwendet werden konnte. Für die britischen Bomben erwies sich das als unpraktisch, und man baute statt dessen sogenannte „Scrambler" (Vertauscher), die eine 26-pollge Steckerleiste für das Eingangssignal und ein 26-polige Steckerleiste für das Ausgangssignal hatten. Ansonsten simulierten diese „Scrambler" das Verhalten und die Permutationen eines Enigma-Walzensatzes. In Abbildung 2.12 sind ein Enigma-Walzensatz und ein „Scrambler" schematisch dargestellt.

Die Turing Bombe bestand aus vielen Scramblern, die gemäß der gefundenen Schleifen mit 26-adrigen Kabeln verbunden wurden. Anschließend wurden die relativen Rotorpositionen an den Scramblern eingestellt. In Abbildung 2.13 ist dies schematisch dargestellt. Die Scrambler wurden simultan fortgeschaltet, um alle 17 576 Ausgangspositionen durchzutesten. Wenn die Scrambler sich in der richtigen Position befanden, mußten die Schleifen auch in Form einer elektrischen Verbindung vorliegen, was mit Hilfe eines Testregisters geprüft wurde (siehe Abbildung 2.13).

An dem Testregister wurde ein beliebiges Kabel unter Spannung gesetzt. Im dem Beispiel, das auch in Abbildung 2.13 dargestellt ist, wurde das „T"-Kabel gewählt. Da man im allgemeinen Fall aber die Steckerbrettsubstitution nicht kannte, konnte man auch nicht mit Bestimmtheit sagen, welches Kabel Spannung bekam. Man unterschied deshalb zwei Fälle:

Erster Fall: Die Steckerbrettsubstitution wurde richtig gewählt, und das T-Kabel war unter Spannung. In diesem Fall erkannte man die richtige

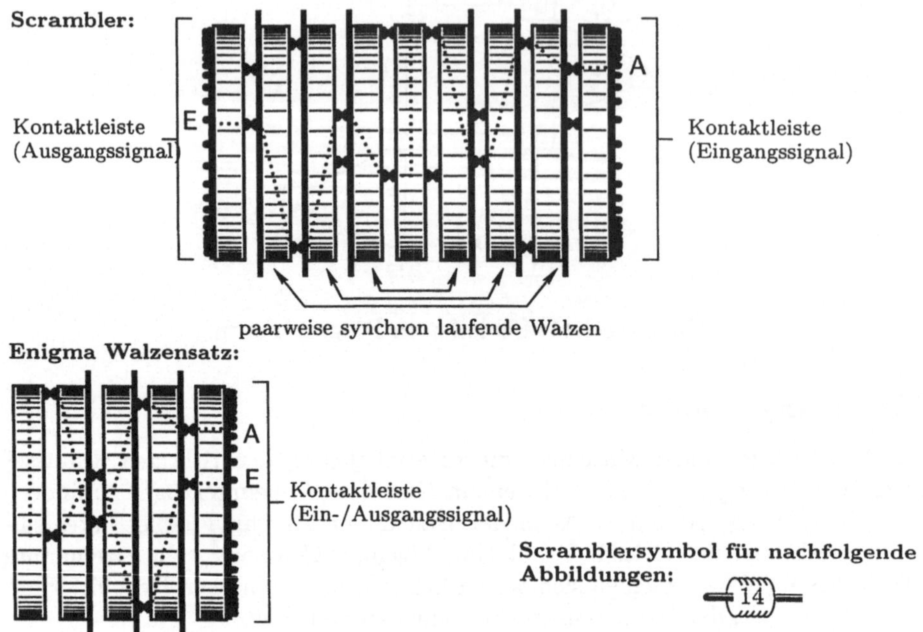

Abbildung 2.12: Enigma-Walzensatz und Scrambler

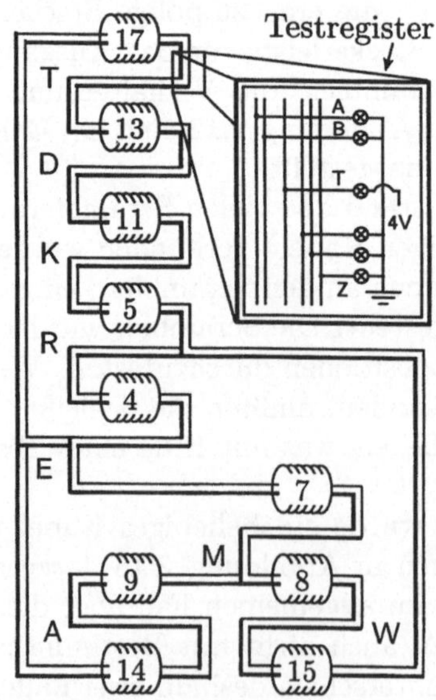

Abbildung 2.13: Funktion des Testregisters

Ringstellung daran, daß nur eine Leuchte, nämlich die T-Leuchte, am Testregister aufblitzte, da die im Diagramm aufgezeichneten Schleifen auch physikalisch vorhanden waren und kein Strom in ein anderes Kabel außerhalb der entsprechenden Schleifen gelangte.

Zweiter Fall: Die Steckerbrettsubstitution wurde falsch gewählt, und es wurde ein Kabel außerhalb der Schleifen unter Spannung gesetzt. Die richtige Ringstellung erkannte man nun daran, daß — wenn genügend Schleifen vorhanden waren — alle Leuchten außer der T-Leuchte aufblitzten. Die T-Leuchte blieb dunkel, da die Schleifen in sich geschlossen waren und kein Strom auf ein Kabel innerhalb der Schleifen gelangte.

Eine Relaisschaltung brachte die Maschine zum Stillstand, wenn eine Ringstellung gefunden wurde, die die entsprechenden Schleifen aufwies. In diesem Fall wurde die gefundene Ringstellung notiert und die Maschine wieder in Gang gesetzt, um weitere Möglichkeiten zu suchen.

Das Verfahren funktionierte nur, wenn genügend Schleifen vorhanden waren, aber auch dann konnte es vorkommen, daß die Maschine bei „falschen" Rotorpositionen stehenblieb. Ob es sich bei einer der gefundenen Rotorpositionen um den richtigen Schlüssel handelte, konnte durch versuchsweises Dechiffrieren der reichlich vorhandenen Kryptogramme ermittelt werden.

Die Turing-Welchman-Bombe

Gordon Welchman verbesserte die Turing-Bombe entscheidend durch das Hinzufügen des sogenannten „Diagonal-Board". Damit war es möglich, den involutorischen Charakter der Enigma besser auszunutzen. Um die Funktionsweise des Diagonal-Board zu erklären, betrachten wir die T–D–K–R–E-Schleife aus dem Beispiel in Abbildung 2.13.

Nimmt man zum Beispiel die Scrambler 11,5 und 4, so erkennt man, daß — bei richtiger Grundstellung — diese das d-Kabel zwischen den Scramblern 13 und 11 auf das e-Kabel zwischen den Scramblern 4 und 17 schalten. Da die Scrambler involutorisch arbeiten, muß aber auch das e-Kabel auf das d-Kabel geschaltet werden. Das Diagonalboard wurde so an die Turingbombe angeschlossen, daß alle Verbindungen dieser Art mit losen Kabeln gesteckt werden konnten (siehe Abbildung 2.14) und somit bei *jeder* Rotorstellung vorhanden waren. Damit erreichte man folgendes:

Bei der richtigen Rotorstellung wurde die Anzeige am Testregister nicht verändert, da die elektrische Verbindung des Diagonalboards, z.B. zwischen e und d, ohnehin schon innerhalb der Scrambler existierte. Bei falscher Wahl der Rotorstellungen sorgten die Verbindungen auf dem Diagonal Board jedoch dafür, daß das Testregister erheblich schneller aufgefüllt wurde, wodurch man auch mit wenigen Schleifen eine erfolgreiche Analyse durchführen konnte. Ferner reichten auch relativ kurze Schleifen, was dazu führte, daß sich der mittlere und langsame Rotor nur mit kleiner Wahrscheinlichkeit bewegten. Auch das war ein gewaltiger Vorteil, denn die Rotorbewegungen hingen von den noch

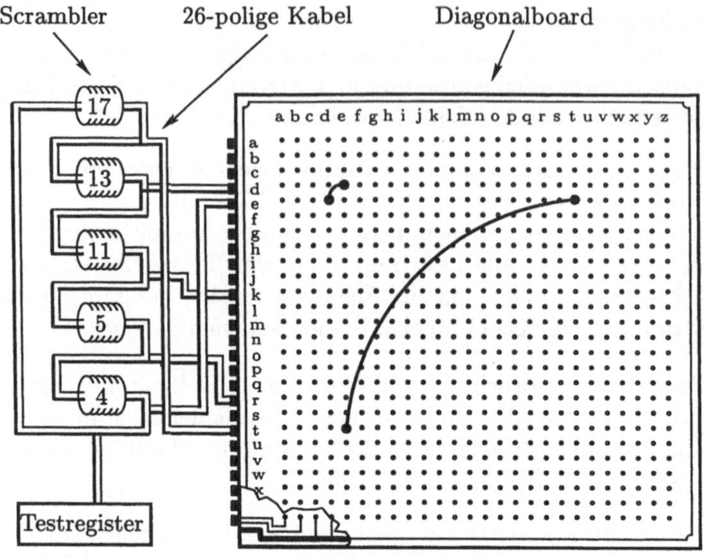

Abbildung 2.14: Funktionsweise des Diagonal-Board

nicht bekannten Ringstellungen ab. Diese ringstellungsabhängige Rotorbewegung wurde von der Turing-Welchman-Bombe nicht weiter berücksichtigt. Falls keine Analyse gelang, mußte mit verschiedenen Ringstellungen experimentiert werden, was viel Zeit brauchte.

Die erste Bombe wurde von Alan Turing AGNUS getauft, sie war im Sommer 1940 betriebsbereit und brauchte ca. 11 Minuten für einen Durchlauf. Auch in technischer Hinsicht war diese Bombe ein Meisterwerk, sie wurde von der British Tabulating Machine Company (BTM) unter der Leitung von Doc Keen gebaut. Im Frühjahr 1941 waren acht Bomben betriebsbereit, gegen Ende 1941 zwölf, im August 1942 dreißig, im März 1943 sechzig und kurz vor Kriegsende waren 200 Turing-Welchman-Bomben im Einsatz. Den Briten gelang es, fast alle Funksprüche der deutschen Wehrmacht zu dechiffrieren, die in den Äther gesendet wurden. In Bletchley Park wurde ein riesiges Archiv für die aufgefangenen Funksprüche angelegt. Ferner wurden alle gewonnenen Informationen unter militärischen Gesichtspunkten ausgewertet und an die entsprechenden Heeresstellen weitergeleitet.

Nach Kriegsende wurden alle Turing-Welchman Bomben aus Bletchley Park entfernt und angeblich zerstört. Auch das Archiv ist nicht mehr dort. Die ehemaligen Mitarbeiter wurden zum Schweigen über ihre damalige Tätigkeit verpflichtet, und jegliche Informationen über die Kryptoanalysen in Bletchley wurden geheim gehalten. Das bis 1974 geltende Verbot, die Analysen in Bletchley Park überhaupt zu erwähnen, behinderte die Geschichtsschreibung erheblich, und so ist es auch zu erklären, daß bis zum Anfang der 80er Jahre fast keine Informationen über die Enigma-Analysen vorlagen.

Das erste Werk über die Geschichte von Bletchley Park „The Ultra Secret" [Win74, Win84] stammt von F.W. Winterbotham. Das Buch beschreibt im wesentlichen den Einfluß der Kryptoanalysen auf das Kriegsgeschehen und enthält nur spärliche Informationen über die mathematischen und technischen Details der Enigma-Analyse. Eine Beschreibung der Analysemethode wurde 1982 in dem Buch „The Hut 6 Story" [Wel82] von Gordon Welchman veröffentlicht. Weder F.W. Winterbotham noch G. Welchman erhielten Zugang zu den Regierungsarchiven, so daß beide Bücher sich lediglich auf die Erinnerungen an Bletchley Park stützen.

Obwohl sich die Vorschriften bezüglich der Geheimhaltung gelockert haben und ein Teil der dechiffrierten Funksprüche heute im Public Record Office in London zugänglich sind, bleiben viele wichtige Informationen über das Geschehen in Bletchley Park verschlossen.

Bletchley Park ist heute ein Nationalmuseum. Neben dem Landhaus in viktorianischem Stil und einigen der sogenannten „Huts" ist eine Wehrmachtsenigma, eine sehr seltene Marine-Enigma mit 4 Walzen und ein Replikat der Turing-Welchman-Bombe zu sehen.

Kapitel 3

Shannons Theorie der Kryptosysteme

Die in diesem Kapitel vorgestellten Begriffe und Definitionen sind Grundlage einer Theorie — der sogenannten Informations- und Kodierungstheorie —, die einen wichtigen Teil der Informatik darstellt und somit nicht nur in der Kryptologie von großer Bedeutung ist. Diese Theorie ist, historisch gesehen, aus den Bedürfnissen der Nachrichtenübertragung entstanden und wurde am Ende der 40er Jahre von Claude Elwood Shannon[1] präsentiert. Shannon ist es gelungen, grundlegende Aussagen über die Sicherheit von Verschlüsselungsverfahren zu machen. Diese Aussagen sowie die zu ihrer Herleitung notwendigen Definitionen und Beweise werden in diesem Kapitel dargestellt.

Im ersten Abschnitt wird das grundlegende Modell der Nachrichtenübertragung sowie die im darauf folgenden verwendete Notation vorgestellt.

In Abschnitt zwei wird, aufbauend auf dem grundlegenden Modell der Nachrichtenübertragung, ein stochastisches Modell der Nachrichtenübertragung erläutert. Mit diesem Modell gelingt es, zufällige Störungen eines Übertragungskanals zu beschreiben. Ebenso kann man die Veränderung der (Klartext-) Nachrichten durch ein Verschlüsselungsverfahren beschreiben.

Im darauf folgenden Abschnitt wird Shannons Definition eines perfekt sicheren Verschlüsselungsverfahrens vorgestellt. Dazu werden auch entsprechende Kriterien zur Bewertung der Sicherheit eines Verschlüsselungsverfahrens angegeben.

In Abschnitt 3.4 wird ein ausführliches Beispiel für ein perfekt sicheres Verschlüsselungsverfahren, das sogenannte One-Time-Pad, präsentiert.

Verwendet man Chiffren, die nicht perfekt sind — was in vielen Fällen notwendig ist, da perfekte Chiffren praktische Nachteile haben —, hängt der Erfolg einer Kryptoanalyse wesentlich von der Menge der zur Verfügung stehenden Kryptogramme ab.

---

[1]C. E. Shannon, Amerikanischer Mathematiker, 30.04.1916 – 24.02.2001

Zur Untersuchung dieser Zusammenhänge benötigt man ein Maß für den Informationsgehalt einer Nachricht, die sogenannte Entropie. Dieses Maß wird in Abschnitt 3.5 eingeführt. Des weiteren werden die wichtigsten Eigenschaften der Entropie erläutert.

Im darauf folgenden Abschnitt (3.6) wird die Theorie zur Entropie auf Kryptosysteme angewendet. Es wird der Begriff „Eindeutigkeitsdistanz" eingeführt, eine Abschätzung für die Menge der Kryptogramme, die zur eindeutigen Analyse eines Geheimtextes mindestens notwendig sind.

Im letzten Abschnitt des Kapitels wird eine weitere Idee von Shannon präsentiert. Es wird kurz dargestellt, welche Rolle die Prinzipien der *Konfusion* und *Diffusion* bei der Konstruktion sicherer Chiffren spielen.

3.1   Hintergrund und Notation

Der Theorie zur Nachrichtenübertragung liegt das folgende „*allgemeine Modell der Nachrichtenübertragung*" (siehe Abbildung 3.1) zugrunde. Im Rahmen dieses Modells werden verschiedene Komponenten, die bei der Nachrichtenübertragung eine wichtige Rolle spielen, unterschieden.

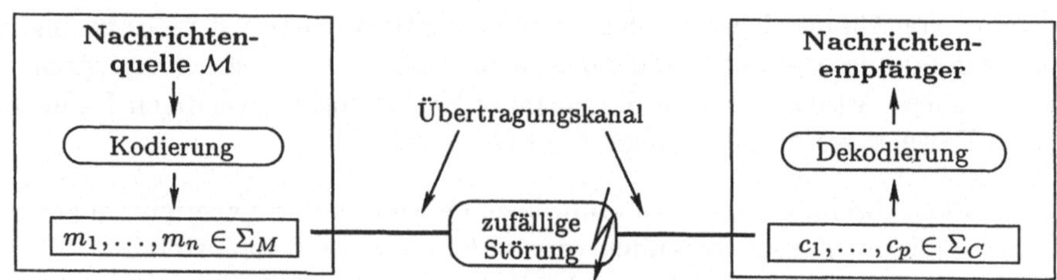

Abbildung 3.1: Allgemeines Modell der Nachrichtenübertragung

Als **Nachrichtenquelle** bezeichnen wir die Komponente, die Informationen in irgendeiner Weise produziert und in einer bestimmten Form zur Übertragung bereitstellt.

Der **Nachrichtenempfänger** befindet sich in der Regel an einem anderen Ort als die Nachrichtenquelle. Ziel der Nachrichtenübertragung ist es, die von der Nachrichtenquelle produzierten Informationen dem Nachrichtenempfänger zugänglich zu machen. Hierfür wird ein **Übertragungskanal** benötigt, der es ermöglicht, Informationen in irgendeiner Form zu übertragen. Etwa ein Kupferkabel, ein Lichtwellenleiter, eine Funkverbindung oder auch ein Bote.

In den meisten Fällen produziert die Nachrichtenquelle Informationen in einer bestimmten Form, so daß die Informationen aus technischen Gründen nicht unmittelbar in den zur Verfügung stehenden Übertragungskanal eingespeist werden können. Ein Kupferkabel ist zum Beispiel sehr gut geeignet, elektrische Signale zu übertragen. Viele Nachrichtenquellen hingegen produzieren Informationen, die durch eine Folge von Buchstaben, Ziffern und Sonderzeichen repräsentiert werden.

Die Lösung dieses Problems ist Aufgabe der Komponenten „**Kodierung**" und „**Dekodierung**". Ein bekanntes Kodierschema zur Übertragung von Buchstaben und Ziffern in elektrische Signale ist der von Samuel Morse (1791–1872) entwickelte Morse-Code, bei dem jedem Buchstaben eine Sequenz von kurzen und langen Stromstößen, Lichtblitzen oder Ähnliches zugeordnet ist.

Die Theorien und praktischen Lösungen zum Kodieren von Informationen haben sich, basierend auf den Arbeiten von Claude Elwood Shannon [Sha48a, Sha48b] und Richard W. Hamming [Ham50], zu einem eigenen Fachgebiet — der Kodierungstheorie — entwickelt, auf das hier aber nicht detailliert eingegangen wird.

Ein Problem des allgemeinen Modells der Nachrichtenübertragung, das sich in der Praxis als wesentlicher Faktor herausgestellt hat, sind **Störungen des Übertragungskanals**. Dabei handelt es sich meistens um technische Störungen, die dazu führen, daß Informationen unvollständig oder fehlerhaft übertragen werden. Im Rahmen der Nachrichtentechnik wird dabei zwischen systematischen und zufälligen Störungen unterschieden. Systematische Störungen können, zumindest prinzipiell, genau beschrieben und mittels geeigneter Maßnahmen behoben werden. Zufällige Störungen treten sporadisch auf und sind nicht vorhersehbar. Sie können zum Beispiel durch wechselnde Wetterverhältnisse verursacht werden, die etwa die Nachrichtenübertragung mittels Funk beeinträchtigen. Elektrische Signale in Übertragungskabeln werden typischerweise durch wechselnde Magnetfelder gestört. Solche Störungen haben meistens zur Folge, daß einzelne Nachrichtenblöcke (Buchstaben, Bits usw.) verfälscht werden oder verlorengehen. Im weiteren betrachten wir nur zufällige Störungen.

Neben dem Ziel, Informationen in eine übertragungsgerechte Form zu bringen, wurden im Rahmen der Kodierungstheorie auch Codes entwickelt, die bestimmte Redundanzen aufweisen, so daß zufällige Störungen bei der Dekodierung erkennbar sind. Ebenso bemüht man sich, möglichst effiziente Codes zu entwickeln, d.h. die Informationen der Nachrichtenquelle so umzuformen, daß nur ein Minimum an Übertragungskapazität benötigt wird.

Codes, deren Ziel es ist, die Informationen derart zu übertragen, daß ein Unbefugter sie nicht interpretieren kann, nennt man *kryptographische Codes* oder *Chiffren*. Speziell für die Betrachtung kryptographischer Codes erweitern wir das allgemeine Modell der Nachrichtenübertragung, da neben dem *legitimen Empfänger* auch der sogenannte *unbefugte Empfänger* berücksichtigt werden muß.

Aus der Sicht des legitimen Empfängers entspricht das in Abbildung 3.2 skizzierte *Modell der Nachrichtenübertragung mit Verschlüsselung* dem allgemeinen Modell der Nachrichtenübertragung, wenn man davon absieht, daß zum Kodieren und Dekodieren der Nachrichten nun ein geheimer Schlüssel benötigt wird. Aber auch der unbefugte Empfänger kann eine Analogie zum allgemeinen Modell der Nachrichtenübertragung herstellen, indem er die Verschlüsselung auf der Seite der Nachrichtenquelle als zufällige Störung des Übertragungskanals interpretiert.

In der Praxis unterschieden sich „echte" Störungen des Übertragungskanals erheblich von „Störungen", die durch ein Verschlüsselungsverfahren erzeugt wer-

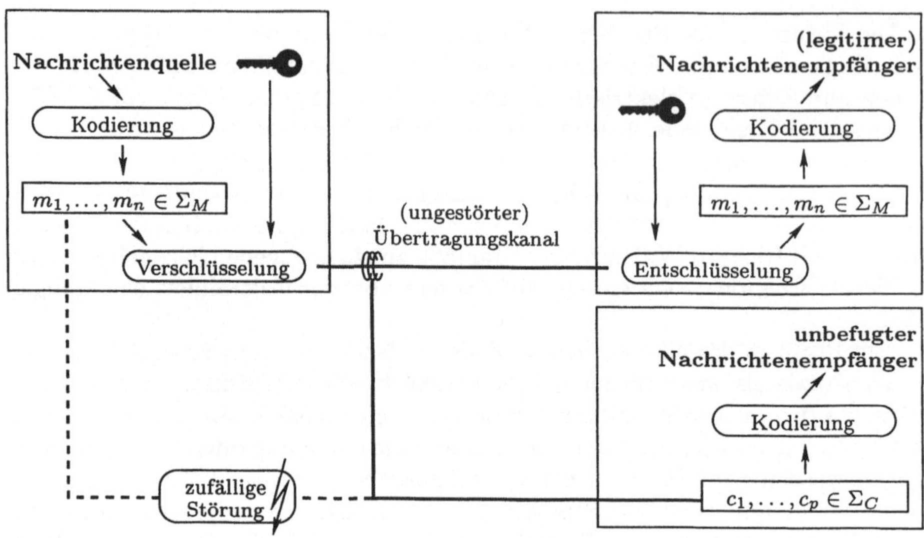

Abbildung 3.2: Modell der Nachrichtenübertragung mit Verschlüsselung

den. Echte Störungen erschweren die Interpretation der Nachrichten nur geringfügig. Verschlüsselungsverfahren hingegen sollen die unbefugte Interpretation der Nachrichten möglichst verhindern. Für die weiteren Untersuchungen — die mit den Mitteln der Wahrscheinlichkeitsrechnung durchgeführt werden — ist dieser Unterschied jedoch unerheblich.

Auf der Basis der oben dargestellten Modelle wird in den folgenden Abschnitten ein stochastisches Modell der Nachrichtenübertragung sowie eine grundlegende Theorie zur Verschlüsselung von Nachrichten vorgestellt. Dabei wird folgende Notation verwendet:

Klartexte:

Für die Bezeichnung von Nachrichtenquellen, Alphabet und Nachrichtenblöcken, die sich auf Klartexte beziehen, wird als Abkürzung der Buchstabe M (Message) verwendet. Im einzelnen werden folgende Schreibweisen gebraucht:

$\mathcal{M}$ Klartexte werden von einer Nachrichtenquelle ausgestoßen. Zur Bezeichnung von Nachrichtenquellen werden kalligraphische Buchstaben verwendet. Also $\mathcal{M}$ oder $\tilde{\mathcal{M}}$.

M, m Eine Klartextnachricht wird M genannt und es wird davon ausgegangen, daß diese Nachricht aus einzelnen Blöcken besteht, die mit m oder $m^{(1)}, m^{(2)}$ usw. bezeichnet werden.

Σ_M Die Menge aller möglichen Klartextblöcke heißt Klartextalphabet Σ_M. Es werden hier nur Alphabete verwendet, die endlich viele Elemente enthalten, also $\Sigma_M = \{m_1, m_2, \ldots, m_l\}$. Typische Beispiele für Klartextalphabete sind $\Sigma_M = \{\mathtt{a},\ \mathtt{b},\ \mathtt{c},\ \ldots,\ \mathtt{z}\}$, $\Sigma_M = \{0,1\}$ oder $\Sigma_M = \{(b_0, b_1, \ldots, b_7) | b_i \in \{0,1\}\}$.

$p(m_i)$ Die Wahrscheinlichkeit, mit der die Nachrichtenquelle einen Klartextblock $m_i \in \Sigma_M$ ausstößt, wird im weiteren mit $p(m_i)$ oder kurz mit p_i bezeichnet. Für alle $m_i \in \Sigma_M$ soll $p(m_i) > 0$ sein. Da es sich um Wahrscheinlichkeiten handelt, gilt:

$$\sum_{m_i \in \Sigma_M} p(m_i) = 1.$$

Σ_M^n Es werden nur Klartextnachrichten betrachtet, die aus einer endlichen Anzahl von Blöcken $m \in \Sigma_M$ bestehen. Die Menge aller möglichen Nachrichten der Länge n wird mit Σ_M^n bezeichnet.

Anmerkung:

Es werden nur endliche Alphabete in Betracht gezogen und auch für Nachrichten soll gelten, daß diese stets aus einer endlichen Anzahl von Klartextblöcken bestehen.

Diese Voraussetzungen sind nicht notwendig, erleichtern aber die weiteren Betrachtungen, da sie es ermöglichen, „naiv" mit Wahrscheinlichkeiten zu rechnen. Für die Praxis ergibt sich dadurch keine wesentliche Einschränkung, da man die maximale Anzahl der Nachrichtenblöcke oder die Anzahl der Elemente des Alphabets sehr groß wählen kann.

Geheimtexte:

Die Bezeichnungen rund um Geheimtexte sind analog zu den Bezeichnungen für Klartexte gewählt. Statt M wird jedoch stets die Abkürzung C (Cipertext) verwendet. Im einzelnen gilt:

$\mathcal{C}$ Auch bei Geheimtexten kann man davon ausgehen, daß diese von einer (imaginären) Nachrichtenquelle produziert werden. Zur Bezeichnung werden die kalligraphischen Buchstaben $\mathcal{C}$ und $\tilde{\mathcal{C}}$ verwendet.

C, c Eine Geheimtextnachricht wird C genannt, und es wird davon ausgegangen, daß diese Nachricht aus einzelnen Blöcken besteht, die mit c oder $c^{(1)}$, $c^{(2)}$ usw. bezeichnet werden.

Σ_C Die Menge aller möglichen Geheimtextblöcke heißt Geheimtextalphabet Σ_C. Ebenso wie bei den Klartexten werden nur Alphabete mit endlich vielen Elementen betrachtet.

Bei den meisten Verschlüsselungsverfahren wird für Geheimtexte und Klartexte das gleiche Alphabet verwendet, also $\Sigma_C = \Sigma_M$.

$p(c_i)$ Die Wahrscheinlichkeit, mit der eine Quelle einen Geheimtextblock $c_j \in \Sigma_C$ ausstößt, wird im weiteren mit $p(c_j)$ oder kurz mit q_j bezeichnet. Für alle $c_j \in \Sigma_C$ gilt:

$$p(c_j) > 0 \quad \text{und} \quad \sum_{c_j \in \Sigma_C} p(c_j) = 1.$$

Σ_C^n Wenn Geheimtexte betrachtet werden, die aus einer endlichen Folge von Geheimtextblöcken bestehen, wird die Menge aller möglichen Geheimtexte der Länge n mit Σ_C^n bezeichnet.

Schlüssel:

Die hier betrachteten Verschlüsselungsverfahren sind so konstruiert, daß man zum Verschlüsseln einer Nachricht stets einen geheimen Schlüssel K (**Key**) benötigt. Es wird im weiteren davon ausgegangen, daß dieser Schlüssel aus einer endlichen Menge Σ_K stammt.

Chiffrierverfahren

Um einen Klartext M in einen Geheimtext C zu überführen, wird eine Abbildung $E : \Sigma_M^n \times \Sigma_K \to \Sigma_C^n$ (**Encrypt**) benötigt. Da wir uns im Rahmen dieses Kapitels auf Chiffren beschränken, bei denen es möglich sein soll, die Kryptogramme mittels des verwendeten Schlüssels auch wieder zu dechiffrieren, muß die Abbildung E injektiv sein. Das heißt, daß E der Bedingung

$$M_1 \neq M_2 \quad \Rightarrow \quad E(M_1, K) \neq E(M_2, K) \quad \text{bzw.} \quad (3.1)$$
$$E(M_1, K) = E(M_2, K) \quad \Rightarrow \quad M_1 = M_2$$

für alle $M_1, M_2 \in \Sigma_M^n$ und $K \in \Sigma_K$ genügen muß.

3.2   Stochastische Modellierung

Wir betrachten zunächst die Situation, daß der Empfänger einer Nachricht deren Informationsinhalt *nicht* kennt, bevor er die Nachricht empfangen und dekodiert hat.

Wenn zufällige Störungen des Übertragungskanals auftreten, steht der Empfänger vor dem Problem, die ursprünglich gesendete Nachricht aus der empfangenen Nachricht zu rekonstruieren.

Wenn es sich um wenige Störungen handelt, ist das leicht möglich, da der Nachrichtenempfänger in den meisten Fällen die grundlegende Struktur der Nachrichten (etwa die verwendete Sprache) kennt und — anhand redundanter Informationen im Kontext — Fehler erkennen und korrigieren kann.

Im weiteren wird eine formale Beschreibung dieser Vorgehensweise dargestellt.

Wenn man zum Beispiel davon ausgeht, daß die Klartextblöcke Buchstaben sind, also

$$\Sigma_M = \{m_1, m_2, m_3, \ldots, m_l\} = \{\text{a, b, } \ldots \text{, z}\},$$

ist es realistisch, davon auszugehen, daß die Wahrscheinlichkeiten

$$p_i = p(m_i) \quad \text{für alle } i \in \{1, \ldots, l\}$$

sowohl dem befugten als auch dem unbefugten Nachrichtenempfänger bekannt sind, denn diese Einzelwahrscheinlichkeiten kann man mittels Häufigkeitsanalysen, wie sie in Abschnitt 1.4 bereits vorgestellt wurden, ermitteln.

Ebenso kann man von der Situation ausgehen, daß die einzelnen Klartextblöcke Buchstabenpaare oder n-Tupel sind. In jedem Fall ist damit zu rechnen, daß der Nachrichtenempfänger die Häufigkeitsverteilung der Klartextblöcke kennt.

Wenn ein Nachrichtenempfänger genügend Nachrichten beobachtet, kann er durch Zählen der Häufigkeiten auch die Wahrscheinlichkeiten $q_j = p(c_j)$ der einzelnen Geheimtextblöcke bestimmen.

Das Übertragungsverhalten eines Kanals kann durch die Angabe der bedingten Wahrscheinlichkeiten

$$p_{ji} = p(c_j|m_i) \quad \text{für alle } m_i \in \Sigma_M \text{ und } c_j \in \Sigma_C$$

charakterisiert werden. Die Wahrscheinlichkeit p_{ji} gibt also an, mit welcher Wahrscheinlichkeit c_j empfangen wird, wenn m_i gesendet wurde. In der Regel sind lange Versuchsreihen erforderlich, um das Übertragungsverhalten eines Kanals auf diese Weise zu charakterisieren. Dennoch gehen wir davon aus, daß dem Nachrichtenempfänger neben der Wahrscheinlichkeitsverteilung der gesendeten Nachrichten auch das Übertragungsverhalten des Kanals bekannt ist. Wird nun am Ende des Kanals die Nachricht c_j empfangen, dann stellt sich die Frage, für welches $\hat{m} \in \Sigma_M$ die bedingte Wahrscheinlichkeit $p(\hat{m}|c_j)$ maximal ist? Dabei ist $p(\hat{m}|c_j)$ die Wahrscheinlichkeit dafür, daß $\hat{m}$ gesendet wurde, wenn man c_j am Ende des Kanals empfängt. Diese Methode der Schätzung ist als „Maximum-Likelihood-Methode" bekannt (siehe auch Abschnitt 8.3.6).

Zur praktischen Bestimmung der Nachricht $\hat{m}$ kann folgendermaßen vorgegangen werden:

Gemäß der Definition einer bedingten Wahrscheinlichkeit (siehe Definition 8.3.9 auf Seite 274) gilt für alle $m_i \in \Sigma_M$ und alle $c_j \in \Sigma_C$:

$$p(m_i|c_j) = \frac{p(m_i \cap c_j)}{p(c_j)} \quad \text{bzw.}$$
$$p(m_i|c_j) \cdot p(c_j) = p(m_i \cap c_j). \tag{3.2}$$

Ebenso gilt

$$p(c_j|m_i) \cdot p(m_i) = p(c_j \cap m_i). \tag{3.3}$$

Aus den Gleichungen 3.2 und 3.3 folgt, daß

$$p(m_i|c_j) = p(c_j|m_i)\frac{p(m_i)}{p(c_j)} \tag{3.4}$$

ist. Diese Formel ist auch als bayessche[2] Formel bekannt (siehe Satz 8.3.11 auf Seite 275).

---

[2] Thomas Bayes (1702 – 1763), englischer Theologe

Gesucht ist nun eine Nachricht $\hat{m}$, die die Bedingung

$$p(\hat{m}|c_j) \geq p(m_i|c_j)$$

für alle $i \in \{1, \ldots, l\}$ erfüllt. Da c_j vorgegeben und somit $p(c_j)$ konstant ist, kann man sich darauf beschränken, das Maximum der Funktion

$$p(m_i|c_j) = p(c_j|m_i) \cdot p(m_i) = p_{ji} \cdot p_i$$

zu suchen.

Die Bestimmung des wahrscheinlichsten Klartextblocks $\hat{m}$ bei gegebenem Geheimtextblock c_j nennt man Kryptoanalyse. Die praktische Durchführung der oben beschriebenen Methode ist jedoch mit einigen Schwierigkeiten verbunden.

Das Übertragungsverhalten eines Kanals, der durch ein Chiffrierverfahren „gestört" wird, hängt in der Regel von dem verwendeten Schlüssel ab, den der (unbefugte) Empfänger jedoch nicht kennt. Wenn die Anzahl der potentiellen Schlüssel sehr groß ist, wird es nur schwer möglich sein, das Übertragungsverhalten des Kanals zu beschreiben. Prinzipiell kann die oben beschriebene Analyse jedoch auf folgende Art durchgeführt werden.

Sei $\Sigma_K = \{k_1, k_2, \ldots, k_u\}$ die Menge der verfügbaren Schlüssel und seien

$$p_k = p(k) \quad \text{für } k \in \{k_1, \ldots, k_u\}$$

die Wahrscheinlichkeiten dafür, daß ein Schlüssel k auf der Seite der Nachrichtenquelle verwendet wird. Zum Verschlüsseln der Nachrichten wird eine Chiffrierfunktion E verwendet, die jeder Nachricht $m \in \Sigma_M$ abhängig vom verwendeten Schlüssel $k \in \Sigma_K$ genau einen Geheimtext $c \in \Sigma_C$ zuordnet. Also

$$c = E(m, k).$$

Die bedingten Wahrscheinlichkeiten $p_{ij} = p(c_j|m_i)$ ergeben sich dann als die Summe der Wahrscheinlichkeiten p_k aller Schlüssel, für die $E(k, m_i) = c_j$ ist. Es gilt also:

$$p_{ij} = \sum_{k \in \{k | E(k,m_i)=c_j\}} p_k.$$

In der Praxis scheitert diese Art des Angriffs meistens daran, daß es nicht möglichen ist, für alle Schlüssel die Bedingung $E(k, m_i) = c_j$ zu testen, weil zu viele Schlüssel existieren. Dennoch sind diese Überlegungen von großer Relevanz, denn sie motivieren die Definition einer perfekten Chiffre, die im nächsten Abschnitt vorgestellt wird.

3.3 Perfekte Chiffren — absolute Sicherheit

Ziel dieses Abschnitts ist es, eine Klasse von Verschlüsselungsverfahren zu beschreiben, die „perfekt sicher" sind. Sie sollen dem Kryptoanalytiker keine Chance bieten, Kryptogramme zu dechiffrieren, wenn er den entsprechenden Schlüssel nicht kennt.

Definition 3.3.1 (perfekt sichere Chiffre)
Sei Σ_M^n die Menge aller möglichen Klartextblöcke und Σ_C^n die Menge aller möglichen Kryptogramme. Eine Chiffre E heißt *perfekt sicher*, wenn für alle Klartexte $M \in \Sigma_M^n$ und alle Kryptogramme $C \in \Sigma_C^n$

$$p(M) = p(M\,|\,C)$$

ist.

Das bedeutet, daß die Kenntnis der Kryptogramme keinerlei zusätzliche Information liefert, wenn man die Wahrscheinlichkeiten für bestimmte Klartextblöcke ermitteln will. Um die Klasse der perfekt sicheren Chiffren genauer zu charakterisieren, wird nun ein notwendiges Kriterium und anschließend auch ein hinreichendes Kriterium für die perfekte Sicherheit einer Chiffre angegeben.

Satz 3.3.2 (notwendiges Kriterium für perfekte Sicherheit)
Sei $E : \Sigma_M^n \times \Sigma_K \to \Sigma_C^n$ eine perfekt sichere Chiffre. Dann gilt:

i) Zu jedem $M \in \Sigma_M^n$ und jedem $C \in \Sigma_C^n$ existiert ein Schlüssel $K \in \Sigma_K$, so daß $E(M, K) = C$ ist.

ii) Es muß mindestens ebensoviele Schlüssel wie Geheimtexte geben. Es gilt also $|\Sigma_K| \geq |\Sigma_C^n|$.

iii) Es muß mindestens ebensoviele Schlüssel wie Klartexte geben. Also gilt auch $|\Sigma_K| \geq |\Sigma_M^n|$.

Beweis:

i) Da E perfekt sicher ist, gilt für alle $M \in \Sigma_M^n$ die Gleichung $p(M) = p(M\,|\,C)$. Mit der bayesschen Formel (Satz 8.3.11 auf Seite 275) folgt:

$$p(M) = p(M|C) \;\; = \;\; p(C|M)\frac{p(M)}{p(C)} \;\;\; \Rightarrow$$
$$p(C) \;\; = \;\; p(C|M).$$

Da Σ_C^n voraussetzungsgemäß nur Kryptogramme enthält, für die $p(C) > 0$ ist, muß auch $p(C|M) > 0$ sein. Das bedeutet, daß es irgendeinen Schlüssel $K \in \Sigma_K$ geben muß, der M in C überführt.

ii) Da es zu jedem Klartext-/Geheimtextpaar (M, C) mindestens einen Schlüssel $K \in \Sigma_K$ gibt, für den $C = E(M, K)$ ist, und ein Schlüssel den Klartext M nicht in zwei verschiedene Geheimtexte überführen kann, muß es mindestens ebensoviele Schlüssel wie Geheimtexte geben, das heißt $|\Sigma_K| \geq |\Sigma_C^n|$.

iii) Da die betrachtete Verschlüsselungsfunktion E injektiv ist, muß es mindestens ebensoviele Chiffretexte wie Klartexte geben, das heißt $|\Sigma_C^n| \geq |\Sigma_M^n|$. Mit der Aussage aus Teil ii) folgt, daß $|\Sigma_K| \geq |\Sigma_M^n|$ ist.

Satz 3.3.3 (hinreichendes Kriterium für perfekte Sicherheit)
Eine Chiffre $E : \Sigma_M^n \times \Sigma_K \rightarrow \Sigma_C^n$ ist perfekt sicher, wenn sie folgende Eigenschaften erfüllt:

i) $|\Sigma_K| \geq |\Sigma_C^n| \geq |\Sigma_M^n|$

ii) Alle Schlüssel $K \in \Sigma_K$ werden mit gleicher Wahrscheinlichkeit verwendet, Es gilt also:

$$p(K) = \frac{1}{|\Sigma_K|} \quad \text{für alle } K \in \Sigma_K.$$

iii) Zu jedem $M \in \Sigma_M^n$ und zu jedem $C \in \Sigma_C^n$ existiert genau ein Schlüssel $K \in \Sigma_K$, der M in C überführt. In Kurzschreibweise:

$$|\{K \in \Sigma_K | C = E(K, M)\}| = 1.$$

Beweis:
Die bedingte Wahrscheinlichkeit $p(C|M)$ ergibt sich aus der Summe der Wahrscheinlichkeiten aller Schlüssel, die M in C überführen. Da es wegen (iii) nur einen Schlüssel $K \in \Sigma_K$ gibt, für den $C = E(K, M)$ ist, und dieser die Wahrscheinlichkeit $1/|\Sigma_K|$ hat, gilt:

$$p(C|M) = \frac{1}{|\Sigma_K|}. \tag{3.5}$$

Gemäß dem Satz der totalen Wahrscheinlichkeit (siehe Satz 8.3.11 auf Seite8.3.11) ist

$$p(C) = \sum_{M \in \Sigma_M^n} p(M) \cdot p(C|M)$$

und mit Gleichung 3.5 folgt

$$p(C) \;=\; \frac{1}{|\Sigma_K|} \sum_{M \in \Sigma_M^n} p(M) \tag{3.6}$$

$$\;=\; \frac{1}{|\Sigma_K|}.$$

Aus den Gleichungen 3.5 und 3.6 folgt, daß $p(C|M) = p(C)$ ist. Mit der bayesschen Formel,

$$p(M|C) = p(C|M)\frac{p(M)}{p(C)}$$

folgt auch die Gleichung

$$p(M|C) = p(M),$$

was zu beweisen war. $\qquad\qquad\qquad\qquad\qquad\qquad\qquad\qquad\qquad\qquad\diamond$

Die in Satz 3.3.2 und Satz 3.3.3 aufgeführten Kriterien ermöglichen es, in vielen Fällen sehr leicht zu entscheiden, ob ein gegebenes Verschlüsselungsverfahren perfekte Sicherheit bietet. Natürlich stellt sich sofort die Frage: Gibt es ein perfektes Verschlüsselungsverfahren?

Beispiel 3.3.4 (Caesar Chiffre für Klartexte der Länge 1)
Sei $\Sigma_M^1 = \Sigma_C^1 = \Sigma_K = \{a, b, \ldots, z\}$ und $E : \Sigma_M^1 \times \Sigma_K \to \Sigma_C^1$ sei eine Verschiebechiffre, so, wie auf Seite 3 in Kapitel 1 definiert. Der Schlüssel $K = a$ bedeutet hier, daß das Klartextalphabet gegenüber dem Geheimtextalphabet nicht verschoben wird, der Schlüssel $K = b$ bedeutet, daß die Alphabete um einen Buchstaben verschoben werden, $K = c$ bedeutet drei Buchstaben usw.
Wie man sieht, sind die Bedingungen (i), (ii) und (iii) aus Satz 3.3.3 erfüllt und folglich handelt es sich um eine perfekt sichere Chiffre. Allerdings gilt das nur für Klartexte der Länge 1 !

Das folgende Beispiel zeigt, daß die Eigenschaft der perfekten Sicherheit verlorengeht, wenn man Caesars Chiffre für Klartexte verwendet, die aus mehr als einem Buchstaben bestehen.

Beispiel 3.3.5 (Caesar Chiffre für Klartexte der Länge 2)
Sei nun $\Sigma_M^2 = \Sigma_C^2 = \{aa, ab, \ldots, zz\}$ und $E : \Sigma_M^2 \times \Sigma_K \to \Sigma_C^2$. Wir betrachten den Klartext $M = mm$ und den Geheimtext $C = ab$. Es gibt jedoch keinen Schlüssel in der Menge Σ_K, für den $C = E(M, K)$ gilt. Das ist ein Verstoß gegen Kriterium (i) aus Satz 3.3.2.
Außerdem ist $|\Sigma_K| = 26 < 676 = |\Sigma_M^2| = |\Sigma_C^2|$, was ein Verstoß gegen die Kriterien (ii) und (iii) aus Satz 3.3.2 ist. Folglich ist Caesars Chiffre nicht perfekt sicher.

Im folgenden Abschnitt wird ein weiteres Verfahren vorgestellt, das perfekte Sicherheit gemäß der Definition von Shannon gewährleistet.

3.4 Das One-Time-Pad

Ein für die Praxis relevantes Verfahren, das perfekte Sicherheit bietet wurde
bereits 1917 von den AT&T-Mitarbeitern Gilbert Vernam und Major Joseph O.
Mauborgne vorgestellt. Vernam hat dieses Verfahren ein Jahr später patentieren
lassen (U.S. Patent 1,310,719, siehe auch [Ver26]). Dieses Verfahren wurde für
den Einsatz in der Telegraphie entwickelt und schon 1917 als „sicher" angeprie-
sen. Der fundierte Beweis dieser Sicherheit gelang jedoch erst drei Jahrzehnte
später unter Verwendung von Shannons Theorie der Kryptosysteme. Heute ist
dieses Verfahren als „One-Time-Pad" oder Vernam-Chiffre bekannt.

Das Verfahren von Vernam basiert auf dem Baudot-Code (siehe Tabelle 3.1).
Dieser Code, benannt nach seinem Erfinder J. M. Baudot (1845 – 1903), verwendet ein Alphabeth mit 32 Zeichen. Jedes Zeichen wird als eine Folge von
fünf Signalen dargestellt und jedes Signal kennt zwei Zustände, die in Tabelle
3.1 mit „0" und „1" bezeichnet sind. Beim Drucken einer Nachricht auf einen
Lochstreifen wird für jede „1" ein kleines Loch in den Papierstreifen gestanzt,
bei einer „0" bleibt der Papierstreifen unbeschädigt (siehe auch Abbildung 3.3).
Später wurde dieser Code von Donald Murray ergänzt, indem der Zeichenum-
fang durch Einfügen von Steuerzeichen (LS und FS) erweitert wurde. Mit diesen
Steuerzeichen kann entweder der Buchstabenmodus (**Letter** Shift) oder der Zeichenmodus (**Figure** Shift) ausgewählt werden. Ist einmal der Buchstabenmodus
eingeschaltet, werden alle Codes als Buchstaben interpretiert; entsprechend werden im Zeichenmodus die Ziffern oder Sonderzeichen erkannt. Heute ist dieser
Code als CCITT-Code No. 2 bekannt.

Tabelle 3.1: CCITT-Code No. 2

Letter	Figure			Letter	Figure		
A	-	→	11000	Q	1	→	11101
B	?	→	10011	R	4	→	01010
C	:	→	01110	S	’	→	10100
D	WAY	→	10010	T	5	→	00001
E	3	→	10000	U	7	→	11100
F	NA	→	10110	V	=	→	01111
G	NA	→	01011	W	2	→	11001
H	NA	→	00101	X	/	→	10111
I	8	→	01100	Y	6	→	10101
J	bell	→	11010	Z	+	→	10001
K	(	→	11110	CR		→	00010
L	)	→	01001	LF		→	01000
M	.	→	00111	LS		→	11111
N	,	→	00110	FS		→	11011
O	9	→	00011	SP		→	00100
P	0	→	01101	NU		→	00000

Tabelle 3.2: Bedeutung der Abkürzungen im CCITT-Code No. 2

Abkürzung:	Bedeutung:
WAY:	Who are you?
bell:	Klingel
CR:	Carriage Return
LF:	Line Feed
LS:	Letter Shift
FS:	Figure Shift
SP:	Space
NA:	Not Assigned
UN:	Unused

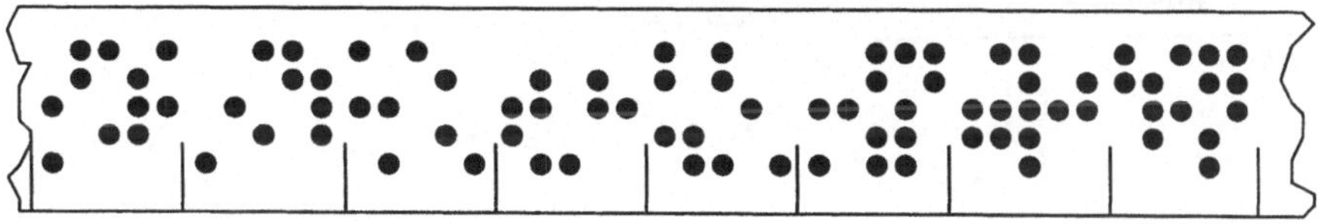

Abbildung 3.3: Lochstreifen mit kodierter Nachricht

Im Rahmen der folgenden Darstellungen und Beispiele wird der CCITT-Code No. 2 verwendet. Für die Sicherheit des One-Time-Pads ist die Art der Codierung jedoch unerheblich. Wir gehen davon aus, daß die einzelnen Nachrichten eine Folge von n Signalen („0" oder „1") sind.

Definition 3.4.1 (One-Time-Pad)
Die Mengen der Klartexte Σ_M^n, Kryptogramme Σ_C^n und Schlüssel Σ_K sind für das One-Time Pad wie folgt definiert:

$$\Sigma_M^n = \Sigma_C^n = \Sigma_K = \{(b_1, b_2, b_3, \ldots, b_n) | b_i \in \{0, \ 1\} \text{ für } i \in \{1, \ldots, n\}\}. \quad (3.7)$$

Zum Verschlüsseln ($E : \Sigma_M^n \times \Sigma_K \to \Sigma_C^n$) und zum Entschlüsseln ($D : \Sigma_C^n \times \Sigma_K \to \Sigma_M^n$) sind die Funktionen

$$C = E(M, K) = M \oplus K \quad \text{bzw.} \quad M = D(C, K) = C \oplus K \quad (3.8)$$

zu berechnen.

Die Operation „$\oplus$" (XOR) ist dabei wie folgt definiert:

1. Für Nachrichten $M = (m^{(1)}, m^{(2)}, \ldots, m^{(n)})$ und
   Schlüssel $K = (k^{(1)}, k^{(2)}, \ldots, k^{(n)})$ gilt:

$$(m^{(1)}, \ldots, m^{(n)}) \oplus (k^{(1)}, \ldots, k^{(n)}) = ((m^{(1)} \oplus k^{(1)}), \ldots, (m^{(n)} \oplus k^{(n)}))$$

$$\text{bzw.}$$

$$(c^{(1)}, \ldots, c^{(n)}) \oplus (k^{(1)}, \ldots, k^{(n)}) = ((c^{(1)} \oplus k^{(1)}), \ldots, (c^{(n)} \oplus k^{(n)})).$$

2. Für Signale gilt:

$$
\begin{aligned}
0 \oplus 0 &= 0 \\
0 \oplus 1 &= 1 \\
1 \oplus 0 &= 1 \\
1 \oplus 1 &= 0
\end{aligned}
$$

Abbildung 3.4 zeigt eine graphische Darstellung dieses Verschlüsselungsschemas. Abbildung 3.5 zeigt ein Beispiel, in dem die Baudot-Kodierung verwendet wird.

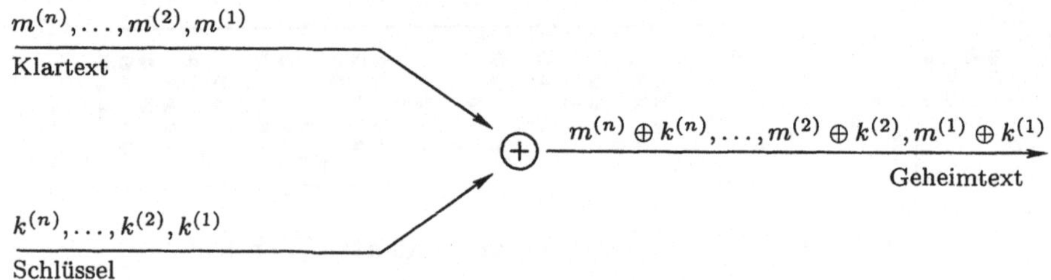

Abbildung 3.4: One-Time-Pad

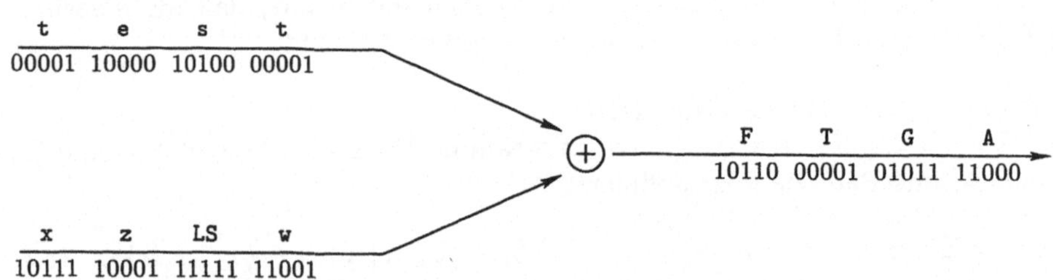

Abbildung 3.5: One-Time-Pad mit kodierter Nachricht (Baudot-Code)

Zum Nachweis der perfekten Sicherheit des One-Time-Pads reicht es nachzuweisen, daß die Kriterien (i), (ii) und (iii) aus Satz 3.3.3 erfüllt werden.

zu i) Das erste Kriterium ist erfüllt, da gemäß der Definition 3.4.1 $\Sigma_M^n = \Sigma_C^n = \Sigma_K$ und somit auch $|\Sigma_M^n| = |\Sigma_C^n| = |\Sigma_K|$ ist.

zu ii) Da bezüglich der Schlüsselwahl keine Einschränkungen getroffen wurden, können alle Schlüssel mit gleicher Wahrscheinlichkeit auftreten und für alle $K \in \Sigma_K$ gilt:

$$
p(k) = \frac{1}{|\Sigma_K|}.
$$

zu iii) Es ist nachzuweisen, daß es zu jedem Klartext-/Geheimtext-Paar $(M, C) \in \Sigma_M^n \times \Sigma_C^n$ genau einen Schlüssel $K \in \Sigma_K$ gibt, der M in C überführt.

Dies ergibt sich unmittelbar aus der Definition der Chiffrier- und Dechiffrierfunktion sowie der Definition der $\oplus$ Operation. Gemäß Definition 3.4.1 gilt nämlich $C = M \oplus K$. Daraus folgt, daß $K = M \oplus C$ ist, was man mit den Formeln 3.8 leicht verifizieren kann.

Neben der perfekten Sicherheit bietet das One-Time-Pad noch weitere Vorteile. Da die Chiffrier- und Dechiffrierfunktionen einfach strukturiert sind, gestaltet sich auch die Implementierung des One-Time-Pads vergleichsweise unkompliziert, was zur Folge hat, daß auch große Klartextmengen ohne nennenswerten Performanceverlust verschlüsselt werden können.

Aufgrund der Kommutativität der Chiffrier- und Dechiffrierfunktion ergeben sich eine Reihe nützlicher Anwendungsmöglichkeiten, auf die hier aber nicht näher eingegangen wird. Sehr eindrucksvolle Beispiele finden sich in [Sch96] oder auch in [Sti95].

Die Verwendung perfekt sicherer Chiffrierverfahren ist aber auch mit Schwierigkeiten verbunden. Gemäß Satz 3.3.2 muß für jedes perfekte Chiffrierverfahren die Bedingung $|\Sigma_K| \geq |\Sigma_M^n|$ gelten. Das bedeutet, daß der verwendete Schlüssel mindestens ebenso groß wie die gesamte Nachricht sein muß. Es ist auch nicht zulässig, einen Schlüssel mehr als einmal zu verwenden (Aus diesem Grund heißt das Verfahren „One-Time-Pad".). Wird ein Schlüssel mehrfach verwendet, dann handelt es sich um eine Vigenére-Verschlüsselung, deren Analyse bereits in Kapitel 1, Abschnitt 1.9 vorgestellt wurde.

Man benötigt also ebensoviele Schlüsselbits wie Klartextbits.[3] Da sowohl der Nachrichtensender als auch der Nachrichtenempfänger den Schlüssel benötigen, muß dieser *vor* der Nachrichtenübertragung ausgetauscht werden. Für diesen Schlüsselaustausch wird ein sicherer Kanal benötigt, so daß kein Unbefugter den Schlüssel empfangen kann. Man könnte nun kritisch anmerken, daß perfekte Chiffrierverfahren das Problem der sicheren Nachrichtenübertragung nicht lösen, sondern lediglich auf die sichere Übertragung des Schlüssels verlagern! Damit ist aber schon viel gewonnen, denn den Zeitpunkt des Schlüsselaustauschs kann man beliebig wählen, wohingegen sich der Zeitpunkt der eigentlichen Nachrichtenübertragung nach den jeweiligen Bedürfnissen richtet. Besonders im militärischen Bereich gibt es zahlreiche Anwendungen, bei denen der Austausch eines „One-Time"-Schlüssels keine große Einschränkung bedeutet.

Eine weitere Schwierigkeit besteht darin, den Chiffrierschlüssel zu generieren. Damit alle potentiellen Schlüssel mit gleicher Wahrscheinlichkeit verwendet werden, muß der Schlüssel zufällig aus der Schlüsselmenge ausgewählt werden. Letztlich läuft dies darauf hinaus, große Mengen von Zufallszahlen zu generieren, wenn viele Klartexte verschlüsselt werden sollen. Dies ist problematischer,

---

[3]Das Wort „Bit" ist eine Abkürzung für **Binary Digit** und bedeutet, daß es sich um eine Informationseinheit handelt, die einen von zwei Zuständen repräsentiert, üblicherweise 0 oder 1. Der Baudot-Code verwendet eine Art der Informationsrepräsentation in Form solcher Bits. Eine systematische Untersuchung der Nachrichtenkodierung mittels Bits und auch die Verwendung der Abkürzung Bit geht auf C. E. Shannon zurück.

als es auf den ersten Blick erscheint.

Die genannten Schwierigkeiten führen dazu, daß man sich in der Regel mit Chiffren begnügt, die nicht perfekt gemäß Shannons Definition sind, dafür aber kurze und handhabbare Schlüssel verwenden. Die „Kunst" der Kryptographie besteht nun darin, Chiffren zu konstruieren, bei denen der Informationsgewinn, den ein Angreifer aus dem Geheimtext erhalten kann, möglichst gering ist und schwer zu ermitteln.

Ziel des folgenden Abschnitts ist es, ein Maß für diesen „Informationsgewinn" einzuführen.

3.5   Entropie

Obwohl der Begriff „Information" in den verschiedensten Zusammenhängen verwendet wird, muß man feststellen, daß es für diesen Begriff keine einheitliche Definition gibt, die den verschiedenen Anwendungsaspekten gerecht wird. Im Rahmen der Kryptologie — und auch im Rahmen zahlreicher weiterer Anwendungsgebiete der Informationstechnik — hat es sich als nützlich erwiesen, ein Maß für die Information, die man durch Beobachtung einer Nachrichtenquelle gewinnen kann, zu definieren. Dieses Maß wird Entropie genannt und berücksichtigt ausschließlich die statistisch erfaßbaren Eigenschaften einer Nachrichtenquelle.

Aufgrund der Komplexität dessen, was man unter „Information" im allgemeinen versteht, ist es bislang jedoch nicht gelungen, ein Maß zu definieren, das auch semantische Aspekte, wie etwa die inhaltliche Bedeutung der Information, berücksichtigt. Ebensowenig gelang es, pragmatische Aspekte wie etwa den Nutzen, den ein Empfänger aus der Information hat, in einer Maßzahl abzubilden.

Grundlegende Definitionen

Das von Shannon [Sha49] eingeführte Maß für den *mittleren Informationsgehalt einer Nachrichtenquelle* heißt **Entropie** und bezieht sich lediglich auf die Wahrscheinlichkeitsverteilung der informationstragenden Elemente ($m_1, m_2, \ldots, m_l \in \Sigma_M$).

Zunächst wird der Informationsgehalt eines einzelnen Nachrichtenblocks definiert.

Definition 3.5.1 (Informationsgehalt eines Nachrichtenblocks)
Wir betrachten eine Nachrichtenquelle, die Nachrichtenblöcke $m_1, m_2, \ldots, m_l \in \Sigma_M$ stochastisch unabhängig[4] und mit konstanten Wahrscheinlichkeiten $p_1 = p(m_1), p_2 = p(m_2)$ usw. aussendet. Ferner sei $p_i > 0$ für alle $i \in \{1, \ldots, l\}$.

Der Informationsgehalt I eines Nachrichtenblocks m_i ist definiert als

$$I(m_i) := \log_2\left(\frac{1}{p_i}\right).$$

---

[4] Eine exakte Definition des Begriffs „stochastisch unabhängig" ist auf Seite 276 aufgeführt.

Die Motivation dieser Definition stammt aus der Überlegung, daß der Informationsgehalt einer seltenen Nachricht größer sein soll als der einer häufigen Nachricht. Das wird durch den Kehrwert der Wahrscheinlichkeit p_i erreicht. Ferner erscheint es angebracht zu fordern, daß zwei unabhängig voneinander gewählte Nachrichten zusammen die Summe ihrer einzelnen Informationen enthalten. Da sich die Wahrscheinlichkeit, zwei Nachrichtenblöcke m_i und m_j zu erhalten, bei stochastischer Unabhängigkeit als Produkt der Einzelwahrscheinlichkeiten p_i und p_j ergibt, kann die gewünschte Additivität des Informationsgehalts durch die Verwendung der Logarithmus-Funktion erreicht werden, denn es gilt:

$$\log(\frac{1}{p_1 p_2}) = \log(\frac{1}{p_1}) + \log(\frac{1}{p_2}).$$

Die Verwendung des Logarithmus zur Basis 2 ist lediglich dadurch begründet, daß sie sich als ausgesprochen praktisch erweist, wenn Informationen binärkodiert dargestellt werden. Mehr dazu findet man in den Lehrbüchern zur Kodierungstheorie (siehe z.B. [KPS96]) unter den Stichwörtern „Shannonsches Kodierungstheorem" oder „Huffman-Verfahren".

Basierend auf dem Informationsgehalt eines Nachrichtenblocks wird nun der *mittlere Informationsgehalt einer Nachrichtenquelle*, die sogenannte Entropie, als gewichteter Mittelwert der einzelnen Nachrichtenblöcke definiert.

Definition 3.5.2 (Entropie einer Nachrichtenquelle)
Sei $\mathcal{M}$ eine Nachrichtenquelle, die Nachrichtenblöcke $m_1, m_2, \ldots, m_l \in \Sigma_M$ stochastisch unabhängig und mit konstanten Wahrscheinlichkeiten $p_1 = p(m_1)$, $p_2 = p(m_2)$ usw. aussendet. Ferner sei $p_i > 0$ für alle $i \in \{1, \ldots, l\}$. Dann wird

$$H(\mathcal{M}) := \sum_{i=1}^{l} p_i \log_2 \left(\frac{1}{p_i} \right)$$

die **Entropie** der Nachrichtenquelle $\mathcal{M}$ genannt.

Beispiel 3.5.3
Wir betrachten eine Nachrichtenquelle $\mathcal{M}$, die Nachrichten {Januar, Februar, März April, Mai, Juni, Juli, August, September, Oktober, November, Dezember} $\in \Sigma_M$ mit den Wahrscheinlichkeiten $p_i = \frac{1}{|\Sigma_M|} = \frac{1}{12}$ für alle $i \in \{1, \ldots, 12\}$ sendet. Die Nachrichtenquelle $\mathcal{M}$ hat somit einen „Informationsgehalt" von

$$H(\mathcal{M}) = \sum_{i=1}^{12} \frac{1}{12} \log_2(12) = 3,585.$$

Im Rahmen der Kodierungstheorie wird nachgewiesen, daß die Entropieformel — bei Verwendung des Logarithmus zur Basis 2 — ein Maß für die minimale Anzahl der Bits liefert, die zur Kodierung der Nachrichtenblöcke benötigt werden.

Wie man sieht, werden hier mindestens 4 Bits benötigt. Tabelle 3.3 zeigt eine entsprechende Kodierung. Die Codewörter 1100, 1101, 1110 und 1111 werden nicht verwendet, was daran liegt, daß der Informationsgehalt geringfügig kleiner als 4 ist.

Tabelle 3.3: Codierung eines Datenbankattributs „Monat"

Januar	0000	Juli	0100
Februar	0000	August	0100
März	0000	September	0100
April	0000	Oktober	0100
Mai	0000	November	0100
Juni	0000	Dezember	0100

Es stellt sich die Frage, ob es von Definition 3.5.2 abweichende Möglichkeiten gibt, ein Maß für den Informationsgehalt einer Nachrichtenquelle zu definieren. Im folgenden wird gezeigt, daß diese Möglichkeiten sehr eingeschränkt sind. Dazu werden zunächst drei Eigenschaften präsentiert, die ein Maß für den Informationsgehalt einer Nachrichtenquelle erfüllen soll.

i) Stetigkeit:

Sei $\mathcal{M}$ eine Nachrichtenquelle mit $\Sigma_M = \{m_1, m_2, \ldots, m_l\}$ und $p_1 = p(m_1), p_2 = p(m_2)$ usw.

$H(\mathcal{M}) = H(p_1, \ldots, p_n)$ soll eine *stetige* Funktion sein.

ii) Monotonie:

Sei $\mathcal{M}$ eine Nachrichtenquelle mit $\Sigma_M = \{m_1, m_2, \ldots, m_l\}$ und $p_i = 1/l$ für alle $i \in \{1, \ldots, l\}$.

In diesem Fall soll $H(l) := H(\mathcal{M}) = H(\frac{1}{l}, \frac{1}{l}, \ldots, \frac{1}{l})$ eine *monoton wachsende* Funktion sein (d.h.: $l_1 \leq l_2 \Rightarrow H(l_1) \leq H(l_2)$).

iii) Entropieberechnung für zweistufige Quellen:

Wir betrachten $n + 1$ Nachrichtenquellen $\mathcal{M}_0, \mathcal{M}_1, \mathcal{M}_2, \ldots, \mathcal{M}_n$, deren Alphabete

$$\begin{aligned}
\Sigma_{M_0} &= \{m_1, m_2, \ldots, m_n\}, \\
\Sigma_{M_1} &= \{m_1^{(1)}, m_2^{(1)}, \ldots m_{n_1}^{(1)}\}, \\
\Sigma_{M_2} &= \{m_1^{(2)}, m_2^{(2)}, \ldots m_{n_2}^{(2)}\}, \\
&\vdots \quad \vdots \quad \vdots \\
\Sigma_{M_n} &= \{m_1^{(n)}, m_2^{(n)}, \ldots m_{n_n}^{(n)}\}
\end{aligned}$$

disjunkte Mengen sind. Die Nachrichtenquelle $\mathcal{M}_0$ sendet die Nachrichten $m_1, m_2, \ldots, m_n$ mit den Wahrscheinlichkeiten $p_1, p_2, \ldots, p_n$. Von den

Nachrichtenquellen $\mathcal{M}_1$ bis $\mathcal{M}_n$ ist jeweils die Entropie $H(\mathcal{M}_1)$ bis $H(\mathcal{M}_n)$ bekannt.

Aus den $n+1$ Nachrichtenquellen wird nach folgendem Schema eine „zweistufige" Nachrichtenquelle $\mathcal{M}$ konstruiert (siehe auch Abbildung 3.6):

Zur Produktion einer Nachricht müssen zunächst alle $n+1$ Quellen eine Nachricht ausstoßen. Falls die Quelle $\mathcal{M}_0$ die Nachricht m_1 ausstößt, wird die von der Quelle $\mathcal{M}_1$ ausgestoßene Nachricht als Resultat verwendet und von $\mathcal{M}$ ausgestoßen. Falls $\mathcal{M}_0$ die Nachricht m_2 austößt, wird die von $\mathcal{M}_2$ produzierte Nachricht verwendet und von $\mathcal{M}$ ausgestoßen. Analog geht man vor, falls von $\mathcal{M}_0$ die Nachricht m_3, m_4 usw. ausgestoßen wird.

Für die Entropie der Nachrichtenquelle $\mathcal{M}$ soll dann die folgende Formel gelten:

$$H(\mathcal{M}) := H(\mathcal{M}_0) + \sum_{i=1}^{n} p_i H(\mathcal{M}_i). \tag{3.9}$$

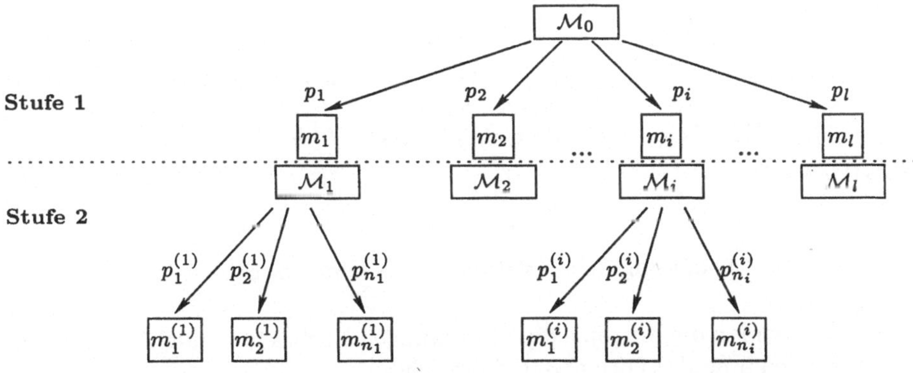

Abbildung 3.6: Zweistufige Nachrichtenquelle

Satz 3.5.4
Ein Maß für die Entropie, das die oben aufgeführten Eigenschaften (i), (ii) und (iii) erfüllt, hat stets die Form

$$H(p_1, \ldots, p_n) = \lambda \cdot \sum_{i=1}^{n} p_i \log(\frac{1}{p_i}),$$

wobei λ eine positive Konstante ist.

Beweis:
Der Beweis wird in drei Teilen angegeben. In Teil 1 wird die Behauptung

für Nachrichtenquellen nachgewiesen, die alle Nachrichtenblöcke mit gleicher Wahrscheinlichkeit ausstoßen.

In Teil 2 wird die Behauptung für den Fall nachgewiesen, daß die Wahrscheinlichkeiten der einzelnen Nachrichten sich durch eine rationale Zahl darstellen lassen.

Abschließend wird auf den allgemeinen Fall eingegangen (Teil 3).

Teil 1: gleichwahrscheinliche Nachrichten

Zunächst betrachten wir eine Nachrichtenquelle $\mathcal{M}$, die s Nachrichten mit jeweils gleichen Wahrscheinlichkeiten produziert. Die Funktion für das Maß eines mittleren Informationsgehalts wird nun kurz mit $g(s) := H(\frac{1}{s}, \ldots, \frac{1}{s})$ (gleichwahrscheinlich) bezeichnet. Wendet man die Konstruktionsvorschrift aus Eigenschaft (iii) nun mehrfach an, kann man eine m-stufige Nachrichtenquelle herstellen, die s^m ($m \in \mathbf{N}$) Nachrichten mit jeweils gleichen Wahrscheinlichkeiten produziert (siehe Abbildung 3.7).

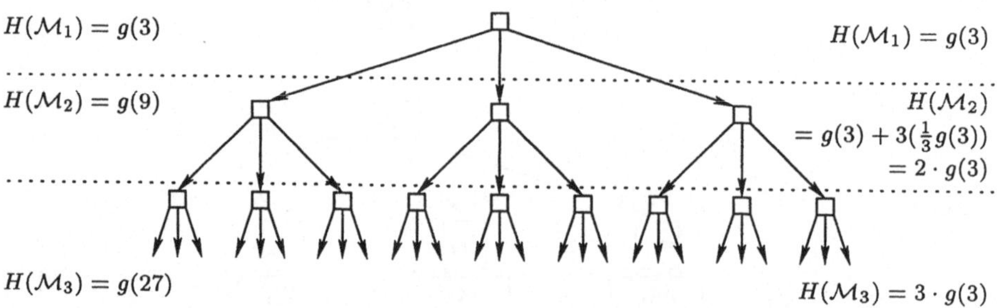

Abbildung 3.7: Nachrichtenquelle mit m Stufen

Berechnet man die Entropie dieser m-stufigen Nachrichtenquelle unter mehrfacher Verwendung der Formel 3.9, dann folgt

$$g(s^m) = m \cdot g(s).$$

Analog kann man mit einer Nachrichtenquelle $\tilde{\mathcal{M}}$ verfahren, die t gleichwahrscheinliche Nachrichten produziert, und erhält

$$g(t^n) = n \cdot g(t).$$

Für fest vorgegebene t, s und eine beliebig große Zahl $n \in \mathbf{N}$ kann man stets eine Zahl $m \in \mathbf{N}$ finden, so daß die Ungleichung

$$s^m \leq t^n < s^{(m+1)} \tag{3.10}$$

gilt. Wir betrachten zwei Folgerungen:

1. Logarithmieren und Division durch n liefert die Ungleichung

$$\frac{m}{n} \leq \frac{\log(t)}{\log(s)} < \frac{m}{n} + \frac{1}{n} \quad \text{bzw.} \quad \left|\frac{m}{n} - \frac{\log(t)}{\log(s)}\right| < \epsilon,$$

wobei $\epsilon = \frac{1}{n}$ ist. Die Zahl ϵ wird beliebig klein, wenn man n entsprechend groß wählt.

2. Da die Entropiefunktion eine monoton wachsende Funktion sein soll (Eigenschaft (ii)), folgt aus Gleichung 3.10, daß

$$g(s^m) \leq g(t^n) < g(s^{(m+1)}) \tag{3.11}$$

ist. Division durch $n \cdot g(s)$ liefert die Gleichung

$$\frac{m}{n} \leq \frac{g(t)}{g(s)} < \frac{m}{n} + \frac{1}{n} \quad \text{bzw.} \quad \left|\frac{m}{n} - \frac{g(t)}{g(s)}\right| < \epsilon.$$

Aus 1) und 2) folgt

$$\left|\frac{g(t)}{g(s)} - \frac{\log(t)}{\log(s)}\right| < 2\epsilon$$

und somit gilt

$$g(t) = -\lambda \log(t).$$

Die Konstante λ muß größer als 0 sein, damit $g(t)$ die Eigenschaft (ii) erfüllt.

Teil 2: Nachrichten mit rationalen Wahrscheinlichkeiten
Betrachten wir nun die Entropie einer Nachrichtenquelle $\mathcal{M}_0$, die Nachrichten $m_1, m_2, \ldots, m_l$ mit den Wahrscheinlichkeiten

$$p_i = p(m_i) := \frac{n_i}{\sum_{k=1}^{l} n_k}$$

produziert. Die Zahlen $n_i \in \mathbf{N}$ können beliebig gewählt werden, also auch so, daß die m_i mit unterschiedlichen rationalen Wahrscheinlichkeiten produziert werden.

Die Nachrichtenquelle $\mathcal{M}_0$ wird nun gemäß der Konstruktionsvorschrift aus Eigenschaft (iii) zu einer Nachrichtenquelle $\mathcal{M}$ erweitert, indem l weitere Nachrichtenquellen $\mathcal{M}_1, \ldots, \mathcal{M}_l$ eingebracht werden (siehe Abbildung 3.6).

Jede Nachrichtenquelle $\mathcal{M}_i$ produziert n_i gleichwahrscheinliche Nachrichten $m_1^i, \ldots, m_{n_i}^i$, also $p_j^i = \frac{1}{n_i}$ für alle $j \in \{1, \ldots, n_i\}$.

Insgesamt produziert die Nachrichtenquelle $\mathcal{M}$ also $\sum_{i=1}^{l} n_i$ verschiedene Nachrichten und alle Nachrichten haben die gleiche Wahrscheinlichkeit, nämlich $1/\sum_{i=1}^{l} n_i$.

Gemäß Formel 3.5 ist $H(\mathcal{M}) = -\lambda \log(\sum_{i=1}^{l} n_i)$. Andererseits kann die Entropie von $\mathcal{M}$ auch mit der Formel 3.9 aus Eigenschaft (iii) berechnet werden und man erhält $H(\mathcal{M}) = H(\mathcal{M}_0) + \sum_{i=1}^{l} p_i(-\lambda) \log(n_i)$. Folglich ist

$$-\lambda \log(\sum_{i=1}^{l} n_i) = H(\mathcal{M}_0) - \lambda \sum_{i=1}^{l} p_i \log(n_i).$$

Umstellen und Vereinfachen der Gleichung liefert:

$$
\begin{aligned}
H(\mathcal{M}_0) &= \lambda \left(\sum_{i=1}^{l} p_i \log(n_i) \; - \; \log(\sum_{i=1}^{l} n_i) \right) \\
&= \lambda \left(\sum_{i=1}^{l} p_i \log(n_i) \; - \; \sum_{i=1}^{l} \left(p_i \log(\sum_{i=1}^{l} n_i) \right) \right) \\
&= -\lambda \sum_{i=1}^{l} p_i \log\left(\frac{n_i}{\sum n_i} \right) \\
&= -\lambda \sum_{i=1}^{l} p_i \log p_i = \lambda \sum_{i=1}^{l} p_i \log \left(\frac{1}{p_i} \right)
\end{aligned}
$$

Damit ist die Behauptung des Satzes für alle Nachrichtenquellen bewiesen, die ihre Nachrichten mit rationalen Wahrscheinlichkeiten ausstoßen.

Teil 3: Nachrichten mit irrationalen Wahrscheinlichkeiten
Falls die Wahrscheinlichkeiten einzelner Nachrichten irrational sind, können diese durch rationale Zahlen beliebig genau approximiert werden. Unter der Berücksichtigung, daß die Entropie eine stetige Funktion sein soll (Eigenschaft (i)), ergibt sich die Behauptung aus der entsprechenden Grenzwertbetrachtung.

$\diamond$

Eigenschaften der Entropie

Im folgenden werden die wichtigsten Eigenschaften der Entropie aufgeführt und einige Formeln hergeleitet, die für weitere Betrachtungen nützlich sind.

Die Eigenschaften der Entropie-*Funktion*

$$H(\mathcal{M}) : [0,1]^l \to \mathbf{R}^+ \text{ mit } H(p_1, \ldots, p_l) = \sum_{i=1}^{l} p_i \log_2(\frac{1}{p_i})$$

sind wesentlich durch die Eigenschaften der Logarithmusfunktion bestimmt. Insbesondere die Tatsache, daß die Logarithmusfunktion eine konkave Funktion ist, wirkt sich maßgeblich aus. In Definition 3.5.5 und den Sätzen 3.5.6 und 3.5.7 sind die wichtigsten Fakten bezüglich konkaver Funktionen zusammengefaßt.

Definition 3.5.5 (konkave Funktion)

i) Eine Funktion $f : \mathbf{R} \to \mathbf{R}$ heißt *konkav* in einem Intervall $[a, b]$, wenn

$$f\left(\frac{x+y}{2}\right) \geq \frac{f(x) + f(y)}{2}$$

für alle $x, y \in [a, b]$ ist.

ii) Eine Funktion $f : \mathbf{R} \to \mathbf{R}$ heißt *streng konkav* in einem Intervall $[a, b]$, wenn

$$f\left(\frac{x+y}{2}\right) > \frac{f(x) + f(y)}{2}$$

für alle $x, y \in [a, b]$ ist.

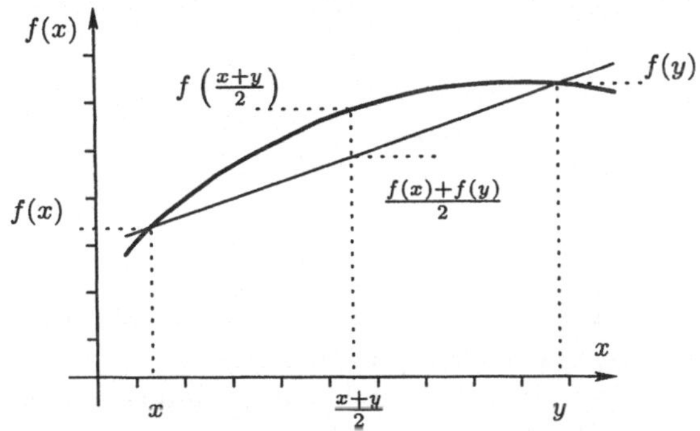

Abbildung 3.8: Konkave Funktion

Satz 3.5.6
Die Funktion $f :]0, \infty] \to \mathbf{R}$ mit $f(x) = \log_2(x)$ ist streng konkav im gesamten Definitionsbereich.

Beweis:
Für alle $x, y \in \mathbf{R}^+$ gilt:

$$
\begin{array}{rclcrcl}
(x - y)^2 & \geq & 0 & \Rightarrow & x^2 + y^2 & \geq & 2xy \\
\Rightarrow \quad x^2 + 2xy + y^2 & \geq & 4xy & \Rightarrow & \tfrac{1}{4}(x + y)^2 & \geq & xy \\
\Rightarrow \quad \tfrac{1}{2}(x + y) & \geq & \sqrt{xy} & \Rightarrow & \log_2(\tfrac{x+y}{2}) & \geq & \log_2\left((xy)^{\frac{1}{2}}\right)
\end{array}
$$

Die Anwendung der Rechengesetze für Logarithmen liefert

$$\log_2\left(\frac{x+y}{2}\right) \geq \frac{\log_2(x) + \log_2(y)}{2}.$$

$\diamond$

Satz 3.5.7 (Ungleichung von Jensen)
Sei $f : [a,b] \to \mathbf{R}$ eine streng konkave Funktion und p_i ($i \in \{1,\ldots,l\}$) seien reelle Zahlen mit den Eigenschaften:

- $p_i > 0$ für alle $i \in \{1,\ldots,l\}$ und

- $\sum_{i=1}^{l} p_i = 1$.

Es gelten folgende Aussagen:

i) Für beliebige Zahlen $x_1, x_2, \ldots, x_l \in [a,b]$ gilt die Ungleichung

$$\sum_{i=1}^{l} p_i f(x_i) \leq f\left(\sum_{i=1}^{l} p_i x_i\right). \tag{3.12}$$

ii)

$$x_1 = x_2 = \ldots = x_l \quad \Leftrightarrow \quad \sum_{i=1}^{l} p_i f(x_i) = f\left(\sum_{i=1}^{l} p_i x_i\right) = f(x_1). \tag{3.13}$$

Beweis:
Der Beweis wird hier nur grob skizziert. Details können in den Lehrbüchern zur Analysis [Heu86, Spi67] nachgeschlagen werden.

Zunächst ist zu zeigen, daß für eine konkave Funktion f und eine beliebige Zahl $t \in [0,1]$ stets die Ungleichung

$$f(tx + (1-t)y) \geq t f(x) + (1-t) f(y)$$

gilt. Die Ungleichung von Jensen folgt dann mittels vollständiger Induktion.

$$\diamond$$

Unter Verwendung der Ungleichung von Jensen können drei wichtige Eigenschaften der Entropiefunktion bewiesen werden, die im folgenden Satz aufgeführt sind.

Satz 3.5.8
Sei $\mathcal{M}$ eine Nachrichtenquelle mit $\Sigma_M = \{m_1, m_2, \ldots m_l\}$ und $p_i = p(m_i)$ für alle $m_i \in \Sigma_M$. Der mittlere Informationsgehalt der Nachrichtenquelle sei $H(\mathcal{M}) = -\sum_{i=1}^{l} p_i \log_2 (p_i)$. Es gelten die folgenden Aussagen:

i) $0 \leq H(\mathcal{M}) \leq \log_2 (|\Sigma_M|)$

ii) $H(\mathcal{M}) = \log_2 (|\Sigma_M|) \quad \Leftrightarrow \quad p_i = \frac{1}{|\Sigma_M|}$ für alle $i \in \{1,\ldots,l\}$

iii) $H(\mathcal{M}) = 0 \quad \Leftrightarrow \quad$ Es existiert genau ein $i \in \{1,\ldots,l\}$ mit $p_i = 1$. Für alle $j \neq i$ ($j \in \{1,\ldots,l\}$) ist $p_j = 0$.

Beweis:

zu i) Da die p_i Wahrscheinlichkeiten sind, ist $0 \leq p_i \leq 1$ für alle $i \in \{1, \ldots, l\}$. Also gilt für alle $i \in \{1, \ldots, l\}$

$$
\begin{aligned}
& 1/p_i \geq 1 && \Rightarrow && \log_2(1/p_i) \geq 0 \\
\Rightarrow \quad & p_i \cdot \log_2(1/p_i) \geq 0 && \Rightarrow && H(\mathcal{M}) = -\sum_{i=1}^{l} p_i \log_2(p_i) \geq 0
\end{aligned}
$$

Um zu zeigen, daß $H(\mathcal{M}) \leq \log_2(|\Sigma_M|) = \log_2(l)$ ist, wird die Ungleichung von Jensen verwendet.

$$
\begin{aligned}
H(\mathcal{M}) \;&=\; \sum_{i=1}^{l} p_i \log_2\left(\frac{1}{p_i}\right) \\
&\leq\; \log_2\left(\sum_{i=1}^{l} p_i \cdot \frac{1}{p_i}\right) \\
&=\; \log_2(l)
\end{aligned}
$$

zu ii) Diese Aussage folgt unmittelbar aus 3.5.7 (Ungleichung von Jensen, Teil ii).

zu iii)

$$
\begin{aligned}
\sum_{i=1}^{l} p_i \log_2\left(\frac{1}{p_i}\right) = 0 \;&\Leftrightarrow\; p_i \cdot \log_2\left(\frac{1}{p_i}\right) = 0 \ \text{für alle } i \in \{1, \ldots, l\} \\
&\Leftrightarrow\; p_i = 0 \ \text{oder} \ \log_2 \frac{1}{p_i} = 0 \\
&\Leftrightarrow\; p_i = 0 \ \text{oder} \ p_i = 1.
\end{aligned}
$$

Da $\sum_{i=1}^{l} p_i = 1$ ist, muß es genau ein $i \in \{1, \ldots, l\}$ geben, für das $p_i = 1$ ist.

$\Diamond$

Als Beispiel betrachten wir eine Nachrichtenquelle, die nur zwei unterschiedliche Nachrichtenblöcke ausstößt.

Beispiel 3.5.9
Sei $\mathcal{M}$ eine Nachrichtenquelle mit $\Sigma_M = \{0, 1\}$. Für die Wahrscheinlichkeiten der beiden Nachrichten gilt $p = p(0)$ und $q = p(1) = 1 - p$. Abbildung 3.9 zeigt

$$
H(\mathcal{M}) = p \cdot \log_2 \frac{1}{p} + q \cdot \log_2 \frac{1}{q}
$$

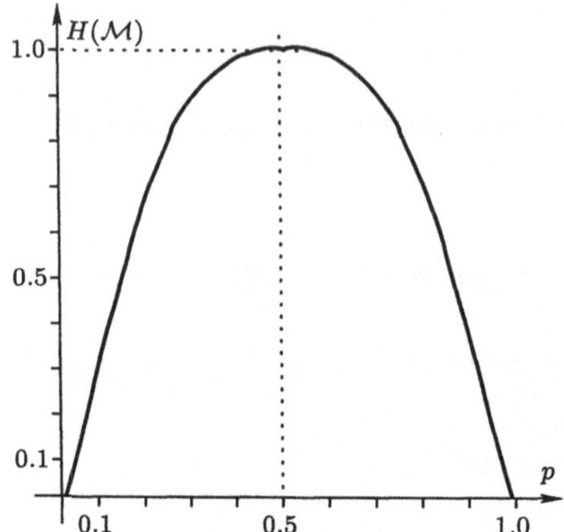

Abbildung 3.9: Graf der Entropiefunktion

als Funktion von p.

Die Kurvendiskussion von $H(\mathcal{M})$ ergibt, daß H ein Maximum bei $p = 0,5$ annimmt, also für den Fall $p = q$. Ferner sieht man, daß H stets größer als 0 ist und den Wert 0 nur für $p = 0$ oder $p = 1$ annimmt.

Neben der Entropie einer Nachrichtenquelle wird häufig auch die *Redundanz* als Maß für den Informationsgehalt betrachtet. Wie dieses Maß definiert ist und in welchem Zusammenhang die Redundanz zur Entropie steht, wird in der folgenden Definition beschrieben.

Definition 3.5.10 (Redundanz)
Sei $\mathcal{M}$ eine Nachrichtenquelle, die Nachrichten $m_1, m_2, \ldots, m_l \in \Sigma_M$ mit den Wahrscheinlichkeiten $p_i = p(m_i)$ aussendet, $H(\mathcal{M}) = \sum_{i=1}^{l} p_i \log_2(1/p_i)$ die Entropie und $H_{max.}(\mathcal{M}) = \log_2 |\Sigma_M|$ die maximale Entropie der Nachrichtenquelle $\mathcal{M}$. Die Differenz

$$R = H_{max.}(\mathcal{M}) - H(\mathcal{M})$$

heißt *Redundanz* der Nachrichtenquelle $\mathcal{M}$ und

$$r = \frac{H_{max.}(\mathcal{M}) - H(\mathcal{M})}{H_{max}(\mathcal{M})}$$

heißt *relative Redundanz* der Nachrichtenquelle $\mathcal{M}$.

Im weiteren betrachten wir zwei Nachrichtenquellen $\mathcal{M}$ und $\tilde{\mathcal{M}}$, die ihre Nachrichtenblöcke synchron ausstoßen. In Abbildung 3.10 wird dargestellt, wie man mit $\mathcal{M}$ und $\tilde{\mathcal{M}}$ eine dritte Nachrichtenquelle — die im weiteren mit $(\mathcal{M} \cap \tilde{\mathcal{M}})$ bezeichnet wird — konstruieren kann. Die genaue Vorgehensweise wird in Definition 3.5.11 beschrieben.

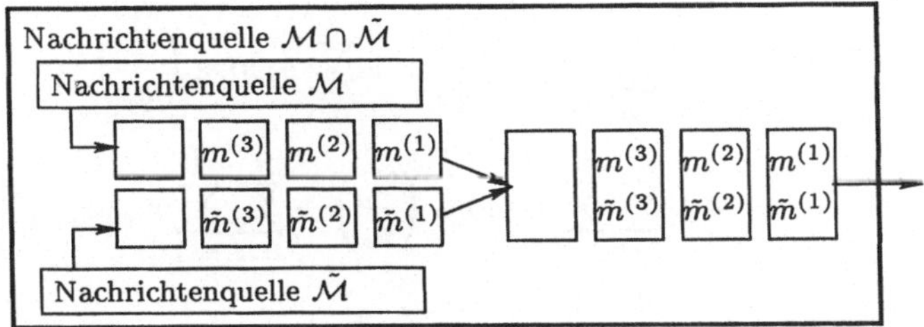

Abbildung 3.10: „UND"-Verknüpfung von zwei Nachrichtenquellen

Definition 3.5.11 (Verknüpfung von Nachrichtenquellen)

Wir betrachten zwei Nachrichtenquellen $\mathcal{M}$ und $\tilde{\mathcal{M}}$.

- $\mathcal{M}$ stößt Nachrichtenblöcke $m^{(k)} \in \Sigma_M = \{m_1, \ldots, m_l\}$ mit den Wahrscheinlichkeiten $p_i = p(m_i)$ aus.

- $\tilde{\mathcal{M}}$ stößt Nachrichtenblöcke $\tilde{m}^{(k)} \in \Sigma_{\tilde{M}} = \{\tilde{m}_1, \ldots, \tilde{m}_{\tilde{l}}\}$ mit den Wahrscheinlichkeiten $q_j = p(\tilde{m}_j)$ aus.

i) Mit $(\mathcal{M} \cap \tilde{\mathcal{M}})$ wird eine Quelle bezeichnet, die Nachrichten(paare) $(m_i, \tilde{m}_j) \subset \Sigma_M \times \Sigma_{\tilde{M}}$ ausstößt. Die Wahrscheinlichkeit, daß $(\mathcal{M} \cap \tilde{\mathcal{M}})$ den Nachrichtenblock $(m_i, \tilde{m}_j)$ ausstößt, wird mit $r_{ij} = p(m_i, \tilde{m}_j)$ bezeichnet. Wir sagen: $(\mathcal{M} \cap \tilde{\mathcal{M}})$ ist die *UND-Verknüpfung* von $\mathcal{M}$ und $\tilde{\mathcal{M}}$. Es gilt:

$$p_i = \sum_{j=1}^{\tilde{l}} r_{ij} \quad \forall i \in \{1, \ldots, l\} \quad \text{und} \quad q_j = \sum_{i=1}^{l} r_{ij} \quad \forall j \in \{1, \ldots, \tilde{l}\}.$$

ii) Die Nachrichtenquellen $\mathcal{M}$ und $\tilde{\mathcal{M}}$ heißen *unabhängig voneinander*, falls für alle $(m_i, \tilde{m}_j) \in \Sigma_M \times \Sigma_{\tilde{M}}$ die Beziehung $r_{ij} = p_i \cdot q_j$ gilt.

Satz 3.5.12

Seien $\mathcal{M}$ und $\tilde{\mathcal{M}}$ Nachrichtenquellen. Dann gilt:

i) $H(\mathcal{M} \cap \tilde{\mathcal{M}}) \leq H(\mathcal{M}) + H(\tilde{\mathcal{M}})$,

ii) $H(\mathcal{M} \cap \tilde{\mathcal{M}}) = H(\mathcal{M}) + H(\tilde{\mathcal{M}}) \quad \Leftrightarrow \quad \mathcal{M}$ und $\tilde{\mathcal{M}}$ sind unabhängig.

Beweis:

Unter Verwendung der Bezeichnungen aus Definition 3.5.11 werden zunächst $H(\mathcal{M} \cap \tilde{\mathcal{M}})$ und $H(\mathcal{M}) + H(\tilde{\mathcal{M}})$ berechnet:

$$H(\mathcal{M} \cap \tilde{\mathcal{M}}) = \sum_{i=1}^{l} \sum_{j=1}^{\tilde{l}} r_{ij} \log_2 \left(\frac{1}{r_{ij}} \right)$$

$$H(\mathcal{M}) + H(\tilde{\mathcal{M}}) = \sum_{i=1}^{l} p_i \log_2\left(\frac{1}{p_i}\right) + \sum_{j=1}^{\tilde{l}} q_j \log_2\left(\frac{1}{q_j}\right)$$

$$= \sum_{i=1}^{l}\sum_{j=1}^{\tilde{l}} r_{ij} \log_2\left(\frac{1}{p_i}\right) + \sum_{i=1}^{l}\sum_{j=1}^{\tilde{l}} r_{ij} \log_2\left(\frac{1}{q_j}\right)$$

$$= \sum_{i=1}^{l}\sum_{j=1}^{\tilde{l}} r_{ij} \log_2\left(\frac{1}{p_i q_j}\right)$$

zu i)

$$H(\mathcal{M}\cap\tilde{\mathcal{M}}) \ - \ \left(H(\mathcal{M}) + H(\tilde{\mathcal{M}})\right) =$$

$$= \sum_{i=1}^{l}\sum_{j=1}^{\tilde{l}} r_{ij} \log_2\left(\frac{1}{r_{ij}}\right) - \sum_{i=1}^{l}\sum_{j=1}^{\tilde{l}} r_{ij} \log_2\left(\frac{1}{p_i q_j}\right)$$

$$= \sum_{i=1}^{l}\sum_{j=1}^{\tilde{l}} r_{ij} \log_2\left(\frac{p_i q_j}{r_{ij}}\right)$$

$$\leq \ \log_2\left(\sum_{i=1}^{l}\sum_{j=1}^{\tilde{l}} p_i q_j\right) \quad \text{(Ungleichung von Jensen)}$$

$$= \ \log_2(1) = 0$$

zu ii) Aus Satz 3.5.7 Teil (ii) (Ungleichung von Jensen) folgt, daß es eine konstante Zahl c geben muß, für die

$$H(\mathcal{M}\cap\tilde{\mathcal{M}}) \ - \ \left(H(\mathcal{M}) + H(\tilde{\mathcal{M}})\right) =$$

$$= \ \sum_{i=1}^{l}\sum_{j=1}^{\tilde{l}} r_{ij} \log_2\left(\frac{p_i q_j}{r_{ij}}\right)$$

$$= \ \log_2(c) = 0$$

ist. Ferner gilt $\frac{p_i q_j}{r_{ij}} = c$ für alle $i \in \{1,\ldots,l\}$ und $j \in \{1,\ldots,\tilde{l}\}$.

Aus der Gleichung

$$\sum_{i=1}^{l}\sum_{j=1}^{\tilde{l}} r_{ij} = \sum_{i=1}^{l}\sum_{j=1}^{\tilde{l}} p_i q_j$$

folgt, daß c=1 ist.

$$\diamond$$

Bedingte Entropie

Ein weitere Maßzahl, die sich für die Untersuchung von Kryptosystemen als grundlegend erwies, ist die *bedingte Entropie*. Wieder betrachten wir zwei Nachrichtenquellen $\mathcal{M}$ und $\tilde{\mathcal{M}}$ mit

$$\Sigma_M = \{m_1, m_2, \ldots, m_l\} \text{ und } \Sigma_{\tilde{M}} = \{\tilde{m}_1, \tilde{m}_2, \ldots, \tilde{m}_{\tilde{l}}\}.$$

Die UND-Verknüpfung der Nachrichtenquellen liefert Nachrichtenpaare $(m_i, \tilde{m}_j)$ mit den Wahrscheinlichkeiten $r_{ij} = p(m_i, \tilde{m}_j)$. Wenn es möglich ist, nur die zweite Komponente $(\tilde{m}_j)$ der Nachrichtenpaare aus der Quelle $\mathcal{M} \cap \tilde{\mathcal{M}}$ zu beobachten, sind neben den Wahrscheinlichkeiten r_{ij} auch die sogenannten bedingten Wahrscheinlichkeiten $p(m_i|\tilde{m}_j)$ interessant. Falls es möglich ist, nur die erste Komponente zu beobachten, trifft das für die bedingten Wahrscheinlichkeiten $p(\tilde{m}_j|m_i)$ zu.

Sind die Nachrichtenquellen $\mathcal{M}$ und $\tilde{\mathcal{M}}$ voneinander unabhängig, dann gilt für alle m_i und $\tilde{m}_j$:

$$p(m_i|\tilde{m}_j) = p(m_i) \text{ bzw. } p(\tilde{m}_j|m_i) = p(\tilde{m}_j).$$

Für den Fall, daß die Nachrichtenquellen abhängig sind, erhält man für jedes feste $\tilde{m} \in \Sigma_{\tilde{M}}$ eine Liste mit den bedingten Wahrscheinlichkeiten $p(m_i|\tilde{m})$. Für die Entropie der Nachrichtenquelle $\mathcal{M}$ gilt dann:

$$H(\mathcal{M}|\tilde{m}) = \sum_{i=1}^{l} p(m_i|\tilde{m}) \log_2 \left(\frac{1}{p(m_i|\tilde{m})} \right).$$

Die *bedingte Entropie* wird nun als gewichteter Mittelwert der $H(\mathcal{M}|\tilde{m})$ mit $\tilde{m} \in \Sigma_{\tilde{M}}$ definiert.

Definition 3.5.13 (bedingte Entropie)
Seien $\mathcal{M}$ und $\tilde{\mathcal{M}}$ Nachrichtenquellen mit $\Sigma_M = \{m_1, m_2, \ldots, m_l\}$ und $\Sigma_{\tilde{M}} = \{\tilde{m}_1, \tilde{m}_2, \ldots, \tilde{m}_{\tilde{l}}\}$. Dann heißt:

$$\begin{aligned}
H(\mathcal{M}|\tilde{\mathcal{M}}) &:= \sum_{j=1}^{\tilde{l}} p(\tilde{m}_j) \sum_{i=1}^{l} p(m_i|\tilde{m}_j) \log_2 \left(\frac{1}{p(m_i|\tilde{m}_j)} \right) \\
&= \sum_{j=1}^{\tilde{l}} p(\tilde{m}_j) H(\mathcal{M}|\tilde{m}_j)
\end{aligned}$$

die bedingte Entropie von $\mathcal{M}$ gegeben $\tilde{\mathcal{M}}$.

Satz 3.5.14
$$H(\mathcal{M} \cap \tilde{\mathcal{M}}) = H(\tilde{\mathcal{M}}) + H(\mathcal{M}|\tilde{\mathcal{M}})$$

Beweis:
Zum Beweis des Satzes benötigen wir die Beziehung

$$r_{ij} = p((m_i, \tilde{m}_j)) = p(\tilde{m}_j) \cdot p(m_i|\tilde{m}_j), \tag{3.14}$$

die aus der Definition der bedingten Wahrscheinlichkeit folgt (Definition 8.3.9 auf Seite 274).

$$\begin{aligned}
H(\mathcal{M} \cap \tilde{\mathcal{M}}) &= \sum_{i=1}^{l} \sum_{j=1}^{\tilde{l}} r_{ij} \log_2 \left(\frac{1}{r_{ij}}\right) \\
&= \sum_{i=1}^{l} \sum_{j=1}^{\tilde{l}} r_{ij} \log_2 \left(\frac{1}{p(\tilde{m}_j) \cdot p(m_i|\tilde{m}_j)}\right) \\
&= \sum_{i=1}^{l} \sum_{j=1}^{\tilde{l}} r_{ij} \log_2 \left(\frac{1}{p(\tilde{m}_j)}\right) + \sum_{i=1}^{l} \sum_{j=1}^{\tilde{l}} r_{ij} \log_2 \left(\frac{1}{p(m_i|\tilde{m}_j)}\right) \\
&= \sum_{j=1}^{\tilde{l}} p(\tilde{m}_j) \log_2 \left(\frac{1}{p(\tilde{m}_j)}\right) + \\
&\quad + \sum_{i=1}^{l} \sum_{j=1}^{\tilde{l}} p(\tilde{m}_j) \cdot p(m_i|\tilde{m}_j) \log_2 \left(\frac{1}{p(m_i|\tilde{m}_j)}\right) \\
&= \sum_{j=1}^{\tilde{l}} p(\tilde{m}_j) \log_2 \left(\frac{1}{p(\tilde{m}_j)}\right) + \\
&\quad + \sum_{j=1}^{\tilde{l}} p(\tilde{m}_j) \sum_{i=1}^{l} p(m_i|\tilde{m}_j) \log_2 \left(\frac{1}{p(m_i|\tilde{m}_j)}\right) \\
&= H(\mathcal{M}) + H(\mathcal{M}|\tilde{\mathcal{M}})
\end{aligned}$$

$\Diamond$

Satz 3.5.15
  i) $H(\mathcal{M}|\tilde{\mathcal{M}}) \leq H(\mathcal{M})$

  ii) $H(\mathcal{M}|\tilde{\mathcal{M}}) = H(\mathcal{M}) \quad \Leftrightarrow \quad \mathcal{M}$ und $\tilde{\mathcal{M}}$ sind unabhängig.

Beweis:

zu i) Ausgehend von der Tatsache, daß $p(m_i|\tilde{m}_j) \geq p(m_i)$ für alle $i \in \{1, \ldots, l\}$ und $j \in \{1, \ldots, \tilde{l}\}$ ist, folgt:

$$\frac{1}{p(m_i|\tilde{m}_j)} \leq \frac{1}{p(m_i)}$$

$$\Rightarrow \quad \sum_{i=1}^{l} \sum_{j=1}^{\tilde{l}} r_{ij} \log_2 \frac{1}{p(m_i|\tilde{m}_j)} \leq \sum_{i=1}^{l} \sum_{j=1}^{\tilde{l}} r_{ij} \log_2 \frac{1}{p(m_i)}$$

$$\Rightarrow \quad \sum_{j=1}^{\tilde{l}} p(\tilde{m}_j) \sum_{i=1}^{l} p(m_i|\tilde{m}_j) \log_2 \frac{1}{p(m_i|\tilde{m}_j)} \leq \sum_{i=1}^{l} p(m_i) \log_2 \frac{1}{p(m_i)}$$

$$\Rightarrow \quad H(\mathcal{M}|\tilde{\mathcal{M}}) \leq H(\mathcal{M})$$

zu ii) Der Beweis stützt sich auf die Aussage

$$p(m_i|\tilde{m}_j) \cdot p(\tilde{m}_j) = p(m_i) \cdot p(\tilde{m}_j) \quad \Leftrightarrow \quad \mathcal{M} \text{ und } \tilde{\mathcal{M}} \text{ sind unabhängig}$$

und kann analog zum Beweis in Teil (i) geführt werden.

Die Entropie der Sprache

Eine Nachrichtenquelle, die einzelne Buchstaben des Alphabets $\{$a, b, c, $\ldots$, z,$\}$ aussendet, könnte eine maximale Entropie von $\log_2(26) \approx 4,7$ Bits pro Buchstabe erreichen. Erzeugt diese Quelle jedoch Zeichen mit einer Verteilung, die der deutschen Sprache entspricht (siehe Tabelle 3.4), sinkt die Entropie bereits auf 4,1 Bits pro Buchstabe.

Bei dieser Berechnung der Entropie blieb jedoch unberücksichtigt, daß bei aufeinanderfolgenden Buchstaben einer natürlichen Sprache die Wahrscheinlichkeit eines Buchstabens von dessen Vorgänger abhängig ist. Wird zum Beispiel eine Buchstabenfolge empfangen, die einen deutschen Text ergibt und an i-ter Stelle ein „q" enthält, dann ist die Wahrscheinlichkeit dafür, daß der $i+1$ Buchstabe ein „u" ist, fast 1, also deutlich größer als $p(\text{u}) = 0,037$. Diese Abhängigkeiten aufeinanderfolgender Buchstaben reduzieren die Entropie. Um sie zu erfassen, könnte man anstelle einer Entropieberechnung aufgrund von Buchstaben und deren Wahrscheinlichkeit eine Entropieberechnung aufgrund von Buchstabenpaaren und deren Wahrscheinlichkeiten durchführen. Ebenso könnte man Buchstabenfolgen mit 3, 4, 5 usw. Buchstaben betrachten. Aufgrund dieser Überlegungen wird die Entropie einer Sprache wie folgt definiert:

Definition 3.5.16 (Entropie und Redundanz einer Sprache)
Sei $\mathcal{M}^{(1)}$ eine Nachrichtenquelle, die einzelne Buchstaben aus der Menge $\Sigma_M = \{z_1, z_2, \ldots, z_l\}$ ausstößt, $\mathcal{M}^{(2)}$ sei eine Nachrichtenquelle, die Buchstabenpaare $m = (m_i, m_j)$ aus der Menge $\Sigma_M \times \Sigma_M$ ausstößt, und $\mathcal{M}^{(n)}$ sei eine Nachrichtenquelle, die Buchstabenfolgen der Länge n ausstößt. Die Buchstabenfolgen stammen aus Nachrichten, die in einer natürlichen oder formalen Sprache $\mathcal{S}$

Tabelle 3.4: Entropie der deutschen Sprache

Zeichen	p_i	$\log_2(\frac{1}{p_i})$	$p_i \cdot \log_2(\frac{1}{p_i})$
a	0,058	4,100	0,239
b	0,020	5,620	0,114
c	0,030	5,068	0,151
d	0,049	4,359	0,212
e	0,165	2,596	0,429
f	0,017	5,882	0,100
g	0,029	5,092	0,149
h	0,046	4,458	0,203
i	0,083	3,593	0,298
j	0,003	8,505	0,023
k	0,016	5,984	0,095
l	0,039	4,681	0,182
m	0,026	5,239	0,139
n	0,102	3,300	0,335
o	0,028	5,178	0,143
p	0,010	6,641	0,067
q	0,000	12,016	0,003
r	0,076	3,719	0,282
s	0,064	3,973	0,253
t	0,064	3,971	0,253
u	0,037	4,738	0,178
v	0,009	6,756	0,063
w	0,015	6,065	0,091
x	0,001	10,740	0,006
y	0,001	9,720	0,012
z	0,013	6,320	0,079
		Entropie:	**4,099**

formuliert sind, und die Wahrscheinlichkeiten der einzelnen Buchstabenfolgen können statistisch ermittelt werden. Prinzipiell ist es möglich, die Entropie der Nachrichtenquellen $H(\mathcal{M}^{(n)})$ für alle natürlichen Zahlen n zu bestimmen.

i) Der Grenzwert

$$H_S = \lim_{n \to \infty} \frac{H(M^{(n)})}{n}$$

wird die Entropie der natürlichen Sprache S genannt.

ii) Analog zu Definition 3.5.10 heißt

$$r_S = \frac{H_{max.}(\mathcal{M}) - H_S}{H_{max.}(\mathcal{M})} = 1 - \frac{H_S}{\log_2 |\Sigma_m|}$$

die relative Redundanz der Sprache S.

Tabelle 3.5 zeigt Werte für die Entropie, die aufgrund einer Auswertung der Textbasis [Gmb97] berechnet wurden.

Tabelle 3.5: Entropie der deutschen Sprache

Blocklänge:	Entropie	Entropie pro Zeichen
Buchstaben:	4,099	4,099
Bigramme:	7,722	3,861
Trigramme:	10,816	3,605

Detailliertere Auswertungen [BG73] ergeben, daß die Entropie der deutschen Sprache circa 1,6 [Bit/Zeichen] beträgt. Mit diesem Wert ergibt sich eine relative Redundanz von ca. 66%. Diese Zahlen kann man wie folgt interpretieren.

Um Nachrichten, die aus Buchstaben des Alphabets $\Sigma_{26} = \{a, ..., z\}$ bestehen, zu kodieren, benötigt man höchstens $H_{max} = \log_2(26) \approx 4,7$ Bits pro Buchstabe. Dieses Maximum wird erreicht, wenn alle Buchstaben mit gleicher Wahrscheinlichkeit auftreten. Aufgrund der ungleichmäßigen Verteilung der Buchstaben in deutschen Texten und der Abhängigkeiten aufeinanderfolgender Buchstaben ist es möglich, eine Form der Codierung zu finden, die durchschnittlich nur 1,6 Bits pro Zeichen benötigt. Das entspricht einer Komprimierung um ca. 66%.

3.6 Theorie der Kryptosysteme

Im weiteren geht es darum, die Erkenntnisse und Resultate der vorhergehenden Abschnitte auf „Kryptosysteme" zu übertragen. Dabei gehen wir von folgender Situation aus:

Die Klartextnachricht M wird mittels eines Verschlüsselungsalgorithmus E (Encrypt) und einem Schlüssel K chiffriert. Man erhält einen Geheimtext $C = E(M, K)$.

Ausgehend davon, daß die Verschlüsselungsfunktion nicht *perfekt* gemäß Shannons Definition ist, sollen die Erfolgsaussichten einer Kryptoanalyse untersucht werden. Für diese Analyse ist neben dem

- Verschlüsselungsalgorithmus E,

- dem Entschlüsselungsalgorithmus $D = E^{-1}$,

- der Schlüsselmenge $\Sigma_K = \{k_1, k_2, \ldots, k_u\}$,

- den Wahrscheinlichkeiten p_i einzelner Nachrichtenblöcke (Buchstaben),

- den Wahrscheinlichkeiten q_j der einzelnen Geheimtextblöcke sowie

- der Redundanz r_S der verwendeten Sprache

nur der Geheimtext C verfügbar.

Das Ziel der Analyse ist es, den verwendeten Schlüssel K zu ermitteln. Dabei kann der Analytiker zum Beispiel folgendermaßen vorgehen (exhaustives Durchsuchen der Schlüsselmenge):

Zu jedem Schlüssel $K \in \Sigma_K$ wird ein potentieller Klartext $\tilde{M} = D(C, K)$ berechnet. Anschließend ist zu entscheiden, ob $\tilde{M}$ eine „sinnvolle" Nachricht ist oder nicht. Da wir davon ausgehen, daß die ursprüngliche Nachricht in einer Sprache formuliert wurde, sollte das (z.B durch Vergleich mit einem Wörterbuch) möglich sein. Allerdings ergeben sich zwei Probleme:

- Praktisch ist die Vorgehensweise nur durchführbar, wenn die Schlüsselmenge Σ_K klein ist, da man innerhalb eines begrenzten Zeitraums nicht beliebig viele Schlüssel testen kann.

  Im Rahmen der weiteren Untersuchung wird dieses Problem jedoch ignoriert. Es wird davon ausgegangen, daß der Analytiker beliebig viel Zeit und Ressourcen aufbringen kann, um eine exhaustive Suche durchführen zu können.

- Möglicherweise gibt es mehrere Schlüssel K, für die sich ein sinnvoller Klartext ergibt. In diesem Fall ist es nicht möglich, den verwendeten Schlüssel eindeutig zu bestimmen, wie das folgende Beispiel zeigt.

Beispiel 3.6.1
Wir betrachten den Geheimtext $C^{(7)} = $ ZPZAXVEN, der zu einem deutschen Klartext gehört und mittels einer monoalphabetischen Chiffre verschlüsselt wurde. Beim Testen aller Schlüssel (Anzahl $= 26! \approx 10^{27}$) findet man viele Schlüssel, die einen sinnvollen Klartext ergeben. Drei davon sind in Tabelle 3.6 aufgeführt.

Die Anzahl der Schlüssel, die einen sinnvollen Klartext ergeben, wird sicher kleiner, wenn man ein längeres Kryptogramm betrachtet.

Tabelle 3.6: Mögliche Schlüssel

```
Klartext:    a b c d e f g h i j k l m n o p q r s t u v w x y z .   ,

Analyse      Z B C D E F G H I J K A L P M O Q R V S T U W Y X . , N
Papier       P B C D X F G H A I J K L M O Z Q V R S T U W Y . E , N
Anarchie     Z B X C N D F V E G H I J P K L M A O Q R S T U W Y . ,
```

Im weiteren geht es nun darum zu berechnen, wie viele Geheimtextblöcke mindestens benötigt werden, um den verwendeten Schlüssel eindeutig zu identifizieren. Diese Anzahl wird *Eindeutigkeitsdistanz* genannt. Ziel der weiteren Ausführungen in diesem Abschnitt ist es zu zeigen, daß

$$n_0 \approx \frac{\log_2 |\Sigma_K|}{r_S \log_2 |\Sigma_{\mathcal{M}}|}$$

eine Abschätzung für die Eindeutigkeitsdistanz einer Nachrichtenquelle $\mathcal{M}$ mit dem Schlüsselraum Σ_K ist.

In den vergangenen Abschnitten wurden stets Nachrichtenquellen und deren Entropie betrachtet. Um die Resultate zu übertragen, kann man von folgendem Modell ausgehen:

Es gibt eine Nachrichtenquelle $\mathcal{M}$, die Klartextblöcke ausstößt. Von dieser Quelle ist die relative Redundanz $r_{\mathcal{M}}$, das zugrundeliegende Alphabet, die relativen Häufigkeiten der Klartextblöcke und somit auch die Entropie $H(\mathcal{M})$ bekannt.

Außerdem gibt es eine Nachrichtenquelle $\mathcal{K}$, die Schlüssel ausstößt. Alle Schlüssel treten mit der gleichen Wahrscheinlichkeit auf, also ist $H(\mathcal{K}) = \log_2 |\Sigma_{\mathcal{K}}|$. Die Nachrichtenquellen $\mathcal{M}$ und $\mathcal{K}$ sind unabhängig voneinander.

Die Nachrichtenquelle $\mathcal{C}$ stößt Nachrichten synchron mit $\mathcal{M}$ aus. Da für die Nachrichtenblöcke von $\mathcal{C}$ und $\mathcal{M}$ stets $C = E(M, K)$ gilt, gibt es eine Abhängigkeit zwischen $\mathcal{M}$ und $\mathcal{C}$. Das gleiche gilt für $\mathcal{K}$ und $\mathcal{C}$.

Definition 3.6.2
Sei E eine Verschlüsselungsfunktion, die Klartextblöcke der Länge n in Geheimtextblöcke der Länge n verschlüsselt.

i) Für ein gegebenes Kryptogramm $C^{(n)} = (c^{(1)}, \ldots, c^{(n)})$ heißt $K_{C^{(n)}}$ möglicher Schlüssel, falls es einen Klartextblock $M^{(n)} = (m^{(1)}, \ldots, m^{(n)})$ gibt, der folgende Eigenschaften hat:

   – $E(M^{(n)}, K_{C^{(n)}}) = C^{(n)}$ und

   – $p(M^{(n)}) > 0$ (d.h. $M^{(n)}$ ist ein sinnvoller Klartext)

ii) $\Sigma_{K(C^{(n)})} := \{K \mid E(M^{(n)}, K) = C^{(n)}, p(M^{(n)}) > 0\}$ heißt Menge der möglichen Schlüssel.

   $|\Sigma_{K(C^{(n)})}|$ heißt Anzahl der möglichen Schlüssel.

   $|\Sigma_{K(C^{(n)})}| - 1$ heißt Anzahl der unechten Schlüssel.

iii) Der Erwartungswert

$$\bar{s}_n = \sum_{C^{(n)} \in \Sigma_C^n} p(C^{(n)}) \cdot (|\Sigma_{K(C^{(n)})}| - 1)$$

$$= \sum_{C^{(n)} \in \Sigma_C^n} p(C^{(n)}) \cdot |\Sigma_{K(C^{(n)})}| \quad - 1$$

heißt „mittlere Anzahl der unechten Schlüssel."

Definition 3.6.3 (Eindeutigkeitsdistanz)

Die Eindeutigkeitsdistanz eines Verschlüsselungsverfahrens ist die kleinste Anzahl n, für die die mittlere Anzahl der unechten Schlüssel Null ist.

Satz 3.6.4

Sei $E : \Sigma_M^n \times \Sigma_K \to \Sigma_C^n$ eine Verschlüsselungsfunktion und $D : \Sigma_C^n \times \Sigma_K \to \Sigma_M^n$ die dazugehörige Entschlüsselungsfunktion. Für die Entropie der entsprechenden Nachrichtenquellen $\mathcal{M}$, $\mathcal{C}$ und $\mathcal{K}$ gilt die Gleichung:

$$H(\mathcal{K}|\mathcal{C}) = H(\mathcal{K}) + H(\mathcal{M}) - H(\mathcal{C}).$$

Beweis:

Unter Verwendung der Gleichung $H(\mathcal{M} \cap \tilde{\mathcal{M}}) = H(\tilde{\mathcal{M}}) + H(\mathcal{M}|\tilde{\mathcal{M}})$ aus Satz 3.5.14 folgt:

i) $H(\mathcal{C} \cap \mathcal{K} \cap \mathcal{M}) = H(\mathcal{C} \cap (\mathcal{K} \cap \mathcal{M})) = H(\mathcal{K} \cap \mathcal{M}) + H(\mathcal{C}|(\mathcal{K} \cap \mathcal{M}))$.
Da jedem Paar $(m, k) \in \Sigma_M \times \Sigma_K$ durch die Verschlüsselungsfunktion genau ein $c \in \Sigma_C$ zugeordnet ist, gilt für die Entropie $H(\mathcal{C}|(\mathcal{K} \cap \mathcal{M})) = 0$. Insgesamt folgt:

$$H(\mathcal{C} \cap \mathcal{K} \cap \mathcal{M}) = H(\mathcal{K} \cap \mathcal{M}). \tag{3.15}$$

ii) $H(\mathcal{C} \cap \mathcal{K} \cap \mathcal{M}) = H(\mathcal{M} \cap (\mathcal{K} \cap \mathcal{C})) = H(\mathcal{K} \cap \mathcal{C}) + H(\mathcal{M}|(\mathcal{K} \cap \mathcal{C}))$.
Da jedem Paar $(c, k) \in \Sigma_C \times \Sigma_K$ durch die Entschlüsselungsfunktion genau ein $m \in \Sigma_M$ zugeordnet ist, gilt $H(\mathcal{M}|(\mathcal{K} \cap \mathcal{C})) = 0$. Insgesamt folgt:

$$H(\mathcal{C} \cap \mathcal{K} \cap \mathcal{M}) = H(\mathcal{K} \cap \mathcal{C}). \tag{3.16}$$

Aus den Gleichungen 3.15 und 3.16 folgt

$$H(\mathcal{K} \cap \mathcal{M}) = H(\mathcal{K} \cap \mathcal{C}). \tag{3.17}$$

Die Anwendung der Gleichung $H(\mathcal{M} \cap \tilde{\mathcal{M}}) = H(\tilde{\mathcal{M}}) + H(\mathcal{M}|\tilde{\mathcal{M}})$ aus Satz 3.5.14 liefert auch

$$H(\mathcal{K} \cap \mathcal{C}) = H(\mathcal{C}) + H(\mathcal{K}|\mathcal{C})$$

und mit Gleichung 3.17 folgt

$$H(\mathcal{K}|\mathcal{C}) = H(\mathcal{K} \cap \mathcal{M}) - H(\mathcal{C}).$$

Da $\mathcal{K}$ und $\mathcal{M}$ unabhängige Quellen sind, folgt aus Satz 3.5.12

$$H(\mathcal{K} \cap \mathcal{M}) = H(\mathcal{K}) + H(\mathcal{M}),$$

und somit gilt die zu beweisende Behauptung

$$H(\mathcal{K}|\mathcal{C}) = H(\mathcal{K}) + H(\mathcal{M}) - H(\mathcal{C}).$$

$\diamond$

Satz 3.6.5

Sei $E : \Sigma_M^n \times \Sigma_K \to \Sigma_C^n$ eine Verschlüsselungsfunktion und $D : \Sigma_C^n \times \Sigma_K \to \Sigma_M^n$ die dazugehörige Entschlüsselungsfunktion. Ferner wird von folgenden Voraussetzungen ausgegangen:

- Es werden Klartextnachrichten $M \in \Sigma_M^n$ chiffriert, deren relative Redundanz (siehe Def. 3.5.16) r_S bekannt ist.

- Für alle Schlüssel $K \in \Sigma_K$ gilt $p(K) = \frac{1}{|\Sigma_K|}$.

Dann gilt für die mittlere Anzahl der unechten Schlüssel

$$\bar{s}_n \geq \frac{|\Sigma_K|}{|\Sigma_M|^{n \cdot r_S}} - 1.$$

Beweis:

Zunächst wird $H(\mathcal{K}|\mathcal{C})$ auf zwei Arten berechnet:

i) Es werden die Resultate der vorhergehenden Abschnitte verwendet.

$$
\begin{array}{lll}
\text{Satz 3.6.4} & \Rightarrow & H(\mathcal{K}|\mathcal{C}^n) = H(\mathcal{K}) + H(\mathcal{M}^n) - H(\mathcal{C}^n) \\
\text{Definition 3.5.16} & \Rightarrow & H(\mathcal{M}^n) \approx n \cdot H_S = n(1 - r_S)\log_2 |\Sigma_M| \\
\text{Satz 3.5.8} & \Rightarrow & H(\mathcal{C}^n) \leq \log_2 |\Sigma_C|^n = n \cdot \log_2 |\Sigma_C|
\end{array}
$$

Einsetzen der beiden letzten Gleichungen in die erste Gleichung ergibt

$$H(\mathcal{K}|\mathcal{C}^n) \geq H(\mathcal{K}) + n(1 - r_S)\log_2 |\Sigma_M| - n \cdot \log_2 |\Sigma_C|,$$

und da $|\Sigma_M| = |\Sigma_C|$ ist, folgt:

$$H(\mathcal{K}|\mathcal{C}^n) \geq H(\mathcal{K}) - n \cdot r_S \log_2 |\Sigma_M|. \tag{3.18}$$

ii) Mit Definition 3.5.13 und Satz 3.5.8 ergibt sich die Ungleichung

$$
\begin{aligned}
H(\mathcal{K}|\mathcal{C}^n) &= \sum_{C \in \Sigma_C^n} p(C) \cdot H(\mathcal{K}|C) \\
&\leq \sum_{C \in \Sigma_C^n} p(C) \cdot \log_2 |\Sigma_{K(C)}|,
\end{aligned}
$$

wobei $|\Sigma_{K(C)}|$ die Anzahl der möglichen Schlüssel ist, für die $D(C, K)$ einen sinnvollen Klartext ergibt (siehe Definition 3.6.2). Mit der Ungleichung von Jensen folgt:

$$H(\mathcal{K}|\mathcal{C}^n) \leq \log_2\left(\sum_{C \in \Sigma_C^n} p(C) \cdot |\Sigma_{K(C)}|\right),$$

und mit der Definition für die mittlere Anzahl der unechten Schlüssel (Def. 3.6.2) folgt die Ungleichung

$$H(\mathcal{K}|\mathcal{C}^n) \leq \log_2 |\bar{s}_n + 1|. \tag{3.19}$$

Aus den Gleichungen 3.18 und 3.19 folgt:

$$H(\mathcal{K}) - n \cdot r_S \log_2 |\Sigma_M| \leq \log_2 |\bar{s}_n + 1|,$$

und die Auflösung dieser Gleichung nach $\bar{s}_n$ liefert die Behauptung

$$\bar{s}_n \geq \frac{|\Sigma_K|}{|\Sigma_M|^{n \cdot r_S}} - 1.$$

$\Diamond$

Setzt man in diese Gleichung für die mittlere Anzahl der unechten Schlüssel den Wert Null ein und löst nach n auf, erhält man die gesuchte Abschätzung

$$n_0 \approx \frac{\log_2 |\Sigma_K|}{r_S \log_2 |\Sigma_\mathcal{M}|}.$$

Beispiel 3.6.6

Betrachten wir die monoalphabetische Chiffre für Texte in deutscher Sprache. Bei der Verwendung eines Alphabets mit 26 Buchstaben berechnet sich die Eindeutigkeitsdistanz wie folgt:

$$\begin{aligned}
\log_2 |\Sigma_K| \quad &= \quad \log_2(26!) \quad &\approx \quad 88,38 \\
\log_2 |\Sigma_M| \quad &= \quad \log_2(26) \quad &\approx \quad 4,70 \\
r_S \quad & &\approx \quad 0,66 \\
\Rightarrow \quad n_0 \quad & &\approx \quad 28,50
\end{aligned}$$

Zur erfolgreichen Kryptoanalyse eines monoalphabetisch chiffrierten Klartextes benötigt man etwa 30 Geheimtextbuchstaben, wenn es gelingt, alle statistischen Informationen über deutschsprachige Texte irgendwie auszuwerten. Das ist insofern unrealistisch, da man sich in der Praxis etwa auf die Auswertung von Trigrammhäufigkeiten beschränkt. In diesem Fall ergibt sich für die relative Redundanz

$$r_S = \frac{H_{max.}(\mathcal{M}) - H(\mathcal{M})}{H_{max.}(\mathcal{M})} = \frac{\log_2(26) - 3,6}{\log_2(26)} \approx 0,23.$$

Mit diesem Wert ergibt sich für die Eindeutigkeitsdistanz $n_0 \approx 81,75$. Es ist also davon auszugehen, daß man einen monoalphabetisch chiffrierten Text mit ca. 100 Buchstaben (zwei Zeilen) dechiffrieren kann.

3.7 Konfusion und Diffusion

Die Geschichte der Kryptologie hat gezeigt — und Kapitel 1 und 2 spiegeln das
wider —, daß es bei klassischen Substitutionschiffren oder auch Permutationschiffren auf die eine oder andere Art stets gelang, den Verschlüsselungsalgorithmus zu analysieren. Stets fanden sich irgendwelche Möglichkeiten, auch ohne
Schlüssel die Klartexte aus den Kryptogrammen zu rekonstruieren. Die Ursa-
chen und Gründe hierfür sind komplex und werden an dieser Stelle nicht in aller
Ausführlichkeit präsentiert. Allerdings haben sich in diesem Zusammenhang
zwei Punkte als wesentlich herausgestellt, die von Shannon mit den Begriffen
Konfusion und *Diffusion* benannt wurden.

Betrachtet man zum Beispiel die Vigenère-Chiffre und zwei Klartexte, die
sich nur in einem Buchstaben unterscheiden, dann kann man beobachten, daß
sich bei der Verschlüsselung (mit dem gleichen Schlüssel) dieser Klartexte Geheimtexte ergeben, die sich ebenfalls nur in einem Buchstaben unterscheiden.
Es ist sogar leicht vorherzusagen, welches Zeichen das sein wird. Wahrscheinlich
ist es schwieriger, eine Chiffre zu analysieren, die diese Eigenschaft nicht aufweist, statt dessen sollten von der Änderung eines Klartextzeichens möglichst
viele Geheimtextzeichen betroffen sein. Shannon nennt dies das Prinzip der
Diffusion (siehe auch Abbildung 3.11).

Bei der Vigenère-Chiffre kann man auch beobachten, daß die Veränderung
eines Schlüsselbuchstabens auch nur die Veränderung eines Geheimtextbuchsta-
bens nach sich zieht. Hat ein Verschlüsselungsverfahren jedoch die Eigenschaft,
daß die Veränderung eines Schlüsselzeichens die Änderung vieler Geheimtextzeichen nach sich zieht, dann spricht man von einer hohen Konfusion (siehe auch
Abbildung 3.12).

Zur Konstruktion einer Chiffre, die sowohl einen hohen Grad an Diffusion
als auch an Konfusion aufweist, hat Shannon folgenden Vorschlag gemacht, der
hier in groben Zügen wiedergegeben wird.

Zunächst benötigt man eine endomorphe Substitutionschiffre. Das ist eine Chiffre, deren Geheimtextblöcke und Klartextblöcke aus der gleichen Menge
stammen. Alle Chiffre, die in diesem Buch vorgestellt wurden, haben diese Eigenschaft. Endomorphe Chiffren kann man mehrfach hintereinander anwenden.
Im ersten Schritt verschlüsselt man den Klartext M und erhält ein Kryptogramm C_1. Im zweiten Schritt wird das Kryptogramm C_1 verschlüsselt. Das
Resultat dieser zweiten Verschlüsselung ist ein Kryptogramm C_2, das erneut
verschlüsselt werden kann usw. Man könnte vermuten, daß es auf diese Weise gelingt, sehr sichere Chiffrieralgorithmen zu konstruieren. Dabei muß man
jedoch seht vorsichtig vorgehen, denn es gibt viel Chiffren, bei denen eine Mehr-
fachanwendung nicht den gewünschten Effekt bringt. Das gilt insbesondere für
die monoalphabetische Substitution und die Vigenère-Chiffre.

Shannons Idee besteht nun darin, die Konfusion und die Diffusion einer Chiffre dadurch zu erhöhen, indem eine Folge von Verschlüsselungsschritten durchgeführt wird, bei der sich Substitutions- und Permutationschiffren abwechseln
(siehe auch Abbildung 4.4).

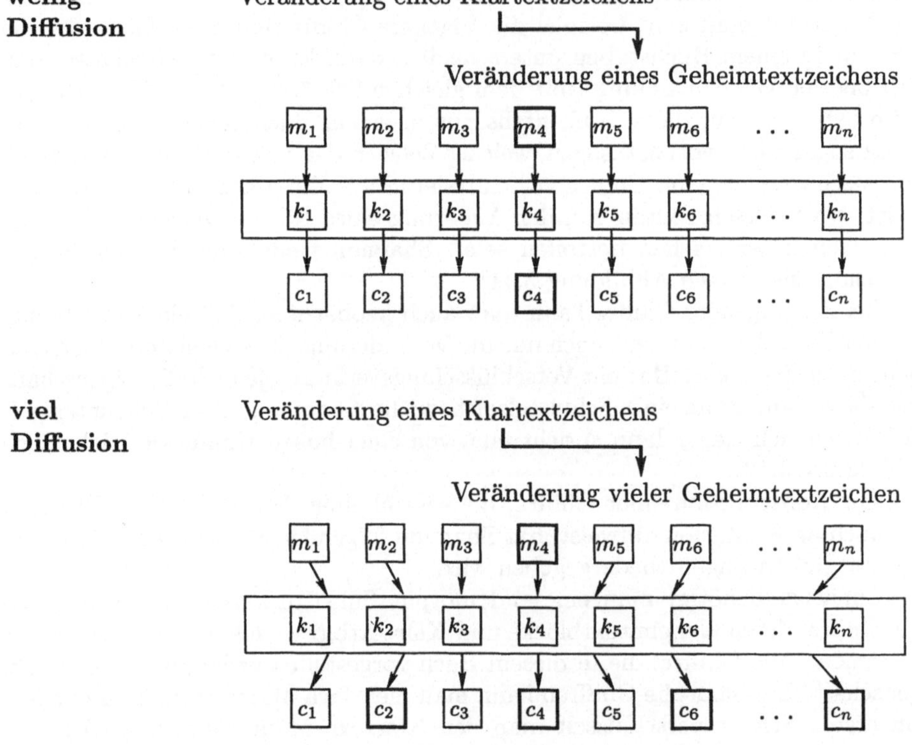

Abbildung 3.11: Prinzip der Diffusion

wenig Konfusion

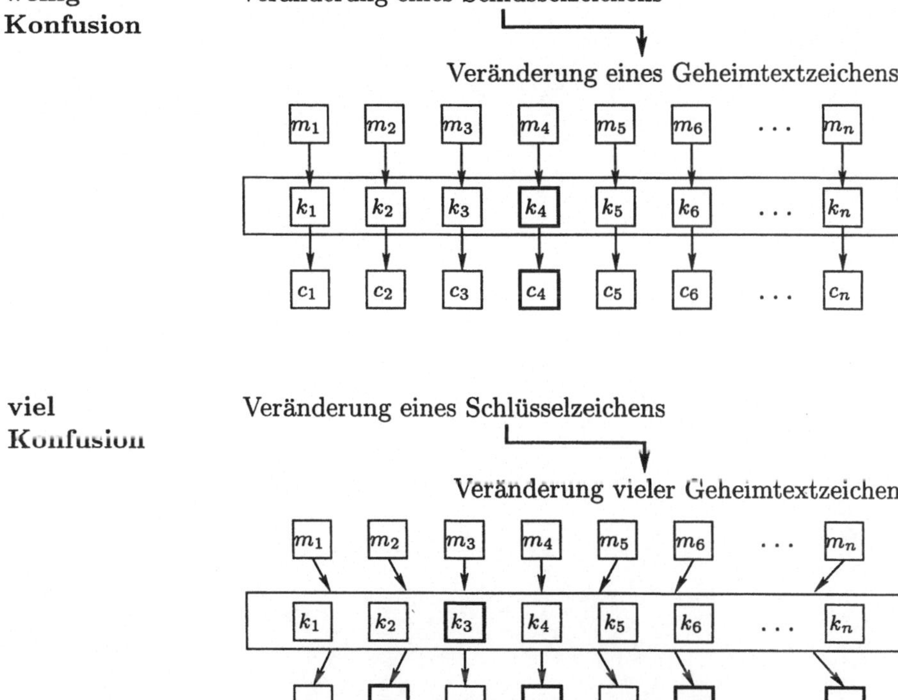

viel Konfusion

Abbildung 3.12: Prinzip der Konfusion

Kapitel 4

Lucifer-Chiffre und der Data Encryption Standard

Die Lucifer-Chiffren und der Data Encryption Standard (DES) sind Verschlüsselungsverfahren, die am Ende der 60er und Anfang der 70er Jahre entwickelt wurden. Der DES wurde als FIPS[1]-Standard publiziert und ist vermutlich das am häufigsten verwendete Kryptoverfahren des 20. Jahrhunderts. Daher ist es nicht überraschend, daß sich ein beträchtlicher Teil der Kryptographieforschung auf die Analyse des DES konzentriert. Auch die Analysemethoden, die Gegenstand der folgenden Kapitel sind, werden am Beispiel des DES beschrieben.

Das vorliegende Kapitel dient in erster Linie dazu, den Verschlüsselungsalgorithmus des DES detailliert zu beschreiben. Da der DES einfach strukturiert ist, kann man die wesentlichen Strukturen auf wenigen Seiten darstellen, ohne auf Vollständigkeit zu verzichten.

Die grundlegenden Ideen, die einzelnen Entwicklungsschritte und die Entwurfskriterien, die dem Algorithmus zugrunde liegen, sind heute (2001) nur schwer nachvollziehbar, da sie nicht vollständig veröffentlicht wurden. Dennoch wird auf den folgenden Seiten, neben dem eigentlichen Algorithmus, auch ein Teil der Entwicklungsgeschichte des DES vorgestellt, um ein tieferes Verständnis des Algorithmus zu vermitteln.

Das Kapitel ist in sechs Abschnitte unterteilt. Zunächst wird auf die wesentlichen Eigenschaften symmetrischer Blockchiffren und die grundlegenden Konstruktionselemente des DES und seiner Vorgänger eingegangen.

Im darauf folgenden Abschnitt werden zwei Chiffrieralgorithmen vorgestellt, die im Rahmen des „Lucifer"-Programms zu Anfang der 60er Jahre entwickelt wurden. Ein wichtiges Resultat dieser Entwicklungsarbeiten ist eine grundlegende Struktur, die heute vielen Kryptoalgorithmen zugrunde liegt. Diese Struktur definiert die Klasse der „Feistel-Chiffren" und wird in Abschnitt 4.3 dargestellt.

Im vierten Abschnitt wird die Geschichte des DES beschrieben, ohne jedoch

---

[1] Federal Information Processing Standards

auf technische Details einzugehen. Die Geschichte des DES ist dadurch geprägt,
daß — trotz der Publikation als FIPS-Standard — nicht alle Informationen über
den Algorithmus und das zur Entwicklung notwendige Hintergrundwissen über
Kryptographie und Kryptoanalyse veröffentlicht wurde.

In Abschnitt 4.5 wird der Chiffrieralgorithmus des DES vollständig beschrieben. Diese Beschreibung enthält alle Informationen, die zur Implementierung
des Algorithmus benötigt werden.

Im sechsten Abschnitt ist die konkrete Berechnung eines DES-Kryptogramms
mit allen erforderlichen Zwischenwerten dargestellt. Das Beispiel kann zur
Prüfung eigener DES-Implementationen verwendet werden. Bei einer gegebe-
nenfalls notwendigen Fehlersuche sind die angegebenen Zwischenresultate sicher
hilfreich.

Zusammen mit dem DES-Algorithmus wurden auch unterschiedliche Be-
triebsarten standardisiert, die im letzten Abschnitt vorgestellt werden. Die
Anwendung dieser Betriebsarten ist jedoch nicht auf den DES beschränkt. Jede
Blockchiffre kann in diesen Betriebsarten verwendet werden.

4.1 Grundlagen

In den Kapiteln 1 und 2 wurden Verschlüsselungsverfahren vorgestellt, die mit
einem Alphabet arbeiten, das aus Buchstaben und Ziffern besteht. Viele der
neueren Chiffrierverfahren hingegen arbeiten mit Alphabeten, die aus „Bits"
oder „Bytes" bestehen.

Ein Bit (**Binary digit**) repräsentiert einen von zwei Zuständen, die im weiteren mit „0" und „1" bezeichnet werden. Das grundlegende Alphabet $\Sigma = \{0,1\}$
besteht also aus zwei Zeichen. Aus praktischen Gründen werden oft mehrere
Bits zu einer Gruppe zusammengefaßt. Üblicherweise wird eine Gruppe, die aus
4 geordneten Bits besteht, ein „Nibble" genannt und eine Gruppe, die aus 8 geordneten Bits besteht, wird ein „Byte" genannt. In der Kryptographie werden
auch Bitgruppen betrachtet, die aus einer größeren Anzahl von Bits bestehen.
Eine Gruppe, die aus n ($n \in \mathbf{N}$) Bits besteht, wird im folgenden als „n-Bit
Block" bezeichnet oder kurz „Block", wenn die Anzahl der Bits unerheblich ist.
Wir schreiben $(b_1, b_2, b_3 \ldots, b_n)$, wobei jedes b_i genau ein Bit repräsentiert (für
$i \in \{1, 2, \ldots, n\}$).

Die Lucifer-Chiffren und der DES sind sogenannte „Block-Chiffren". Sie
zeichnen sich dadurch aus, daß ihnen ein Algorithmus zugrunde liegt, der als
Eingabe eine bestimmte Anzahl von Bits benötigt, einen sogenannten „Klartextblock". Ferner wird ein Schlüssel als Eingabe benötigt, der ebenfalls aus
einer bestimmten Anzahl von Bits besteht. Das Resultat der Anwendung des
Algorithmus ist der sogenannte „Geheimtextblock". In Abbildung 4.1 ist diese
grundlegende Eigenschaft einer Block-Chiffre am Beispiel des DES dargestellt.

Die einfachste Möglichkeit, eine größere Datenmenge mittels einer Block-
Chiffre zu verschlüsseln, besteht darin, die Daten zunächst in Blöcke der entsprechenden Größe aufzuteilen und diese dann einzeln zu chiffrieren, indem man

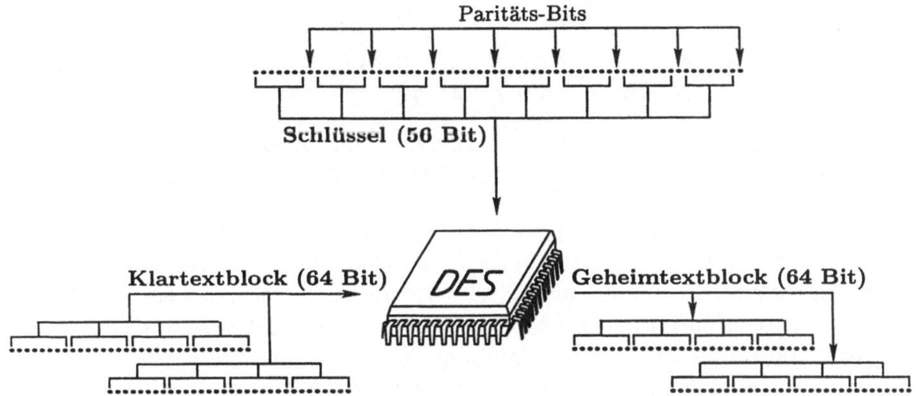

Abbildung 4.1: Funktionsweise des DES (Anwendersicht)

den Algorithmus mehrfach anwendet. Alternative Methoden werden in Abschnitt 4.7 vorgestellt.

Bevor nun auf die Details der Lucifer-Chiffren und des DES eingegangen wird, werden grundlegende Konstruktionselemente dieser Verschlüsselungsalgorithmen vorgestellt. Dabei handelt es sich um Operationen, die auf Bit-Blöcke angewendet werden: *Bit-Addition*, *Permutation* und *Substitution*.

Bit-Addition

Die Bit-Addition, kurz XOR (Exclusive-**or**), ist eine Standardoperation, die jeweils zwei Bits miteinander verknüpft. Im weiteren wird „$\oplus$" als Symbol für diese Operation verwendet. Die Verknüpfung ist durch folgende Regeln definiert:

$$0 \oplus 0 = 0, \qquad 0 \oplus 1 = 1, \qquad 1 \oplus 0 = 1, \qquad 1 \oplus 1 = 0.$$

Wird die XOR-Operation auf zwei n-Bit Blöcke $a = (a_1, a_2, \ldots, a_n)$ und $b = (b_1, b_2, \ldots, b_n)$ angewendet, werden die Bits gemäß der Vorschrift

$$(a_1, a_2, \ldots, a_n) \oplus (b_1, b_2, \ldots, b_n) = (a_1 \oplus b_1, a_2 \oplus b_2, \ldots, a_n \oplus b_n)$$

miteinander verknüpft.

Permutation

Wir betrachten einen n-Bit Block $(b_1, b_2, \ldots, b_n)$. Durch eine *n-Bit Permutation* wird die Reihenfolge der Bits $b_1, b_2, \ldots, b_n$ gemäß einer bestimmten Vorschrift vertauscht. Diese Vorschrift kann zum Beispiel in Form eines $n \times 2$ Schemas angegeben werden, wobei die obere Zeile die Reihenfolge der Eingabebits beschreibt und die untere Zeile die Reihenfolge der Ausgabebits. Das folgende Schema beschreibt eine 16-Bit Permutation:

$$P = \begin{pmatrix} 1 & 2 & 3 & 4 & 5 & 6 & 7 & 8 & 9 & 10 & 11 & 12 & 13 & 14 & 15 & 16 \\ 1 & 9 & 14 & 6 & 10 & 2 & 16 & 5 & 4 & 13 & 3 & 15 & 8 & 7 & 11 & 12 \end{pmatrix}.$$

Durch diese Permutation wird der Block (1001 0001 0000 1000) auf den Block P(1001 0001 0000 1000) = (1000 1101 0000 0000) abgebildet.

Bitpermutationen lassen sich als elektronische Schaltungen leicht implementieren. Angenommen, ein Block $(b_1, b_2, b_3, \ldots, b_{16})$ wird auf einem Bus mit 16 Kabeln repräsentiert, indem Kabel Nr.1 stromführend ist, wenn $b_1 = 1$ ist, Kabel Nr.2 ist stromführend, wenn $b_2 = 1$ ist usw. Ist ein Bit $b_i = 0$, dann ist das entsprechende Kabel nicht unter Spannung. Eine Permutation P wird realisiert, indem die 16 Kabel des Bus entsprechend der Permutationsvorschrift vertauscht werden. Abbildung 4.2 veranschaulicht dies für die 16-Bit Permutation aus dem obigen Beispiel.

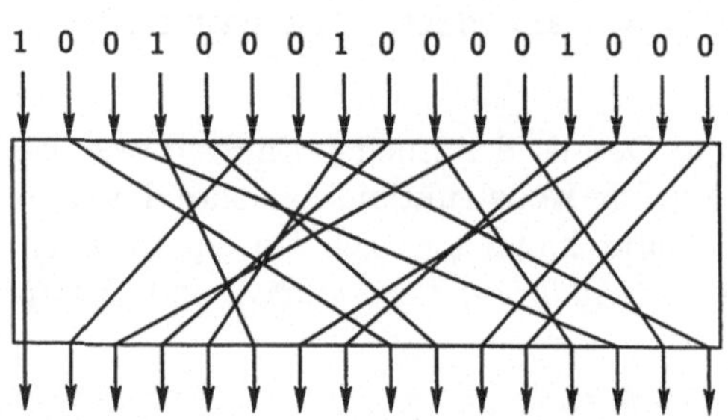

Abbildung 4.2: Realisierung einer Permutation

Zur Beschreibung der Lucifer Algorithmen und des DES werden in den folgenden Abschnitten zahlreiche Permutationen angegeben. Üblicherweise wird dabei nur die untere Zeile des $n \times 2$ Schemas notiert. Die Reihenfolge der Eingabebits ist stets $(1, 2, 3, \ldots, n)$. In Tabelle 4.1 ist die oben aufgeführte Permutation auf diese Art beschrieben.

Tabelle 4.1: 16-Bit Permutation

1	9	14	6	10	2	16	5
4	13	3	15	8	7	11	12

Substitution

Eine *n-Bit Substitution* ist eine injektive Abbildung, die einen Eingabeblock $(e_1, e_2, \ldots, e_n)$ auf einen Ausgabeblock $(a_1, a_2, \ldots, a_n)$ abbildet. Die Substitutionsvorschrift einer n-Bit Substitution kann durch eine Tabelle mit 2 Spalten und 2^n Zeilen beschrieben werden, indem zu jedem möglichen Eingabeblock der entsprechende Ausgabeblock angegeben wird. Tabelle 4.2 zeigt eine 4-Bit Substitution.

Tabelle 4.2: Tabellarische Beschreibung einer 4-Bit Substitution

Eingabe: (e_1, e_2, e_3, e_4)	Ausgabe: (a_1, a_2, a_3, a_4)
0000	0111
0001	0010
0010	1110
0011	1001
0100	0011
0101	1011
0110	0000
0111	0100
1000	1100
1001	1101
1010	0001
1011	1010
1100	0110
1101	1111
1110	1000
1111	0101

Der grundlegende technische Aufbau solcher Substitutionen wird hier am Beispiel einer 4-Bit Substitution erklärt und ist in Abbildung 4.3 skizziert.

Zunächst wird der Eingabeblock (e_1, e_2, e_3, e_4) in eine Dezimalzahl

$$z = e_1 \cdot 2^3 + e_2 \cdot 2^2 + e_3 \cdot 2^1 + e_4 \cdot 2^0$$

umgewandelt. Anschließend wird ein 16-Bit Block mit $b_{z+1} = 1$ und $b_i = 0$ für alle restlichen Bits $b_i \neq b_{z+1}$ erzeugt. Dieser Block wird einer festgelegten Permutation unterzogen. Im Ausgabeblock c dieser Permutation gibt es genau ein Bit mit $c_{z'+1} = 1$. Die Dezimalzahl z' wird nun in den Block (a_1, a_2, a_3, a_4), der die Bedingung

$$z' = a_1 \cdot 2^3 + a_2 \cdot 2^2 + a_3 \cdot 2^1 + a_4 \cdot 2^0$$

erfüllt, umgewandelt. Der Block (a_1, a_2, a_3, a_4) ist der Ausgabeblock der 4-Bit Substitution.

Nicht jede Substitution eignet sich für die Verwendung in einem guten Kryptosystem. In [FR94] werden einige Kriterien vorgestellt, die eine Substitution erfüllen sollte, damit sie zur Sicherheit des Kryptoalgorithmus beiträgt. Insbesondere ist es vorteilhaft, Substitutionsboxen zu verwenden, die möglichst

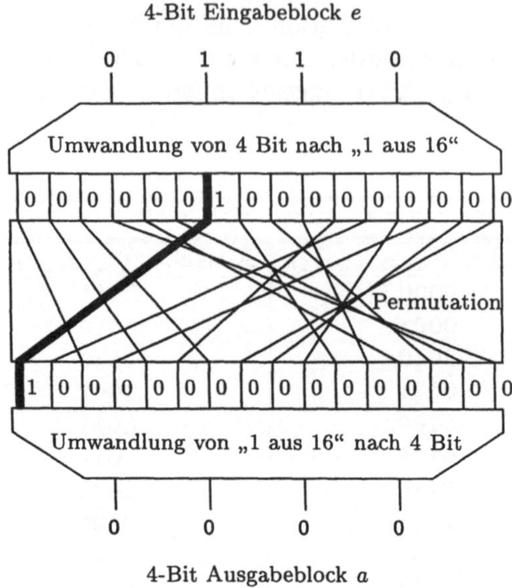

Abbildung 4.3: Realisierungsmodell einer Substitution

große Eingabeblöcke verarbeiten. Allerdings ist dies mit implementationstechnischen Schwierigkeiten verbunden. Man bedenke, daß zur Realisierung einer n-Bit Substitution eine Permutation der Größe 2^n notwendig ist. Die Konstruktion einer 8-Bit Substitution erfordert also schon eine 256-Bit Permutation. Für die Lucifer Verfahren und den DES hat man 4-Bit Substitutionen verwendet, da Hardwareimplementationen für größere Substitutionen zu Anfang der 70er Jahre nicht mit angemessenem Aufwand herzustellen waren.

4.2   Die Lucifer-Algorithmen

Im Thomas J. Watson Research Center des Unternehmens IBM wurde in den späten 60er Jahren ein Forschungsprogramm zur Entwicklung kryptographischer Techniken gestartet. Das Programm trug den Namen „Lucifer" und stand unter der Leitung von Horst Feistel und Walter Tuchman.

Anfang der 70er Jahre wurden zwei Algorithmen veröffentlicht, die im Rahmen des Lucifer-Programms entstanden sind. Im folgenden werden diese Algorithmen „Lucifer I" bzw. „Lucifer II" genannt. Lucifer II ist der unmittelbare Vorgänger des Algorithmus, der später unter dem Namen „Data Encryption Standard" vom National Bureau of Standards (NBS), dem heutigen NIST (National Institute for Standardisation), standardisiert wurde.

Beide Lucifer-Algorithmen sind Blockchiffren. Sie ermöglichen die Verschlüsselung eines Klartextblocks, der aus 128 Bits (16 Bytes) besteht. Der resultierende Geheimtextblock ist ebenfalls ein 128-Bit Block und auch als Schlüssel wird ein 128-Bit Block verwendet.

Lucifer I

Der erste Lucifer-Algorithmus wurde 1973 von Horst Feistel veröffentlicht [Fei73]. Der Theorie Shannons folgend, besteht das Verfahren aus einer Folge von Substitutionen und Permutationen, die abwechselnd durchgeführt werden. Dabei kommen zwei 4-Bit Substitutionen S_0 und S_1 sowie eine 128-Bit Permutation P zum Einsatz.

Das Diagramm in Abbildung 4.4 beschreibt den Verschlüsselungsalgorithmus. Die 128 Bits des Klartextes $(b_1, b_2, b_3, \ldots, b_{128})$ werden zunächst in die 32 Blöcke $(b_1, b_2, b_3, b_4), (b_5, b_6, b_7, b_8), \ldots, (b_{125}, b_{126}, b_{127}, b_{128})$ mit jeweils 4 Bits zerlegt. Jedem dieser Blöcke wird ein bestimmtes Bit des Schlüssels zugeordnet. Ist dieses Schlüsselbit „0", so wird die entsprechende Gruppe gemäß S_0 substituiert, ist das Schlüsselbit „1", dann wird gemäß S_1 substituiert. Als Resultat der 32 Substitutionen erhält man 32 4-Bit Blöcke, die wieder zu einem 128-Bit Block zusammengefaßt werden. Auf diesen neuen Block wird die Permutation P angewendet. Damit ist die erste „Runde" des Lucifer-Algorithmus abgeschlossen.

In der zweiten Runde wird das gleiche Verfahren wie in Runde 1 durchgeführt, wobei die Eingabe der zweiten Runde das Resultat aus Runde 1 ist. Insgesamt werden 32 Runden durchgeführt. Die Eingabe einer Runde ist stets das Resultat aus der Vorrunde, ausgenommen der ersten Runde. Am Ende der letzten Runde wird auf die Permutation P verzichtet und die Ausgabe der letzten Runde ist der zu erzeugende Geheimtextblock.

Eine konkrete Zuordnung der Schlüsselbits, zur Auswahl der Substitutionen in den einzelnen Runden, sowie eine konkrete Beschreibung der Substitutionen S_0, S_1 und der Permutation P ist in den Publikationen [Fei73] und [FNS75] nicht enthalten.

Lucifer II

Die Verschlüsselung wird bei dieser Variante des Lucifer-Algorithmus — wie auch die Entschlüsselung — in 16 Runden durchgeführt. Abbildung 4.5 beschreibt die grobe Struktur des Algorithmus. Der zu verschlüsselnde Klartextblock $(m_1, m_2, \ldots, m_{128})$ wird in zwei Hälften zerlegt, der „linke Block" $(l_1, \ldots, l_{64}) = (m_1, \ldots, m_{64})$ und der „rechte" $(r_1, \ldots, r_{64}) = (m_{65}, \ldots, m_{128})$.

Innerhalb einer Runde wird nur die linke Hälfte verändert. Am Ende einer Runde werden jedoch die beiden Hälften vertauscht und als Eingabe der nächsten Runde verwendet, so daß dort die Hälfte verändert wird, die zuvor unverändert blieb. Lediglich nach der letzten Runde wird auf das Vertauschen der beiden Hälften verzichtet.

Innerhalb jeder Runde werden 8 Verschlüsselungsschritte ausgeführt, deren Struktur in Abbildung 4.6 dargestellt wird.

Um die Einzelheiten dieser Verschlüsselungsschritte zu veranschaulichen, kann man sich vorstellen, daß die 8 Bytes der rechten Hälfte axial auf einen rotierenden Zylinder gedruckt sind (siehe Abbildung 4.6 oben links). Die 8 Bytes der linken Hälfte sind in gleicher Weise auf einen zweiten Zylinder gedruckt (unten

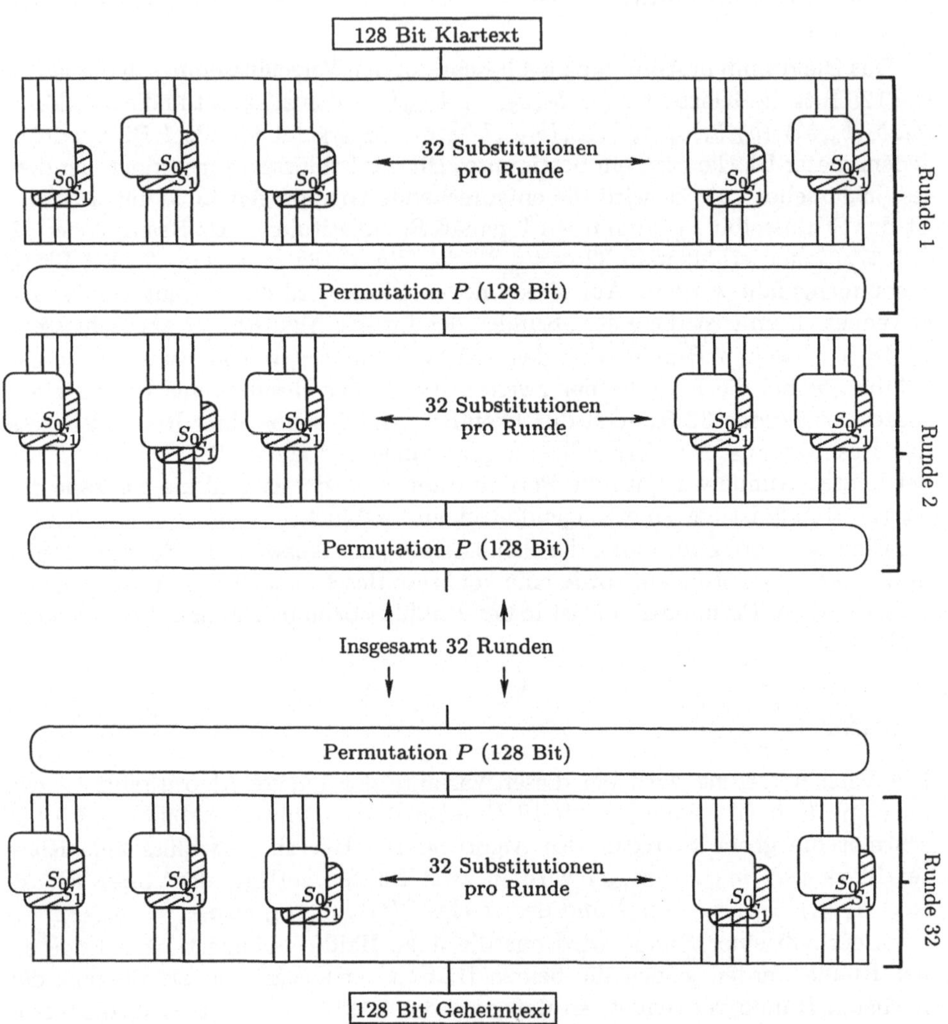

Abbildung 4.4: Struktur des Lucifer I-Algorithmus

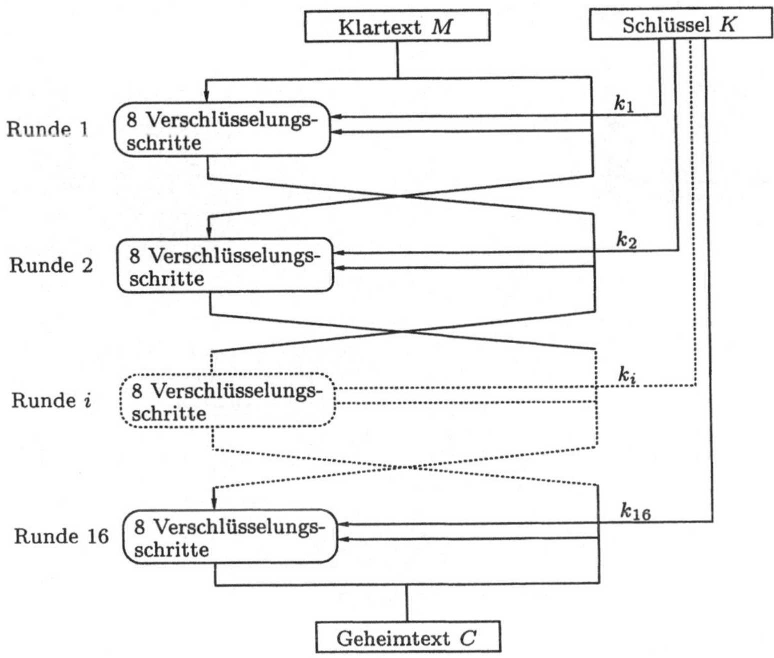

Abbildung 4.5: Grobe Struktur des Lucifer II-Algorithmus

in Abbildung 4.6). Die Zylinder rotieren nach jedem Verschlüsselungsschritt um 45^0 (1/8 Umdrehung), so daß nach den 8 Verschlüsselungsschritten einer Runde jedes Byte verarbeitet wurde. Die Verarbeitung eines Bytes geschieht in 4 Teilschritten: *Konfusion, Schlüssel-Störung, Permutation* und *Diffusion*.

Die **Konfusion** beginnt damit, daß die 8 Bits $(b_1, b_2, \ldots, b_8)$ des zu verarbeitenden Bytes in zwei Blöcke $l = (b_1, b_2, b_3, b_4)$ und $r = (b_5, b_6, b_7, b_8)$ zerlegt werden. Abhängig von einem Schlüsselbit a_j, dem sogenannten Austausch-Kontrollbit, werden die Blöcke gemäß den Substitutionen S_0 bzw. S_1 ersetzt. Ist das Austausch-Kontrollbit des entsprechenden Verschlüsselungsschritts 0, dann ist (b_1, b_2, b_3, b_4) Eingabe der Substitution S_0 und (b_5, b_6, b_7, b_8) Eingabe der Substitution S_1. Ist das Austausch-Kontrollbit 1, dann werden die beiden Bitgruppen vertauscht, so daß (b_5, b_6, b_7, b_8) gemäß S_0 und (b_1, b_2, b_3, b_4) gemäß S_1 substituiert werden. Die Substitutionen S_0 und S_1 sind in Tabelle 4.4 beschrieben.

Für jede Runde wird ein Transformations-Kontrollbyte $(a_1, a_2, \ldots, a_8)$ aus den 16 Schlüsselbytes ausgewählt. In Tabelle 4.3 sind die Transformations-Kontrollbytes der einzelnen Runden fett gedruckt. Wie man sieht, wird in Runde 1 das Byte Nr. 0 verwendet, in Runde 2 das Byte Nr. 7 usw. Als Austausch-Kontrollbit in Schritt 1 der jeweiligen Runde wird das erste Bit (a_1) des entsprechenden Transformations-Kontrollbytes verwendet, in Schritt 2 das zweite Bit (a_2) usw.

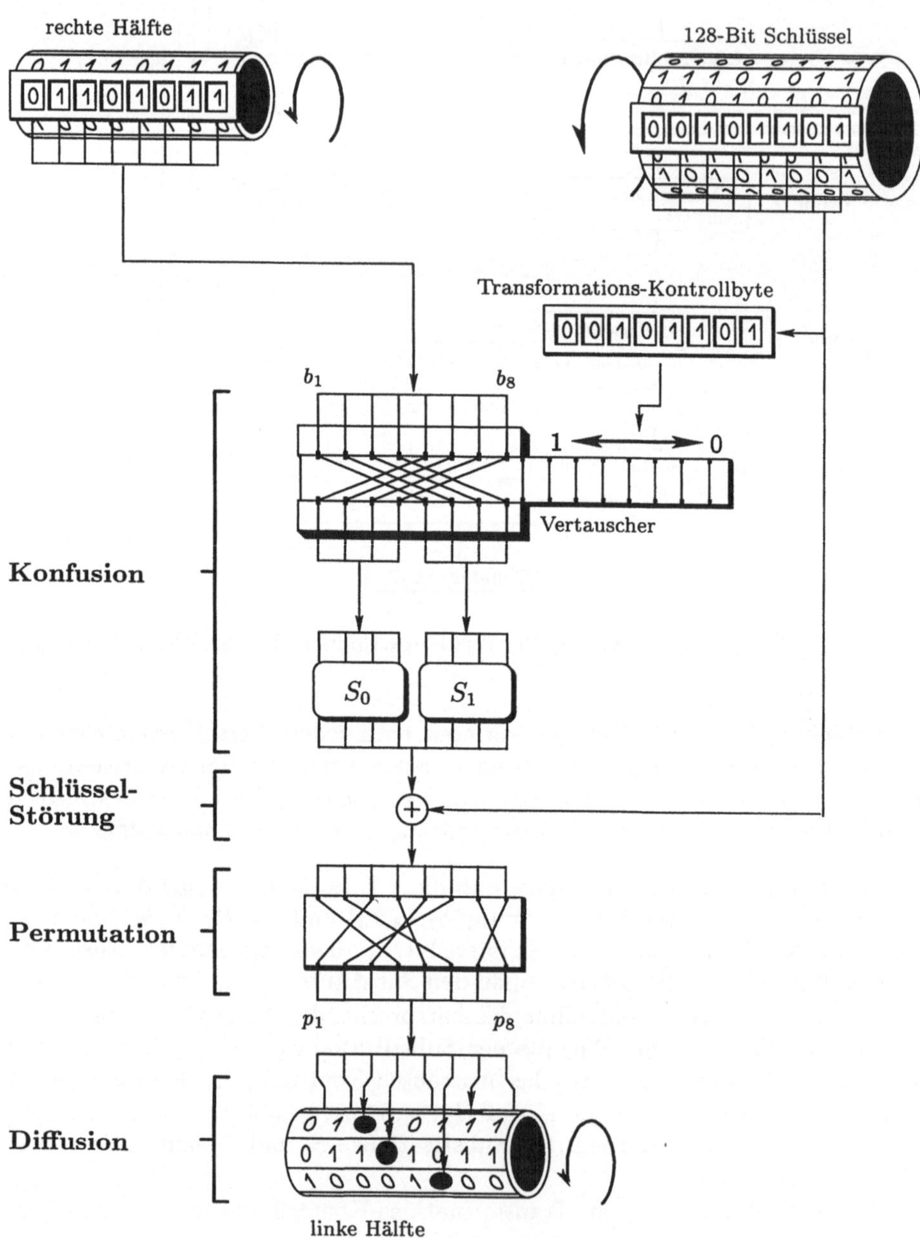

Abbildung 4.6: Struktur eines Lucifer-Verschlüsselungsschrittes

Nachdem die Substitutionen S_0 und S_1 ausgeführt wurden, werden die resultierenden 4-Bit Blöcke wieder zu einem Byte zusammengefaßt, und zwar so, daß das Resultat aus der Substitution S_0 die linke Hälfte und das Resultat der Substitution S_1 die rechte Hälfte ist.

Tabelle 4.3: Verwendung der Schlüsselbytes

	Runde															
	1	2	3	4	5	6	7	8	9	10	11	12	13	14	15	16
Schritt 1	0	7	14	5	12	3	10	1	8	15	6	13	4	11	2	9
Schritt 2	1	8	15	6	13	4	11	2	9	0	7	14	5	12	3	10
Schritt 3	2	9	0	7	14	5	12	3	10	1	8	15	6	13	4	11
Schritt 4	3	10	1	8	15	6	13	4	11	2	9	0	7	14	5	12
Schritt 5	4	11	2	9	0	7	14	5	12	3	10	1	8	15	6	13
Schritt 6	5	12	3	10	1	8	15	6	13	4	11	2	9	0	7	14
Schritt 7	6	13	4	11	2	9	0	7	14	5	12	3	10	1	8	15
Schritt 8	7	14	5	12	3	10	1	8	15	6	13	4	11	2	9	0

Tabelle 4.4: Die Substitutionen im Lucifer-Algorithmus

Eingabe:	Ausgabe S_0:	Ausgabe S_1:
0000	1100	0111
0001	1111	0010
0010	0111	1110
0011	1010	1001
0100	1110	0011
0101	1101	1011
0110	1011	0000
0111	0000	0100
1000	0010	1100
1001	0110	1101
1010	0011	0001
1011	0001	1010
1100	1001	0110
1101	0100	1111
1110	0101	1000
1111	1000	0101

Bei der **Schlüssel-Störung** wird das aus der Konfusion resultierende Byte bitweise mit einem Byte des Schlüssels addiert (XOR). Tabelle 4.3 zeigt, welche Schlüsselbytes in den einzelnen Runden und Schritten dabei verwendet werden. Um die Systematik dieser Tabelle zu erkennen, kann man sich vorstellen, daß die 16 Schlüsselbits axial auf einem dritten Zylinder eingraviert sind (siehe

Abbildung 4.2). Der Zylinder wird vor der ersten Runde so eingestellt, daß Byte Nr. 0 des Schlüssels als erstes ausgelesen wird. Der Zylinder wird dann nach jedem Verschlüsselungsschritt um $22,5^0$ gedreht (1/16-Umdrehung), allerdings nicht nach dem letzten Verschlüsselungsschritt einer Runde, so daß im ersten Verschlüsselungsschritt der Runde i das gleiche Byte wie im letzten Verschlüsselungsschritt der Runde $i-1$ verwendet wird ($i \in \{2,3,4,\dots,16\}$).

Am Ende der 16-ten Runde ist der Zylinder mit den Schlüsselbytes in der gleichen Position wie zu Beginn der ersten Runde, so daß die Position dieses Zylinders zur Verschlüsselung des nächsten Klartextblocks nicht verändert werden muß.

Als nächstes werden die aus der Schlüssel-Störung resultierenden Bits gemäß der folgenden **Permutation** vertauscht.

$$P = \begin{pmatrix} 1 & 2 & 3 & 4 & 5 & 6 & 7 & 8 \\ 4 & 6 & 1 & 5 & 3 & 2 & 8 & 7 \end{pmatrix}$$

Im letzten Teilschritt, der **Diffusion**, wird das aus der Permutation resultierende Byte $(p_1, p_2, \dots, p_8)$ bitweise auf bestimmte Bits der linken Hälfte addiert. Dabei werden in jedem Schritt andere Bits der linken Hälfte zur Diffusion verwendet. Tabelle 4.5 gibt an, mit welchen Bits der Block $(p_1, p_2, \dots, p_8)$ addiert (XOR) wird.

Tabelle 4.5: Zuordnung bei der Diffusion

	p_1	p_2	p_3	p_4	p_5	p_6	p_7	p_8
Schritt 1	57	50	19	12	45	6	31	40
Schritt 2	1	58	27	20	53	14	39	48
Schritt 3	9	2	35	28	61	22	47	56
Schritt 4	17	10	43	36	5	30	55	64
Schritt 5	25	18	51	44	13	38	63	8
Schritt 6	33	26	59	52	21	46	7	16
Schritt 7	41	34	3	60	29	54	15	24
Schritt 8	49	42	11	4	37	62	23	32

Beispiel 4.2.1
Diffusion im 4. Schritt:

$$l_{17} \quad \text{wird durch} \quad l_{17} \oplus p_1 \text{ ersetzt,}$$
$$l_{10} \quad \text{wird durch} \quad l_{10} \oplus p_2 \text{ ersetzt,}$$
$$l_{43} \quad \text{wird durch} \quad l_{43} \oplus p_3 \text{ ersetzt,}$$
$$l_{36} \quad \text{wird durch} \quad l_{36} \oplus p_4 \text{ ersetzt,}$$
$$l_{5} \quad \text{wird durch} \quad l_{5} \oplus p_5 \text{ ersetzt,}$$

$$l_{30} \quad \text{wird durch} \quad l_{30} \oplus p_6 \text{ ersetzt,}$$
$$l_{55} \quad \text{wird durch} \quad l_{55} \oplus p_7 \text{ ersetzt,}$$
$$l_{64} \quad \text{wird durch} \quad l_{64} \oplus p_8 \text{ ersetzt.}$$

Alle anderen Bits der linken Hälfte bleiben im vierten Schritt unverändert.

Um das Auswahlkriterium der Bits zu veranschaulichen, kann man sich vorstellen, daß der Zylinder mit den Bits der linken Hälfte von einer zylinderförmigen Schablone umgeben ist, die nicht rotiert und an bestimmten Stellen Fensterchen hat, in denen jeweils ein Bit der linken Hälfte zu sehen ist (siehe Abbildung 4.2). Auf diese Bits wird das Resultat der Permutation $(p_1, p_2, \ldots, p_8)$ addiert. Da sich der innere Zylinder synchron mit dem Zylinder der rechten Hälfte bewegt, werden in jedem Schritt andere Bits für die Diffusion verwendet. Die Fenster im äußeren Zylinder sind so angeordnet, daß am Ende jeder Runde alle Bits der linken Hälfte zur Diffusion verwendet wurden.

Die hier aufgeführte Darstellung der Lucifer II Chiffre eignet sich als Grundlage für eine Implementierung mittels einfacher elektrischer Schaltungen und mechanischer Hilfsmittel wie Walzen und Vertauscher. Die gleichen technischen Hilfsmittel und Fertigkeiten, die zum Bau einer Rotormaschine notwendig sind, würden ausreichen, um eine „Lucifer II Chiffriermaschine" zu bauen. Dies waren jedoch nicht die Materialien der 70er Jahre. Transistoren und Bausteine mit einfachen integrierten Schaltkreisen (IC) ermöglichen eine wesentlich kompaktere Bauweise von AND-, OR- und NOT-Gattern und somit auch von Permutationen und Substitutionen.

Eine Darstellung, die diese Art der Implementierung des Lucifer II Algorithmus unterstützt, wird im folgenden kurz dargestellt. Dazu wird zunächst die Struktur einer „Feistel-Chiffre" beschrieben. Anschließend wird dargestellt, wie sich der Lucifer II Algorithmus in diese Struktur einfügt. Die neue Darstellung des Lucifer II Algorithmus zeigt dann auch deutlich die Verwandtschaft zum DES (siehe auch Bemerkung 4.5.4 auf Seite 141).

4.3 Struktur einer Feistel-Chiffre

Eines der wichtigsten Resultate des Lucifer-Programms ist eine grundlegende Struktur für Kryptoalgorithmen, die nach ihrem Erfinder Horst Feistel benannt wurde und heute unter dem Namen „Feistel-Chiffre" bekannt ist. Abbildung 4.7 zeigt diese Struktur.

Eine Feistel-Chiffre besteht aus n Runden. Für jede Runden gibt es einen sogenannten „Rundenschlüssel" k_i ($i \in \{1, 2, \ldots, n\}$).

Als erstes wird der Klartextblock m in zwei gleich große Blöcke l_0 (links) und r_0 (rechts) zerlegt. In jeder Runde wird der linke Block verändert, indem er mittels binärer Addition (XOR) mit einem Wert verknüpft wird, der aus dem

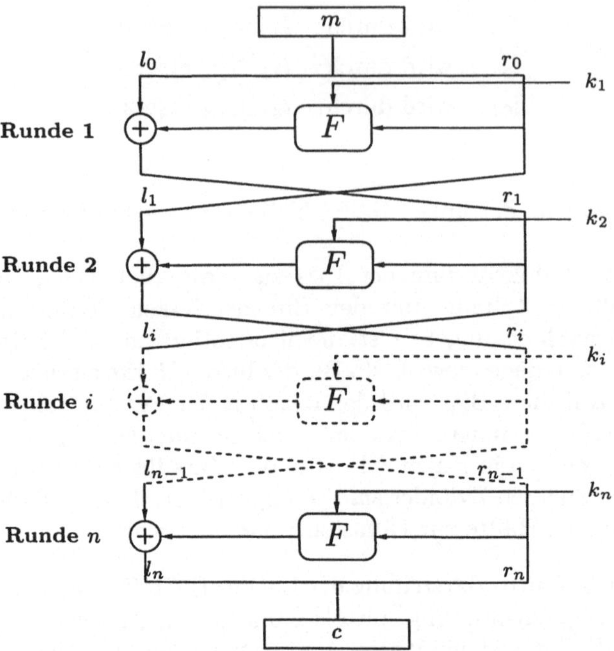

Abbildung 4.7: Schema einer Feistel Chiffre

rechten Block r_i und dem Rundenschlüssel k_i mittels einer geeigneten Funktion F berechnet wird. Diese Funktion wird im folgenden „Rundenfunktion" genannt.

Zwischen zwei Runden werden der rechte und der linke Block vertauscht (jedoch nicht vor der ersten und nach der letzten Runde). Für $i \in \{1, \ldots, n-1\}$ gilt also:

$$
\begin{aligned}
l_i &:= r_{i-1} \text{ und} \\
r_i &:= l_{i-1} \oplus F(k_i, r_{i-1}).
\end{aligned}
$$

Nach der letzten Runde entfällt das Vertauschen, und es gilt:

$$
\begin{aligned}
r_n &:= r_{n-1} \text{ und} \\
l_n &:= l_{n-1} \oplus F(k_n, r_{n-1}).
\end{aligned}
$$

Den Geheimtextblock c erhält man schließlich, indem man die Blöcke l_n und r_n, beispielsweise durch Konkatenation, zusammengefügt werden.

Ein wesentlicher Vorteil der Feistel-Chiffre ist es, daß man zum Dechiffrieren den gleichen Algorithmus verwenden kann wie zum Chiffrieren. Man muß lediglich dafür sorgen, daß die Rundenschlüssel beim Dechiffrieren in umgekehrter Reihenfolge eingesetzt werden wie beim Chiffrieren, also k_n als Rundenschlüssel der ersten Runde, k_{n-1} als Rundenschlüssel der Runde 2 usw.

Heute gehört die Struktur der Feistel-Chiffre zu den grundlegenden Konzepten der Kryptographie und viele Verschlüsselungsalgorithmen basieren auf dieser Struktur. Auch der Lucifer II Algorithmus ist eine Feistel-Chiffre, wie das folgende Beispiel zeigt.

Beispiel 4.3.1 (Lucifer II)
Um deutlich zu machen, daß der Lucifer II Algorithmus eine Feistel-Chiffre ist, trennen wir uns von der anschaulichen Vorstellung, als die Bits und Bytes auf rotierenden Zylindern notiert werden und parallelisieren den Algorithmus insofern, daß die 8 Verschlüsselungsschritte innerhalb einer Runde gleichzeitig ausgeführt werden. Die 8-Bit Permutationen der einzelnen Schritte werden zu einer 64-Bit Permutation zusammengefaßt, die so konstruiert ist, daß die Ausgabe dieser Permutation mittels der XOR-Verknüpfung auf die linke Hälfte addiert werden kann.

Die Grobstruktur der Lucifer II-Chiffre entspricht dann exakt der in Abbildung 4.5 dargestellten Struktur einer Feistel-Chiffre. Die k_1 bis k_{16} sind 8-Byte große Rundenschlüssel, die gemäß Tabelle 4.3 aus dem 128-Bit Schlüssel abgeleitet werden.

Die „Rundenfunktion" F enthält die acht Verschlüsselungsschritte in parallelisierter Form. Abbildung 4.8 gibt eine Übersicht, wie dieser Teil des Algorithmus konstruiert ist.

Der Konfusionsschritt, bestehend aus dem schlüsselabhängigem Vertauschen der Substitutionen S_0 und S_1, wurde zu einer Substitution $S_{0/1}$ zusammengefaßt. Die Permutationen P wurden ebenfalls zusammengefaßt und derart abgeändert, daß im Diffusionsschritt einfaches Addieren mittels XOR das gewünschte Resultat liefert. Diese neue Permutation P' ist in Tabelle 4.6 angegeben.

Tabelle 4.6: Permutation P' der Lucifer F-Funktion

57	50	19	12	45	6	31	40
1	58	27	20	53	14	39	48
9	2	35	28	61	22	47	56
17	10	43	36	5	30	55	64
25	18	51	44	13	38	63	8
33	26	59	52	21	46	7	16
41	34	3	60	29	54	15	24
49	42	11	4	37	62	23	32

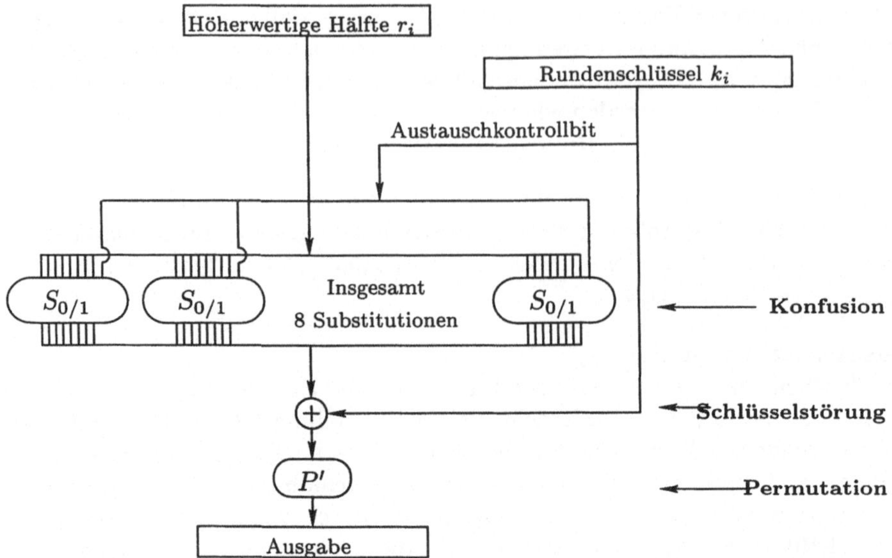

Abbildung 4.8: Struktur der Rundenfunktion des Lucifer Algorithmus

4.4 Geschichte des DES

Die Geschichte des DES begann am 15. Mai 1973. An diesem Tag erschien im
Federal Register die öffentliche Ausschreibung für einen standardisierten kryptographischen Algorithmus. Mit dieser Ausschreibung hat das National Bureau
of Standards (NBS) die Fachwelt öffentlich dazu aufgefordert, geeignete Vorschläge einzureichen. Die Einsendungen zu dieser Ausschreibung entsprachen
jedoch nicht den Vorstellungen des NBS. Das ist nicht weiter verwunderlich,
denn die Kryptologie war in den Zeiten während und nach dem II. Weltkrieg
eine Domäne der Militärs, und die wenigen öffentlich zugänglichen Informationen waren nicht weit verbreitet und bezogen sich im wesentlichen auf klassische
Chiffrierverfahren aus der Zeit vor 1930.

Mit einer erneuten Ausschreibung im Federal Register vom 27. August 1974
startete das NBS einen zweiten Versuch. Der einzige akzeptable Vorschlag wurde von dem Unternehmen IBM eingereicht. Es handelte sich um eine Weiterentwicklung der Lucifer-Chiffren. Der Lucifer-Algorithmus war einfach strukturiert, konnte gut in Hardware implementiert werden und wurde bereits in einigen
Bankautomaten eingesetzt, so daß auch praktische Erfahrungen existierten.

Das National Bureau of Standards ließ den eingereichten Vorschlag durch
die National Security Agency (NSA) begutachten. Der Algorithmus wurde von
der NSA an entscheidenden Stellen überarbeitet und modifiziert, insbesondere
wurden auch die Substitutionen geändert. Vermutlich tat die NSA dies, um
zu verhindern, daß IBM Mitarbeiter beim Entwurf des Algorithmus sogenannte
„Hintertüren" einbauen, die es ermöglichen würden, DES-Kryptogramme auch
ohne Schlüssel zu entziffern. Es könnte aber auch sein, daß die NSA durch ihre

Modifikationen solche Hintertüren eingebaut hat. Die Gründe der NSA wurden nie veröffentlicht, und auch die Entwurfskriterien sowie die Entwicklungsdokumentation des Verfahrens wurden als „geheim" klassifiziert. Der eigentliche Algorithmus hingegen durfte in allen Details veröffentlicht und als Standard publiziert werden.

Am 17. März 1975 wurden die Einzelheiten des Algorithmus im Federal Register publiziert, und in einer weiteren Veröffentlichung am 1. August 1975 wurde die Öffentlichkeit zu einer Stellungnahme aufgefordert. Im Jahr 1976 fanden auf Initiative des NBS zwei Workshops zur Evaluierung des vorgeschlagenen Algorithmus statt. Trotz heftiger Kritik wurde das Verfahren am 23. November 1976 als Standard vorgeschlagen und am 15. Januar 1977 unter dem Namen „Data Encryption Standard" in der FIPS Publikation 46 veröffentlicht. Der Standard trat sechs Monate später, am 15.7.1977, in Kraft.

Um zu verhindern, daß der Standard von der technischen Entwicklung überholt wird, wurde festgelegt, daß der DES in Abständen von 5 Jahren zu überprüfen ist. Diese Überprüfung hat 1982, 1987, 1992 und 1997 stattgefunden, und der DES-Standard wurde jeweils um 5 Jahre verlängert.

Die Veröffentlichung eines Verschlüsselungsalgorithmus in allen Details und die Etablierung als Standard stellt in der Geschichte der Kryptologie ein nie zuvor geschehenes Ereignis dar, das sowohl auf Fürsprache als auch auf Kritik gestoßen ist. Zusammen mit der Tatsache, daß die Entwurfskriterien des DES nicht veröffentlicht wurden und der ursprüngliche IBM Entwurf von der NSA in undurchsichtiger Weise überarbeitet wurde, hat dies zu lang anhaltenden Diskussionen in der Fachwelt geführt. Einige Aspekte dieser Diskussionen werden im folgenden kurz vorgestellt.

Die Fürsprecher des DES argumentieren, daß es erst durch die Standardisierung eines Kryptoalgorithmus möglich wird, unternehmensübergreifend und international die Kryptographie zur Sicherung von Kommunikation und Datenaustausch zu verwenden. Durch entsprechend hohe Stückzahlen bei der Produktion von DES-Bausteinen ist es auch möglich, relativ preiswert die Verschlüsselungstechnik einzusetzen. Dadurch, daß der Algorithmus publiziert wurde und von vielen Wissenschaftlern diskutiert wird, ist es sehr unwahrscheinlich, daß mögliche Schwachstellen über längere Zeit unentdeckt bleiben. Durch die Standardisierung ist es auch jedem möglich, auf ein sicheres Kryptoverfahren zuzugreifen, ohne den hohen Preis für die Entwicklung eines eigenen Algorithmus bezahlen zu müssen.

Die Kritiker halten dagegen, daß der DES gerade wegen der hohen Anwenderzahl ein besonders lohnendes Ziel für Kryptoanalytiker darstellt. Falls es gelingen sollte, den DES zu analysieren, dann zwingt das die Anwender, ein neues Verfahren einzusetzen, was wegen der hohen Anwenderzahl mit unvorhersehbaren und kostspieligen Schwierigkeiten verbunden ist.

Ein wesentlicher Kritikpunkt des DES ist auch die Tatsache, daß die Schlüssellänge gegenüber der Lucifer-Chiffre von 128 Bits auf 56 Bits reduziert wurde. Angeblich wurde das IBM-Team, das mit der Entwicklung des DES beschäftigt war, von NSA Mitarbeitern überzeugt, daß der 56-Bit Schlüssel eine ausreichende Sicherheit bietet. Das hat natürlich den Argwohn der Fachwelt geschürt und legt den Verdacht nahe, daß die NSA schon 1976 die technischen Möglichkeiten für das vollständige Durchsuchen eines Schlüsselraums der Größe 2^{56} hatte.

Die meisten Diskussionen wurden jedoch durch die Geheimhaltung der Designkriterien des DES ausgelöst. Die Kritiker des DES befürchteten, daß hier Schwachstellen des Algorithmus verborgen werden oder sogar absichtlich eingebaute „Hintertüren", um chiffrierte Nachrichten leicht entschlüsseln zu können. Die Entwickler des DES und die zuständigen NSA-Mitarbeiter beteuern jedoch, daß dem nicht so ist. Ferner weisen sie darauf hin, daß sämtliche Details des Algorithmus veröffentlicht sind und daß für eine Untersuchung bezüglich der Sicherheit des DES die Entwurfskriterien nicht benötigt werden. Im Gegenteil, sie seien sogar hinderlich, denn wenn es Schwachstellen im Algorithmus gibt, dann seien diese sicher nicht mit den Analysemethoden zu finden, die von den Entwicklern während des Entwurfs eingehend berücksichtigt wurden, sondern eher bei kryptoanalytischen Ansatzpunkten, an die bislang niemand gedacht hat. Um diese Argumentation zu untermauern, wurde auch auf die Kryptoanalyse der Enigma und der japanischen „purple cipher" verwiesen.

Um die Diskussionen zu beenden und um Klarheit zu schaffen, wurde 1978 ein nachrichtendienstliches Komitee des US-Senats beauftragt, den Fall zu untersuchen. Die Erkenntnisse des Komitees sind jedoch nicht öffentlich zugänglich. Es wurde aber eine Zusammenfassung der Untersuchungsresultate veröffentlicht, in der bescheinigt wird, daß der DES-Algorithmus frei von statistischen und mathematischen Schwächen ist, und daß die NSA den DES-Algorithmus nicht unrechtmäßig modifiziert hat. Da aber die eigentlichen Untersuchungsresultate nicht veröffentlicht wurden, konnten die Kritiker des DES nicht besänftigt werden.

Eli Biham und Adi Shamir veröffentlichten 1990 die Methode der differentiellen Kryptoanalyse. Diese Methode, die in Kapitel 5 eingehend beschrieben wird, ergab sehr viel Aufschluß über die inneren Strukturen des DES-Algorithmus. Die Analyseresultate dieser Methode lassen vermuten, daß den Entwicklern des DES die differentielle Kryptoanalyse bereits 1975 bekannt war. Don Coppersmith, einer der Entwickler des DES, hat diese Vermutung bestätigt und bekanntgegeben, daß die Entwurfskriterien des DES nur deshalb geheimgehalten wurden, um die Methode der differentiellen Kryptoanalyse zu verbergen, da man befürchtete, daß eine Offenlegung der differentiellen Kryptoanalyse in den 70er Jahren den Vorsprung der Amerikanischen NSA-Kryptologen gegenüber dem Ausland gefährdet hätte.

Am 3. Mai 1994 erschien im IBM Journal of Research and Development ein Artikel von D. Coppersmith, in dem einige Design Kriterien des DES veröffentlicht wurden. Insbesondere wurden dort auch Kriterien zur Verhinderung einer differentiellen Kryptoanalyse aufgeführt.

Es stellt sich die Frage: Ist der DES heute noch sicher? Dazu gibt es zwei Antworten:

1. Wegen der relativ kurzen Schlüssellänge war es schon 1993 für ca. 1 Million US \$ möglich, einen Computer zu bauen, mit dem man den gesamten Schlüsselraum des DES in weniger als 7 Stunden durchsuchen konnte (siehe [Wie93, Wie94]). Im Durchschnitt dauerte ein Angriff dann $3,5$ Stunden.

2. Seit der Veröffentlichung des DES ist es nicht gelungen, einen Angriff zu konstruieren, der *wesentlich* effizienter als das systematische Durchsuchen des Schlüsselraums ist. Damit ist der DES immer noch sicher. Das Problem des kurzen Schlüssels kann man umgehen, indem man mehrfach chiffriert (überverschlüsselt) und unterschiedliche Schlüssel verwendet. Entsprechende Techniken werden in Abschnitt 6.6 auf Seite 211 vorgestellt (siehe auch Tripel-DES im Glossar).

Nun stellt sich natürlich die Frage, ob der DES auch in Zukunft noch sicher sein wird? Niemand kann diese Frage beantworten, solange kein effizienter Angriff gegen den DES gefunden wird. Viele Kryptoanalytiker arbeiten an der Konstruktion eines geeigneten Angriffs, und diese Arbeiten werden mit viel Energie und Elan vorangetrieben, wie man an diversen Veröffentlichungen sieht [HMS76, MSW77, DH77, Hel79, VHVM88, Fel88, QD88, Nyb91, DT91, BS91a, DDQ85, DQD85, CE86, Sha86, Hel80, Tuc79, BS91b, Mat93, LH94, Mat94a, Bih94].

4.5 Beschreibung des DES-Algorithmus

Ebenso wie die Lucifer-Chiffren ist auch der DES eine Blockchiffre. In einem DES-Verschlüsselungsschritt kann ein 64-Bit großer Klartextblock in ein 64-Bit Geheimtextblock verschlüsselt werden. Der 56-Bit große Schlüssel wird als 64-Bit Block dargestellt, wobei jedes achte Bit ein Paritätsbit ist und vom DES-Algorithmus ignoriert wird (siehe auch Abbildung 4.1 auf Seite 117).

Die grundlegende Struktur des DES-Algorithmus ist die einer Feistel-Chiffre mit 16 Runden. Vor der ersten Runde werden die 64 Klartextbits gemäß einer festen „Eingangspermutation" IP (Initial Permutation) vertauscht, und nach der letzten Runde werden die 64 Bits noch einmal permutiert. Diese „Ausgangspermutation" FP (Final Permutation) ist zur Eingangspermutation IP invers. Abbildung 4.9 skizziert die grobe Struktur des Algorithmus.

Die Strukturen und Bezeichnungen der 16 Runden entsprechen exakt der Feistel-Chiffre, wie sie in Abschnitt 4.3 dargestellt wurde. Zunächst werden die 64 permutierten Klartextbits in zwei Blöcke l_0 (links) und r_0 (rechts) mit jeweils 32 Bits zerlegt. In jeder Runde wird der linke Block l_i verändert, indem er bitweise mit einem Block addiert (XOR) wird, der aus dem rechten Block r_i und einem Rundenschlüssel k_i mittels einer Rundenfunktion F berechnet wird. Zwischen zwei Runden wird der rechte und der linke Block vertauscht (jedoch nicht vor der ersten und nach der letzten Runde). Für die Runden 1 bis 15 gilt also:

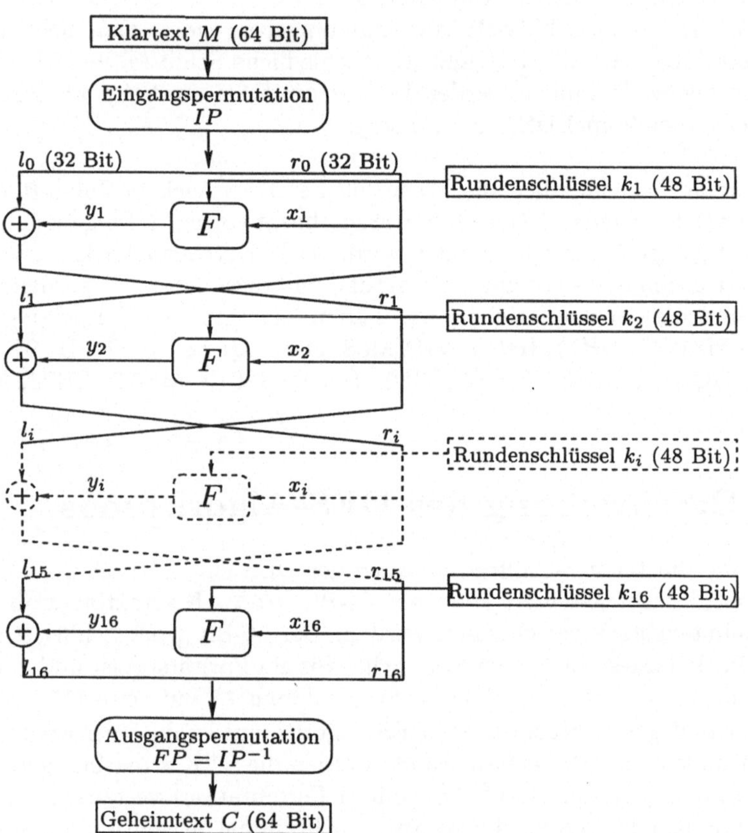

Abbildung 4.9: Die 16 Runden des DES

$$l_i \; := \; r_{i-1} \text{ und}$$
$$r_i \; := \; l_{i-1} \oplus F(k_i, r_{i-1}).$$

Am Ende der letzten Runde entfällt das Vertauschen, und es gilt:

$$r_{16} \; = \; r_{15} \text{ und}$$
$$l_{16} \; = \; l_{15} \oplus F(k_{16}, r_{15}).$$

Für jede der 16 Runden gibt es einen 48 Bit großen „DES-Rundenschlüssel" k_i $(i \in \{1, 2, \dots, 16\})$, der gemäß einer festgelegten Vorschrift (siehe Seite 141) aus dem 56-Bit Schlüssel des DES bestimmt wird.

Bemerkung 4.5.1
Zusätzlich zu den Bezeichnungen der jeweils rechten und linken Hälfte (l_i und r_i) des in den jeweiligen Runden zu verarbeitenden Blocks werden in Abbildung 4.9 noch die Bezeichnungen

$$x_i \; : \quad \text{Eingangsparameter der Rundenfunktion und}$$
$$y_i \; : \quad \text{Resultat der Rundenfunktion}$$

verwendet. Die Einführung dieser Notation ist nicht zwingend erforderlich, erweist sich bei der Beschreibung der Rundenfunktion und der Kryptoanalyse des DES jedoch als vorteilhaft. Für $i \in \{1, \dots, 16\}$ gilt:

$$x_i \; = \; r_{i-1},$$
$$y_i \; = \; F(k_i, r_{i-1}) = F(k_i, x_i).$$

Die Eingangs- und Ausganspermutationen

Die Eingangspermutation IP (Initial Permutation) und die Ausgangspermutation FP (Final Permutation) sind in Tabelle 4.7 beschrieben. Da sie fest vorgegeben sind und nur am Anfang bzw. am Ende des Algorithmus ausgeführt werden, tragen sie nicht zur kryptographischen Sicherheit des DES bei. Möglicherweise wurden diese Permutationen aus implementationstechnischen Gründen eingeführt. Die Systematik der Eingangspermutation wird in Abbildung 4.10 dargestellt. Aufgrund ihrer speziellen Struktur können die Permutationen IP und FP bei Hardwareimplementationen besonders effizient durchgeführt werden.

Tabelle 4.7: Eingangs- und Ausgangspermutation

Eingangspermutation:								Ausgangspermutation:							
58	50	42	34	26	18	10	2	40	8	48	16	56	24	64	32
60	52	44	36	28	20	12	4	39	7	47	15	55	23	63	31
62	54	46	38	30	22	14	6	38	6	46	14	54	22	62	30
64	56	48	40	32	24	16	8	37	5	45	13	53	21	61	29
57	49	41	33	25	17	9	1	36	4	44	12	52	20	60	28
59	51	43	35	27	19	11	3	35	3	43	11	51	19	59	27
61	53	45	37	29	21	13	5	34	2	42	10	50	18	58	26
63	55	47	39	31	23	15	7	33	1	41	9	49	17	57	25

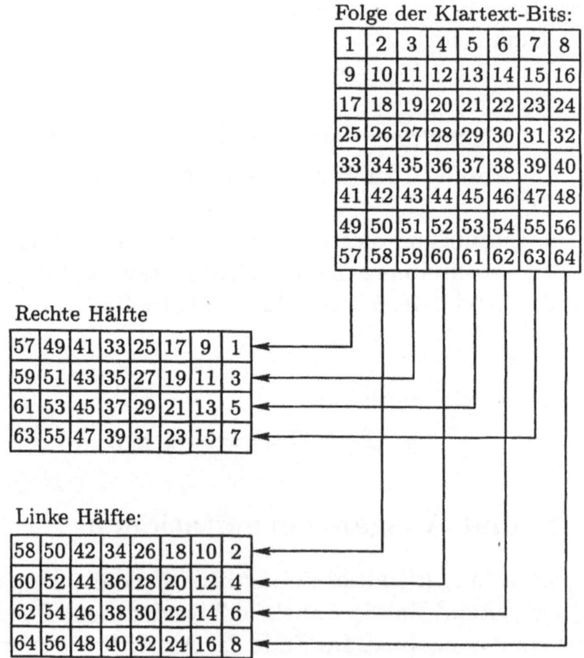

Abbildung 4.10: Systematik der Eingangspermutation

Beschreibung der Rundenfunktion

Die Rundenfunktion ist das zentrale Element des DES. Die Struktur dieser Funktion ist für jede Runde gleich. Lediglich die Eingabeparameter x_i und k_i unterscheiden sich in den einzelnen Runden und somit auch das Resultat $y_i = F(k_i, x_i)$.

Bei der folgenden Beschreibung der DES-Rundenfunktion wird der Einfachheit halber auf die Notation des „Rundenindex" i verzichtet und lediglich k statt k_i, x statt x_i usw. geschrieben. Die einzelnen Schritte der Verknüpfung eines 32-Bit Blocks x mit dem entsprechenden Teilschlüssel k sind in Abbildung 4.11 dargestellt.

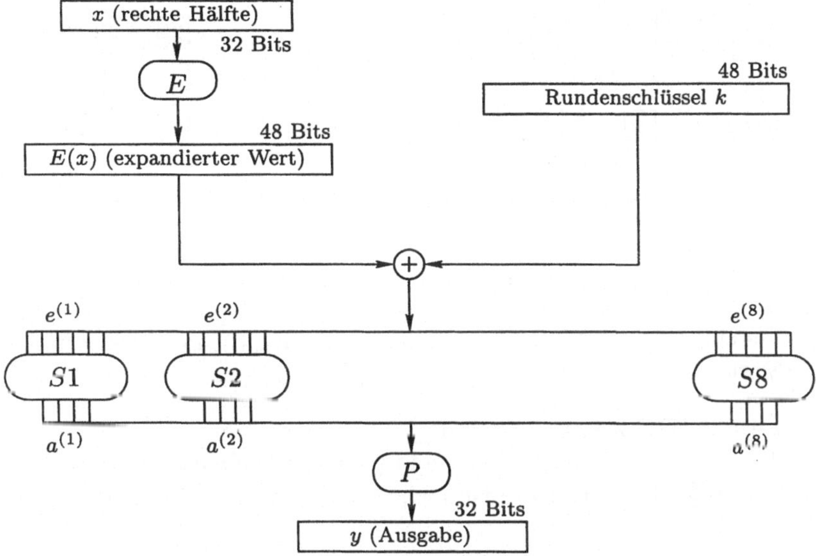

Abbildung 4.11: Rundenfunktion F des DES-Algorithmus

Mittels einer fest vorgegebenen Expansionsabbildung[2] (siehe Tabelle 4.8) wird der 32-Bit Block x durch Verdoppelung einiger Bits zu einem 48-Bit Block $E(x)$ umgewandelt. Die Systematik, die dieser Expansionspermutation zugrunde liegt, ist in Abbildung 4.12 graphisch dargestellt.

Der expandierte Block $E(x)$ wird bitweise mit dem Rundenschlüssel k addiert (XOR). Das Resultat $(b_1, b_2, \ldots, b_{48})$ wird in acht Blöcke $e^{(1)}, e^{(2)}, \ldots, e^{(8)}$ je 6 Bit aufgeteilt, wobei $e^{(1)} = (b_1, \ldots, b_6)$, $e^{(2)} = (b_7, \ldots, b_{12})$ usw. ist. Danach werden die durch Tabelle 4.9 spezifizierten Substitutionen $S1, \ldots, S8$ auf die Blöcke $e^{(1)}, e^{(2)}, \ldots, e^{(8)}$ angewendet. Diese Substitutionen ersetzen jeweils einen 6-Bit Block $e^j = (e_1, e_2, \ldots, e_6)$ durch einen 4-Bit Block $a^{(j)} = (a_1, a_2, a_3, a_4)$. Tabelle 4.9 ist dabei in folgender Weise anzuwenden: Das erste

---

[2]Die prinzipielle Funktionsweise der Expansionsabbildung ist die einer Permutation. Allerdings werden einzelne Eingabebits im Ausgabeblock mehrfach aufgeführt, so daß der Ausgabeblock größer als der Eingabeblock ist.

Tabelle 4.8: Expansionsabbildung

32	1	2	3	4	5
4	5	6	7	8	9
8	9	10	11	12	13
12	13	14	15	16	17
16	17	18	19	20	21
20	21	22	23	24	25
24	25	26	27	28	29
28	29	30	31	32	1

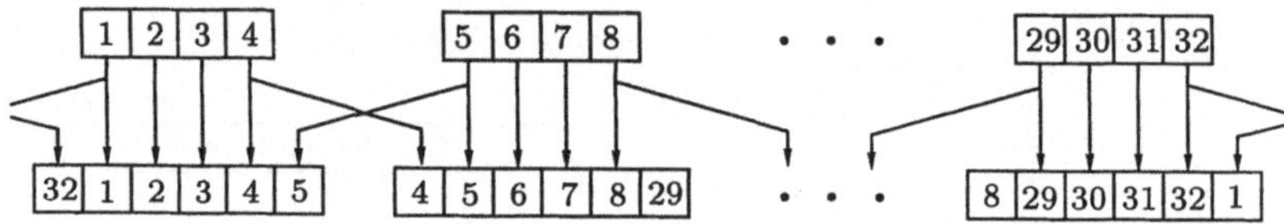

Abbildung 4.12: Systematik der Expansionsabbildung

und letzte Bit (e_1, e_6) ist als zweistellige Dualzahl zu interpretieren, die angibt, in welcher Zeile der Ausgabewert steht. Die mittleren Bits (e_2, e_3, e_4, e_5) sind als 4-stellige Dualzahl zu interpretieren, die angibt, in welcher Spalte der Ausgabewert steht.

Beispiel 4.5.2 (DES-Substitution)
$S2(101011) = 1111$, (S-Box Nr.2, Zeile 11 (dezimal 3), Spalte 0101 (dezimal 5)). Die abgelesene Zahl — hier 15 — ist noch in die Binärdarstellung umzuwandeln, man erhält 1111.

Bemerkung 4.5.3
In Abbildung 4.13 ist das Konzept der DES-Substitutionen skizziert. Jede der acht DES-Substitutionen besteht aus vier verschiedenen 4-Bit Substitutionen. Das erste und letzte Bit des 6-Bit Eingabeparameters einer DES-Substitution entscheiden lediglich darüber, welche der 4-Bit Substitutionen im jeweiligen Fall verwendet wird (siehe auch Abbildung 4.3 auf Seite 120).

Diese spezielle Konstruktion der DES-Substitutionen erscheint etwas klarer, wenn man bedenkt, daß es am Anfang der 70er Jahre große Schwierigkeiten bereitete, Substitutionen zu implementieren, die mehr als 4 Bits verarbeiten.

Aus den acht DES-Substitutionen resultieren Blöcke $a^{(1)}, a^{(2)}, \ldots, a^{(8)}$, die jeweils 4 Bits groß sind. Es gilt:

$$a^{(1)} = S1(e^{(1)}), \quad a^{(2)} = S2(e^{(2)}) \quad \text{usw.}$$

Im letzten Schritt werden die Blöcke $a^{(1)}, a^{(2)}, \ldots, a^{(8)}$ zu einem 32 Bit Block zusammengefaßt, der anschließend gemäß Tabelle 4.10 permutiert wird.

Tabelle 4.9: Substitutionsboxen des DES

		0	1	2	3	4	5	6	7	8	9	10	11	12	13	14	15
$S1:$	0	14	4	13	1	2	15	11	8	3	10	6	12	5	9	0	7
	1	0	15	7	4	14	2	13	1	10	6	12	11	9	5	3	8
	2	4	1	14	8	13	6	2	11	15	12	9	7	3	10	5	0
	3	15	12	8	2	4	9	1	7	5	11	3	14	10	0	6	13
$S2:$	0	15	1	8	14	6	11	3	4	9	7	2	13	12	0	5	10
	1	3	13	4	7	15	2	8	14	12	0	1	10	6	9	11	5
	2	0	14	7	11	10	4	13	1	5	8	12	6	9	3	2	15
	3	13	8	10	1	3	15	4	2	11	6	7	12	0	5	14	9
$S3:$	0	10	0	9	14	6	3	15	5	1	13	12	7	11	4	2	8
	1	13	7	0	9	3	4	6	10	2	8	5	14	12	11	15	1
	2	13	6	4	9	8	15	3	0	11	1	2	12	5	10	14	7
	3	1	10	13	0	6	9	8	7	4	15	14	3	11	5	2	12
$S4:$	0	7	13	14	3	0	6	9	10	1	2	8	5	11	12	4	15
	1	13	8	11	5	6	15	0	3	4	7	2	12	1	10	14	9
	2	10	6	9	0	12	11	7	13	15	1	3	14	5	2	8	4
	3	3	15	0	6	10	1	13	8	9	4	5	11	12	7	2	14
$S5:$	0	2	12	4	1	7	10	11	6	8	5	3	15	13	0	14	9
	1	14	11	2	12	4	7	13	1	5	0	15	10	3	9	8	6
	2	4	2	1	11	10	13	7	8	15	9	12	5	6	3	0	14
	3	11	8	12	7	1	14	2	13	6	15	0	9	10	4	5	3
$S6:$	0	12	1	10	15	9	2	6	8	0	13	3	4	14	7	5	11
	1	10	15	4	2	7	12	9	5	6	1	13	14	0	11	3	8
	2	9	14	15	5	2	8	12	3	7	0	4	10	1	13	11	6
	3	4	3	2	12	9	5	15	10	11	14	1	7	6	0	8	13
$S7:$	0	4	11	2	14	15	0	8	13	3	12	9	7	5	10	6	1
	1	13	0	11	7	4	9	1	10	14	3	5	12	2	15	8	6
	2	1	4	11	13	12	3	7	14	10	15	6	8	0	5	9	2
	3	6	11	13	8	1	4	10	7	9	5	0	15	14	2	3	12
$S8:$	0	13	2	8	4	6	15	11	1	10	9	3	14	5	0	12	7
	1	1	15	13	8	10	3	7	4	12	5	6	11	0	14	9	2
	2	7	11	4	1	9	12	14	2	0	6	10	13	15	3	5	8
	3	2	1	14	7	4	10	8	13	15	12	9	0	3	5	6	11

Tabelle 4.10: DES-Permutation P

16	7	20	21	29	12	28	17
1	15	23	26	5	18	31	10
2	8	24	14	32	27	3	9
19	13	30	6	22	11	4	25

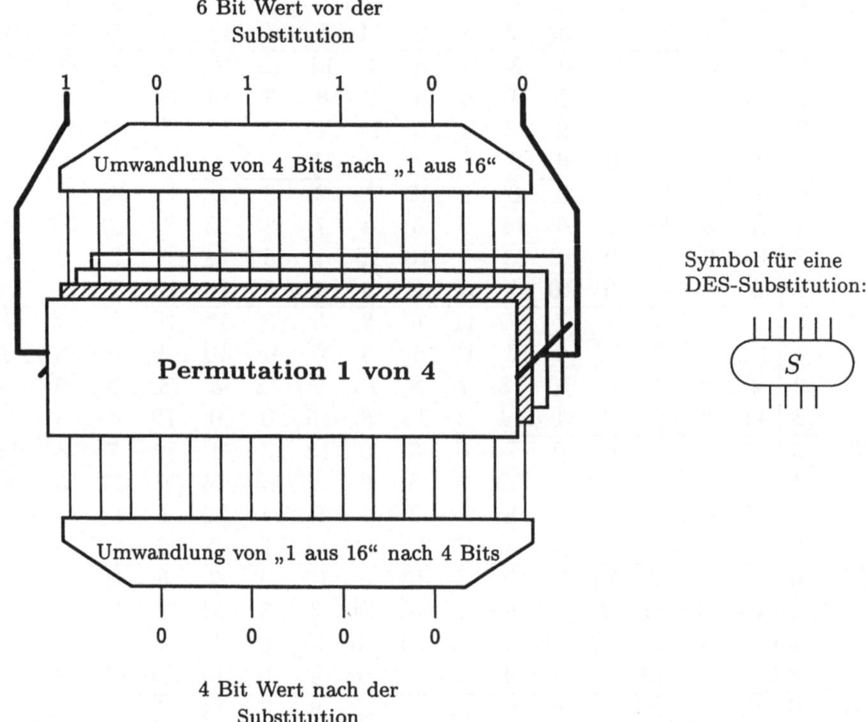

Abbildung 4.13: Funktionsweise der DES-Substitutionen

Insgesamt kann die Rundenfunktion des DES durch den Ausdruck

$$F(k, x) = P(S(E(x) \oplus k))$$

beschrieben werden, wobei $S(e)$ mit $e := E(x) \oplus k$ als die Konkatenation der Blöcke $S1(e^{(1)})$, $S2(e^{(2)})$ usw. zu verstehen ist.

Bemerkung 4.5.4
An dieser Stelle soll noch einmal auf die Ähnlichkeit zwischen dem Lucifer II Algorithmus und dem DES hingewiesen werden. Abgesehen davon, daß beide Algorithmen zur Klasse der Feistel-Chiffren gehören, haben sie auch sehr ähnlich strukturierte Rundenfunktionen. Der größte Unterschied besteht lediglich darin, daß die Schlüsseladdition beim DES vor den Substitutionen durchgeführt wird. Ansonsten ist die Struktur sehr ähnlich. Auch den „Substitutionsboxen" liegt eine gemeinsame Idee zugrunde. Beim Lucifer II Algorithmus wird ein Eingabebit verwendet, um eine von zwei 4-Bit Substitutionen auszuwählen. Bei den DES-Substitutionsboxen werden zwei Eingabebits verwendet, um eine von vier 4-Bit Substitutionen auszuwählen.

Auswahl der Rundenschlüssel

Die 48-Bit Rundenschlüssel $k_1, \ldots, k_{16}$ werden gemäß dem in Abbildung 4.14 dargestellten Verfahren aus dem 56-Bit DES-Schlüssel bestimmt.

Zunächst werden mittels der Abbildung PC-1 (Permuted Choice) die 56 kryptographisch relevanten Bits des DES-Schlüssels ausgewählt, permutiert und auf zwei 28-Bit Register C und D verteilt. Die Auswahl und Permutation der 56 Bits ist durch Tabelle 4.11 definiert. Ebenso wie die Eingangspermutation und Ausgangspermutation des eigentlichen DES-Algorithmus trägt auch diese Permutation nicht zur kryptographischen Sicherheit des DES bei.

Vor jeder Runde werden die Register C und D — gemäß der folgenden Tabelle — zyklisch um ein bzw. zwei Bits nach links verschoben.

Runde:	1	2	3	4	5	6	7	8	9	10	11	12	13	14	15	16
Verschiebung:	1	1	2	2	2	2	2	2	1	2	2	2	2	2	2	1

Zur Bestimmung des jeweiligen Rundenschlüssels werden mittels der Abbildung PC-2 aus jedem Register 24 Bits ausgewählt und permutiert. Das Resultat ist der 48-Bit Rundenschlüssel für die entsprechende Runde. Die Auswahl und Permutation der Bits aus den Registern C und D durch die Abbildung PC-2 wird in Tabelle 4.12 beschrieben.

Die hier vorgestellte Beschreibung der Schlüsselauswahl entspricht der Darstellung im FIPS-Standard [FIP88]. Für praktische Zwecke ist es oft hilfreich, die Schlüsselauswahl durch 16 Permutationen zu beschreiben. Jede dieser Permutationen liefert einen Rundenschlüssel, wenn sie auf den 64-Bit DES-Schlüssel (56 Bits plus 8 Paritätsbits) angewendet wird. Diese Permutationen sind in Tabelle 4.13 dargestellt.

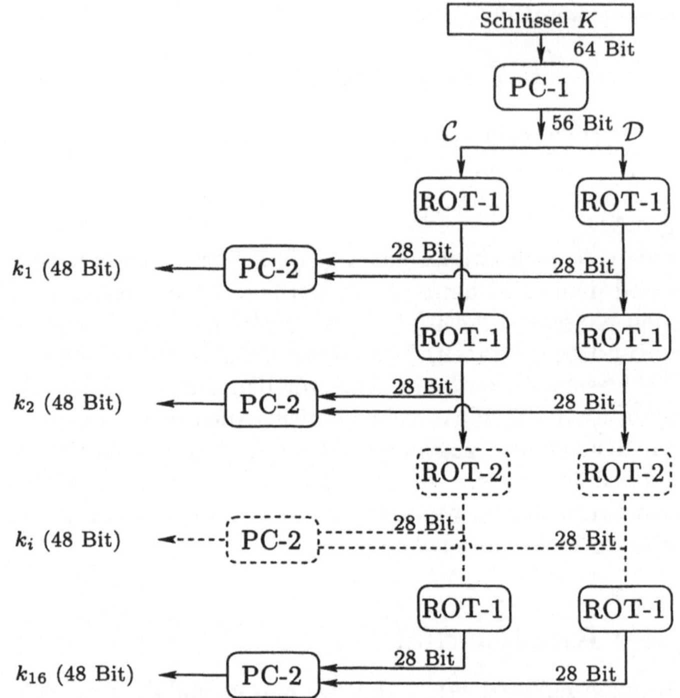

Abbildung 4.14: Auswahl der Teilschlüssel

Tabelle 4.11: Definition der Abbildung PC-1

$\mathcal{C}$							$\mathcal{D}$						
57	49	41	33	25	17	9	63	55	47	39	31	23	15
1	58	50	42	34	26	18	7	62	54	46	38	30	22
10	2	59	51	43	35	27	14	6	61	53	45	37	29
19	11	3	60	52	44	36	21	13	5	28	20	12	4

Tabelle 4.12: Definition der Abbildung PC-2

14	17	11	24	1	5
3	28	15	6	21	10
23	19	12	4	26	8
16	7	27	20	13	2
41	52	31	37	47	55
30	40	51	45	33	48
44	49	39	56	34	53
46	42	50	36	29	32

Tabelle 4.13: Permutationen zur Auswahl der Rundenschlüssel

k_1	10	51	34	60	49	17	33	57	2	9	19	42	3	35	26	25	44	58	59	1	36	27	18	41
	22	28	39	54	37	4	47	30	5	53	23	29	61	21	38	63	15	20	45	14	13	62	55	31
k_2	2	43	26	52	41	9	25	49	59	1	11	34	60	27	18	17	36	50	51	58	57	19	10	33
	14	20	31	46	29	63	39	22	28	45	15	21	53	13	30	55	7	12	37	6	5	54	47	23
k_3	51	27	10	36	25	58	9	33	43	50	60	18	44	11	2	1	49	34	35	42	41	3	59	17
	61	4	15	30	13	47	23	6	12	29	62	5	37	28	14	39	54	63	21	53	20	38	31	7
k_4	35	11	59	49	9	42	58	17	27	34	44	2	57	60	51	50	33	18	19	26	25	52	43	1
	45	55	62	14	28	31	7	53	63	13	46	20	21	12	61	23	38	47	5	37	4	22	15	54
k_5	19	60	43	33	58	26	42	1	11	18	57	51	41	44	35	34	17	2	3	10	9	36	27	50
	29	39	46	61	12	15	54	37	47	28	30	4	5	63	45	7	22	31	20	21	55	6	62	38
k_6	3	44	27	17	42	10	26	50	60	2	41	35	25	57	19	18	1	51	52	59	58	49	11	34
	13	23	30	45	63	62	38	21	31	12	14	55	20	47	29	54	6	15	4	5	39	53	46	22
k_7	52	57	11	1	26	59	10	34	44	51	25	19	9	41	3	2	50	35	36	43	42	33	60	18
	28	7	14	29	47	46	22	5	15	63	61	39	4	31	13	38	53	62	55	20	23	37	30	6
k_8	36	41	60	50	10	43	59	18	57	35	9	3	58	25	52	51	34	19	49	27	26	17	44	2
	12	54	61	13	31	00	6	20	62	47	45	23	55	15	28	22	37	46	39	4	7	21	14	53
k_9	57	33	52	42	2	35	51	10	49	27	1	60	50	17	44	43	20	11	41	19	18	9	36	59
	4	46	53	5	23	22	61	12	54	39	37	15	47	7	20	14	29	38	31	63	62	13	6	45
k_{10}	41	17	36	26	51	19	35	59	33	11	50	44	34	1	57	27	10	60	25	3	2	58	49	43
	55	30	37	20	7	6	45	63	38	23	21	62	31	54	4	61	13	22	15	47	46	28	53	29
k_{11}	25	1	49	10	35	3	19	43	17	60	34	57	18	50	41	11	59	44	9	52	51	42	33	27
	39	14	21	4	54	53	29	47	22	7	5	46	15	38	55	45	28	6	62	31	30	12	37	13
k_{12}	9	50	33	59	19	52	3	27	1	44	18	41	2	34	25	60	43	57	58	36	35	26	17	11
	23	61	5	55	38	37	13	31	6	54	20	30	62	22	39	29	12	53	46	15	14	63	21	28
k_{13}	58	34	17	43	3	36	52	11	50	57	2	25	51	18	9	44	27	41	42	49	19	10	1	60
	7	45	20	39	22	21	28	15	53	38	4	14	46	6	23	13	63	37	30	62	61	47	5	12
k_{14}	42	18	1	27	52	49	36	60	34	41	51	9	35	2	58	57	11	25	26	33	3	59	50	44
	54	29	4	23	6	5	12	62	37	22	55	61	30	53	7	28	47	21	14	46	45	31	20	63
k_{15}	26	2	50	11	36	33	49	44	18	25	35	58	19	51	42	41	60	9	10	17	52	43	34	57
	38	13	55	7	53	20	63	46	21	6	39	45	14	37	54	12	31	5	61	30	29	15	4	47
k_{16}	18	59	42	3	57	25	41	36	10	17	27	50	11	43	34	33	52	1	2	9	44	35	26	49
	30	5	47	62	45	12	55	38	13	61	31	37	6	29	46	4	23	28	53	22	21	7	63	39

4.6   Beispiel einer DES-Verschlüsselung

Im folgenden wird die Berechnung von DES-Kryptogrammen an einem konkreten Beispiel demonstriert. Die Tabellen 4.15 und 4.16 zeigen für alle 16 Rundenfunktionen jeweils den Eingabewert x_i, den Rundenschlüssel k_i, den Ausgabewert $y_i = F(k_i, x_i)$ sowie die Zwischenwerte $E(x_i)$, $E(x_i) \oplus k_i$ und $S(E(x_i) \oplus k_i)$.

Zum Testen eigener DES-Implementationen können auch die in Tabelle 4.14 aufgeführten Klartexte, Schlüssel und Kryptogramme verwendet werden.

Tabelle 4.14: DES-Kryptogramme

Klartext:	Schlüssel:	Kryptogramm:
01030507090B0D0F	133457799BBCDFF1	5FF45E1BDE142A54
22446688AACCEE00	0123456789ABCDEF	F8110AB8A93FB080
1A456EF9654CDE53	AAF437775EDC8900	6FD608D34892B6E1
AFFF4321896F4D5C	0123456789ABCDEF	B8848DD5C7D5F865

Tabelle 4.15: Berechnung eines DES-Kryptogramms, Teil 1 (Runde 1 bis 8)

Schlüssel k:	1111 1111 0101 0101 1100 1100 1001 1001
	0110 0110 0000 0000 1110 1110 1000 1000
Klartext m:	0101 0101 0101 0111 0011 0011 0011 0011
	1100 0011 1100 0010 0010 0000 0100 0100
$IP(m)$:	1011 0011 0000 1111 1000 0011 0001 1111
	0011 0000 0100 1100 0000 0000 0011 1110
l_0:	1011 0011 0000 1111 1000 0011 0001 1111
$r_0 = x_1$:	0011 0000 0100 1100 0000 0000 0011 1110
$E(x_1)$:	000110 100000 001001 011000 000000 000000 000111 111100
k_1:	111011 011000 110100 010010 111101 001101 111000 010010
$E(x_1) \oplus k_1$:	111101 111000 111101 001010 111101 001101 111111 101110
$S(E(x_1) \oplus k_1)$:	0110 1001 0010 0110 0101 1001 1100 0010
$F(k_1, x_1)$:	0011 0000 0101 1110 1111 0010 0000 0101
$F(k_1, x_1) \oplus l_0$:	1000 0011 0101 0001 0111 0001 0001 1010
l_1:	0011 0000 0100 1100 0000 0000 0011 1110
$r_1 = x_2$:	1000 0011 0101 0001 0111 0001 0001 1010
$E(x_2)$:	010000 000110 101010 100010 101110 100010 100011 110101
k_2:	100000 110101 001101 101010 100010 111001 100111 011100
$E(x_2) \oplus k_2$:	110000 110011 100111 001000 001100 011011 000100 101001
$S(E(x_2) \oplus k_2)$:	1111 0110 0000 0000 1011 1011 0010 0100
$F(k_2, x_2)$:	0111 0001 1010 0000 1010 0110 1011 0010
$F(k_2, x_2) \oplus l_1$:	0100 0001 1110 1100 1010 0110 1000 1100
l_2:	1000 0011 0101 0001 0111 0001 0001 1010
$r_2 = x_3$:	0100 0001 1110 1100 1010 0110 1000 1100
$E(x_3)$:	001000 000011 111101 011001 010100 001101 010001 011000
k_3:	101010 000101 001111 100101 110000 011101 011110 110101
$E(x_3) \oplus k_3$:	100010 000110 110010 111100 100100 010000 001111 101101
$S(E(x_3) \oplus k_3)$:	0001 1110 0001 1000 0001 0000 1010 1000
$F(k_3, x_3)$:	0110 1100 0000 1000 0000 0100 0101 0011
$F(k_3, x_3) \oplus l_2$:	1110 1111 0101 1001 0111 0101 0100 1001
l_3:	0100 0001 1110 1100 1010 0110 1000 1100
$r_3 = x_4$:	1110 1111 0101 1001 0111 0101 0100 1001
$E(x_4)$:	111101 011110 101011 110010 101110 101010 101001 010011
k_4:	100100 010101 101101 001001 010110 110000 111010 101101
$E(x_4) \oplus k_4$:	011001 001011 000110 111011 111000 011010 010011 111110
$S(E(x_4) \oplus k_4)$:	1001 0010 1110 0111 0110 0111 0011 1000
$F(k_4, x_4)$:	1100 1010 1110 0101 0011 0101 1000 1110
$F(k_4, x_4) \oplus l_3$:	1000 1011 0000 1001 1001 0011 0000 0010
l_4:	1110 1111 0101 1001 0111 0101 0100 1001
$r_4 = x_5$:	1000 1011 0000 1001 1001 0011 0000 0010
$E(x_5)$:	010001 010110 100001 010011 110010 100110 100000 000101
k_5:	000000 010111 001111 110001 110110 100101 100110 011101
$E(x_5) \oplus k_5$:	010001 000001 101110 100010 000100 000011 000110 011000
$S(E(x_5) \oplus k_5)$:	1010 0011 0000 0110 0100 1111 1110 0101
$F(k_5, x_5)$:	0101 0000 1111 0100 0111 1110 0010 1001
$F(k_5, x_5) \oplus l_4$:	1011 1111 1010 1101 0000 1011 0110 0000
l_5:	1000 1011 0000 1001 1001 0011 0000 0010
$r_5 = x_6$:	1011 1111 1010 1101 0000 1011 0110 0000
$E(x_6)$:	010111 111111 110101 011010 100001 010110 101100 000001
k_6:	100101 010101 110111 000101 000000 110111 001110 111101
$E(x_6) \oplus k_6$:	110010 101010 000010 011111 100001 100001 100010 111100
$S(E(x_6) \oplus k_6)$:	1100 0100 0000 1001 1011 0100 0100 0101
$F(k_6, x_6)$:	1010 0001 1001 0000 1000 1000 1111 1000
$F(k_6, x_6) \oplus l_5$:	0010 1010 1001 1001 0001 1011 1111 1010
l_6:	1011 1111 1010 1101 0000 1011 0110 0000
$r_6 = x_7$:	0010 1010 1001 1001 0001 1011 1111 1010
$E(x_7)$:	000101 010101 010011 110010 100011 110111 111111 110100
k_7:	010100 110110 001111 000001 111100 110011 100110 100001
$E(x_7) \oplus k_7$:	010001 100011 011100 110011 011111 000100 011001 010101
$S(E(x_7) \oplus k_7)$:	1010 1000 0010 0100 0110 1010 0010 0110
$F(k_7, x_7)$:	0001 0000 1010 1110 0001 0110 1010 0100
$F(k_7, x_7) \oplus l_6$:	1010 1111 0000 0011 0001 1101 1100 0100
l_7:	0010 1010 1001 1001 0001 1011 1111 1010
$r_7 = x_8$:	1010 1111 0000 0011 0001 1101 1100 0100
$E(x_8)$:	010101 011110 100000 000110 100011 111011 111000 001001
k_8:	000110 011101 010110 100101 111000 100000 101100 111111
$E(x_8) \oplus k_8$:	010011 000011 110110 100011 011011 011011 010100 110110
$S(E(x_8) \oplus k_8)$:	0110 1101 1100 1111 1001 1011 1001 1101
$F(k_8, x_8)$:	1011 1011 0110 1001 1111 1011 0111 0001
$F(k_8, x_8) \oplus l_7$:	1001 0001 1111 0000 1110 0000 1000 1011

Tabelle 4.16: Berechnung eines DES-Kryptogramms, Teil 2 (Runde 9 bis 16)

l_8:	1010 1111 0000 0011 0001 1101 1100 0100
$r_8 = x_9$:	1001 0001 1111 0000 1110 0000 1000 1011
$E(x_9)$:	110010 100011 111110 100001 011100 000001 010001 010111
k_9:	100011 111010 110000 001000 101101 111100 010111 000010
$E(x_9) \oplus k_9$:	010001 011001 001110 101001 110001 111101 000110 010101
$S(E(x_9) \oplus k_9)$:	1010 0110 0101 1010 0110 1000 1110 0110
$F(k_9, x_9)$:	0101 0100 1101 0111 0000 0110 1111 0001
$F(k_9, x_9) \oplus l_8$:	1111 1011 1101 0100 0001 1011 0011 0101
l_9:	1001 0001 1111 0000 1110 0000 1000 1011
$r_9 = x_{10}$:	1111 1011 1101 0100 0001 1011 0011 0101
$E(x_{10})$:	111111 110111 111010 101000 000011 110110 100110 101011
k_{10}:	010010 100010 111010 111010 100011 001010 011101 000111
$E(x_{10}) \oplus k_{10}$:	101101 010101 000000 010010 100000 111100 111011 101100
$S(E(x_{10}) \oplus k_{10})$:	0001 0001 1010 0010 0100 1011 0010 1110
$F(k_{10}, x_{10})$:	0001 1000 0110 0110 0110 0101 0010 0110
$F(k_{10}, x_{10}) \oplus l_9$:	1000 1001 1001 0110 1000 0101 1010 1101
l_{10}:	1111 1011 1101 0100 0001 1011 0011 0101
$r_{10} = x_{11}$:	1000 1001 1001 0110 1000 0101 1010 1101
$E(x_{11})$:	110001 010011 110010 101101 010000 001011 110101 011011
k_{11}:	111111 001011 110000 001000 111111 101110 011011 000100
$E(x_{11}) \oplus k_{11}$:	001110 011000 000010 100101 101111 100101 101110 011111
$S(E(x_{11}) \oplus k_{11})$:	1000 1100 0000 0000 1101 0010 1110 0010
$F(k_{11}, x_{11})$:	0010 0001 1011 1110 0000 0100 0001 0001
$F(k_{11}, x_{11}) \oplus l_{10}$:	1101 1010 0110 1010 0001 1111 0010 0100
l_{11}:	1000 1001 1001 0110 1000 0101 1010 1101
$r_{11} = x_{12}$:	1101 1010 0110 1010 0001 1111 0010 0100
$E(x_{12})$:	011011 110100 001101 010100 000011 111110 100100 001001
k_{12}:	010000 101010 111001 001010 011110 001100 011111 001011
$E(x_{12}) \oplus k_{12}$:	001011 011110 110100 011110 011101 110010 111011 000010
$S(E(x_{12}) \oplus k_{12})$:	0010 1010 0010 1111 1000 0000 0010 0010
$F(k_{12}, x_{12})$:	1100 0001 0100 1010 0001 0110 0100 0100
$F(k_{12}, x_{12}) \oplus l_{11}$:	0100 1000 1101 1100 1001 0011 1110 1001
l_{12}:	1101 1010 0110 1010 0001 1111 0010 0100
$r_{12} = x_{13}$:	0100 1000 1101 1100 1001 0011 1110 1001
$E(x_{13})$:	101001 010001 011011 111001 010010 100111 111101 010010
k_{13}:	011010 001111 110000 010010 100111 101111 010000 001011
$E(x_{13}) \oplus k_{13}$:	110011 011110 101011 101111 110101 001000 101101 011001
$S(E(x_{13}) \oplus k_{13})$:	1011 1010 1001 1000 0000 1001 1010 0000
$F(k_{13}, x_{13})$:	0101 0100 1000 1000 0010 0111 0100 0011
$F(k_{13}, x_{13}) \oplus l_{12}$:	1000 1110 1110 0010 0011 1000 0110 0111
l_{13}:	0100 1000 1101 1100 1001 0011 1110 1001
$r_{13} = x_{14}$:	1000 1110 1110 0010 0011 1000 0110 0111
$E(x_{14})$:	110001 011101 011100 000100 000111 110000 001100 001111
k_{14}:	011001 001010 011010 001010 111011 100111 011101 100000
$E(x_{14}) \oplus k_{14}$:	101000 010111 101001 001110 111100 010111 010001 101111
$S(E(x_{14}) \oplus k_{14})$:	1101 1010 0110 1010 0000 1110 1110 1101
$F(k_{14}, x_{14})$:	0101 1000 1111 1001 1000 1100 0110 1111
$F(k_{14}, x_{14}) \oplus l_{13}$:	0001 0000 0010 0101 0001 1111 1000 0110
l_{14}:	1000 1110 1110 0010 0011 1000 0110 0111
$r_{14} = x_{15}$:	0001 0000 0010 0101 0001 1111 1000 0110
$E(x_{15})$:	000010 100000 000100 001010 100011 111111 110000 001100
k_{15}:	011000 101110 010000 110011 101110 001110 101101 101010
$E(x_{15}) \oplus k_{15}$:	011010 001110 010100 111001 001101 110001 011101 100110
$S(E(x_{15}) \oplus k_{15})$:	1001 0100 1100 1100 1101 1011 1000 0001
$F(k_{15}, x_{15})$:	0011 0001 1010 0101 0011 1001 0101 0011
$F(k_{15}, x_{15}) \oplus l_{14}$:	1011 1111 0100 0111 0000 0001 0011 0100
l_{15}:	0001 0000 0010 0101 0001 1111 1000 0110
$r_{15} = x_{16}$:	1011 1111 0100 0111 0000 0001 0011 0100
$E(x_{16})$:	010111 111110 101000 001110 100000 000010 100110 101001
k_{16}:	100111 001101 001001 100101 010001 110100 110101 111101
$E(x_{16}) \oplus k_{16}$:	110000 110011 100001 101011 110001 110110 010011 010100
$S(E(x_{16}) \oplus k_{16})$:	1111 0110 0001 0001 0110 1010 0011 0011
$F(k_{16}, x_{16})$:	1101 0110 1010 0110 1000 1110 1001 0010
$F(k_{16}, x_{16}) \oplus l_{15}$:	1100 0110 1000 0011 1001 0001 0001 0100
l_{16}:	1100 0110 1000 0011 1001 0001 0001 0100
r_{16}:	1011 1111 0100 0111 0000 0001 0011 0100
$c = FP(l_{16}r_{16})$:	1011 1100 1111 0000 1110 0011 1000 0000
	1000 0111 1000 0010 0110 0000 1101 0100

4.7 Betriebsarten einer Blockchiffre

Im Zusammenhang mit der Standardisierung des DES wurden auch verschiedene „Betriebsarten" normiert [oS80], die unterschiedlichen Anforderungen beim praktischen Gebrauch einer Blockchiffre gerecht werden. Des weiteren unterscheiden die Betriebsarten sich bei der Fortpflanzung von Übertragungsfehlern, den Auswirkungen von Synchronisationsfehlern oder dem Schutz gegen bestimmte Angriffe.

Zur Beschreibung der Betriebsarten werden hier folgende Bezeichnungen verwendet:

$n \in \mathbf{N}$	Anzahl der Klartextblöcke
$m_i, \quad i \in \{1, \dots, n\}$	Klartextblock (64 Bits)
$c_i, \quad i \in \{1, \dots, n\}$	Geheimtextblock (64 Bits)
k	Schlüssel (56 Bits)
$c_i = \mathrm{DES}(m_i, K)$	Verschlüsselungsschritt

Die einfachste Betriebsart ist der **Electronic Code Book Modus (ECB)**. Eine Folge von Klartextblöcken $m_1, m_2, \dots, m_n$ wird auf eine Folge von Geheimtextblöcken $c_1, c_2, \dots, c_n$ abgebildet, wobei

$$c_i = \mathrm{DES}(k, m_i) \quad \text{für} \quad i \in \{1, \dots, n\}$$

ist. Jeder Chiffretextblock hängt dabei nur vom zugehörigen Klartextblock und dem Schlüssel ab.

Eine etwas komplexere Betriebsart ist der **Cipher Block Chaining Modus (CBC)**. Jeder Klartextblock wird erst chiffriert, nachdem er mit dem vorhergehenden Geheimtextblock addiert wurde. Der erste Klartextblock wird mit einem beliebigen Initialisierungsblock c_0 addiert. Die Verschlüsselung der Klartextblöcke $m_1, m_2, \dots, m_n$ geschieht nach der Vorschrift

$$c_i = \mathrm{DES}(k, c_{i-1} \oplus m_i) \quad \text{für} \quad i \in \{1, \dots, n\}.$$

In der Betriebsart **Output Feedback (OFB)** wird der DES als Pseudozufallsgenerator eingesetzt. Die erzeugten Zufallsblöcke $z_1, z_2, \dots, z_n$ werden bitweise mit dem Klartext addiert (XOR). Für den Geheimtext $c_1, c_2, \dots, c_n$ gilt $c_i = m_i \oplus z_i$. Die Zufallsblockfolge wird gemäß der Vorschrift

$$z_i = \mathrm{DES}(k, z_{i-1}) \quad \text{für} \quad i \in \{1, \dots, n\}$$

generiert, wobei z_0 ein beliebiger Initialisierungsblock ist.

Wie im OFB-Modus wird auch in der **Cipher Feedback (CFB)** Betriebsart eine Folge von Zufallsblöcken $z_1, z_2, \dots, z_n$ erzeugt, die mittels der XOR-Operation mit dem Klartext verknüpft wird. Für den Geheimtext $c_1, c_2, \dots, c_n$ gilt $c_i = m_i \oplus z_i$. Im Gegensatz zur Cipher Feedback Betriebsart wird die Zufallsblockfolge jedoch gemäß der Vorschrift

$$z_i = \text{DES}(k, c_{i-1}) \quad \text{für} \quad i \in \{1, \ldots, n\}$$

generiert, wobei c_0 ein beliebiger Initialisierungsblock ist.

Natürlich gibt es noch weitere Arten, eine Blockchiffre zu verwenden. Die Praxis hat jedoch gezeigt, daß die meisten Anforderungen an ein kryptographisches Verfahren durch die vier Standardbetriebsarten abgedeckt werden. Die Einsatzmöglichkeiten dieser Betriebsarten sind auch nicht auf den DES beschränkt, sondern sind für alle Blockchiffren, unabhängig von der Blocklänge, geeignet.

Kapitel 5

Differentielle Kryptoanalyse

Die differentielle Kryptoanalyse ist heute eine der bekanntesten Analysemethoden für iterierte Blockchiffren. Obwohl es mit der differentiellen Kryptoanalyse nicht gelingt, einen praktikablen Angriff gegen den DES durchzuführen, ermöglicht diese Methode einen tiefen Einblick in die inneren Strukturen des DES.

Zahlreiche andere Verschlüsselungsverfahren sowie DES Varianten mit weniger als 16 Runden können leicht analysiert werden. Zum Beispiel ist es möglich, mit einem einfachen PC, DES Varianten mit acht Runden zu brechen. Die Analyse dauert nur wenige Minuten.

Alle wichtigen Algorithmen, Methoden und Vorgehensweisen, die zur Durchführung einer differentiellen Kryptoanalyse notwendig sind, werden auf den folgenden Seiten ausführlich erklärt. Die Darstellung folgt dabei den ersten Veröffentlichungen zur differentiellen Kryptoanalyse von Biham und Shamir [BS91b, BS93]. Die vorliegende Darstellung ist jedoch wesentlich ausführlicher und um zahlreiche Beispiel ergänzt, so daß es möglich ist, eigene Implementierungen zu den einzelnen Algorithmen schrittweise zu testen und Resultate und Zwischenergebnisse mit den angegebenen Werten zu vergleichen.

Das Kapitel ist in zehn Abschnitte unterteilt. Abschnitt 5.1 enthält eine kurze Einleitung zur Geschichte der differentiellen Kryptoanalyse.

Im darauf folgenden Abschnitt wird die grundlegende Idee der Analysemethode und eine Übersicht zur Methode vorgestellt, jedoch ohne auf Details einzugehen.

Im dritten Abschnitt wird die Präsentation der differentiellen Kryptoanalyse vorbereitet, indem die verwendeten Bezeichnungen erklärt und einige Grundlagen vorgestellt werden.

Die detaillierte Erklärung spezieller Methoden der differentiellen Kryptoanalyse beginnt in Abschnitt 5.4. Dabei wird die Analyse einer einzelnen DES-Rundenfunktion durchgeführt.

Im folgenden Abschnitt wird das Verfahren ein wenig erweitert, so daß es möglich ist, den DES mit drei Runden zu analysieren.

In Abschnitt 5.6 wird vorgeführt, daß es möglich ist, die vorgestellten Methoden derart zu verallgemeinern, daß prinzipiell die Analyse des DES mit beliebig vielen Runden möglich ist. Dabei wird der Begriff „Charakteristik" eingeführt.

Eine detaillierte Darstellung dessen, wie man mit Hilfe einer Charakteristik Kryptoanalysen für DES-Varianten durchführt, ist in Abschnitt 5.7 enthalten.

Um die entscheidenden Algorithmen und Vorgehensweisen, die in den ersten sieben Abschnitten des Kapitels vorgestellt werden, zu vertiefen, werden im achten Abschnitt die Analyseresultate für den DES mit sechs Runden vorgestellt. Dabei wird deutlich, mit welchem Aufwand eine differentielle Kryptoanalyse verbunden ist.

Für die Aufwandsabschätzung einer differentiellen Kryptoanalyse wird in Abschnitt 5.9 eine entsprechende Formel vorgestellt. Außerdem werden Ideen zur Reduzierung des Aufwands genannt.

Im letzten Abschnitt werden einige Resultate der differentiellen Kryptoanalyse bezüglich der inneren Strukturen des DES vorgestellt. Das geschieht in der Form, daß Änderungen am DES Algorithmus vorgenommen werden und anschließend Charakteristiken vorgestellt werden, die zeigen, daß durch die vorgenommenen Änderungen wesentlich effektiver Analysen möglich sind. Es zeigt sich, daß fast jede Veränderung des DES-Algorithmus eine erfolgreiche differentielle Kryptoanalyse ermöglicht.

5.1 Einleitung — Motivation

Die *differentielle Kryptoanalyse* ist ein Verfahren zur Analyse iterierter Blockchiffren, kann aber auch zur Konstruktion von Kollisionen für diverse Hashfunktionen eingesetzt werden. Das Prinzip der differentiellen Kryptoanalyse wurde 1990 von Eli Biham und Adi Shamir vorgestellt und am Beispiel des DES demonstriert [BS91a]. Wegen der aufschlußreichen Resultate, die dabei erzielt wurden, zählt die differentielle Kryptoanalyse heute zu den bekanntesten und mächtigsten Verfahren, die dem Kryptoanalytiker zur Verfügung stehen.

Im Rahmen der ersten Veröffentlichungen wurde das Verfahren hauptsächlich zur Analyse des DES eingesetzt. Dabei ist es jedoch nicht gelungen, einen wesentlich besseren Angriff als das vollständige Durchsuchen des Schlüsselraums zu konstruieren. Die Analyseresultate enthalten aber deutliche Hinweise darauf, daß die Technik der differentiellen Kryptoanalyse beim Entwurf des DES, in den 70er Jahren, bekannt waren und berücksichtigt wurden. Don Coppersmith — ein IBM Mitarbeiter, der an der Entwicklung des DES beteiligt war — schrieb 1994 in einem Artikel über die Entwurfsziele des DES dazu:

> Der Entwurf nutzt bestimmte kryptoanalytische Verfahren aus — vor allem die Technik der „differentiellen Kryptoanalyse" —, die in der damals veröffentlichten Literatur nicht bekannt waren. Nach Diskussionen mit der NSA wurde entschieden, daß eine Offenlegung der Entwurfsziele die differentielle Kryptoanalyse aufdecken würde. Da dieses leistungsfähige Verfahren gegen viele Chiffrierungen eingesetzt werden kann, würde eine

> Offenlegung den Vorsprung, den die Vereinigten Staaten auf dem Gebiet der Kryptographie gegenüber anderen Ländern haben, gefährden.
>
> [Cop94], Seite 244

In diesem Zusammenhang stellen sich viele Fragen. Woher kannten die Entwickler der DES die Methoden der differentiellen Kryptoanalyse? Wurde die differentielle Kryptoanalyse von den Entwicklern des DES entdeckt? Wurden die Möglichkeiten der differentiellen Kryptoanalyse in der seit 1990 veröffentlichen Literatur bereits voll ausgeschöpft? Gibt es andere, der differentiellen Kryptoanalyse ähnliche Verfahren oder allgemeinere Verfahren, mit denen man effizientere Analysen durchführen kann? Wann und von wem wurde die „differentielle Kryptoanalyse", von der Don Coppersmith schreibt, entwickelt?

Es ist schwierig, Antworten auf diese und ähnliche Fragen zu finden. Möglicherweise führen auch detaillierte Recherchen nicht zum Erfolg. Daher kann die differentielle Kryptoanalyse hier nur in der Form vorgestellt werden, wie sie in der öffentlich zugänglichen Literatur bekannt ist.

5.2 Übersicht zur Vorgehensweise der differentiellen Kryptoanalyse

Da eine einzelne DES-Runde (DES_1) noch kein sicheres Kryptoverfahren ist, sondern erst durch iterierte Anwendung dazu wird, ist es naheliegend, zunächst die Rundenfunktion zu analysieren und zu versuchen, mit Hilfe eines Eingabewortes x und dem dazugehörigen Ausgabewert $y = F(k, x)$ den Rundenschlüssel k zu bestimmen.

Betrachtet man die letzte Runde des DES, ist es besonders einfach, Eingabewerte der Rundenfunktion zu bestimmen, da man x_{16} leicht aus dem entsprechenden Geheimtextblock C ermitteln kann. Dazu bestimmt man $c = FP^{-1}$ und zerlegt diesen Wert in zwei Hälften $c = c_l c_r$, wobei $c_l = c_1 \ldots c_{32}$ und $c_r = c_{32} \ldots c_{64}$ ist. Es gilt $x_{16} = c_r$.

Sehr viel schwieriger ist es, den Ausgabewert y_{16} zu bestimmen, wenn man den Rundenschlüssel k_{16} nicht kennt. Die grundlegende Idee der Differentiellen Kryptoanalyse besteht nun darin, nicht einzelne Eingabewerte der letzten Rundenfunktion zu betrachten, sondern *Eingabepaare* x und x'. Da es nahezu unmöglich ist, die entsprechenden Ausgabewerte y und y' der letzten Runde zu ermitteln, beschränkt man sich bei der differentiellen Kryptoanalyse auf die Betrachtung der „Differenz" $\Delta y = y \oplus y'$ dieser Ausgabewerte. Informationen über die Ausgabedifferenzen Δy_{16} zu bekommen, ist aber ebenfalls sehr schwierig.

Für manche Klartextdifferenzen ΔM gelingt es jedoch, Aussagen über die Ausgabedifferenz Δy_{16} der letzten Runde zu machen, die mit einer bestimmten Wahrscheinlichkeit zutreffen. Zum Beispiel Aussagen der Art:

„Wenn die Klartextdifferenz den Wert $\Delta M = 0110 \ldots 00$ hat und die Rundenschlüssel $k_1, k_2, \ldots, k_{15}$ zufällig und unabhängig voneinander gewählt werden, dann bilden die Bits $b_7, b_8, \ldots, b_{12}$ der Ausgabedifferenz Δy_{16} mit der Wahrscheinlichkeit $p = 0,01$ den Wert 010110."

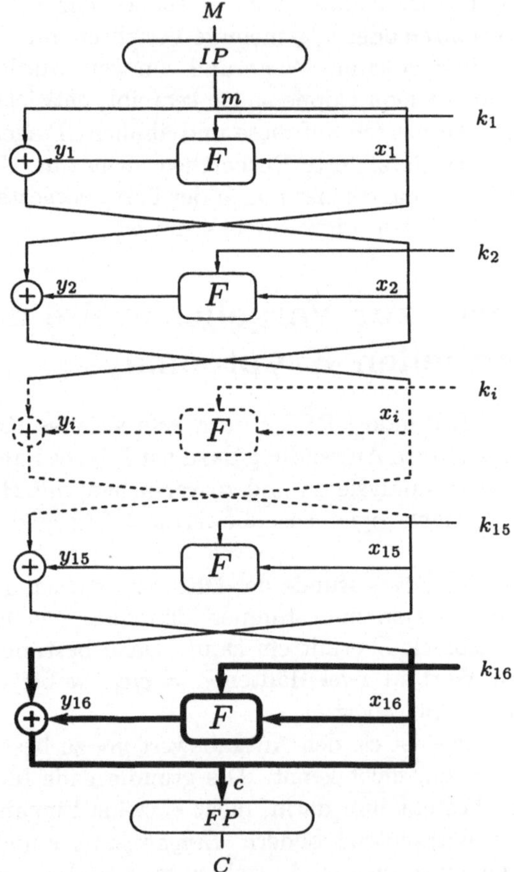

Abbildung 5.1: Prinzip der differentiellen Kryptoanalyse

Die Lösung des Problems, einige Bits des Rundenschlüssels k_{16} zu ermitteln, besteht dann darin, sehr viele Klartextpaare mit vorgegebener Differenz zu untersuchen und jedem der möglichen Teilschlüssel eine bestimmte Wahrscheinlichkeit zuzuordnen, um so auf den richtigen Teilschlüssel zu schließen. Gelingt es, k_{16} vollständig zu bestimmen, können die restlichen 8 Bits problemlos durch exhaustive Suche (256 Möglichkeiten) ermittelt werden.

In den folgenden Abschnitten werden die Einzelheiten dieser Vorgehensweise, den Arbeiten von E. Biham und A. Shamir folgend, am Beispiel des DES vorgestellt (siehe auch [BS91a, BS91b] und [BS93]). Dabei werden im wesentlichen die gleichen Bezeichnungen verwendet, die in Kapitel 4 zur Beschreibung des DES eingeführt wurden. Weitere Bezeichnungen, Konventionen und Schreibweisen werden im folgenden kurz vorgestellt (siehe auch Abbildung 5.1).

Bezeichnungen:

DES_2: Gemäß FIPS-Standard werden beim DES 16 Runden durchgeführt. Im Rahmen der Analysen ist es aber oft angebracht, Verfahren zu betrachten, die der Norm entsprechen, jedoch mit einer geringeren Anzahl von Runden arbeiten. Diese Verfahren werden hier mit DES_1, DES_2, DES_3 usw. benannt, wobei der Index die Anzahl der Runden kennzeichnet.

x_i: Eingabeparameter der i-ten Rundenfunktion

y_i: Resultat der i-ten Rundenfunktion

Δ: Das Symbol „Delta" wird verwendet, um zu kennzeichnen, daß die Differenz zweier Werte betrachtet wird.

DES-Rundenschlüssel:
Der Ausdruck „DES-Rundenschlüssel" wird verwendet, um Rundenschlüssel $k_1, k_2, \ldots, k_{16}$ zu benennen, die gemäß dem im FIPS-Standard beschriebenen Verfahren aus einem 56-Bit Schlüssel berechnet werden (siehe auch Seite 141 in Kapitel 4).

Rundenschlüssel: Im Rahmen der differentiellen Kryptoanalyse wird zunächst davon ausgegangen, daß die Rundenschlüssel $k_1, k_2, \ldots, k_{16}$ beliebig und unabhängig voneinander gewählt werden können. Um diese Tatsache besonders zu unterstreichen, wird im weiteren auch die Bezeichnung „unabhängige Rundenschlüssel" verwendet.

Teilschlüssel: Bei der differentiellen Kryptoanalyse gelingt es nicht immer, ganze Rundenschlüssel zu ermitteln. Oft muß man sich damit begnügen, nur einige Bits des Schlüssels zu ermitteln.

Da sich in diesen Fällen die Kryptoanalyse nur auf bestimmte Teile eines (Runden-)Schlüssels bezieht, werden die entsprechenden Schlüsselbits im folgenden „Teilschlüssel" genannt.

Um die Beschreibung der differentiellen Kryptoanalyse des DES nicht unnötig zu erschweren, wird die Eingangs- und Ausgangspermutation des DES im weiteren ignoriert.

5.3 Grundlagen

Die grundlegende Idee der differentiellen Kryptoanalyse besteht darin, daß sogenannte „Differenzen" statt einzelner Werte betrachtet werden. In vorhergehenden Abschnitt wurde bereits beschrieben, daß diese Differenzen mittels der XOR-Verknüpfung berechnet werden.

Die Differenz zwischen zwei n-Bit Blöcken könnte man aber auch auf andere Weisen definieren (Addition modulo 2^n, logisches „und" oder ähnlich). Für die Analyse des DES ist die Differenz basierend auf der XOR-Verknüpfung jedoch besonders geeignet, da die Zusammenhänge zwischen Eingabe- und Ausgabedifferenzen bezüglich der Expansionsabbildung E, der Permutation P und der XOR-Verknüpfung leicht zu beschreiben sind.

Satz 5.3.1
Gemäß den Bezeichnungskonventionen aus Kapitel 4 seien x, x', y, y', a und a' 32-Bit Blöcke und e, e', k_i 48-Bit Blöcke.

1. Bezüglich der Expansionsabbildung E gilt:

$$E(x) \oplus E(x') = E(x \oplus x').$$

2. Bezüglich der Permutation P gilt:

$$P(x) \oplus P(x') = P(x \oplus x').$$

3. Bezüglich der XOR-Addition mit den Rundenschlüsseln k_i ($i \in \{1, 2, \ldots, 16\}$) gilt:

$$(x \oplus k_i) \oplus (x' \oplus k_i) = x \oplus x'.$$

4. Seien x, x' Eingabewerte einer Rundenfunktion in einer der Runden 1 bis 15 und y, y' die Ausgabewerte der Rundenfunktion in der darauf folgenden Runde. Diese Werte werden beim DES mittels XOR verknüpft (siehe Abbildung 5.1). Es gilt:

$$(x \oplus y) \oplus (x' \oplus y') = (x \oplus x') \oplus (y \oplus y').$$

Die Beziehung zwischen den Eingabe- und Ausgabedifferenzen der acht Substitutionen ist komplex, da die DES-Substitutionen nichtlineare Abbildungen sind. Dies erfordert eine detaillierte Betrachtung, die hier am Beispiel der Substitution $S1$ des DES durchgeführt wird.

Die Eingabeblöcke einer DES-Substitution Sj $(j \in \{1, 2, \ldots, 8\})$ sind 6 Bit groß, sie werden im folgenden mit $e^{(j)}$ bezeichnet. Die Ausgabeblöcke sind 4 Bit groß und werden hier mit $a^{(j)}$ bezeichnet.

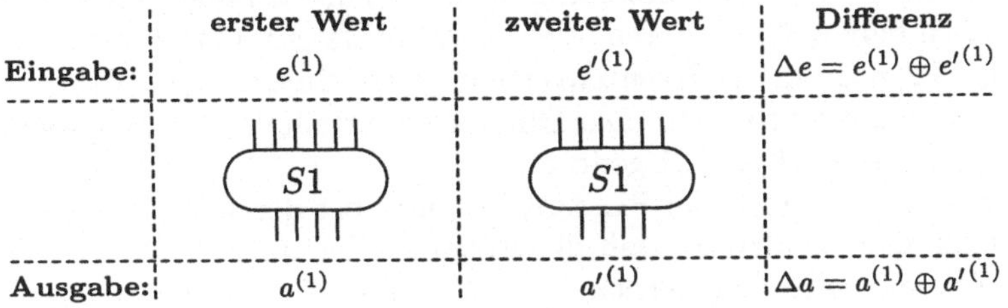

	erster Wert	**zweiter Wert**	**Differenz**
Eingabe:	$e^{(1)}$	$e'^{(1)}$	$\Delta e = e^{(1)} \oplus e'^{(1)}$
	$S1$	$S1$	
Ausgabe:	$a^{(1)}$	$a'^{(1)}$	$\Delta a = a^{(1)} \oplus a'^{(1)}$

Abbildung 5.2: Eingabe- und Ausgabedifferenzen einer Substitution

Für jede DES-Substitution gibt es 64 verschiedene Eingabedifferenzen. Jede Eingabedifferenz $\Delta e^{(j)}$ kann von 64 verschiedenen Eingabepaaren $(e^{(j)}, e'^{(j)})$ mit $e^{(j)} \oplus e'^{(j)} = \Delta e^{(j)}$ erzeugt werden.

Betrachten wir als Beispiel die Eingabedifferenz 010100 und berechnen zu allen 64 möglichen Eingabepaaren die entsprechende Ausgabedifferenz. Das Resultat dieser Berechnung ist in Tabelle 5.1 ausschnittsweise dargestellt. Für jedes Eingabepaar e, e' gibt es eine Zeile, in der die Ausgabedifferenz $S1(e) \oplus S1(e')$ durch einen Punkt in der entsprechenden Spalte gekennzeichnet ist. Es ist klar, daß es verschiedene Eingabepaare geben muß, die zur gleichen Ausgabedifferenz führen, da die Ausgabe der Substitutionen ein 4-Bit Block ist und es somit nur 16 verschiedene Ausgabedifferenzen gibt.

Tabelle 5.1: Differenzentabelle zur Eingabedifferenz 010100

e	$e \oplus 010100$	$S1(e) \oplus S1(e \oplus 010100)$								
		0000	0001	0010	0011	0100 ... 1100	1101	1110	1111
000000	010100								
000001	010101								
000010	010110								
000011	010111								
000100	010000								
$\vdots$	$\vdots$								
111110	101010								
111111	101011								
Differenzenverteilung:		0	8	8	0	10 ... 4	8	4	0

In der letzten Zeile der Tabelle wurde notiert, wieviele Eingabepaare zu der jeweiligen Ausgabedifferenz führen. Diese Information ist im weiteren von besonderer Bedeutung und wird „Differenzenverteilung" genannt. Die Ausgabedifferenzen treten immer paarweise auf, was dazu führt, daß nur gerade Häufigkeiten in der Differenzenverteilung vorkommen. Das liegt daran, daß die DES-Substitutionen deterministisch sind und die XOR-Verknüpfung, die zur Berechnung der Differenzen verwendet wurde, kommutativ ist. Ferner fällt auf, daß die Differenzen nicht gleichverteilt sind. Beispielsweise gibt es 4 Eingabedifferenzen, die zur Ausgabedifferenz 1110 führen und 8 Eingabedifferenzen, die zur Ausgabedifferenz 0001 führen, die Ausgabedifferenz 1111 tritt nie auf.

Tabelle 5.2 zeigt die Differenzenverteilung der Substitution $S1$ zu allen 64 möglichen Eingabedifferenzen. Die Differenzenverteilung zur Eingabedifferenz 010100 aus Tabelle 5.1 ist fett gedruckt.

Anscheinend gibt es keine Regelmäßigkeiten bei der Differenzenverteilung. Lediglich für den Sonderfall, daß die Eingabedifferenz 000000 ist, kann eine einfache Aussage getroffen werden. Die Ausgabedifferenz muß in diesem Fall 0000 sein, was daran liegt, daß die Substitutionen deterministisch sind.

Ähnliche Tabellen können auch für die Substitutionen $S2, S3, \ldots, S8$ erstellt werden. In dem Buch „Differential Cryptanalysis of the Data Encryption Standard" [BS93] von E. Biham und A. Shamir sind diese Tabellen aufgeführt.

Tabelle 5.2: Differenzenverteilung der DES-Substitution $S1$

Eingabe-differenz	\multicolumn{16}{c}{Ausgabedifferenz (Hexadezimal)}															
	0	1	2	3	4	5	6	7	8	9	A	B	C	D	E	F
000000	64	0	0	0	0	0	0	0	0	0	0	0	0	0	0	0
000001	0	0	0	6	0	2	4	4	0	10	12	4	10	6	2	4
000010	0	0	0	8	0	4	4	4	0	6	8	6	12	6	4	2
000011	14	4	2	2	10	6	4	2	6	4	4	0	2	2	2	0
000100	0	0	0	6	0	10	10	6	0	4	6	4	2	8	6	2
000101	4	8	6	2	2	4	4	2	0	4	4	0	12	2	4	6
000110	0	4	2	4	8	2	6	2	8	4	4	2	4	2	0	12
000111	2	4	10	4	0	4	8	4	2	4	8	2	2	2	4	4
001000	0	0	0	12	0	8	8	4	0	6	2	8	8	2	2	4
001001	10	2	4	0	2	4	6	0	2	2	8	0	10	0	2	12
001010	0	8	6	2	2	8	6	0	6	4	6	0	4	0	2	10
001011	2	4	0	10	2	2	4	0	2	6	2	6	6	4	2	12
001100	0	0	0	8	0	6	6	0	0	6	6	4	6	6	14	2
001101	6	6	4	8	4	8	2	6	0	6	4	6	0	2	0	2
001110	0	4	8	8	6	6	4	0	6	6	4	0	0	4	0	8
001111	2	0	2	4	4	6	4	2	4	8	2	2	2	6	8	8
010000	0	0	0	0	0	0	2	14	0	6	6	12	4	6	8	6
010001	6	8	2	4	6	4	8	6	4	0	6	6	0	4	0	0
010010	0	8	4	2	6	6	4	6	6	4	2	6	6	0	4	0
010011	2	4	4	6	2	0	4	6	2	0	6	8	4	6	4	6
010100	0	8	8	0	10	0	4	2	8	2	2	4	4	8	4	0
010101	0	4	6	4	2	2	4	10	6	2	0	10	0	4	6	4
010110	0	8	10	8	0	2	2	6	10	2	0	2	0	6	2	6
010111	4	4	6	0	10	6	0	2	4	4	4	6	0	6	2	0
011000	0	6	6	0	8	4	2	2	2	4	6	8	6	6	2	2
011001	2	6	2	4	0	8	4	6	10	4	0	4	2	8	4	0
011010	0	6	4	0	4	6	6	6	6	2	2	0	4	4	6	8
011011	4	4	2	4	10	6	6	4	6	2	2	4	2	2	4	2
011100	0	10	10	6	6	0	0	12	6	4	0	0	2	4	4	0
011101	4	2	4	0	8	0	0	2	10	0	2	6	6	6	14	0
011110	0	2	6	0	14	2	0	0	0	4	10	8	2	2	6	2
011111	2	4	10	6	2	2	2	8	6	8	0	0	0	4	6	4
100000	0	0	0	10	0	12	8	2	0	6	4	4	4	2	0	12
100001	0	4	2	4	4	8	10	0	4	4	10	0	4	0	2	8
100010	10	4	6	2	2	8	2	2	2	2	6	0	4	0	4	10
100011	0	4	4	8	0	2	6	0	6	6	2	10	2	4	0	10
100100	12	0	0	2	2	2	2	0	14	14	2	0	2	6	2	4
100101	6	4	4	12	4	4	4	10	2	2	2	0	4	2	2	2
100110	0	0	4	10	10	10	2	4	0	4	6	4	4	4	2	0
100111	10	4	2	0	2	4	2	0	4	8	0	4	8	8	4	4
101000	12	2	2	8	2	6	12	0	0	2	6	0	4	0	6	2
101001	4	2	2	10	0	2	4	0	0	14	10	2	4	6	0	4
101010	4	2	4	6	0	2	8	2	2	14	2	6	2	6	2	2
101011	12	2	2	2	4	6	6	2	0	2	6	2	6	0	8	4
101100	4	2	2	4	0	2	10	4	2	2	4	8	8	4	2	6
101101	6	2	6	2	8	4	4	4	2	4	6	0	8	2	0	6
101110	6	6	2	2	0	2	4	6	4	0	6	2	12	2	6	4
101111	2	2	2	2	2	6	8	8	2	4	4	6	8	2	4	2
110000	0	4	6	0	12	6	2	2	8	2	4	4	6	2	2	4
110001	4	8	2	10	2	2	2	2	6	0	0	2	2	4	10	8
110010	4	2	6	4	4	2	2	4	6	6	4	8	2	2	8	0
110011	4	4	6	2	10	8	4	2	4	0	2	2	4	6	2	4
110100	0	8	16	6	2	0	0	12	6	0	0	0	0	8	0	6
110101	2	2	4	0	8	0	0	0	14	4	6	8	0	2	14	0
110110	2	6	2	2	8	0	2	2	4	2	6	8	6	4	10	0
110111	2	2	12	4	2	4	4	10	4	4	2	6	0	2	2	4
111000	0	6	2	2	2	0	2	2	4	6	4	4	4	6	10	10
111001	6	2	2	4	12	6	4	8	4	0	2	4	2	4	4	0
111010	6	4	6	4	6	8	0	6	2	2	6	2	2	6	4	0
111011	2	6	4	0	0	2	4	6	4	6	8	6	4	4	6	2
111100	0	10	4	0	12	0	4	2	6	0	4	12	4	4	2	0
111101	0	8	6	2	2	6	0	8	4	4	0	4	0	12	4	4
111110	4	8	2	2	2	4	4	14	4	2	0	2	0	8	4	4
111111	4	8	4	2	4	0	2	4	4	2	4	8	8	6	2	2

5.4 Analyse einer DES-Rundenfunktion

Ziel dieses Abschnitts ist es zu zeigen, wie man aus einigen Eingabepaaren (x, x') und den dazugehörigen Ausgabedifferenzen $\Delta y = y \oplus y'$ einer DES-Rundenfunktion einige Bits des Rundenschlüssels bestimmen kann. Das entspricht der Analyse des DES_1, dessen Struktur in Abbildung 5.3 dargestellt ist.

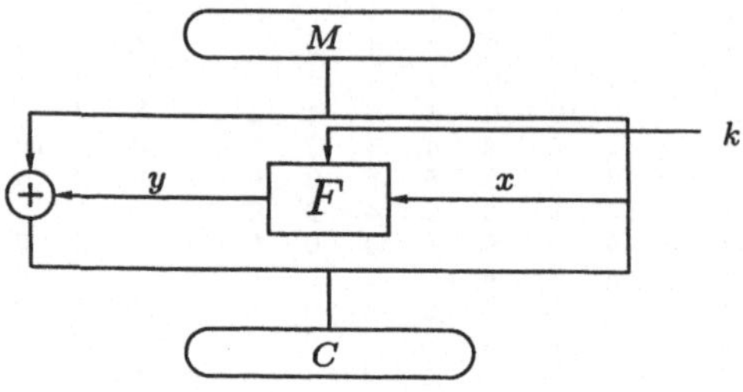

Abbildung 5.3: Struktur des DES_1

Wie man sieht, ist es beim DES_1 leicht möglich, aus dem Klartext M und dem dazugehörigen Geheimtext C die entsprechenden Ein- und Ausgabeblöcke[1] der Rundenfunktion zu bestimmen, denn es gilt

$$x = M_r = C_r \text{ und } y = M_l \oplus C_l.$$

Beim DES_2, DES_3 usw. ist es jedoch nicht mehr ohne weiteres möglich, konkrete Ausgabeblöcke der letzten Rundenfunktion zu bestimmen. Aus diesem Grund wird auch in diesem Abschnitt davon ausgegangen, daß dem Analytiker neben genügend Eingabepaaren x, x' lediglich die Differenzen $\Delta y = F(k, x) \oplus F(k, x')$ der dazugehörigen Ausgabewerte bekannt sind.

Um das Wissen über die Differenzenverteilung der Substitutionen zu nutzen, müssen die Ein- und Ausgabedifferenzen der acht Substitutionen bestimmt werden. Betrachten wir zunächst die Ein- und Ausgabeblöcke der Substitutionen, ohne Differenzen zu bilden.

Ist y der Ausgabeblock der Rundenfunktion, dann gilt für den Ausgabeblock der Substitutionen:

$$a = (a^{(1)} a^{(2)} a^{(3)} a^{(4)} a^{(5)} a^{(6)} a^{(7)} a^{(8)}) = P^{-1}(y).$$

Dabei ist a ein Block, der 32 Bits groß ist, $a^{(1)}$ sind die ersten 4 Bit dieses Blocks und somit die Ausgabe der Substitution $S1$, $a^{(2)}$ sind die 4 Ausgabebits der zweiten Substitution usw. (siehe auch Abbildung 5.4). Der Ausgabewert

---

[1] Ähnlich wie in den vorhergehenden Abschnitten bezeichnen wir die betrachteten Eingabeblöcke der Rundenfunktion mit x bzw. x', die Ausgabeblöcke mit $y = F(k, x)$ und $y' = F(k, x')$. Der gesuchte Rundenschlüssel wird mit k bezeichnet. Bisher wurden diese Bezeichnungen noch mit einem Index i versehen, der angab, zu welcher Runde die einzelnen Werte gehören. In diesem Abschnitt wird auf den Index verzichtet, da nur eine Runde betrachtet wird.

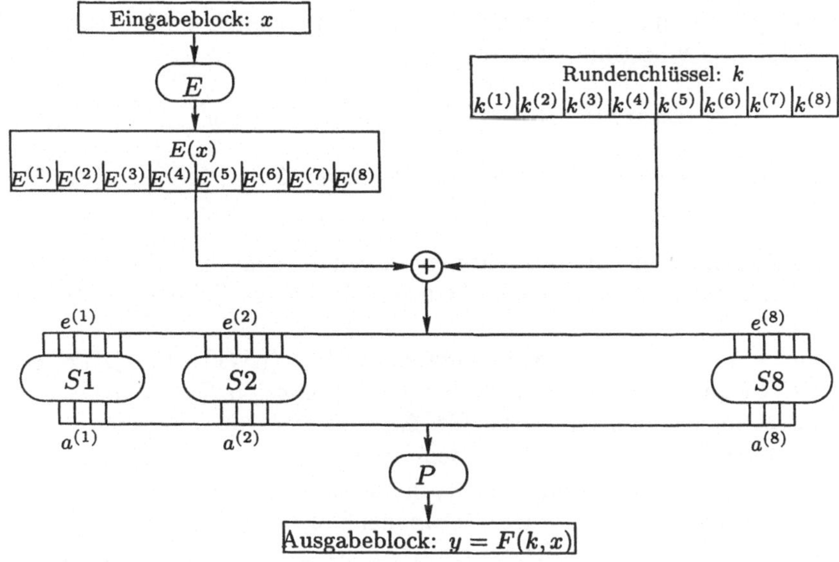

Abbildung 5.4: Bezeichnungen zur Analyse der Rundenfunktion

a kann direkt berechnet werden, da die Permutation P^{-1} der Rundenfunktion des DES bekannt ist (siehe Tabelle 4.10 auf Seite 139).

Sei x der Eingabeblock zur Rundenfunktion F und k der Rundenschlüssel, dann gilt für den Eingabeblock e der acht DES-Substitutionen:

$$e = (e^{(1)} e^{(2)} e^{(3)} e^{(4)} e^{(5)} e^{(6)} e^{(7)} e^{(8)}) = E(x) \oplus k.$$

Dabei ist e ein Block, der 48 Bits groß ist, $e^{(1)}$ sind die ersten 6 Bit dieses Blocks und somit die Eingabe der Substitution $S1$, $e^{(2)}$ sind die 6 Eingabebits der zweiten Substitution usw. Der Eingabeblock e kann mit der angegebenen Formel jedoch nicht direkt berechnet werden, da der Rundenschlüssel k nicht bekannt ist.

Werden jedoch zwei Werte x und x' mit der Rundenfunktion verschlüsselt, dann kann die entsprechende Eingabedifferenz der Substitutionen

$$\Delta e = (E(x) \oplus k) \oplus (E(x') \oplus k) = E(x \oplus x')$$

auch ohne Kenntnis des Rundenschlüssels k bestimmt werden, wie man an der angegebenen Formel, die unmittelbar aus Satz 5.3.1 folgt, sieht. Die Eingabedifferenzen der einzelnen Substitutionen kann an Δe leicht abgelesen werden, da

$$\Delta e = \Delta e^{(1)} \Delta e^{(2)} \Delta e^{(3)} \Delta e^{(4)} \Delta e^{(5)} \Delta e^{(6)} \Delta e^{(7)} \Delta e^{(8)}$$

die Konkatenation der acht Eingabedifferenzen zu $S1, \ldots, S8$ ist.

Die Ausgabedifferenz der Substitutionen kann ebenfalls ohne Kenntnis des Rundenschlüssels k bestimmt werden. Auch

$$\Delta a = (P^{-1}(y)) \oplus (P^{-1}(y')) = P^{-1}(y \oplus y')$$

ist die Konkatenation der Ausgabedifferenzen $\Delta a^{(1)}, \Delta a^{(2)}, \ldots, \Delta a^{(8)}$ der einzelner Substitutionen.

Wir beschränken unsere Betrachtung nun auf die Ein- und Ausgabedifferenz der Substitution $S1$ und versuchen, die ersten 6 Bits des Rundenschlüssels k zu bestimmen.

Zunächst wird man zur Eingabedifferenz $\Delta e^{(1)} = ((E(x) \oplus k) \oplus (E(x') \oplus k))^1$ die entsprechende Differenzentabelle für die Substitution $S1$ erstellen. (In Tabelle 5.1 ist die Differenzentabelle für $\Delta e^{(1)} = 010100$ angegeben.) In der entsprechenden Spalte für die Ausgabedifferenz $\Delta a^{(1)}$ sind alle Paare von Eingabewerten $(e^{(1)}, e'^{(1)})$ gekennzeichnet, die unter Anwendung von $S1$ die Ausgabedifferenz $\Delta a^{(1)}$ erzeugen. Der Zusammenhang zwischen dem Teilschlüssel $k^{(1)}$, dem Eingabeblock $e^{(1)}$ der Substitution $S1$ und dem Eingabeblock x der Rundenfunktion wird durch die Gleichung

$$k^{(1)} = e^{(1)} \oplus E^{(1)}(x)$$

beschrieben. Es ist also möglich, zu jedem der gefundenen Paare von Eingabeblöcken $(e^{(1)}, e'^{(1)})$ die ersten 6 Bits eines möglichen Rundenschlüssels k zu bestimmen. In der Regel werden sich — abhängig von der Differenzenverteilung — mehrere Möglichkeiten für $k^{(1)}$ ergeben. Man erhält also eine Menge $\mathcal{K}_{x,x'} = \{k_1^{(1)}, k_2^{(1)}, \ldots k_m^{(1)}\}$ von Teilschlüsseln, die den richtigen Wert für $k^{(1)}$ enthält. Im weiteren wird diese Menge *Kandidatenmenge* genannt.

Wir betrachten nun ein zweites Eingabepaar v, v' der Rundenfunktion und bestimmen die Menge der möglichen Teilschlüssel $\mathcal{K}_{v,v'}$. Auch diese Menge enthält den richtigen Wert für $k^{(1)}$. Folglich betrachten wir die Schnittmenge $\mathcal{K}_{x,x'} \cap \mathcal{K}_{v,v'}$. Das Verfahren wird mit so vielen Klartextpaaren wiederholt, bis die ersten 6 Bits des Rundenschlüssels k eindeutig identifiziert sind. In der Regel reichen 2 bis 4 Klartextpaare aus.

Um die restlichen 42 Bits des Rundenschlüssels zu bestimmen, werden analoge Untersuchungen für die Substitutionen $S2, S3, \ldots, S8$ durchgeführt.

Beispiel 5.4.1
Die Tabellen 5.3, 5.4 und 5.5 zeigen die Resultate und Zwischenresultate der Analyse des DES_1 anhand konkreter Eingabepaare und Ausgabedifferenzen. Jede dieser Tabellen enthält die entsprechenden Werte zur Berechnung einer Kandidatenmenge für den Teilschlüssel $k^{(1)}$.

Im oberen Teil der Tabellen sind die Werte notiert, die der Kryptoanalytiker beobachten muß. Aus diesen Werten können Zwischenresultate berechnet werden, die im mittleren Teil der Tabellen aufgeführt sind. Die Berechnung dieser Werte erfordert *nicht* die Kenntnis des Schlüssels.

Anhand der Zwischenwerte $\Delta a^{(1)}$ und $\Delta e^{(1)}$ können die Paare $e^{(1)}, e^{(1)'}$ (unten links in den Tabellen) bestimmt werden. Die dazu notwendigen Differenzentabellen sind sehr umfangreich (siehe [BS93], Appendix B), können aber leicht berechnet werden. Die resultierenden Kandidatenmengen sind jeweils unten rechts in den Tabellen notiert.

Tabelle 5.3: Exemplarische Berechnung einer Kandidatenmenge (1)

Beobachtete Werte							
x	1111	0000	1111	0000	1111	0000	1111 0000
x'	1010	1010	1010	1010	1010	1010	1010 1010
Δy	1110	1100	0110	0100	0110	1110	0011 1111
Berechnete Werte							
$\Delta a = P^{-1}(\Delta y)$	0011	0111	0011	0011	0101	0111	1010 1101
$\Delta a^{(1)}$	0011						
$\Delta e = E(x \oplus x')$	001011	110100	001011	110100	001011	110100	001011 110100
$\Delta e^{(1)}$	001011						
$E(x)$	011110	100001	011110	100001	011110	100001	011110 100001
$E^{(1)}(x)$	011110						

Mögliche Paare gemäß Differenzentabelle		Teilschlüssel-Kandidaten$(\mathcal{K}_{x,x'})$	
$e^{(1)}, e^{(1)'}$	010001 011010	$e^{(1)} \oplus E^{(1)}(x)$	001111
	010010 011001		001100
	010011 011000		001101
	011000 010011		000110
	011001 010010		000111
	011010 010001		000100
	100101 101110		111011
	101110 100101		110000
	110101 111110		101011
	111110 110101		100000

Wie man anhand der Tabelle 5.3, 5.4 und 5.5 sieht, reicht in diesem Fall die Auswertung von 3 Paaren aus, da die Schnittmenge der Kandidatenmengen $\mathcal{K}_{x,x'}$, $\mathcal{K}_{u,u'}$ und $\mathcal{K}_{v,v'}$ nur einen Teilschlüssel — nämlich den richtigen Teilschlüssel $k^{(1)} = 000100$ — enthält.

Die Ermittlung der Teilschlüssel $k^{(2)}, k^{(3)}, \ldots, k^{(8)}$ kann analog durchgeführt werden, wobei es sich anbietet, die gleichen Eingabepaare und Ausgabedifferenzen wie zur Berechnung von $k^{(1)}$ zu verwenden. Führt man diese Analysen vollständig durch, stellt sich heraus, daß der Schlüssel

$$k = 000100 \; 100011 \; 010001 \; 010110 \; 011110 \; 001001 \; 101010 \; 111100$$

verwendet wurde.

Hier zeigt sich, daß die „Differenzentabellen" bei dieser Art der Analyse eine wesentliche Rolle spielen. Für jede Substitutionsbox gibt es 2^6 verschiedene Eingabedifferenzen und somit auch auch 2^6 verschiedene Differenzentabellen.

Tabelle 5.4: Exemplarische Berechnung einer Kandidatenmenge (2)

Beobachtete Werte			
u	1100 1100 1100 1100 1100 1100 1100 1100		
u'	0000 1010 0000 1010 1111 1010 1111 1010		
Δy	1101 1110 0111 1001 1110 0000 1101 0100		
Berechnete Werte			
$\Delta a = P^{-1}(\Delta y)$	0100 1111 0111 1011 0010 1011 0101 1000		
$\Delta a^{(1)}$	0100		
$\Delta e = E(u \oplus u')$	011000 001101 011000 001100 000110 101100 000110 101101		
$\Delta e^{(1)}$	011000		
$E(u)$	011001 011001 011001 011001 011001 011001 011001 011001		
$E^{(1)}(u)$	011001		

Mögliche Paare gemäß Differenzentabelle		Teilschlüssel-Kandidaten($\mathcal{K}_{u,u'}$)	
$e^{(1)}, e^{(1)'}$	000101 011101	$e^{(1)} \oplus E^{(1)}(u)$	011100
	001001 010001		010000
	001011 010011		010010
	001110 010110		010111
	010001 001001		001000
	010011 001011		001010
	010110 001110		001111
	011101 000101		000100

Tabelle 5.5: Exemplarische Berechnung einer Kandidatenmenge (3)

Beobachtete Werte			
v	0111 1100 1101 0010 0111 1011 1001 1111		
v'	1111 1111 1110 0100 0100 1010 1011 1000		
Δy	0010 0011 1110 0101 1111 1001 1111 0000		
Berechnete Werte			
$\Delta a = P^{-1}(\Delta y)$	1100 0101 1100 1110 1111 0011 0001 0101		
$\Delta a^{(1)}$	1100		
$\Delta e = E(v \oplus v')$	110000 000110 100110 101100 000110 100010 100100 001111		
$\Delta e^{(1)}$	110000		
$E(v)$	101111 111001 011010 100100 001111 110111 110011 111110		
$E^{(1)}(v)$	101111		

Mögliche Paare gemäß Differenzentabelle		Teilschlüssel-Kandidaten($\mathcal{K}_{v,v'}$)	
$e^{(1)}, e^{(1)'}$	001111 111111	$e^{(1)} \oplus E^{(1)}(v)$	100000
	011011 101011		110100
	011110 101110		110001
	101011 011011		000100
	101110 011110		000001
	111111 001111		010000

Insgesamt müssen also $2^6 \cdot 8 = 512$ verschiedene Differenzentabellen erstellt werden, die jeweils 64 Zeilen und 16 Spalten haben. Der Aufwand zur Erstellung dieser Tabellen muß nur einmal betrieben werden. Mit einem herkömmlichen Personal Computer können die notwendigen Tabellen in wenigen Minuten berechnet werden.

5.5 Analyse des DES mit drei Runden

Im folgenden wird der auf drei Runden reduzierte DES — kurz DES_3 — analysiert. Ziel der Analyse ist es, das Verfahren aus Abschnitt 5.4 auf die Rundenfunktion in der dritten Runde anzuwenden, um den Rundenschlüssel k_3 zu ermitteln. Die Eingabeblöcke bezeichnen wir hier mit M bzw. M', die Ausgabeblöcke mit $C = \mathrm{DES}_3(M)$ und $C' = \mathrm{DES}_3(M')$. In Abbildung 5.5 ist der auf drei Runden reduzierte DES mit den im folgenden verwendeten Bezeichnungen dargestellt.

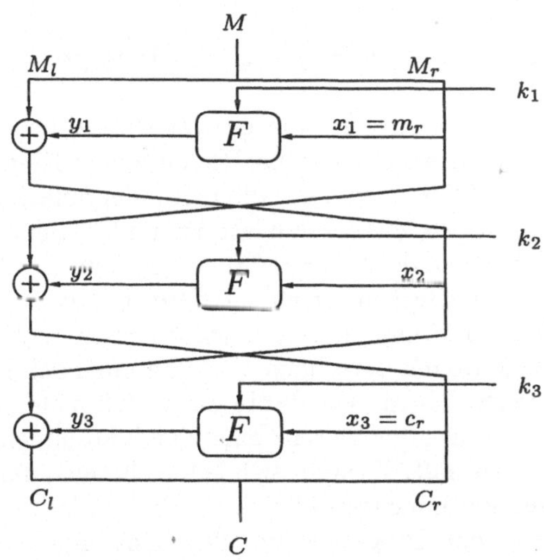

Abbildung 5.5: Analyse des DES mit 3 Runden

Um die Rundenfunktion der letzten Runde zu analysieren, benötigt man Eingabepaare x_3, x_3' und die dazugehörigen Ausgabedifferenzen $\Delta y_3 = F(k_3, x_3) \oplus F(k_3, x_3')$. Die Eingabewerte können unmittelbar am Geheimtext abgelesen werden. Ist $C = C_l C_r$, wobei C_l die linke Hälfte (Bit 1 bis Bit 32) und C_r die rechte Hälfte (Bit 33 bis Bit 64) des Geheimtextes ist, dann ist $x_3 = C_r$. Die wesentliche Schwierigkeit besteht nun darin, die Ausgabedifferenz Δy_3 zu ermitteln.

Gemäß der Struktur des DES_3, die in Abbildung 5.5 dargestellt ist, gilt die Gleichung

$$C_l \;=\; M_l \oplus y_1 \oplus y_3 \quad \text{bzw.}$$

$$y_3 \;=\; C_l \oplus M_l \oplus y_1.$$

Für die Ausgabedifferenz $\Delta y_3 = y_3 \oplus y_3'$ gilt dann die Gleichung

$$
\begin{aligned}
\Delta y_3 \;&=\; (C_l \oplus M_l \oplus y_1) \oplus (C_l' \oplus M_l' \oplus y_1') \\
&=\; C_l \oplus C_l' \oplus M_l \oplus M_l' \oplus (y_1 \oplus y_1') \\
&=\; \Delta C_l \oplus \Delta M_l \oplus (y_1 \oplus y_1').
\end{aligned}
$$

Die Gleichung zeigt, daß es gelingt, Δy_3 zu bestimmen, wenn $y_1 \oplus y_1'$ bekannt ist. Wählen wir die zur Analyse notwendigen Klartext-/Geheimtext-Paare nun so, daß $M_r = M_r'$ ist, dann ist $y_1 \oplus y_1' = 0$.

Die differentielle Kryptoanalyse des DES_3 kann also nach dem in Abschnitt 5.4 beschriebenen Verfahren durchgeführt werden, wenn genügend Klartextpaare verwendet werden, für die die Bedingungen $M_r = M_r'$ und $M_l \neq M_l'$ erfüllt sind.

5.6   Analyse des DES mit mehreren Runden

Wie in den vorhergehenden Abschnitten gezeigt wurde, benötigt man zur Bestimmung eines Teilschlüssels der letzten Runde einige Eingabepaare und die dazugehörigen Ausgabedifferenzen der letzten Rundenfunktion. Bei der Analyse des DES_3 ist es gelungen, diese aus Klartext- und Geheimtextdifferenzen zu berechnen. Bei der Analyse des DES_4 und DES_5 können ähnliche Methoden eingesetzt werden. Beim DES mit mehr als fünf Runden kann man die Ausgabedifferenz der letzten Rundenfunktion jedoch nicht mehr einfach aus den Klartexten und Geheimtexten berechnen, sondern nur noch mit einer gewissen Wahrscheinlichkeit vorhersagen. Das führt dazu, daß nicht jedes Eingabepaar mit der dazugehörigen Ausgabedifferenz eine Kandidatenmenge liefert, die den richtigen Teilschlüssel enthält. Es stellt sich jedoch heraus, daß der richtige Teilschlüssel in den Kandidatenmengen häufiger enthalten ist als andere Schlüssel. Wenn nun hinreichend viele Eingabepaare mit den dazugehörigen Ausgabedifferenzen untersucht werden, kann der richtige Teilschlüssel daran erkannt werden, daß er häufiger in den Kandidatenmengen enthalten ist als andere Teilschlüssel.

Um diese Vorgehensweise detaillierter auszuführen und formal zu beschreiben, führen wir zunächst einige Begriffe ein und definieren eine Struktur, die im folgenden *Charakteristik* genannt wird, aber auch unter den Bezeichnungen *Rundendifferential* oder *Differenzenspur (differential Trail)* bekannt ist (siehe [LM91, DR02]).

Zunächst betrachten wir noch einmal die Tabelle der Differenzenverteilungen einer DES-Substitution Sj (siehe Tabelle 5.2 auf Seite 157). Wie man sieht, gibt es zu einer gegebenen Eingabedifferenz Δe bestimmte Ausgabedifferenzen, die sehr häufig erzeugt werden, andere hingegen werden von keinem Paar e, e' mit $e \oplus e' = \Delta e$ erzeugt. Dieser Zusammengang wird durch die folgende Definition beschrieben:

Definition 5.6.1
Sei Δe ein 6-Bit Block, Δa ein 4-Bit Block und Sj eine DES-Substitution.
Wir sagen Sj und Δe erzeugen Δa mit der Wahrscheinlichkeit

$$P(Sj, \Delta e \to \Delta a),$$

wenn es genau $P(Sj, \Delta e \to \Delta a) \cdot 64$ verschiedene Paare (e, e') mit $e \oplus e' = \Delta e$
gibt, für die $Sj(e) \oplus Sj(e') = \Delta a$ ist. D.h.:

$$P(Sj, \Delta e \to \Delta a) := \frac{|\{(e, e')| e \oplus e' = \Delta e \text{ und } Sj(e) \oplus Sj(e') = \Delta a\}|}{64}.$$

Beispiel 5.6.2
Die DES-Substitution $S1$ und $\Delta e = 001001$ erzeugen $\Delta a = 1100$ mit der Wahr-
scheinlichkeit $P(S1, 001001 \to 1100) = \frac{10}{64}$.
  Diese Behauptung wird durch die Differenzenverteilung der Substitution $S1$
(Tabelle 5.2 auf Seite 157) bestätigt. Der Tabelle kann man entnehmen, daß
es genau 10 verschiedene Eingabepaare e, e' mit $e \oplus e' = 001001$ gibt, deren
Ausgabedifferenz $S1(e) \oplus S1e' = 1100$ ist.

Da nicht nur die Ein- und Ausgabedifferenzen einzelner DES-Substitutionen
betrachtet werden, sondern auch die Ein- und Ausgabedifferenzen der Rundenfunktion, erweitern wir Definition 5.6.1 entsprechend. Dabei ist zu berücksichtigen, daß die Rundenfunktion von einem unbekannten Rundenschlüssel k_i
abhängt.

Definition 5.6.3
Seien Δx und Δy 32-Bit Blöcke und F die DES-Rundenfunktion.
  Wir sagen F und Δx erzeugen Δy mit der Wahrscheinlichkeit $P(F, \Delta x \to \Delta y)$, wenn es $P(F, \Delta x \to \Delta y) \cdot 2^{32} \cdot 2^{48}$ verschiedene Paare x, x' und 48-Bit
Rundenschlüssel k gibt, die die Bedingungen

$$x \oplus x' = \Delta x \qquad \text{und} \qquad F(k, x) \oplus F(k, x') = \Delta y.$$

erfüllen. Analog zu Definition 5.6.1 gilt:

$$P(F, \Delta x \to \Delta y) := \frac{|\{(x, x', k)| x \oplus x' = \Delta x \text{ und } F(k, x) \oplus F(k, x') = \Delta y\}|}{2^{32} \cdot 2^{48}}.$$

Es ist nun naheliegend anzunehmen, daß zwischen den Wahrscheinlichkeiten
bezüglich der acht Substitutionsboxen und der Wahrscheinlichkeit bezüglich der
Rundenfunktion ein Zusammenhang existiert. Dieser Zusammenhang wird im
folgenden Satz formuliert.

Satz 5.6.4
Voraussetzungen:

  i) Seien Δx und Δy 32-Bit Blöcke und F die DES-Rundenfunktion.

ii) Für alle $j \in \{1, \ldots, 8\}$ ist $\Delta e^{(j)}$ ein 6-Bit Block, $\Delta a^{(j)}$ ein 4-Bit Block und Sj die entsprechende DES-Substitution. Ferner sei

$$\Delta a = \Delta a^{(1)} \Delta a^{(2)} \ldots \Delta a^{(8)} \quad \text{und} \quad \Delta e = \Delta e^{(1)} \Delta e^{(2)} \ldots \Delta e^{(8)}.$$

Behauptung:

Wenn $P^{-1}(\Delta y) = \Delta a$ und $E(\Delta x) = \Delta e$ ist, dann gilt für die Wahrscheinlichkeiten

$$P(F, \Delta x \to \Delta y) = \prod_{j=1}^{8} P(Sj, \Delta e^{(j)} \to \Delta a^{(j)}).$$

Beweis:

$$
\begin{aligned}
P(F, \Delta x \to \Delta y) \quad &= \quad \frac{|\{(x, x', k) \mid x \oplus x' = \Delta x \text{ und } F(k, x) \oplus F(k, x') = \Delta y\}|}{2^{32} \cdot 2^{48}} \\
&= \quad \frac{|\{(x, k) \mid F(k, x) \oplus F(k, x \oplus \Delta x) = \Delta y\}|}{2^{32} \cdot 2^{48}}
\end{aligned}
$$

Berücksichtigt man nun die Definition der DES-Rundenfunktion $F(k, x) = P(S(E(x) \oplus k))$ [2] (siehe Seite 137 in Kap. 4) und die Beziehung $P^{-1}(\Delta y) = \Delta a$, dann ist

$$P(F, \Delta x \to \Delta y) \quad = \quad \frac{|\{(x, k) \mid S(E(x) \oplus k) \oplus S(E(x \oplus \Delta x) \oplus k) = \Delta a\}|}{2^{32} \cdot 2^{48}},$$

und aufgrund der Linearität der Expansionsabbildung E (siehe Satz 5.3.1 auf Seite 154) ergibt sich die Gleichung

$$P(F, \Delta x \to \Delta y) \quad = \quad \frac{|\{(x, k) \mid S(E(x) \oplus k) \oplus S(E(x) \oplus k \oplus E(\Delta x)) = \Delta a\}|}{2^{32} \cdot 2^{48}}.$$

Mit der Substitution $e = E(x) \oplus k$ und der Beziehung $E(\Delta x) = \Delta e$ ergibt sich, daß

$$P(F, \Delta x \to \Delta y) \quad = \quad \frac{|\{(x, e) \mid S(e) \oplus S(E(\Delta x)) = \Delta a\}|}{2^{32} \cdot 2^{48}}$$

ist. Da es für die Wahl von x genau 2^{32} Möglichkeit gibt, folgt:

$$P(F, \Delta x \to \Delta y) \quad = \quad \frac{|\{e \mid S(e) \oplus S(E(\Delta e)) = \Delta a\}|}{2^{48}}$$

---

[2] $S(E(x) \oplus k) = S1(E^{(1)}(x) \oplus k^{(1)}) \ S2(E^{(2)}(x) \oplus k^{(2)}) \ldots S8(E^{(8)}(x) \oplus k^{(8)})$

und somit auch

$$P(F, \Delta x \to \Delta y) \;=\; \prod_{j=1}^{8} \frac{|\{e^{(j)} | Sj(e^{(j)}) \oplus Sj(E(\Delta e^{(j)}))) = \Delta a^{(j)}\}|}{2^6}$$

$$=\; p^{(1)} \cdot p^{(2)} \cdot \ldots \cdot p^{(8)}.$$

$\diamondsuit$

Im folgenden wird untersucht, wie man Differenzen und deren Wahrscheinlichkeiten über mehrere Runden verfolgen kann. Dazu wird eine Struktur verwendet, die „Charakteristik" genannt wird.

Definition 5.6.5
Eine n-Runden **DES-Charakteristik** — kurz DES_n-Charakteristik — ist ein Tripel $\Gamma = (\Delta m, \lambda, \Delta c)$, dessen Komponenten wie folgt definiert sind (siehe auch Abbildung 5.6):

Δm: Die *Eingabedifferenz* Δm einer DES_n-Charakteristik ist ein 64-Bit Block.

Δc: Die *Ausgabedifferenz* Δc einer DES_n-Charakteristik ist ebenfalls ein 64-Bit Block.

λ: Die Komponente λ steht für eine Liste von n *Rundendifferenzen* $\lambda = (\lambda_1, \lambda_2, \ldots, \lambda_n)$. Jedes Element λ_i dieser Liste hat die Form $\lambda_i = (\Delta x_i, \Delta y_i)$, wobei Δx_i die Eingabedifferenz der i-ten Rundenfunktion und Δy_i die Ausgabedifferenz der i-ten Rundenfunktion ist. Die Blöcke Δx_i und Δy_i sind jeweils 32 Bit groß.

Die Komponenten einer DES_n-Charakteristik müssen folgende Bedingungen erfüllen:

$$\begin{aligned}
\Delta x_1 &= \Delta m_r, \\
\Delta x_2 &= \Delta m_l \oplus \Delta y_1, \\
\Delta y_n &= c_l \oplus \Delta x_{n-1}
\end{aligned}$$

und für $2 \le i \le n-1$ gilt:

$$\Delta y_i \;=\; \Delta x_{i-1} \oplus \Delta x_{i+1}.$$

Definition 5.6.6 (Wahrscheinlichkeit einer DES_n-Charakteristik)
Sei $\Gamma = (\Delta m, \lambda, \Delta c)$ eine DES_n-Charakteristik. Wir sagen Δm erzeugt Δc gemäß Γ mit der Wahrscheinlichkeit

$$p^{\Gamma} = \prod_{i=1}^{n} p_i^{\Gamma},$$

wobei $p_i^{\Gamma} = P(F, \Delta x_i) \to \Delta y_i)$ für alle $i \in \{1, \ldots, n\}$ ist.

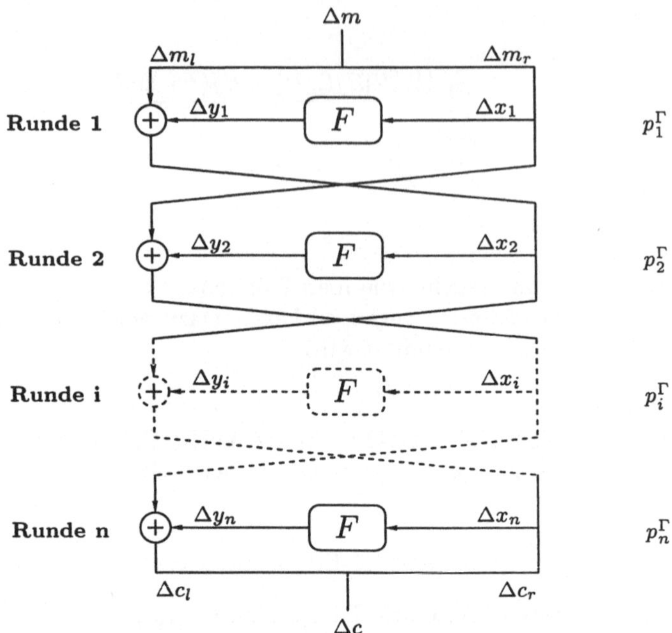

Abbildung 5.6: Definition einer Charakteristik

Charakteristiken werden im weiteren stets in Form eines Diagramms (siehe zum Beispiel Abbildung 5.6) dargestellt. Dabei ist zu beachten, daß konkrete Werte für Δx_i, Δy_i, Δm usw. als Hexadezimalzahl angegeben werden, da es schwierig ist, 32-Bit Blöcke oder 64-Bit Blöcke typographisch in die Diagramme zu integrieren. So wird zum Beispiel statt

$$0100\ 0000\ 0000\ 1000\ 0000\ 0000\ 0000\ 0000$$

die entsprechende Hexadezimalzahl

$$40\ 08\ 00\ 00$$

geschrieben.

Beispiel 5.6.7 (DES$_1$-Charakteristik)
Als erstes Beispiel betrachten wir eine DES$_1$-Charakteristik. Die 64-Bit Eingabedifferenz Δm sei so gewählt, daß alle Bits der rechten Hälfte 0 sind, die Bits der linken Hälfte (Δm_l) können beliebig gewählt werden. Aufgrund der Eigenschaften der DES-Rundenfunktion wird diese Eingabedifferenz nicht verändert, so daß $\Delta c = \Delta m$ ist, unabhängig von der Wahl des Schlüssels. Folglich ist die Wahrscheinlichkeit dieser Charakteristik $p^\Gamma = 1$.

Diese Charakteristik wurde auch bei der Analyse des DES$_3$ in Abschnitt 5.5 eingesetzt.

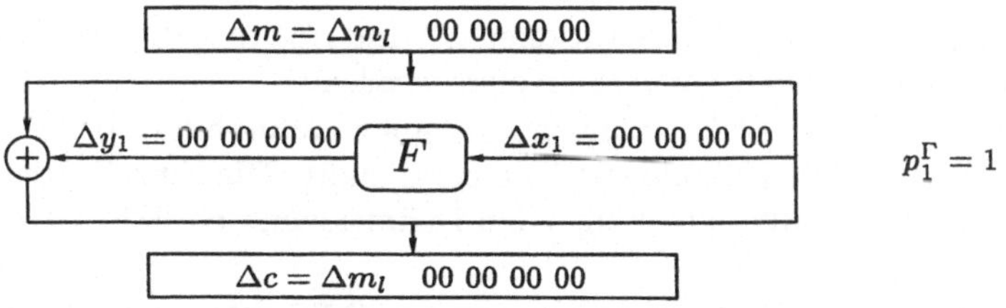

Abbildung 5.7: DES$_1$-Charakteristik

Beispiel 5.6.8 (DES$_1$-Charakteristik)

Wir betrachten nun eine DES$_1$-Charakteristik, die mit der Wahrscheinlichkeit $p^\Gamma = 1/4$ die richtige Ausgabedifferenz liefert. Dazu wählen wir die Klartextdifferenz Δm so, daß nur die Eingabedifferenz der Substitution $S2$ ungleich null ist. Um sicherzustellen, daß durch die Expansionsabbildung benachbarte Substitutionen nicht beeinflußt werden, wählen wir für die Substitution $S2$ die Eingabedifferenz $\Delta e^{(2)} = 001000$ und somit

$$\Delta m_r = 0000\ 0100\ 0000\ 0000\ 0000\ 0000\ 0000\ 0000.$$

Anhand der Differenzenverteilungstabelle der Substitution $S2$ kann man sehen, daß in den häufigsten Fällen (16 von 64) die Eingabedifferenz $\Delta e^{(2)} = 001000$ die Ausgabedifferenz $\Delta a^{(2)} = 1010$ erzeugt. Berücksichtigt man nun noch die abschließende Permutation der DES-Rundenfunktion, erhält man als Ausgabedifferenz

$$\Delta y_1 = 0100\ 0000\ 0000\ 1000\ 0000\ 0000\ 0000\ 0000.$$

Mit $\Delta m_l = 40\ 08\ 00\ 00$ erhält man die in Abbildung 5.8 dargestellte Charakteristik.

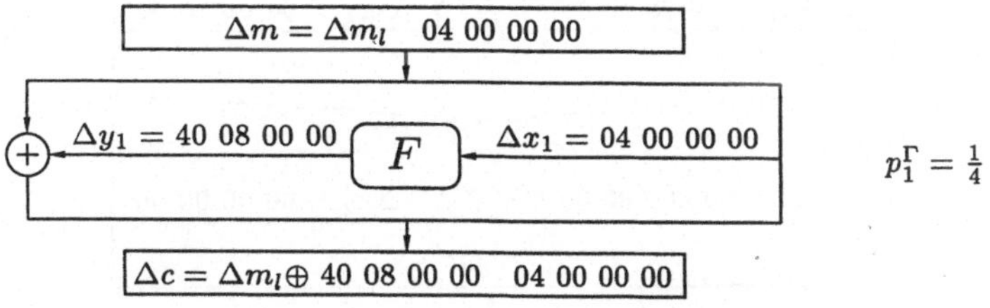

Abbildung 5.8: DES$_1$-Charakteristik .

Man könnte versuchen, durch analoges Vorgehen weitere DES$_1$-Charakteristiken mit der Wahrscheinlichkeit $p^\Gamma = 1/4$ zu konstruieren, indem man statt der Substitution $S2$ andere Substitutionen betrachtet und auch verschiedene Eingabedifferenzen für die entsprechende Substitution in Betracht zieht. Wegen der Expansionsabbildung kommen jedoch nur die Eingabedifferenzen $\Delta e^{(j)} = 001000$, $\Delta e^{(j)} = 000100$ oder $\Delta e^{(j)} = 001100$ in Frage. Für diese Werte gibt es allerdings nur bei den Substitutionen $S2$ und $S6$ Ausgabedifferenzen, die mit einer Wahrscheinlichkeit von $1/4$ erzeugt werden.

Weitere Charakteristiken können aber auch dadurch konstruiert werden, indem man vorhandene Charakteristiken kombiniert. Die Einzelheiten dieser Vorgehensweise werden durch die folgenden Definitionen und Beispiele beschrieben.

Definition 5.6.9 (Konkatenation zweier DES-Charakteristiken)

Zwei Charakteristiken $\Gamma' = (\Delta m', \lambda', \Delta c')$ und $\Gamma'' = (\Delta m'', \lambda'', \Delta c'')$ können verbunden werden, falls für $\Delta c' = \Delta c'_l \Delta c'_r$ und $\Delta m'' = \Delta m''_l \Delta m''_r$ die Beziehungen

$$\Delta c'_l = \Delta m''_r \text{ und } \Delta c'_r = \Delta m''_l$$

gelten. Für die aus der Konkatenation resultierende Charakteristik $\Gamma = \Gamma'\Gamma'' = (\Delta m', \lambda, \Delta c'')$ ist $\lambda = (\lambda'_1, \lambda'_2, \ldots, \lambda'_n, \lambda''_1, \lambda''_2, \ldots, \lambda''_m)$.

Beispiel 5.6.10 (DES$_2$-Charakteristik)

Die Charakteristiken aus Beispiel 5.6.7 und Beispiel 5.6.8 können zu einer DES$_2$-Charakteristik mit der Wahrscheinlichkeit $p^\Gamma = 1/4$ verbunden werden.

Dazu nehmen wir zuerst die Charakteristik aus Beispiel 5.6.8 und setzen $\Delta m_l = 40\ 08\ 00\ 00$. Das ist genau die Ausgabedifferenz der Rundenfunktion F, wenn $\Delta m_r = \Delta x_1 = 04\ 00\ 00\ 00$ ist. Diese Charakteristik verknüpfen wir mit der in Beispiel 5.6.7 vorgestellten Charakteristik und erhalten so eine DES$_2$-Charakteristik mit der Wahrscheinlichkeit $p^\Gamma = p^\Gamma_1 \cdot p^\Gamma_2 = 1/4$ (siehe Abbildung 5.9).

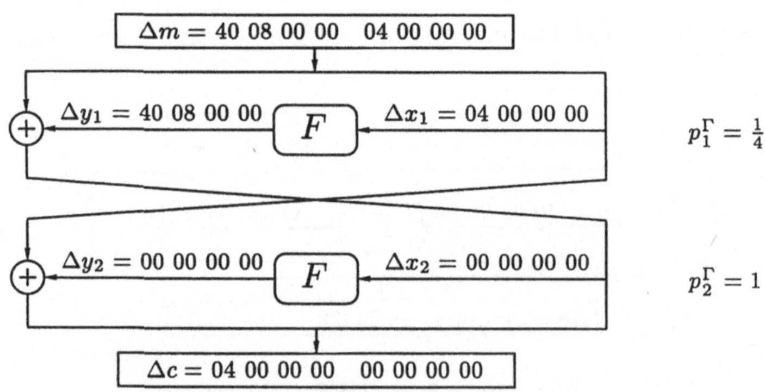

Abbildung 5.9: DES$_2$-Charakteristik

Beispiel 5.6.11 (DES$_3$-Charakteristik)

Verknüpfen wir die DES$_2$-Charakteristik aus Beispiel 5.6.10 mit der DES$_1$-Charakteristik aus Beispiel 5.6.8, so erhalten wir eine DES$_3$-Charakteristik mit der Wahrscheinlichkeit $p = 1/16$ (siehe Abbildung 5.10).

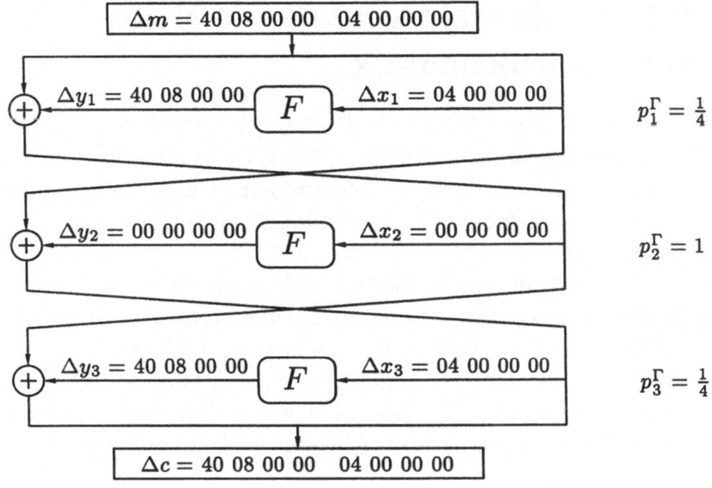

Abbildung 5.10: DES_3-Charakteristik

Definition 5.6.12 (Iterative DES-Charakteristik)
Eine DES-Charakteristik $\Gamma = (\Delta m, \lambda, \Delta c)$ mit $\Delta m = \Delta m_l \Delta m_r$ und $\Delta c = \Delta c_l \Delta c_r$ heißt *iterativ*, wenn die Bedingungen

$$\Delta m_l = \Delta c_r \text{ und } \Delta m_r = \Delta c_l$$

erfüllt sind.

Beispiel 5.6.13 (Iterative DES-Charakteristik)
Abbildung 5.11 zeigt eine iterative DES_2-Charakteristik.

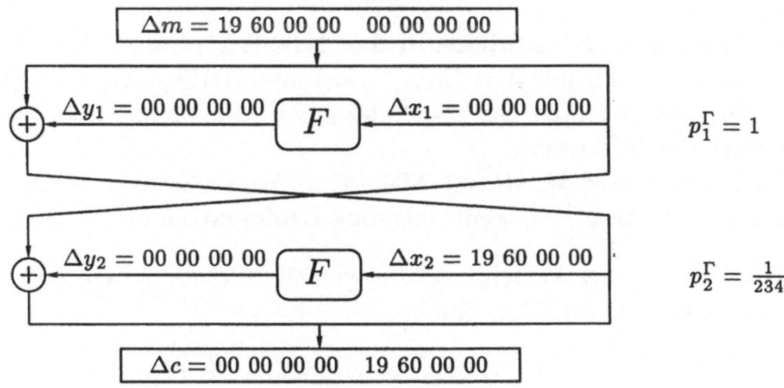

Abbildung 5.11: Iterative DES_2-Charakteristik

5.7 Schlüsselbestimmung mit Hilfe der Charakteristik

In den Abschnitten 5.4 und 5.5 wurde die Analyse des DES mit einer Runde bzw. mit drei Runden vorgestellt. In beiden Fällen ist es gelungen, zumindest einige Bits der Ausgabedifferenz exakt zu bestimmen. Dabei liefert jedes untersuchte Eingabepaar eine sogenannte „Kandidatenmenge", die stets den korrekten Teilschlüssel enthält.

Es gibt verschiedene Möglichkeiten, Informationen über die Ausgabedifferenz der letzten Runde mittels einer Charakteristik $\Gamma = (\Delta m, \lambda, \Delta c)$ zu gewinnen. Zufällig gewählte Klartextpaare mit der Differenz Δm müssen jedoch nicht zwangsläufig die von der Charakteristik vorhergesagte Ausgabedifferenz der letzten Runde liefern. Es zeigt sich aber, daß diese Klartextpaare etwa mit der Wahrscheinlichkeit p^Γ zur richtigen Ausgabedifferenz führen. Folglich können 2 Fälle eintreten:

1. Das Klartextpaar M, M' liefert die durch die Charakteristik Γ vorgegebene Ausgabedifferenz. Das hat zur Folge, daß die Kandidatenmenge den richtigen Teilschlüssel enthält. Dieser Fall tritt mit der Wahrscheinlichkeit p^Γ ein.

2. Das Klartextpaar M, M' liefert eine Ausgabedifferenz, die nicht der Charakteristik Γ entspricht. Die entsprechende Kandidatenmenge muß den richtigen Teilschlüssel dann nicht notwendigerweise enthalten. Dieser Fall tritt mit der Wahrscheinlichkeit $1 - p^\Gamma$ ein.

Damit lassen sich die Klartextpaare zu einer vorgegebenen Differenz Δm — zumindest theoretisch — in zwei Klassen einteilen. Die praktische Klassifikation scheitert daran, daß es ohne Kenntnis des Rundenschlüssels der letzten Runde nicht möglich ist zu erkennen, welche Ausgabedifferenz Δy ein Klartextpaar liefert.

Definition 5.7.1 (Klassifikation der Klartextpaare)
Sei $\Gamma = (\Delta m, \lambda, \Delta c)$ mit $\lambda = (\lambda_1, \ldots, \lambda_n)$ eine DES_n-Charakteristik und $K = (k_1, \ldots, k_n)$ ein beliebiger Schlüssel, der aus n voneinander unabhängigen 48-Bit Rundenschlüsseln besteht.

Ein Klartextpaar M, M' mit $M \oplus M' = \Delta m$ heißt „treu bezüglich Γ und K" — kurz „(Γ, K)-treu" —, wenn folgende Bedingungen erfüllt sind:

i) Für die bei der Verschlüsselung von M und M' auftretenden Rundendifferenzen Δx_i und Δy_i gilt:

$$(\Delta x_i, \Delta y_i) = \lambda_i \text{ für alle } i \in \{1, \ldots, n\}$$

ii) Für $C = \mathrm{DES}_n(K, M)$ und $C' = \mathrm{DES}_n(K, M')$ gilt:

$$C \oplus C' = \Delta c$$

Gelegentlich werden Paare, die nicht (Γ, K)-treu sind, auch *falsche Paare* genannt.

Satz 5.7.2
Sei $\Gamma = (\Delta m, \lambda, \Delta c)$ eine DES_n-Charakteristik mit der Wahrscheinlichkeit p^Γ, $K = (k_1, \ldots, k_n)$ seien n zufällig ausgewählte und voneinander unabhängige Rundenschlüssel und (M, M') ein Klartextpaar mit $M \oplus M' = \Delta m$.
Das Paar (M, M') ist mit der Wahrscheinlichkeit p^Γ (Γ, K)-treu.

Zur praktischen Durchführung der differentiellen Kryptoanalyse des DES_n mittels einer Charakteristik kann man diese Erkenntnisse nutzen, indem man wie folgt vorgeht:

1. Mittels einer DES_{n-1}-Charakteristik $\Gamma = (\Delta m, \lambda, \Delta c)$ ist es für Klartextpaare M, M' mit $M \oplus M' = \Delta m$ möglich, die Ausgabedifferenz Δy_n der letzten DES_n-Rundenfunktion mit der Wahrscheinlichkeit p^Γ zu bestimmen. Dazu berechnet man $\Delta y_n = \Delta c_r \oplus \Delta C_l$ (siehe Abbildung 5.12).

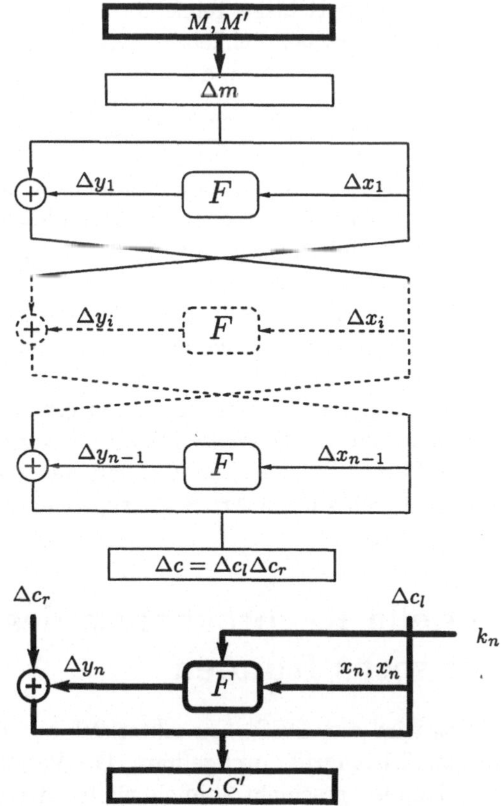

Abbildung 5.12: Verwendung einer Charakteristik

Man spricht bei dieser Art der Analyse auch von einem „1R-Angriff", was bedeutet, daß die verwendete Charakteristik eine Runde weniger enthält als das betrachtete Kryptosystem. In manchen Fällen gelingt es auch, Aussagen über die Ausgabedifferenz der n-ten DES-Runde zu machen, wenn man eine DES_{n-2} Charakteristik betrachtet (siehe Abschnitt 5.5). In diesem Fall spricht man von einem „2R-Angriff". Bei einem „3R-Angriff" verwendet man eine DES_{n-3}-Charakteristik zur Analyse des DES_n usw.

2. Aus jedem Klartextpaar M, M' mit $M \oplus M' = \Delta m$ und der dazugehörigen Geheimtextdifferenz ΔC kann gemäß dem Verfahren aus Abschnitt 5.4 eine sogenannte Kandidatenmenge für bestimmte Schlüsselbits abgeleitet werden.

3. Die Kandidatenmenge enthält den richtigen Teilschlüssel, wenn M, M' ein (Γ, K)-treues Paar ist.

4. Ein Paar M, M' mit $M \oplus M' = \Delta m$ ist mit der Wahrscheinlichkeit p^Γ ein (Γ, K)-treu.

5. Aus 3 und 4 folgt, daß der richtige Teilschlüssel in der Kandidatenmenge *mindestens* mit der Wahrscheinlichkeit p^Γ vorkommt. (Hinzu kommen noch einige Vorschläge durch Paare, die nicht (Γ, K)-treu sind.)

Die Identifikation des richtigen Teilschlüssels geschieht nun dadurch, daß man viele Klartextpaare auswertet und für jeden möglichen Teilschlüssel die Häufigkeit seines Vorkommens in den Kandidatenmengen zählt. Der richtige Teilschlüssel kann nun daran erkannt werden, daß er am häufigsten in den Kandidatenmengen enthalten ist, falls p^Γ groß genug ist und genügend Klartext-/ Geheimtextpaare ausgewertet werden.

Es ist also notwendig, eine Tabelle für die Häufigkeitsverteilung der möglichen Teilschlüssel aufzustellen. Wenn im Rahmen der Analyse ein Teilschlüssel analysiert werden soll, der aus n Bit besteht, kann zum Beispiel eine Tabelle bestehend aus 2 Spalten und 2^n Zeilen verwendet werden. In der ersten Spalte werden alle 2^n Teilschlüssel aufgeführt, und in der zweiten Spalte wird protokolliert, wie oft der entsprechende Teilschlüssel in einer Kandidatenmenge enthalten war.

Im folgenden Abschnitt wird diese Art der Kryptoanalyse am Beispiel des DES_6 vorgeführt.

5.8   Differentielle Kryptoanalyse des DES mit sechs Runden

Zur Analyse des DES_6 wird die DES_3-Charakteristik aus Beispiel 5.6.11 verwendet. Es wird also ein 3R-Angriff durchgeführt. Die Verfolgung der Differenzen über die letzten 3 Runden geschieht ähnlich wie bei der Analyse des DES_3 in Abschnitt 5.5.

Untersucht man Klartextpaare mit $\Delta m = 40\ 08\ 00\ 00\ 04\ 00\ 00\ 00$, dann wird $\Delta x_4 = 40\ 08\ 00\ 00$ mit der Wahrscheinlichkeit $p^\Gamma = 1/16$ erzeugt. Stellen wir dies in Binärschreibweise dar, so gilt:

$$\Delta x_4 \;=\; \underbrace{0100}_{S1}\ \underbrace{0000}_{S2}\ \underbrace{0000}_{S3}\ \underbrace{1000}_{S4}\ \underbrace{0000}_{S5}\ \underbrace{0000}_{S6}\ \underbrace{0000}_{S7}\ \underbrace{0000}_{S8}$$

Das bedeutet, daß die fünf Substitutionen $S2, S5, S6, S7$ und $S8$ in der vierten Runde die Eingabedifferenz 000000 haben und damit sind die Ausgabedifferenzen dieser Substitutionen 0000. Da die Gleichung

$$\Delta y_6 = \Delta x_3 \oplus \Delta y_4 \oplus \Delta c_l$$

gilt, finden wir auch die entsprechenden Ausgabedifferenzen zu den Substitutionen $S2, S5, S6, S7$ und $S8$ der letzten Rundenfunktion. Die Eingabedifferenzen $\Delta x_6 = \Delta c_r$ können unmittelbar am Geheimtext abgelesen werden (siehe auch Abbildung 5.13).

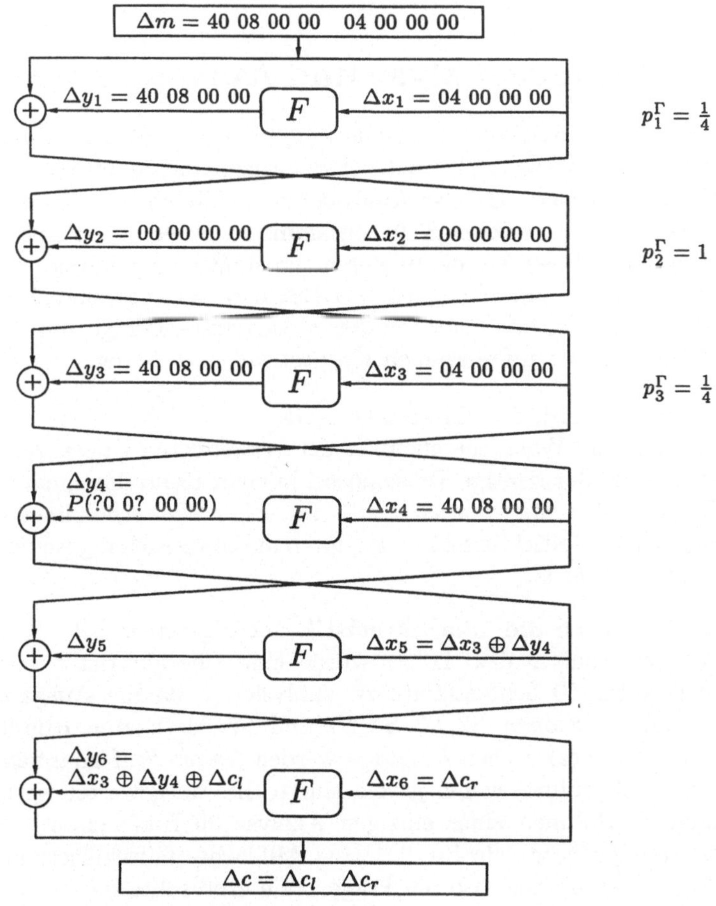

Abbildung 5.13: Analyse des DES mit 6 Runden

Es zeigt sich, daß beim Auswerten der Kandidatenmengen von ca. 300 –
500 Eingabepaaren der richtige Teilschlüssel deutlich öfter auftritt als andere
Schlüssel und somit identifiziert werden kann. Genaue Angaben zu den Verteilungen nach der Auswertung von 100, 200, 400 und 500 verschiedenen Eingabepaaren kann Tabelle 5.6 oder der Abbildung 5.14 entnommen werden. Diese
Häufigkeitsverteilungen wurden im Rahmen einer Analyse des Teilschlüssels $k_6^{(7)}$
erstellt.

Die 500 Klartextpaare wurden mit dem Schlüssel

$$0000\ 0001\ 0010\ 0011\ 0100\ 0101\ 0110\ 0111$$
$$1000\ 1001\ 1010\ 1011\ 1100\ 1101\ 1110\ 1111$$

chiffriert. Der entsprechende Rundenschlüssel k_6 ist

$$001000\ 110010\ 010100\ 011110\ 001111\ 001000\ \mathbf{010101}\ 000101.$$

Wie man sieht, ist das Resultat der Analyse richtig.

5.9 Aufwandsanalyse und Aufwandsreduzierung

Der Aufwand, der für die differentielle Kryptoanalyse des DES oder einer Variante des DES notwendig ist, kann durch die Anzahl der zu untersuchenden Paare
charakterisiert werden. Bei der Analyse des DES_6 hat sich gezeigt, daß etwa
400 Klartextpaare und deren Kryptogramme zu untersuchen sind, um einen 6
Bit großen Teilschlüssel zu identifizieren. Es stellt sich die Frage, wieviel Paare
zu untersuchen sind, um den DES_7, DES_8 usw. zu analysieren. Ferner ist zu
untersuchen, von welchen Faktoren dieser Aufwand abhängt, um Ansatzpunkte
zur Optimierung der differentiellen Kryptoanalyse zu finden.

Wahrscheinlichkeit der Charakteristik

Je höher die Wahrscheinlichkeit der verwendeten Charakteristik ist, um
so öfter ist der richtige Teilschlüssel in einer Kandidatenmenge enthalten.
Folglich führt eine Charakteristik mit hoher Wahrscheinlichkeit dazu, daß
der richtige Teilschlüssel bereits durch die Untersuchung weniger Klartexte
identifizierbar ist.

Anzahl der durch die Charakteristik verfolgbaren Bits

Bei der Analyse des DES_6 wurde eine Charakteristik verwendet, die
es erlaubt, 30 Schlüsselbits zu analysieren, da die Ausgabedifferenzen
der Substitutionen $S2, S5, S6, S7$ und $S8$ der letzten Runde „bekannt"
sind. Aus praktischen Gründen werden jedoch fünf unabhängige Analysen durchgeführt, wobei jeweils nur 6 Bits ausgewertet werden. Würde
man im Rahmen einer einzigen Analyse 30 Bits auswerten, müßte eine Häufigkeitstabelle für $2^{30} \approx 1$ Milliarde Teilschlüssel angelegt werden. Es stellt sich also die Frage: Wie groß sollte der zu untersuchende
Teilschlüssel sein, um die differentielle Kryptoanalyse möglichst effizient
durchzuführen?

Tabelle 5.6: Häufigkeitsverteilungen der Teilschlüssel bei der DES$_6$-Analyse

Teil-schlüssel	Häufigkeiten 100	200	400	500	Teil-schlüssel	Häufigkeiten 100	200	400	500
000000	4	9	22	32	100000	3	10	20	28
000001	4	8	17	27	100001	2	9	22	40
000010	7	17	33	41	100010	4	9	25	35
000011	6	10	19	28	100011	4	9	20	34
000100	5	14	31	38	100100	8	16	25	37
000101	9	16	30	41	100101	7	16	36	50
000110	8	15	26	35	100110	3	7	28	39
000111	4	16	34	44	100111	3	8	22	30
001000	5	7	17	30	101000	6	19	33	47
001001	7	14	28	34	101001	4	9	20	30
001010	3	15	28	42	101010	5	18	31	40
001011	4	16	31	41	101011	7	15	23	30
001100	8	17	25	34	101100	9	12	25	32
001101	6	12	23	39	101101	5	11	23	35
001110	4	14	23	33	101110	3	6	19	30
001111	2	11	26	38	101111	8	16	34	43
010000	8	12	28	35	110000	7	13	24	35
010001	7	15	38	49	110001	5	12	31	46
010010	4	10	25	32	110010	4	11	30	43
010011	5	7	20	27	110011	7	13	23	32
010100	6	17	29	35	110100	7	13	28	35
010101	6	15	47	102	110101	5	9	25	40
010110	3	11	29	38	110110	7	16	27	37
010111	6	15	23	37	110111	7	16	29	39
011000	5	13	24	38	111000	6	12	27	39
011001	3	10	34	49	111001	1	11	21	35
011010	7	14	19	28	111010	6	9	26	35
011011	7	9	24	30	111011	9	15	27	37
011100	5	23	39	50	111100	6	14	31	42
011101	2	11	25	40	111101	3	12	24	31
011110	4	14	31	44	111110	6	13	35	47
011111	4	12	24	33	111111	3	12	32	37

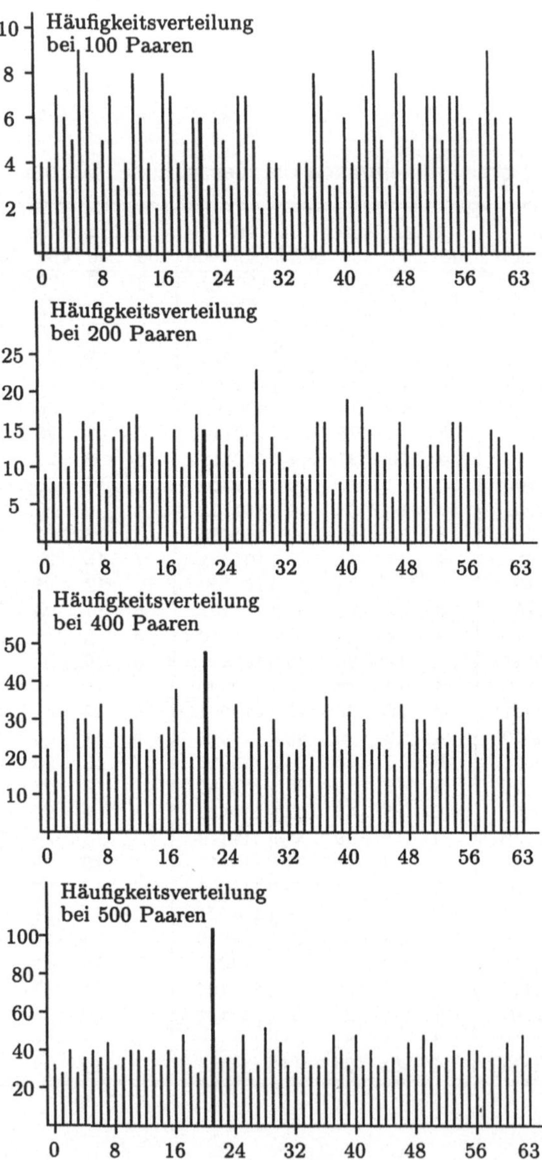

Abbildung 5.14: Graphische Darstellung der Schlüsselhäufigkeiten

Erkennen der (Γ, k)-treuen Paare Leider ist es bislang nicht gelungen, die (Γ, k)-treuen Paare eindeutig zu identifizieren, *bevor* der gesuchte Schlüssel bekannt ist. Wäre es jedoch möglich, wenigstens einige Paare zu identifizieren, die nicht (Γ, k)-treu sind, so könnte man diese Paare bei der Aufstellung der Häufigkeitstabelle ignorieren, was zur Folge hat, daß weniger falsche Schlüssel gezählt werden. Dies wiederum bedeutet, daß der richtige Teilschlüssel leichter zu identifizieren ist.

Zusammenfassend kann man sagen, daß die Effektivität der differentiellen Kryptoanalyse von der Wahrscheinlichkeit p^Γ der Charakteristik und der Größe des gesuchten Teilschlüssels abhängt. Ebenso spielt es eine Rolle, ob es gelingt, einige der Paare, die nicht (Γ, K)-treu sind, auszuschließen, bevor sie in die Zählprozedur einfließen.

Zur quantitativen Erfassung dieser Faktoren werden hier folgende Bezeichnungen verwendet:

Bezeichnungen:

K: Anzahl der Bits des gesuchten Teilschlüssels

2^K: Anzahl der möglichen Teilschlüssel und somit auch die Größe der notwendigen Häufigkeitstabelle

M: Anzahl der Paare, die insgesamt ausgewertet werden

α: Durchschnittliche Anzahl der Teilschlüsselkandidaten, die ein Paar liefert (durchschnittliche Mächtigkeit der Kandidatenmengen)

β: Anteil der Paare, die nicht (Γ, K)-treu sind und bereits vor der Zählung erkannt und aussortiert werden

Definition 5.9.1 (Rauschverhältnis)
Das Verhältnis der Anzahl von Paaren, die (Γ, K)-treu sind zu der durchschnittlichen Häufigkeit falscher Teilschlüssel, wird das

Rauschverhältnis der Häufigkeitsverteilung

genannt. Im folgenden wird dieser Wert mit S/N (signal - to - noise ratio) abgekürzt.

Wenn hinreichend viele Klartextpaare untersucht werden, kann man davon ausgehen, daß jeder Teilschlüssel im Schnitt $\frac{M \cdot \alpha \cdot \beta}{2^K}$ mal gezählt wird. Der richtige Schlüsselwert wird etwa $M \cdot p$ mal gezählt werden, so daß wir für das Rauschverhältnis der Häufigkeitsverteilung folgende Formel erhalten:

$$S/N = \frac{M \cdot p^\Gamma}{M \cdot \alpha \cdot \beta / 2^K} = \frac{2^K \cdot p^\Gamma}{\alpha \cdot \beta}.$$

Biham und Shamir fanden experimentell heraus, daß bei einem Rauschverhältnis von 1 bis 2 das Auftreten von etwa 20 bis 40 richtigen Paaren notwendig ist, um den richtigen Teilschlüssel zu identifizieren. Ist S/N wesentlich kleiner, so ist der Angriff nicht durchführbar, da die Anzahl der benötigten Eingabepaare zu groß ist.

Beispiel 5.9.2
Für das Rauschverhältnis der Analyse des DES_6 in Abschnitt 5.8 ergibt sich folgender Wert:

Ausgewertete Schlüsselbits: $\mathcal{K} = 6$
Wahrscheinlichkeit der Charakteristik: $p^\Gamma = 1/16$
Durchschnittliche Anzahl der Einträge: $\alpha = 4$
Da keine Paare ausgefiltert wurden: $\beta = 1$

$$S/N = \frac{2^6 \cdot 1/16}{4 \cdot 1} \approx 1$$

Bei der Analyse des DES_6 wurden nur 6 von 30 möglichen Schlüsselbits ausgewertet, um die Anzahl der notwendigen Zähler gering zu halten. Die 24 übrigen Eingabebits der Substitutionen $S2, S5, S6$ und $S7$ können zum Herausfiltern falscher Paare verwendet werden. Dies ist möglich, da in den Differenzentabellen dieser Substitutionen etwa 20% der Einträge Null sind. Damit gelingt es, β auf den Wert $(0,8)^4$ und damit das Rauschverhältnis auf

$$S/N = \frac{2^6 \cdot 1/16}{4 \cdot (0,8)^4} \approx 2,44$$

zu verbessern.

In [BS93] sind weitere, sehr effiziente, Möglichkeiten beschrieben, um falsche Klartextpaare herauszufiltern. Die grundlegende Idee beruht darauf, daß ein (Γ, K)-treues Paar im Durchschnitt eine größere Kandidatenmenge erzeugt als ein falsches Paar. Mit einer Gewichtsfunktion und einem experimentell gefundenen Schwellwert gelingt es, zum Beispiel 97% der falschen Paare bei der Analyse des DES mit 8 Runden zu erkennen. Dadurch wird die Anzahl der benötigten Paare von ursprünglich 150.000 auf 7.500 reduziert.

Für die Analyse des DES werden circa 2^{57} gewählte Klartexte mit dazugehörigen Geheimtexten benötigt. Der Angriff wird in der Praxis also daran scheitern, daß niemand 2^{57} Klartextblöcke mit dem gleichen Schlüssel chiffriert. Tabelle 5.7 gibt die entsprechenden Aufwände für DES-Varianten mit reduzierter Rundenzahl an. Diese Angaben stammen aus [BS93] und sollen lediglich einen groben Überblick vermitteln, in welcher Größenordnung der Aufwand einer differentiellen Kryptoanalyse des DES liegt. Genauere und aktuellere Werte können den entsprechenden Veröffentlichungen zur Kryptologie entnommen werden.

Tabelle 5.7: Resultate der differentiellen Kryptoanalyse des DES

Anzahl der Runden	Anzahl der Paare	Anzahl der Schlüsselbits	Typ der Charakteristik	p^Γ
4	2^3	42	1	1
5	2^3	42	1	1
6	2^7	30	3	1/16
8	2^{15}	30	5	1/10486
9	2^{25}	30	6	1/1000000
9	2^{26}	48	7	2^{-24}
10	2^{34}	18	9	2^{-32}
11	2^{35}	48	9	2^{-32}
12	2^{42}	18	11	2^{-40}
13	2^{43}	48	11	2^{-40}
14	2^{50}	18	13	2^{-48}
15	2^{51}	48	13	2^{-48}
16	2^{57}	18	15	2^{-56}

5.10 Resultate der differentiellen Kryptoanalyse

Wie man sieht, gehört die differentielle Kryptoanalyse zur Klasse der Angriffe,
bei denen es möglich sein muß, daß der Angreifer den Klartext frei wählen kann
(Chosen Plaintext Attack). Allerdings sind die Ansprüche des Angreifers an
die Klartexte nicht sehr hoch. Man benötigt lediglich irgendwelche Klartextpaare zu einer vorgegebenen Differenz. Wenn genügend zufällig ausgewählte
Klartext-/Geheimtextpaare vorliegen, ist es leicht, Klartextpaare zu finden, die
diesem Anspruch genügen. Insofern kann die differentielle Kryptoanalyse auch
als ein Angriff mit bekanntem Klartext durchgeführt werden (Known Plaintext
Attack). Trotzdem ist die differentielle Kryptoanalyse nicht geeignet, um einen
praktischen Angriff gegen den DES durchzuführen. Der Aufwand der Analyse wächst mit der Anzahl der betrachteten Runden. Es wurden zwar einige
Varianten der differentiellen Kryptoanalyse entwickelt, die mit etwas weniger
Aufwand auskommen, und es ist auch gelungen, einen Angriff zu konstruie-
ren, dessen Aufwand kleiner als das exhaustive Durchsuchen des 56 Bit großen
Schlüsselraums ist. Dennoch ist es bislang nicht gelungen, einen praktikablen
Angriff gegen den DES mit 16 Runden zu konstruieren.

Sehr interessante Resultate liefern Versuche, bei denen der DES-Algorithmus
geringfügig modifiziert wird, um zu beobachten, welche Auswirkungen sich bezüglich des Aufwands der differentiellen Kryptoanalyse ergeben. Solche Versuche wurden von E. Biham und A. Shamir [BS93] durchgeführt. Die Resultate
dieser Versuche deuten darauf hin, daß der DES mit 16 Runden nicht zufällig
resistent gegen die differentielle Kryptoanalyse ist.

DES mit unabhängigen Rundenschlüsseln

Seit der Veröffentlichung des DES wurde kritisiert, daß der 56-Bit Schlüssel nicht
genügend Sicherheit gegen das exhaustive Durchsuchen des gesamten Schlüsselraums bietet. Es erscheint naheliegend, den Schlüsselraum zu vergrößern, indem
man die Rundenschlüssel unabhängig voneinander generiert oder sie zumindest
aus einem größeren Schlüssel ableitet. Unter Verwendung der differentiellen
Kryptoanalyse gelingt es jedoch zu zeigen, daß dies nicht zu einer nennenswerten
Steigerung der Sicherheit des DES führt.

Betrachten wir den DES mit 16 Runden. Jeder Rundenschlüssel hat 48 Bits.
Wenn alle 16 Rundenschlüssel unabhängig voneinander gewählt werden, ergibt
sich ein Schlüsselraum der Größe $2^{48 \cdot 16} = 2^{768}$. Die grundlegende Vorgehensweise bei der Analyse des DES mit unabhängigen Schlüsseln ist einfach. Zunächst
wird der Rundenschlüssel k_{16} mittels differentieller Kryptoanalyse bestimmt.
Daß die Rundenschlüssel unabhängig voneinander gewählt wurden, spielt hierbei keine Rolle, da bei der differentiellen Kryptoanalyse keine Annahmen über
die Rundenschlüssel k_1 bis k_{16} gemacht werden. Mit dem Rundenschlüssel k_{16}
kann nun für alle Chiffretexte die Verschlüsselung der letzten Runde rückgängig
gemacht werden. Auf diese Weise wurde die Analyse des DES mit 16 Runden
und unabhängigen Rundenschlüsseln auf die Analyse des DES mit 15 Runden

und unabhängigen Rundenschlüsseln reduziert. Das Verfahren wird fortgesetzt, bis alle Rundenschlüssel bestimmt sind. E. Biham und A. Shamir gelingt es auf diese Weise, die Analyse des DES mit 16 Runden und unabhängigen Rundenschlüsseln in nur 2^{61} Schritten durchzuführen. Insgesamt werden 2^{59} Klartext/Geheimtextpaare benötigt. Die verwendeten Charakteristiken und Details des Verfahrens sind in [BS93] beschrieben.

Modifikation der Permutation P

Wird der DES mit Hilfe der iterativen Charakteristik aus Beispiel 5.6.12 analysiert, hat die Permutation P keinen Einfluß auf den Angriff. Sowohl die Eingabe- als auch die Ausgabedifferenz der ersten Runde dieser Charakteristik ist 0, und dies ist unabhängig von der Permutation P. In der zweiten Runde ist die Ausgabedifferenz der Substitutionsboxen stets 0, somit ändert auch hier die Permutation P nichts an der Eigenschaft der Charakteristik. Es ist also nicht zu erwarten, daß man den DES gegen die differentielle Kryptoanalyse schützen kann, wenn man Änderungen an der Permutation P vornimmt.

Dennoch hat die Existenz der Permutation P einen großen Einfluß auf die Sicherheit des DES, denn viele Modifikationen führen dazu, daß man Charakteristiken mit vergleichsweise hohen Wahrscheinlichkeiten konstruieren kann. Diese Charakteristiken erlauben dann wesentlich effektivere Angriffe gegen den DES.

Betrachten wir ein extremes Beispiel, und ersetzen die Permutation P durch die Identität. Die zwei mittleren Ausgabebits jeder Substitution sind nun auch die zwei mittleren Eingabebits der gleichen Substitution in der nächsten Runde. Dadurch läßt sich die in Abbildung 5.15 angegebene iterative Charakteristik konstruieren. Diese Charakteristik geht über drei Runden und hat eine Wahrscheinlichkeit von $p = \frac{9}{256}$.

Ersetzen der XOR-Verknüpfung durch Addition

Wird die XOR-Verknüpfung innerhalb der Rundenfunktion durch eine Addition modulo 64 ersetzt, dann ist es möglich, eine iterative Charakteristik (siehe Abbildung 5.16) mit der Wahrscheinlichkeit $p = \frac{1}{64}$ zu konstruieren. Eine darauf basierende Charakteristik mit 15 Runden hat die Wahrscheinlichkeit $p = (\frac{1}{64})^7 = 2^{-42}$. Es lassen sich also wesentlich effektivere Angriffe als gegen den unveränderten DES durchführen.

Veränderte Reihenfolge der Substitutionen $S1$ bis $S8$

Im Data Encryption Standard ist die Reihenfolge der acht Substitutionen vorgegeben. Durch eine Veränderung dieser Reihenfolge kann die Sicherheit des DES wesentlich geschwächt werden.

Als Beispiel wählen wir eine Reihenfolge, die mit $S1, S7, S4$ beginnt (die Reihenfolge der übrigen fünf Substitutionen kann beliebig gewählt werden). Diese Reihenfolge ermöglicht es, eine iterative Charakteristik über zwei Runden zu

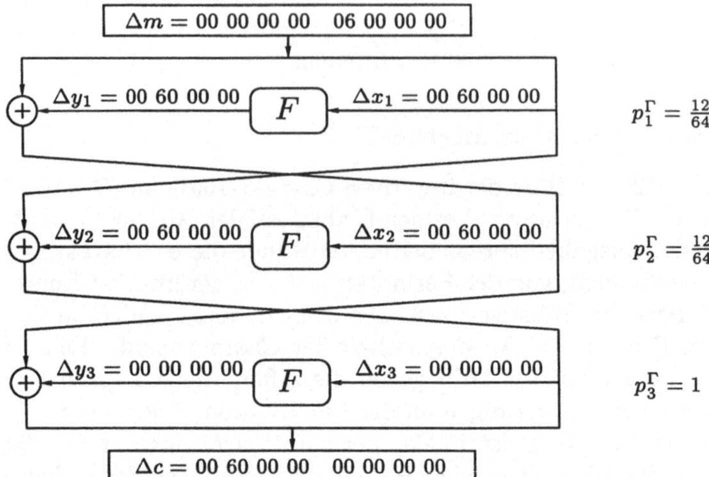

Abbildung 5.15: Iterative Charakteristik bei Elimination von P

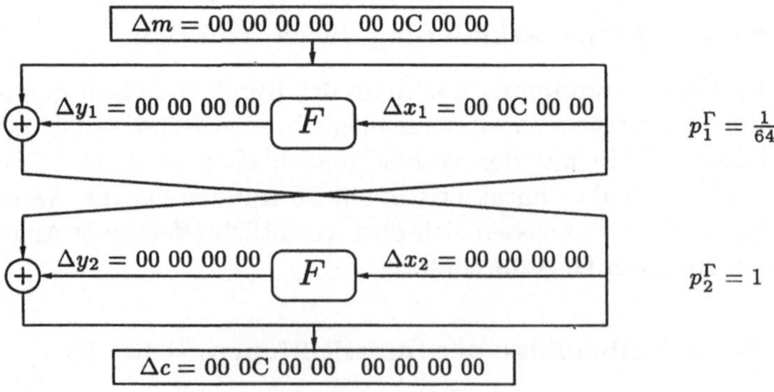

Abbildung 5.16: Iterative Charakteristik bei Addition statt XOR

konstruieren, die eine Wahrscheinlichkeit $p \approx \frac{1}{73}$ hat. In Abbildung 5.17 ist diese Charakteristik dargestellt. Die darauf basierende Charakteristik mit 15 Runden hat eine Wahrscheinlichkeit von $p \approx (\frac{1}{73})^7 \approx 2^{-43}$. Der DES mit vertauschten Substitutionen kann durch die Auswertung von 2^{45} Paaren analysiert werden, also wesentlich effizienter als der unveränderte DES.

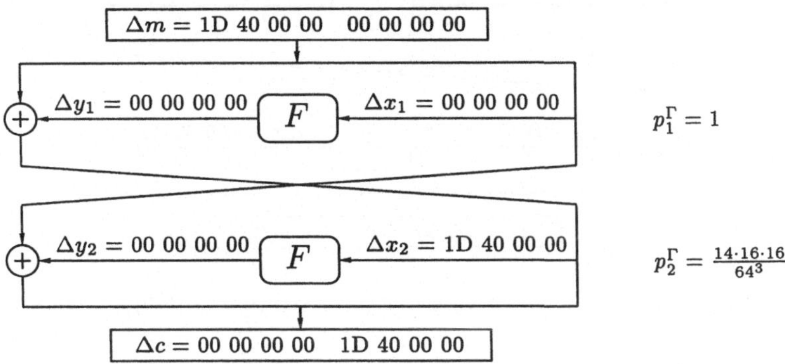

Abbildung 5.17: Iterative Charakteristik bei vertauschten Substitutionen

Zufällige Wahl der Substitutionen

Eine DES-Substitution wird durch vier Permutationen der Zahlen 1 bis 64 beschrieben. Wir betrachten nun den Fall, daß diese Permutationen für alle 8 Substitutionen zufällig gewählt werden. In diesem Fall ist es sehr wahrscheinlich ($\approx 0,998$), daß es wenigstens eine Substitution (o.B.d.A. $S1$) mit folgender Eigenschaft gibt: Es gibt zwei 6-Bit Blöcke $e^{(1)}$ und $e'^{(1)}$, die sich in den beiden mittleren Bits unterscheiden und die Bedingung $S1(e) = S1(e')$ erfüllen. Angenommen es ist $\Delta e^{(1)} = 001100$, dann läßt sich die in Abbildung 5.18 angegebene Charakteristik konstruieren. In den meisten Fällen (ca. 97%) ist die Wahrscheinlichkeit dieser Charakteristik größer als $\frac{1}{8}$. Mit der entsprechenden 13 Runden-Charakteristik benötigt man zur Kryptoanalyse eines DES mit zufälligen Substitutionen nur noch 2^{20} Klartextpaare.

Elimination der Expansionsabbildung

Eliminiert man die Expansionsabbildung der Rundenfunktion des DES und modifiziert die Substitutionen derart, daß sie 4-Bit Eingabeblöcke auf 4-Bit Ausgabeblöcke abbilden, so lassen sich iterative Charakteristiken über vier Runden mit der Wahrscheinlichkeit $p = \frac{1}{256}$ angeben. Abbildung 5.19 zeigt eine dieser Charakteristiken.

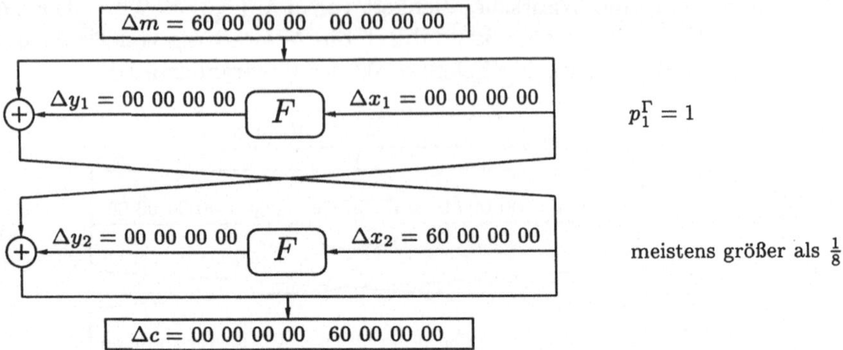

Abbildung 5.18: Iterative Charakteristik bei zufälligen Substitutionen

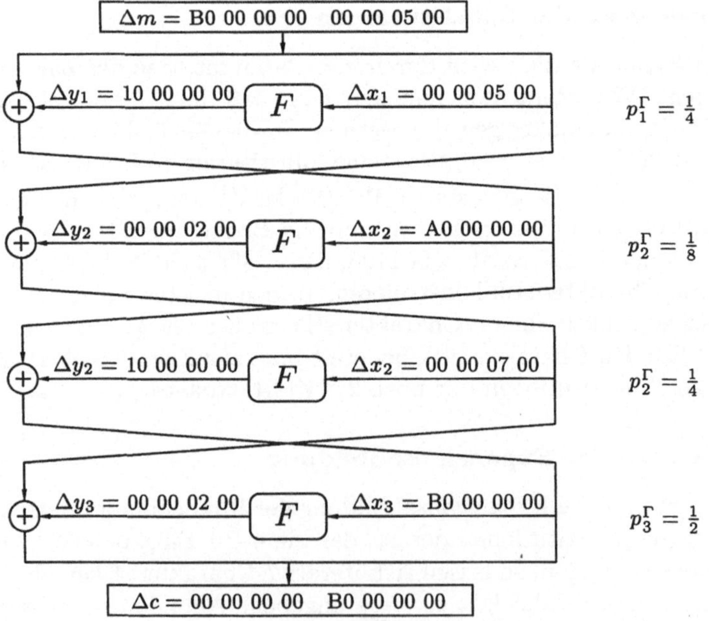

Abbildung 5.19: Iterative Charakteristik bei Elimination der Expansionsabbildung

Kapitel 6

Lineare Kryptoanalyse

Die lineare Kryptoanalyse ist heute eine der effektivsten Analysemethoden gegen iterierte Blockchiffren. Grundsätzlich handelt es sich um einen Angriff, der große Mengen Geheimtext mit bekanntem Klartext voraussetzt (Known Plaintext Attack). Unter bestimmten Umständen können aber auch Angriffe durchgeführt werden, bei denen nur Geheimtexte bekannt sind [Mat93, Mat94b, Mat94a].

Alle wichtigen Algorithmen, Methoden und Vorgehensweisen, die zur Durchführung einer linearen Kryptoanalyse mit bekanntem Klartext notwendig sind, werden auf den folgenden Seiten ausführlich erklärt. Die Darstellung folgt dabei der ersten Veröffentlichung zur linearen Kryptoanalyse von Mitsuru Matsui [Mat93], ist jedoch ausführlicher und um einige Beispiel ergänzt. Damit ist es möglich, eigene Implementierungen zu testen und Zwischenergebnisse mit den angegebenen Werten zu vergleichen.

Das Kapitel ist in acht Abschnitte unterteilt. Abschnitt 6.1 enthält eine kurze Einleitung zur Geschichte und den grundlegenden Möglichkeiten der linearen Kryptoanalyse.

Im darauf folgenden Abschnitt werden einige Grundlagen über lineare boolesche Funktionen und die verwendete Notation präsentiert.

Anschließend — im dritten Abschnitt — wird die grundlegende Idee sowie eine Übersicht zur Vorgehensweise der Analyse durch lineare Approximation präsentiert. Dabei wird auch die lineare Kryptoanalyse einer einzelnen DES Runde durchgeführt.

Die lineare Kryptoanalyse des DES mit drei Runden wird in Abschnitt 6.4 vorgestellt. Im darauf folgenden Abschnitt wird das Verfahren ein wenig erweitert, so daß es möglich ist, den DES mit fünf Runden zu analysieren. Diese Analyse zielt darauf, jeweils ein Bit des verwendeten Schlüssels zu bestimmen.

In Abschnitt 6.6 wird vorgeführt, wie es möglich ist, die vorgestellten Methoden derart zu erweitern, daß mehrere Schlüsselbits bestimmt werden. Das Verfahren wird am Beispiel des DES mit acht Runden ausführlich beschrieben und demonstriert.

Eine detaillierte Darstellung dessen, wie man mit Hilfe linearer Approximationen Kryptoanalysen für DES-Varianten mit mehr als acht Runden durchführt, ist in Abschnitt 6.7 enthalten.

Die Aufwandsabschätzung und die Berechnung der Erfolgswahrscheinlichkeit einer linearen Kryptoanalyse ist Thema des letzten Abschnitts in diesem Kapitel.

6.1   Einleitung — Motivation

Seit der Veröffentlichung des DES im Jahre 1977 sind 16 Jahre vergangen, bis schließlich ein Verfahren publiziert wurde, das es ermöglicht, einen kryptoanalytischen Angriff durchzuführen, dessen (zeitlicher) Aufwand knapp *unter* dem des exhaustiven Durchsuchens des 56-Bit großen Schlüsselraums liegt.

Das Verfahren, das heute unter dem Namen „Lineare Kryptoanalyse" bekannt ist, wurde 1993 von Mitsuru Matsui publiziert [Mat93].

Ein Jahr später (1994) ist es M. Matsui gelungen, mit diesem Verfahren eine erfolgreiche Attacke gegen den DES durchzuführen, bei der zwölf Workstation 50 Tage lang beschäftigt waren. Allerdings wurden für diesen Angriff $2^{43} \approx 10.000.000.000.000$ Klartextblöcke (jeweils 64 Bits) und die dazugehörigen Geheimtextblöcke benötigt. Diese Klartextmenge entspricht etwa 100 Millionen Büchern (ASCII-kodiert).

Wenn man bedenkt, daß die Deutsche Staatsbibliothek in Berlin derzeit über einen Bestand von ca. 10 Millionen Büchern und Zeitschriften verfügt, ist es unrealistisch anzunehmen, daß irgend jemand derart viele Klartexte mit dem gleichen Schlüssel chiffriert.

Andererseits entsprechen 2^{43} Klartextblöcke ca. 70 TByte. Wenn die Entwicklung der Festplattenspeicher im gleichen Maße voranschreitet wie bisher, ist zu erwarten, daß in einigen Jahren PCs mit einer Festplatte dieser Größe auf unseren Schreibtischen stehen.

6.2   Grundlagen

Die grundlegende Idee der linearen Kryptoanalyse besteht darin, die Chiffrierfunktion durch eine lineare Abbildung zu approximieren. Wie das im einzelnen erfolgt, wird in Abschnitt 6.3 erklärt. Zunächst werden einige Grundlagen über diskrete lineare Abbildungen und die im weiteren verwendete Notation präsentiert.

Lineare Abbildungen

Um von einer Abbildung sprechen zu können, benötigt man eine oder zwei Mengen. Will man *lineare Abbildungen* betrachten, müssen Vektorräume auf diesen Mengen definiert sein. Genaueres hierzu ist im Anhang (Mathematische Grundlagen) ab Seite 267 aufgeführt.

Im Rahmen dieses Kapitels basieren alle Abbildungen auf Vektorräumen, die mit $\mathbf{F}_2^n$ bezeichnet werden und wie folgt definiert sind.

Körper:

- Menge: $\mathbf{F}_2 := \{0, 1\}$.

- Addition: $\oplus$ mit $0 \oplus 0 = 0$, $0 \oplus 1 = 1$, $1 \oplus 0 = 1$, $1 \oplus 1 = 0$.

- Multiplikation: $\odot$ mit $0 \odot 0 = 0$, $0 \odot 1 = 0$, $1 \odot 0 = 0$, $1 \odot 1 = 1$.

Vektorraum:

- Menge: $\mathbf{F}_2^n := \{(b_1, b_2, \ldots, b_n) | b_i \in \mathbf{F}_2\}$.

- Addition: $(b_1, b_2, \ldots, b_n) \oplus (c_1, c_2, \ldots, c_n) := (b_1 \oplus c_1, b_2 \oplus c_2, \ldots, b_n \oplus c_n)$.

- Skalarmultiplikation: $a \odot (b_1, b_2, \ldots, b_n) := (a \odot b_1, a \odot b_2, \ldots, a \odot b_n)$.

Abbildungen bzw. Funktionen, die auf diesen Vektorräumen definiert sind, werden auch *boolesche Funktionen* genannt.

Definition 6.2.1 (boolesche Funktion, binäre boolesche Funktion)
Eine Funktion $\Phi : \mathbf{F}_2^n \to \mathbf{F}_2^m$ wird *boolesche Funktion* und eine Funktion $\varphi : \mathbf{F}_2^n \to \mathbf{F}_2$ wird *binäre boolesche Funktion* genannt.

Wenden wir uns nun den linearen Abbildungen zu. In den Lehrbüchern zur linearen Algebra (siehe zum Beispiel [Beu95]) werden diese Abbildungen wie folgt definiert:

Definition 6.2.2 (Lineare Abbildung)
Seien U, V zwei Vektorräume über einem Körper K und $\mathcal{L} : U \to V$ eine Abbildung von U nach V.

Die Abbildung $\mathcal{L}$ heißt linear oder ein Homomorphismus, falls für alle

$$u, u_1, u_2 \in U \quad \text{und} \quad k \in K$$

die folgenden Bedingungen gelten:

- $\mathcal{L}(u_1 + u_2) = \mathcal{L}(u_1) + \mathcal{L}(u_2)$ und

- $\mathcal{L}(k \cdot u) = k \cdot \mathcal{L}(u)$.

Für den praktischen Umgang mit linearen Abbildungen ist es wichtig zu wissen, daß jede lineare Abbildung auf endlichdimensionalen Vektorräumen unter Verwendung einer Matrix darstellbar ist.

Satz 6.2.3 (Matrixdarstellung einer linearen Abbildung)
Sei $\mathcal{L} : U \to V$ eine lineare Abbildung. Die Menge $\{u_1, \ldots, u_n\}$ sei eine Basis des Vektorraums U und $\{v_1, \ldots, v_m\}$ eine Basis von V. Dann werden durch die Gleichungen

$$
\begin{aligned}
\mathcal{L}(u_1) &= l_{11}v_1 + l_{21}v_2 + \ldots + l_{m1}v_m \\
\mathcal{L}(u_2) &= l_{12}v_1 + l_{22}v_2 + \ldots + l_{m2}v_m \\
&\ \vdots \\
\mathcal{L}(u_n) &= l_{1n}v_1 + l_{2n}v_2 + \ldots + l_{mn}v_m
\end{aligned}
$$

die Koeffizienten der Matrix

$$
L = \begin{pmatrix}
l_{11} & l_{12} & \ldots & l_{1n} \\
l_{21} & l_{22} & \ldots & l_{2n} \\
\vdots & & & \vdots \\
l_{m1} & l_{m2} & \ldots & l_{mn}
\end{pmatrix}
$$

definiert. Umgekehrt gehört zu jeder Matrix — bei festgelegten Basen von U und V — genau eine lineare Abbildung.

Im weiteren verwenden wir für die Vektorräume $\mathbf{F}_2^n$ stets die kanonische Basis

$$
\left\{
\begin{pmatrix} 1 \\ 0 \\ \vdots \\ 0 \end{pmatrix},
\begin{pmatrix} 0 \\ 1 \\ \vdots \\ 0 \end{pmatrix}, \ldots,
\begin{pmatrix} 0 \\ 0 \\ \vdots \\ 1 \end{pmatrix}
\right\}
$$

Grundlagen zu Vektorräumen und deren Basen ist im Anhang 8.2.5 (Seite 267) aufgeführt.

Als Beispiel betrachten wir nun eine lineare Abbildung $\mathcal{L}$, die 6-Bit-Blöcke auf 4-Bit-Blöcke abbildet.

Beispiel 6.2.4

Sei $e = (e_1, e_2, e_3, e_4, e_5, e_6) \in \mathbf{F}_2^6$. Wir definieren eine lineare Abbildung $\mathcal{L} : \mathbf{F}_2^6 \to \mathbf{F}_2^4$ nach dem Schema

$$
\begin{pmatrix} a_1 \\ a_2 \\ a_3 \\ a_4 \end{pmatrix}
= \mathcal{L}(e) :=
\begin{pmatrix}
l_{11} & l_{12} & l_{13} & l_{14} & l_{15} & l_{16} \\
l_{21} & l_{22} & l_{23} & l_{24} & l_{25} & l_{26} \\
l_{31} & l_{32} & l_{33} & l_{34} & l_{35} & l_{36} \\
l_{41} & l_{42} & l_{43} & l_{44} & l_{45} & l_{46}
\end{pmatrix}
\cdot
\begin{pmatrix} e_1 \\ e_2 \\ e_3 \\ e_4 \\ e_5 \\ e_6 \end{pmatrix}
$$

$$
=
\begin{pmatrix}
l_{11}e_1 \oplus l_{12}e_2 \oplus \ldots \oplus l_{16}e_6 \\
l_{21}e_1 \oplus l_{22}e_2 \oplus \ldots \oplus l_{26}e_6 \\
l_{31}e_1 \oplus l_{32}e_2 \oplus \ldots \oplus l_{36}e_6 \\
l_{41}e_1 \oplus l_{42}e_2 \oplus \ldots \oplus l_{46}e_6
\end{pmatrix}
$$

wobei $l_{ij}e_j$ als Bit-Multiplikation zu verstehen ist, also $l_{ij}e_j = l_{ij} \odot e_j$.

Die einzelnen Einträge l_{ij} $(i \in \{1, \ldots, 4\}, j \in \{1, \ldots, 6\})$ der Matrix L sind einzelne Bits. In einem etwas konkreteren Beispiel könnte L also die Gestalt

$$L = \begin{pmatrix} 0 & 0 & 0 & 1 & 0 & 0 \\ 0 & 0 & 1 & 0 & 0 & 0 \\ 0 & 1 & 0 & 0 & 0 & 0 \\ 1 & 0 & 0 & 0 & 0 & 0 \end{pmatrix}$$

haben.

Untersucht man die einzelnen Operationen des DES (IP, FP, P, E, $S1$ und $S2, \ldots, S8$) bezüglich ihrer Linearität, stellt man fest, daß die Substitutionen $S1, \ldots, S8$ die einzigen nichtlinearen Funktionen sind. Dies ist nicht weiter überraschend, da Linearität eine unerwünschte Eigenschaft für Verschlüsselungsfunktionen ist. Das leuchtet unmittelbar ein, wenn man sich klarmacht, daß aus der Verknüpfung linearer Abbildungen stets eine lineare Abbildung resultiert und eine lineare Abbildung $\mathcal{L} : \mathbf{F}_2^n \to \mathbf{F}_2^m$ bereits durch die $n+1$ Funktionswerte

$$\mathcal{L}(0, 0, \ldots, 0), \mathcal{L}(1, 0, \ldots, 0), \mathcal{L}(0, 1, \ldots, 0), \ldots, \mathcal{L}(0, 0, \ldots, 1)$$

vollständig bestimmt ist.

Bei der Analyse einer modernen Chiffre kann man also nicht darauf hoffen, ausschließlich lineare Abbildungen vorzufinden.[1]

Wir untersuchen nun, ob wenigstens ein einzelnes Ausgabebit irgendeiner DES-Substitution linear von den Eingabebits abhängt.

Gesucht sind also Funktionen $\varphi : \mathbf{F}_2^6 \to \mathbf{F}_2$ mit

$$a_i = \varphi(e) = l_1 e_1 \oplus l_2 e_2 \oplus \ldots \oplus l_6 e_6$$

für alle Eingabewerte $(e_1 \ldots e_6)$ und irgendein Ausgabebit a_i.

Funktionen dieser Art sind im weiteren von besonderer Bedeutung und werden auch „Paritätsfunktionen" genannt. Sie können besonders leicht dargestellt und berechnet werden.

Im einfachsten Fall werden alle n Bits eines Blocks mittels XOR addiert. Das Resultat nennt man Parität. Werden nur bestimmte Bits zur Berechnung der Parität addiert, spricht man auch von *gewichteter Parität*. Zur Kennzeichnung der Bits, die verwendet werden, wird ein sogenannter *Auswahlvektor* oder *Auswahlblock* benötigt, dessen Komponenten 1 sind, wenn sie bei der Paritätsberechnung verwendet werden und ansonsten 0.

---

[1]Es gibt Chiffren (z.B. IDEA), bei denen ausschließlich lineare Abbildungen verwendet werden. Allerdings werden für diese Abbildungen unterschiedliche Vektorräume verwendet. Durch Verknüpfung erhält man dann Abbildungen, die nichtlinear sind.

Tabelle 6.1: Paritäsberechnung

8-Bit Vektor a:	0	1	0	0	1	1	1	1
Auswahlvektor w:	0	1	0	1	0	1	0	1
Parität $w^T a$:		1	$\oplus$	0	$\oplus$	1	$\oplus$ 1	$= 1$

Für die Parität eines Blocks werden im weiteren zwei Kurzschreibweisen verwendet:

Skalarprodukt:

Wir schreiben $w^T a$. Dabei ist w der Auswahlvektor und a der Vektor, dessen Parität berechnet wird. Das „T" im Exponent bedeutet, daß der Auswahlvektor w transponiert wird. Die Multiplikation von w^T und a liefert das Resultat der Paritätsberechnung, wenn man die übliche Regel zur Matrixmultiplikation anwendet (Zeile $\times$ Spalte).

Diese Schreibweise eignet sich bei allgemeinen Aussagen im Rahmen von Sätzen, Definitionen und Beweisen.

Indexmenge:

Wenn mit konkreten Werten gerechnet wird, ist es oft umständlich, den Auswahlvektor auszuschreiben, besonders bei großen Blocklängen. Statt dessen werden nur die Positionen des Auswahlvektors angegeben, an denen eine „1" steht, also die Positionen, die bei einer Paritätsberechnung relevant sind.

Sei $a = (a_1 a_2 a_3 \ldots a_n)$ ein n-Bit Block, dann schreiben wir zum Beispiel $a^{[1,3,7]}$, was bedeutet, daß die Bits a_1, a_3 und a_7 bei der Paritätsberechnung zu addieren sind. Also

$$a^{[1,3,7]} := a_1 \oplus a_3 \oplus a_7.$$

Das folgende Beispiel zeigt noch einmal, daß Paritätsfunktionen lediglich lineare boolesche Funktionen $\varphi : \mathbf{F}_2^n \to \mathbf{F}_2$ sind.

Beispiel 6.2.5

Wir betrachten den Block $e = (e_1 e_2 e_3 e_4 e_5 e_6) = (111101)$. Dann ist

$$e^{[1,3,5]} \;=\; e_1 \oplus e_3 \oplus e_5 = 1 \oplus 1 \oplus 0 = 0.$$

In der sonst üblichen Matrixschreibweise für lineare Abbildungen präsentiert sich das Beispiel durch

$$\varphi : \mathbf{F}_2^6 \to \mathbf{F}_2 := e^{[1,3,5]} \;=\; \bigoplus_{i=1}^{6} (m_i \odot e_i) = (m_1 m_2 m_3 m_4 m_5 m_6) \begin{pmatrix} e_1 \\ e_2 \\ e_3 \\ e_4 \\ e_5 \\ e_6 \end{pmatrix}$$

$$= \; (1 \; 0 \; 1 \; 0 \; 1 \; 0) \begin{pmatrix} 1 \\ 1 \\ 1 \\ 1 \\ 0 \\ 1 \end{pmatrix}$$

Dabei ist $M = (m_1 m_2 m_3 m_4 m_5 m_6)$ der transponierte Auswahlvektor, dessen Einträge durch

$$m_i := \begin{cases} 1 & \text{falls } i \in \{1,3,5\} \\ 0 & \text{sonst} \end{cases}$$

definiert sind.

Im Rahmen der Analyse eines Kryptosystems ist es sicher angebracht, die entscheidenden Abbildungen, nämlich jede einzelne Substitutionsbox, wie folgt zu untersuchen:

Paritätsfunktionen (Eingabe):
Zunächst sucht man systematisch nach Ausgabebits, deren Wert sich als Paritätsfunktion der Eingabebits berechnen läßt.

Bei den acht Substitutionen des DES gibt es solche Ausgabebits nicht.

Paritätsfunktionen (Eingabe + Ausgabe):
Man kann die Suche nach Paritätsfunktionen erweitern, wenn man anstelle eines einzelnen Ausgabebits eine Parität des gesamten Ausgabeblocks betrachtet. Gesucht sind hier also Auswahlvektoren $u = u_1 \ldots u_6$ und $v = v_1 \ldots v_4$, die die Bedingung

$$u^T e = v^T S(e)$$

für alle e erfüllen.

Die systematische Untersuchung der acht DES-Substitutionen zeigt, daß keine Abhängigkeiten dieser Art vorhanden sind, wenn man von den Auswahlvektoren $u = 000000$ und $v = 0000$ absieht.

Affine Abbildungen:
Man könnte nun noch die Hoffnung haben, Auswahlvektoren u und v zu finden, bei denen $u^T e$ und $v^T S(e)$ stets unterschiedliche Resultate liefern.

Das wäre für eine Kryptoanalyse hilfreich, denn diese Abhängigkeit könnte man durch die einfache Gleichung

$$u^T e = v^T S(e) \oplus 1$$

beschreiben. Aber auch das trifft für keine der acht DES-Substitutionen zu.

Eine in Ingenieurwissenschaften oft verwendete Vorgehensweise bei der Untersuchung von nichtlinearen Abbildungen besteht darin, lineare Abbildungen zu suchen, welche die zu untersuchende Abbildung möglichst gut approximieren.

Wie man eine Abbildung, die auf diskreten Mengen definiert ist, approximiert, ist Thema des folgenden Abschnitts.

6.3 Übersicht zur Vorgehensweise der linearen Approximation

Zunächst betrachten wir eine (nichtlineare) binäre boolesche Funktion $S : \mathbf{F}_2^n \rightarrow \mathbf{F}_2$. Um diese Funktion zu approximieren, suchen wir nach einer linearen Abbildung $\varphi : \mathbf{F}_2^n \rightarrow \mathbf{F}_2$, deren Funktionswerte für eine maximale Anzahl von Argumenten mit den Funktionswerten von S übereinstimmen. Diese Abbildung wird beste lineare Approximation genannt. Die relative Anzahl der übereinstimmenden Funktionswerte ist ein Maß für die Güte der Approximation.

Definition 6.3.1 (Approximation)
Wir betrachten zwei Abbildungen $\varphi, S : \mathbf{F}_2^n \rightarrow \mathbf{F}_2$. Wir sagen φ approximiert S mit der Güte p, wenn es genau $p \cdot 2^n$ n-Bit Blöcke $e \in \mathbf{F}_2^n$ gibt, für die $S(e) = \varphi(e)$ ist.

Beispiel 6.3.2
Tabelle 6.2 zeigt (ausschnittsweise) die systematische Suche nach der besten linearen Approximation des ersten Ausgabebits der DES-Substitution S5. In der ersten Spalte sind alle 2^6 möglichen Eingabewerte $e = 000000$ bis $e = 111111$ notiert. In der zweiten Spalte sind die entsprechenden Ausgabewerte $a = S5(e)$ aufgeführt. Das erste Bit, um das es hier geht, ist fett gedruckt.

Da jede lineare boolesche Funktion $\varphi : \mathbf{F}_2^6 \rightarrow \mathbf{F}_2$ als Paritätsfunktion darstellbar ist, muß es genau 2^6 lineare Funktionen dieser Art geben. Zu jeder dieser linearen Funktionen gibt es eine Spalte in der Tabelle, die durch den entsprechenden Auswahlvektor [000000] bis [111111] gekennzeichnet ist (Spalte 3 bis 67). Für jede lineare Funktion wurden alle Funktionswerte $\varphi(e)$ berechnet und in die Tabelle eingetragen.

Man kann nun zählen, in wie vielen Fällen die Resultate der Paritätsfunktionen mit dem ersten Bit des Funktionswertes der Substitution S5 übereinstimmen. Diese Anzahl wurde jeweils in der letzten Zeile der Tabelle notiert. Wie man sieht, approximiert die lineare Funktion $(110111)^T e$ das erste Bit von S5 am besten, denn für 64 verschiedene Eingabewerte stimmen die Funktionswerte in

Tabelle 6.2: Approximationstabelle für das erste Bit der Substitution S5

Substitution:		Lineare Abbildung (Auswahlvektor):						
e	$S5(e)$	000000	000001	000010	... **110111**	...	111110	111111
000000	0010	0	0	0	... 0	...	0	0
000001	1110	0	1	0	... 1	...	0	1
000010	1100	0	0	1	... 1	...	1	1
000011	1011	0	1	1	... 0	...	1	0
000100	0100	0	0	0	... 1	...	1	1
000101	0010	0	1	0	... 0	...	1	0
000110	0001	0	0	1	... 0	...	0	0
⋮	⋮	⋮	⋮	⋮	⋮		⋮	⋮
111100	0000	0	0	0	... 1	...	0	0
111101	0101	0	1	0	... 0	...	0	1
111110	1110	0	0	1	... 0	...	1	1
111111	0011	0	1	1	... 1	...	1	0
Häufigkeit:		32	32	36	... **44**	...	34	34

44 Fällen überein. Folglich approximiert $(110111)^T e$ die boolesche Funktion $(1000)^T S5$ mit der Güte $44/64 \approx 0,69$.

Um S5 genauer zu untersuchen, betrachten wir nun jede Parität der Ausgabebits. Das Resultat dieser Untersuchung ist in Tabelle 6.3 aufgeführt. In dieser Tabelle gibt es für jede Parität des Eingabewerts e eine Zeile, die durch den entsprechenden Auswahlvektor $z = 000000$ bis $z = 111111$ gekennzeichnet ist (erste Spalte). Für jede Parität des Ausgabewerts a ist eine Spalte vorgesehen. Die Spalten sind mit $0,1, \ldots$ E, F beschrieben, wobei die Spaltenbeschriftung als Hexadezimalzahl zu interpretieren ist. Dabei steht 0 für den Auswahlvektor ($s = 0000$), 1 für $s = (0001)$ usw. Die Einträge in den Zellen beschreiben, in wie vielen Fällen die Approximation $z^T e$ mit dem entsprechenden Wert $s^T(S5(e))$ übereinstimmt. Verschiedene Werte sind fett gedruckt, weil diese von besonderer Bedeutung sind.

Zeile: 000000, Spalte: 0
Daß die Approximation $(000000)^T e = (0000)^T S5(e)$ für alle e zutrifft, ist trivial und hat für die Kryptoanalyse keinen erkennbaren Nutzen.

Zeile: 100100, Spalte: D
Der Tabelle ist hier zu entnehmen, daß die Approximation

$$(100100)^T e = (1101)^T S5$$

für 46 von 64 verschiedenen Werten für e zutrifft. Dieser Wert ist von besonderem Interesse, da 46 die größte Zahl in der gesamten Tabelle ist. Ein ebenso hoher Wert wird noch für die Approximation $(111111)^T e = (0100)^T S5$ erreicht.

Zeile: 01000, Spalte: F
Dieser Wert ist von besonderem Interesse, da es sich um den kleinsten Wert

der gesamten Tabelle handelt. Die Approximationsgleichung $(010000)^T e = (1111)^T S5$ wird nur für 12 von 64 möglichen Werten für e erfüllt. Das bedeutet aber auch, daß die Approximation

$$(010000)^T e = (1111)^T S5 \oplus 1$$

in 56 von 64 Fällen zutrifft. Damit handelt es sich um die beste (affine) lineare Approximation für die DES-Substitution $S5$.

In Tabelle 6.3 sind weitere Werte hervorgehoben, da diese im Rahmen der Analyse des DES eine Rolle spielen, wie man weiter unten sehen wird.

Tabelle 6.4 zeigt das Analyseresultat für die DES-Substitution $S1$. Wie man sieht, erhält man mit den Auswahlvektoren $u = (011011)$ und $v = (0100)$ eine Approximation, die in 22 von 64 Fällen zutreffend ist. Diese Approximation ist nützlich für die Analyse des DES mit fünf oder mehr Runden, worauf in Abschnitt 6.5 noch detailliert eingegangen wird.

Tabelle 6.3: Approximationsmatrix der DES-Substitution S5

Ausw.-V. für e	Auswahlvektor für a (Hexadezimal)															
	0	1	2	3	4	5	6	7	8	9	A	B	C	D	E	F
000000	64	32	32	32	32	32	32	32	32	32	32	32	32	32	32	32
000001	32	32	32	32	32	32	32	32	32	32	32	32	32	32	32	32
000010	32	36	30	34	30	34	28	32	36	32	34	30	34	30	32	28
000011	32	32	30	38	30	30	36	28	32	32	30	38	30	30	36	28
000100	32	34	30	32	32	34	30	32	32	34	34	36	28	30	30	32
000101	32	34	34	28	32	42	26	28	32	34	22	32	36	30	34	36
000110	32	30	28	26	30	28	34	32	32	30	32	30	26	24	34	32
000111	32	34	32	34	30	40	38	32	28	38	32	26	30	32	26	28
001000	32	32	34	38	32	32	30	26	30	34	36	20	34	38	28	36
001001	32	28	38	30	32	28	26	26	38	30	32	28	34	26	24	28
001010	32	36	32	32	30	26	34	34	34	34	30	34	36	28	28	32
001011	32	36	36	36	38	34	30	30	30	30	30	34	32	24	28	32
001100	32	34	32	30	32	34	36	42	30	36	30	24	30	36	26	28
001101	32	38	32	34	32	30	36	22	30	32	30	36	30	40	26	32
001110	32	30	30	32	30	36	32	34	30	32	36	34	28	38	30	28
001111	32	30	30	40	38	36	32	34	34	36	40	30	40	26	34	32
010000	32	34	30	32	32	30	26	24	32	30	30	28	32	34	42	12
010001	32	34	30	32	36	34	30	28	36	34	34	32	24	26	34	36
010010	32	30	32	30	34	28	30	24	36	38	36	38	30	36	26	32
010011	32	26	32	34	30	36	34	32	36	26	36	34	26	36	30	32
010100	32	36	28	32	32	32	32	32	28	28	36	36	32	36	28	32
010101	32	36	32	28	28	36	24	24	32	32	28	36	40	36	32	36
010110	32	32	38	38	34	30	36	32	36	32	38	34	34	34	32	32
010111	32	36	26	30	38	30	28	36	36	28	26	34	30	34	32	36
011000	32	38	32	34	36	22	28	34	34	32	30	32	34	36	30	28
011001	32	34	36	26	32	30	36	30	38	40	38	36	42	32	34	28
011010	32	34	34	24	30	36	32	34	30	32	36	34	32	30	30	32
011011	32	34	38	28	26	32	32	34	38	40	32	30	28	26	30	32
011100	32	32	30	34	36	32	26	34	30	38	28	32	34	30	32	32
011101	32	36	30	38	24	32	30	34	42	30	24	24	34	34	32	36
011110	32	28	24	32	30	30	30	34	30	34	30	38	36	36	36	32
011111	32	28	40	24	34	26	26	30	30	34	30	30	24	32	32	28
100000	32	32	32	32	32	32	32	32	32	32	32	32	32	32	32	32
100001	32	32	32	32	32	32	32	32	32	32	32	32	32	32	32	32
100010	32	28	30	34	30	34	28	40	28	32	26	38	34	30	16	20
100011	32	32	30	30	38	30	28	36	32	32	30	30	30	38	36	28
100100	32	30	38	36	32	38	30	36	36	26	30	36	32	46	34	32
100101	32	38	34	32	32	38	34	32	28	26	34	24	32	30	38	28
100110	32	34	36	30	30	32	34	28	36	30	28	30	38	32	30	32
100111	32	22	32	30	38	36	38	28	32	38	20	34	34	32	38	28
101000	32	36	30	30	32	36	26	34	34	26	36	32	38	30	28	32
101001	32	32	34	38	32	32	38	34	34	30	24	32	30	26	32	32
101010	32	32	28	24	38	38	38	26	38	34	30	30	24	36	28	36
101011	32	40	32	36	38	30	26	38	34	38	30	38	28	32	36	36
101100	32	34	36	26	32	26	32	38	30	28	34	28	30	36	38	32
101101	32	30	28	30	32	30	24	34	30	32	26	24	30	32	30	36
101110	32	38	34	28	38	36	36	30	22	24	32	30	36	30	34	32
101111	32	38	26	28	38	28	36	30	34	36	36	26	32	34	30	28
110000	32	34	30	32	28	26	30	28	36	34	34	32	32	34	34	36
110001	32	34	30	32	32	30	34	32	32	30	30	28	32	34	34	36
110010	32	38	32	30	30	40	34	36	32	42	32	34	30	36	34	32
110011	32	26	32	42	34	32	30	28	32	38	32	22	34	36	30	32
110100	32	32	20	36	28	32	36	24	28	32	28	32	28	28	32	32
110101	32	24	32	32	40	28	36	32	32	28	28	32	36	36	28	36
110110	32	36	30	26	30	30	40	32	36	28	30	30	38	34	28	32
110111	32	24	26	26	26	38	32	36	44	32	34	30	34	34	36	28
111000	32	34	36	26	32	30	36	30	26	36	26	32	38	36	30	32
111001	32	30	40	34	28	38	28	26	30	28	34	36	30	32	34	32
111010	32	38	22	32	34	36	32	30	38	28	32	34	36	30	30	28
111011	32	30	26	28	22	32	24	30	22	36	36	30	32	34	30	36
111100	32	24	26	30	32	28	34	34	26	34	36	32	42	30	36	36
111101	32	36	34	34	36	36	30	34	30	42	32	32	34	34	36	32
111110	32	28	36	28	34	34	30	34	34	30	30	30	36	28	32	36
111111	32	28	28	28	46	38	26	30	34	30	38	30	32	32	28	32

Tabelle 6.4: Approximationsmatrix der DES-Substitution S1

Ausw.-V. für e	Auswahlvektor für a (Hexadezimal)															
	0	1	2	3	4	5	6	7	8	9	A	B	C	D	E	F
000000	64	32	32	32	32	32	32	32	32	32	32	32	32	32	32	32
000001	32	32	32	32	32	32	32	32	32	32	32	32	32	32	32	32
000010	32	30	30	28	30	32	28	38	34	32	32	38	36	30	26	36
000011	32	30	30	28	30	32	28	38	34	40	32	30	36	38	26	28
000100	32	34	30	28	**30**	32	28	26	30	36	40	34	32	30	26	44
000101	32	30	30	32	30	28	28	30	34	28	28	34	36	22	30	28
000110	32	32	32	36	32	36	32	32	32	28	36	36	32	32	28	24
000111	32	28	32	40	32	32	32	36	36	28	24	28	36	32	32	32
001000	32	36	30	38	26	26	32	28	28	28	34	30	34	30	32	32
001001	32	32	38	26	30	26	36	28	32	28	30	38	34	26	32	28
001010	32	30	32	34	32	38	40	34	30	32	30	36	30	32	30	36
001011	32	34	24	30	28	22	36	34	26	40	34	36	30	28	30	32
001100	32	30	32	38	32	34	32	34	34	32	38	28	34	28	38	32
001101	32	38	32	38	36	30	28	30	34	32	38	36	30	40	26	28
001110	32	32	30	30	34	34	32	32	36	36	38	30	34	34	28	36
001111	32	32	30	38	30	30	36	28	28	28	30	30	30	30	32	32
010000	32	34	34	32	30	32	36	26	32	38	34	28	38	28	28	14
010001	32	34	30	28	34	28	28	42	28	34	34	28	30	28	32	26
010010	32	36	32	32	28	36	32	36	26	34	34	38	34	38	38	22
010011	32	36	28	28	32	32	24	20	30	30	26	38	34	38	34	34
010100	32	36	32	36	24	28	36	32	34	38	30	34	38	34	30	34
010101	32	32	36	28	28	36	36	28	42	34	34	34	26	34	38	30
010110	32	38	34	32	34	28	32	34	36	34	34	32	30	32	32	34
010111	32	34	38	24	38	36	32	30	20	30	30	32	26	32	32	30
011000	32	34	40	34	32	38	36	34	36	30	36	38	32	30	28	34
011001	32	30	36	26	32	26	32	34	36	26	40	38	32	34	32	26
011010	32	32	26	34	30	30	36	36	30	30	32	32	28	36	34	34
011011	32	36	38	34	**22**	34	24	36	30	26	36	32	36	32	30	34
011100	32	28	34	34	34	26	32	28	30	30	36	32	32	36	34	34
011101	32	36	30	30	34	26	28	32	34	34	28	32	20	32	26	26
011110	32	34	32	30	36	30	32	30	32	38	28	30	32	30	32	34
011111	32	34	28	34	28	30	36	34	36	26	36	30	28	34	32	34
100000	32	32	32	32	32	32	32	32	32	32	32	32	32	32	32	32
100001	32	32	32	32	32	32	32	32	32	32	32	32	32	32	32	32
100010	32	34	30	32	34	32	32	38	30	32	28	38	36	42	42	32
100011	32	34	30	32	34	32	32	38	38	32	36	22	28	26	34	32
100100	32	34	26	24	34	36	36	34	34	32	32	34	32	38	22	32
100101	32	30	34	36	34	32	28	30	30	32	36	34	28	38	26	32
100110	32	36	36	28	40	24	36	32	32	24	32	28	32	36	32	32
100111	32	32	28	24	24	36	28	28	36	24	28	28	36	36	28	32
101000	32	36	30	30	30	30	28	32	36	36	34	38	30	26	44	36
101001	32	32	30	26	34	30	24	40	32	28	30	30	38	30	28	32
101010	32	34	32	30	32	34	32	30	34	24	26	28	34	32	34	28
101011	32	22	32	34	28	34	36	38	30	32	22	36	34	28	26	32
101100	32	38	28	34	40	34	36	38	30	28	30	44	30	24	30	32
101101	32	30	28	34	28	30	32	34	30	28	30	36	26	36	34	28
101110	32	28	34	38	38	26	24	36	28	32	34	38	38	34	36	32
101111	32	28	34	30	34	22	44	32	28	32	34	30	42	38	32	36
110000	32	30	30	32	30	36	32	34	32	34	38	36	38	32	32	30
110001	32	30	34	36	34	32	32	26	28	30	30	28	30	32	28	34
110010	32	28	28	28	32	32	32	36	30	30	26	30	26	38	34	34
110011	32	28	32	32	36	28	32	28	26	34	34	30	34	30	30	30
110100	32	40	24	40	36	36	32	32	30	30	34	26	38	38	30	30
110101	32	36	28	32	24	28	32	28	30	34	30	34	34	30	30	34
110110	32	38	34	24	34	28	40	34	36	26	34	32	38	32	32	34
110111	32	34	22	32	38	36	40	30	36	38	30	32	34	32	32	30
111000	32	22	36	34	28	30	36	30	36	34	32	38	28	38	28	30
111001	32	34	32	26	28	34	32	30	28	38	28	30	36	34	40	30
111010	32	32	38	30	38	38	32	32	34	34	32	32	40	32	34	34
111011	32	36	34	30	30	42	36	32	18	30	36	32	32	28	30	34
111100	32	32	42	30	26	30	32	40	26	38	32	24	28	36	30	34
111101	32	40	30	34	26	30	36	36	30	26	32	32	32	32	30	34
111110	32	34	32	30	24	34	36	34	32	30	36	30	28	34	36	30
111111	32	18	20	26	32	34	32	30	28	26	44	30	32	30	36	30

Bislang wurde noch nicht erklärt, wie man die Erkenntnisse bezüglich linearer Approximationen einzelner Substitutionen zur Analyse einer Blockchiffre nutzen kann. Hierzu betrachten wir zunächst eine stark vereinfachte DES-Rundenfunktion als Chiffre (siehe Abbildung 6.1). Dabei wird ein Klartextblock m (6 Bit) mit einem Schlüssel k (6 Bit) addiert. Das Resultat wird mittels $S5$ substituiert. Man erhält einen Geheimtextblock c (4 Bit). Für praktische Anwendungen ist diese „Chiffre" sicher ungeeignet, aber als erstes Beispiel für eine lineare Kryptoanalyse völlig ausreichend.

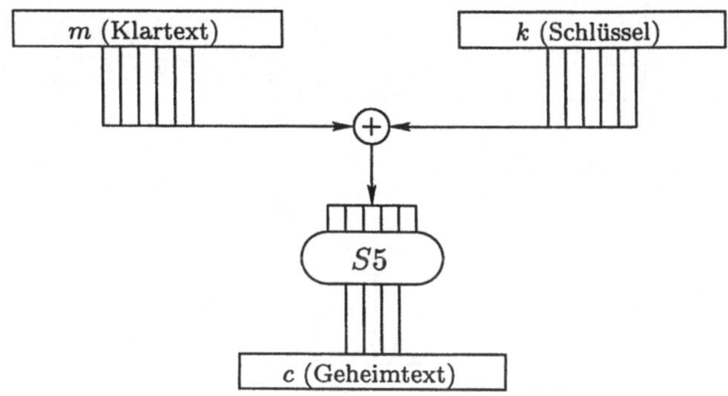

Abbildung 6.1: Vereinfachte DES-Rundenfunktion

Aus der Analyse der Substitution S5 ist bekannt, daß die Approximation $(010000)^T e = (1111)^T S5 \oplus 1$ in 81% aller Fälle mit den echten Ausgabewerten übereinstimmt.

Für die Chiffre im vorliegenden Beispiel ergibt sich dann die Approximationsgleichung

$$(010000)^T m \oplus (010000)^T k = (1111)^T c \oplus 1$$

bzw. – nach $k^{[2]}$ umgestellt – :

$$k^{[2]} = (010000)^T m \oplus (1111)^T c \oplus 1.$$

Diese Gleichung wird von zufällig ausgewählten Klartexten, Schlüsseln und den dazugehörigen Geheimtexten in 81% aller Fälle erfüllt.

Ein Kryptoanalytiker, der eine größere Menge von Klartext-/Geheimtextpaaren kennt, die mit dem gleichen Schlüssel erzeugt wurden, kann nun für jedes Paar (m_i, c_i) einen Wert $k_i^{[2]} = (010000)^T m_i \oplus (1111)^T c_i \oplus 1$ berechnen.

Da die Gleichung in 81% aller Fälle das zweite Bit des Schlüssels liefert, ist davon auszugehen, daß der Kryptoanalytiker bei seiner Versuchsreihe in den meisten Fällen den wahren Wert für das zweite Schlüsselbit erhält. Es ist also möglich, dieses Schlüsselbit zu bestimmen, wenn genügend Klartext-/Geheimtextpaare vorliegen.

Analyse der DES-Rundenfunktion

Gehen wir nun von einem Verschlüsselungsalgorithmus aus, der aus einer einzelnen DES-Rundenfunktion besteht. Zur Beschreibung der einzelnen Schritte, die innerhalb einer Rundenfunktion ausgeführt werden, werden hier die Bezeichnungen und Konventionen verwendet, die bereits in den Kapiteln 4 und 5 eingeführt wurden (siehe auch Abbildung 6.2).

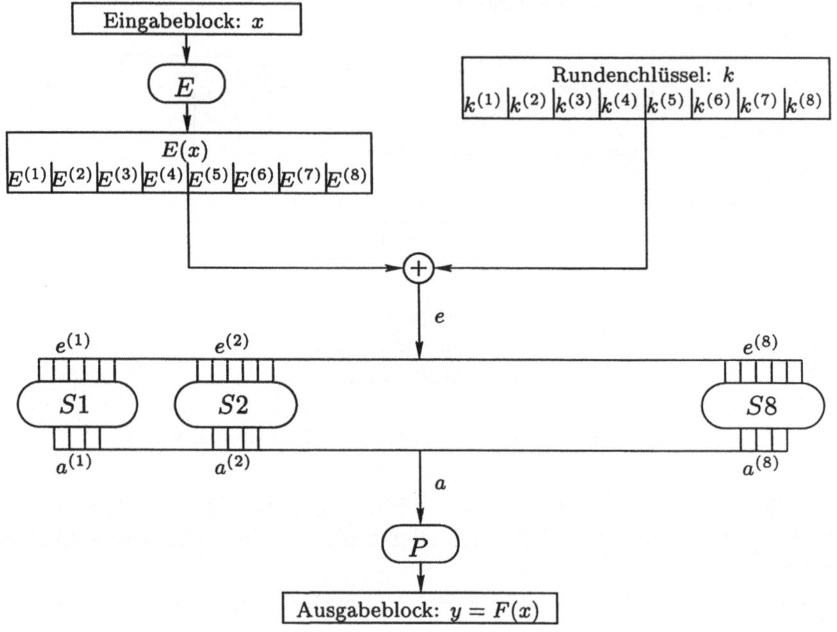

Abbildung 6.2: Bezeichnungen zur Rundenfunktion des DES

Für die Notation von Paritätsfunktionen in Approximationsgleichungen wird nun die Schreibweise mit Indexmengen verwendet, da die Klartexte und Geheimtexte mit 32 Bits vergleichsweise lang sind. Bei der bisher verwendeten Approximationsgleichung für $S5$ schreiben wir also

$$(e^{(5)})^{[2]} = (S5(e^{(5)}))^{[1,2,3,4]} \oplus 1 \quad \text{oder} \quad (e^{(5)})^{[2]} = (a^{(5)})^{[1,2,3,4]} \oplus 1$$

statt – wie bisher –

$$(010000)^T e = (1111)^T S5(e).$$

Unter Einbeziehung der Expansionsabbildung E und der Schlüsseladdition ergibt sich die Beziehung

$$\begin{aligned}
(e^{(5)})^{[2]} &= e^{[26]} = (E(x))^{[26]} \oplus k^{[26]} \\
&= x^{[17]} \oplus k^{[26]}.
\end{aligned}$$

Berücksichtigt man noch die Permutation P, die innerhalb der Rundenfunktion durchgeführt wird, erhält man

$$
\begin{aligned}
(a^{(5)})^{[1,2,3,4]} &= a^{[17]} \oplus a^{[18]} \oplus a^{[19]} \oplus a^{[20]} \\
&= P(a^{[17]}) \oplus P(a^{[18]}) \oplus P(a^{[19]}) \oplus P(a^{[20]}) \\
&= y^{[3]} \oplus y^{[8]} \oplus y^{[14]} \oplus y^{[25]} \\
&= y^{[3,8,14,25]}.
\end{aligned}
$$

Folglich gilt für eine DES-Rundenfunktion die Approximationsgleichung

$$
k^{[26]} = x^{[17]} \oplus y^{[3,8,14,25]} \oplus 1,
$$

die ebenfalls von 81% zufällig ausgewählter Klartext-/ Geheimtextpaare (x,y) erfüllt wird. Weitere Approximationsgleichungen, die im Rahmen der Analyse des DES relevant sind, können der Tabelle 6.5 entnommen werden.

Tabelle 6.5: Approximationsgleichungen

Approximation A	$p = 52/64 = 0,81$
$a = S5(e)$	$(010000)^T e = (1111)^T a \oplus 1$
$y = F(x,k)$	$k^{[26]} = x^{[17]} \oplus y^{[3,8,14,25]} \oplus 1$
Approximation B	$p = 42/64 = 0,66$
$a = S1(e)$	$(011011)^T e = (0100)^T a \oplus 1$
$y = F(x,k)$	$k^{[2,3,5,6]} = x^{[1,2,4,5]} \oplus y^{[17]} \oplus 1$
Approximation C	$p = 34/64 = 0,53$
$a = S1(e)$	$(000100)^T e = (0100)^T a \oplus 1$
$y = F(x,k)$	$k^{[4]} = x^{[3]} \oplus y^{[17]} \oplus 1$
Approximation D	$p = 42/64 = 0,66$
$a = S5(e)$	$(010000)^T e = (1110)^T a$
$y = F(x,k)$	$k^{[26]} = x^{[17]} \oplus y^{[8,14,25]}$
Approximation E	$p = 48/64 = 0,75$
$a = S5(e)$	$(100010)^T e = (1110)^T a \oplus 1$
$y = F(x,k)$	$k^{[25,29]} = x^{[16,20]} \oplus y^{[8,14,25]} \oplus 1$

Zusammenfassend kann man zunächst folgende Vorgehensweise für eine lineare Kryptoanalyse festhalten:

Algorithmus für ein Schlüsselbit

Wir betrachten einen Verschlüsselungsalgorithmus E, der Klartextblöcke m vermöge eines Schlüssels k zu Geheimtextblöcken $c = E(k,m)$ chiffriert. Eine lineare Kryptoanalyse wird in folgenden Schritten durchgeführt:

Schritt 1: Bestimme Auswahlvektoren u, v und w, so daß man eine Approximationsgleichung der Art

$$
\begin{aligned}
w^T k &= u^T m \oplus v^T c \quad \text{oder} \\
w^T k &= u^T m \oplus v^T c \oplus 1
\end{aligned}
$$

für die Verschlüsselungsfunktion E erhält, die eine möglichst hohe Güte $p > 1/2$ hat.

Bei der Analyse einer DES-Rundenfunktion haben wir hier die Gleichung $k^{[26]} = x^{[17]} \oplus y^{[3,8,14,25]} \oplus 1$ verwendet. Die Güte dieser Approximation betrug $p = 0,81$.

Schritt 2: Untersuche N (viele)[2] Klartext-/ Geheimtextpaare (m_i, c_i) und bestimme zu jedem Paar einen Wert KB (**Key Bit**), indem jeweils die rechte Seite der Approximationsgleichung berechnet wird. Die Anzahl der Fälle, in denen $KB = 1$ ist, wird gezählt und mit Z bezeichnet.

Schritt 3: Für den Fall, daß genügend Klartexte und Geheimtexte untersucht wurden, kann ein Schlüsselbit gemäß der folgenden Regel bestimmt werden:

$$
\begin{aligned}
Z > N/2 &\;\Rightarrow\; w^T k = 1 \quad \text{und} \\
Z < N/2 &\;\Rightarrow\; w^T k = 0.
\end{aligned}
$$

6.4 Analyse des DES mit drei Runden

Die Analyse des DES mit 3 Runden (siehe Abbildung 6.3) basiert auf der gleichen Approximation der Substitution $S5$ wie die Analyse einer einzelnen Rundenfunktion.

Wegen des Aufbaus der Chiffre nach H. Feistel gelten hier die Beziehungen $y_1 = m_l \oplus x_2$ und $x_1 = m_r$, wobei die Bezeichnungen aus Abbildung 6.3 verwendet werden. Mit der Approximationsgleichung für die DES-Rundenfunktion

$$
k^{[26]} = x^{[17]} \oplus y^{[3,8,14,25]} \oplus 1
$$

erhält man für Runde 1 die Gleichung

$$
k_1^{[26]} = m_r^{[17]} \oplus m_l^{[3,8,14,25]} \oplus x_2^{[3,8,14,25]} \oplus 1. \tag{6.1}
$$

---

[2]Weiter unten wird noch genauer darauf eingegangen, wie viele Klartext-/Geheimtextpaare im Rahmen einer linearen Kryptoanalyse auszuwerten sind, um zuverlässige Aussagen über die Schlüsselbits zu erhalten.

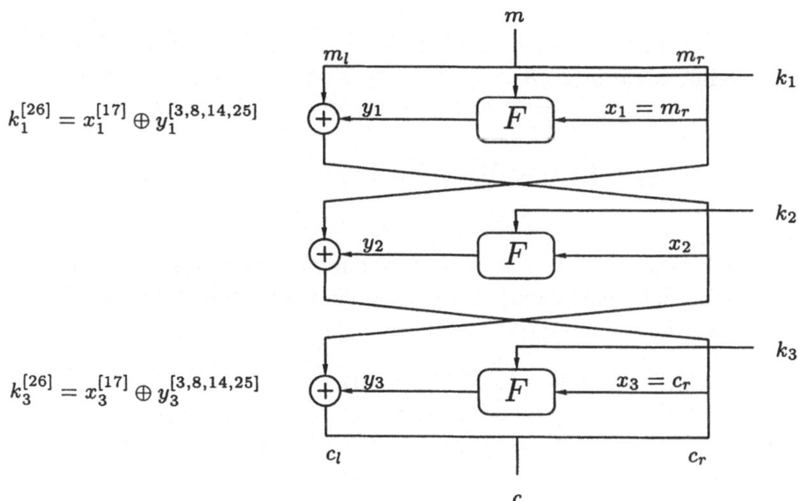

Abbildung 6.3: Approximation des DES mit 3 Runden

Für die dritte Runde erhalten wir aufgrund der Beziehungen $y_3 = c_l \oplus x_2$ und $x_3 = c_r$ die Gleichung

$$k_3^{[26]} = c_r^{[17]} \oplus c_l^{[3,8,14,25]} \oplus x_2^{[3,8,14,25]} \oplus 1. \qquad (6.2)$$

Beide Gleichungen gelten für zufällig gewählte Klartext-/ Geheimtextpaare mit einer Wahrscheinlichkeit von 52/64. Das verbindende Element dieser Gleichungen ist $x_2^{[3,8,14,25]}$. Addieren wir die Gleichungen 6.1 und 6.2, erhalten wir für den DES mit 3 Runden die Approximation

$$k_1^{[26]} \oplus k_3^{[26]} = m_l^{[3,8,14,25]} \oplus m_r^{[17]} \oplus c_l^{[3,8,14,25]} \oplus c_r^{[17]} \qquad (6.3)$$

oder – etwas kompakter –

$$k_1^{[26]} \oplus k_3^{[26]} = m^{[3,8,14,25,49]} \oplus c^{[3,8,14,25,49]}. \qquad (6.4)$$

Für zufällig ausgewählte Klartext-/ Geheimtextpaare liefert diese Approximation mit Güte von $p = (52/64)^2 + (1 - 52/64)^2 \approx 0.7$ die Summe der Schlüsselbits $k_1^{[26]}$ und $k_3^{[26]}$.

Bei der Berechnung dieser Güte muß man berücksichtigen, mit welcher Wahrscheinlichkeit $x_2^{3,8,14,25}$ aus Gleichung 6.1 und $x_2^{3,8,14,25}$ aus Gleichung 6.2 wirklich den gleichen Wert annehmen. Dazu wird hier die Formel aus Satz 6.4.1 verwendet, wobei davon ausgegangen wird, daß es sich um zwei unabhängige Ereignisse handelt. Streng genommen ist diese Annahme jedoch falsch, denn beide Werte hängen von den verwendeten Rundenschlüsseln ab, und diese werden beim DES mit einem deterministischen Verfahren aus einem vorgegebenen Schlüssel K generiert.

Satz 6.4.1

Seien $\mathcal{X}_1$ und $\mathcal{X}_2$ unabhängige Zufallsgrößen, welche die Werte 1 und 0 mit den Wahrscheinlichkeiten $P(\mathcal{X}_1 = 1) = p_1$ bzw. $P(\mathcal{X}_1 = 0) = 1 - p_1$ und $P(\mathcal{X}_2 = 1) = p_2$ bzw. $P(\mathcal{X}_2 = 0) = 1 - p_2$ annehmen. Dann ist

$$P(\mathcal{X}_1 = \mathcal{X}_2) = P(\mathcal{X}_1 \oplus \mathcal{X}_2 = 0) = p_1 \cdot p_2 + (1 - p_1) \cdot (1 - p_2).$$

Beweis:

Der Satz wird bewiesen, indem alle 4 Elementarereignisse der Zufallsgröße $\mathcal{X}_1 \oplus \mathcal{X}_2$ einzeln betrachtet und die entsprechenden Wahrscheinlichkeiten dazu berechnet werden.

$$
\begin{array}{llcl}
\text{1. Fall:} & P((\mathcal{X}_1 = 0) \cap (\mathcal{X}_2 = 0)) & = & 1 - p_1 \cdot 1 - p_2 \\
\text{2. Fall:} & P((\mathcal{X}_1 = 0) \cap (\mathcal{X}_2 = 1)) & = & 1 - p_1 \cdot p_2 \\
\text{3. Fall:} & P((\mathcal{X}_1 = 1) \cap (\mathcal{X}_2 = 0)) & = & p_1 \cdot 1 - p_2 \\
\text{4. Fall:} & P((\mathcal{X}_1 = 1) \cap (\mathcal{X}_2 = 1)) & = & p_1 \cdot p_2
\end{array}
$$

Für die Wahrscheinlichkeit $P(\mathcal{X}_1 = \mathcal{X}_2) = P((\mathcal{X}_1 = 0) \cap (\mathcal{X}_2 = 0)) \cup ((\mathcal{X}_1 = 1) \cap (\mathcal{X}_2 = 1))$ gilt dann $P(\mathcal{X}_1 = \mathcal{X}_2) = p_1 \cdot p_2 + (1 - p_1) \cdot (1 - p_2)$.

◇

6.5 Analyse des DES mit fünf Runden

Betrachten wir nun die Analyse des DES mit 5 Runden. Bezüglich der zweiten und der vierten Runde wird die aus dem vorhergehenden Abschnitt bekannte Gleichung

$$k_2^{[26]} = x_2^{[17]} \oplus y_2^{[3,8,14,25]} \oplus 1 \quad \text{für Runde 2 bzw.} \tag{6.5}$$

$$k_4^{[26]} = x_4^{[17]} \oplus y_4^{[3,8,14,25]} \oplus 1 \quad \text{für Runde 4} \tag{6.6}$$

verwendet. Für die erste und letzte Runde verwenden wir eine Gleichung, die auf der Approximation $k^{[2,3,5,6]} = x^{[1,2,4,5]} \oplus y^{[17]} \oplus 1$ der DES-Substitution S1 beruht. Diese Approximation liefert mit einer Wahrscheinlichkeit von $p = 42/64$ korrekte Werte. Folglich gilt

$$k_1^{[2,3,5,6]} = x_1^{[1,2,4,5]} \oplus y_1^{[17]} \oplus 1 \quad \text{für Runde 1 und} \tag{6.7}$$

$$k_5^{[2,3,5,6]} = x_5^{[1,2,4,5]} \oplus y_5^{[17]} \oplus 1 \quad \text{für Runde 5.} \tag{6.8}$$

Addiert man die Gleichungen 6.5, 6.6, 6.7 und 6.8, erhält man die Gleichung

$$
\begin{aligned}
k_1^{[2,3,5,6]} \oplus k_2^{[26]} \oplus k_4^{[26]} \oplus k_5^{[2,3,5,6]} = {} & x_1^{[1,2,4,5]} \oplus x_2^{[17]} \oplus x_4^{[17]} \oplus x_5^{[1,2,4,5]} \\
& \oplus y_1^{[17]} \oplus y_2^{[3,8,14,25]} \oplus y_4^{[3,8,14,25]} \oplus y_5^{[17]}.
\end{aligned}
$$

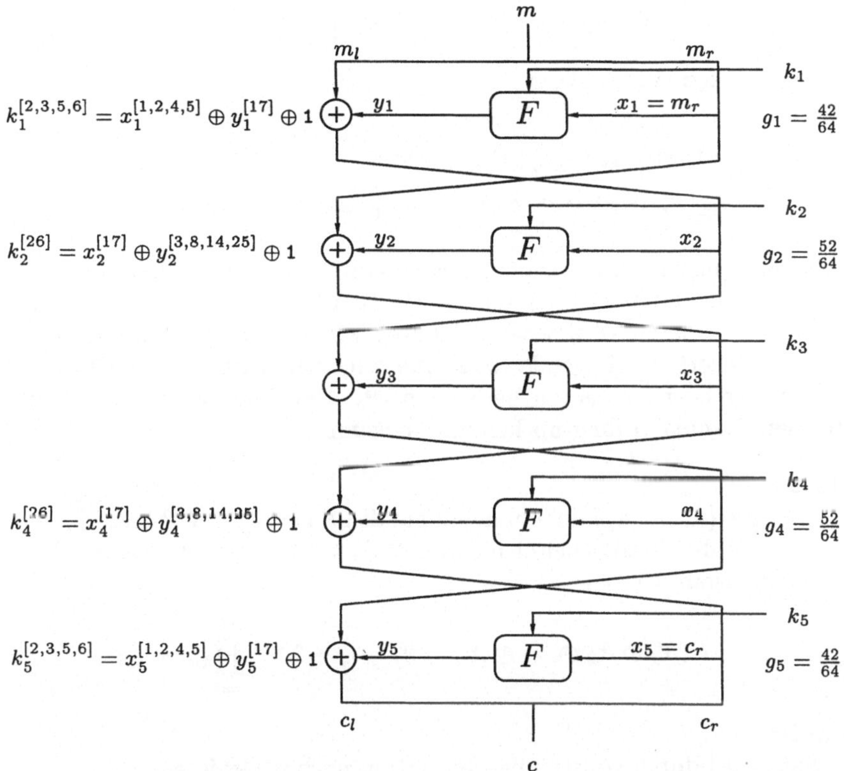

Abbildung 6.4: Approximation des DES mit 5 Runden

Außerdem berücksichtigen wir folgende Beziehungen, die sich aus der Struktur einer Feistel-Chiffre mit fünf Runden ergeben (siehe Abbildung 6.4).

$$
\begin{aligned}
m_r &= x_1, & m_l &= y_1 \oplus x_2, & x_3 &= m_r \oplus y_2 \\
c_r &= x_5, & c_l &= y_5 \oplus x_4, & x_3 &= c_r \oplus y_4.
\end{aligned}
$$

Zur Approximation des DES mit 5 Runden erhält man dann die Gleichung

$$
\begin{aligned}
&k_1^{[2,3,5,6]} \oplus k_2^{[26]} \oplus k_4^{[26]} \oplus k_5^{[2,3,5,6]} \\
&= m_l^{[17]} \oplus m_r^{[1,2,3,4,5,8,14,25]} \oplus c_l^{[17]} \oplus c_r^{[1,2,3,4,5,8,14,25]}.
\end{aligned}
$$

oder – in kompakter Form –

$$
\begin{aligned}
&k_1^{[2,3,5,6]} \oplus k_2^{[26]} \oplus k_4^{[26]} \oplus k_5^{[2,3,5,6]} \\
&= m^{[17,33,34,35,36,37,40,46,57]} \oplus c^{[17,33,34,35,36,37,40,46,57]}.
\end{aligned} \tag{6.9}
$$

Es bleibt nun noch zu prüfen, welche Güte diese Approximation hat. Dazu verwenden wir, daß Gleichung 6.9 aus XOR-Addition der Gleichungen 6.5, 6.6, 6.7 und 6.8 — deren Wahrscheinlichkeiten wir kennen — entstand. Analog zu Satz 6.4.1 liefert der folgende Satz eine allgemeine Aussage darüber, wie die Güte solcher Gleichungen zu berechnen ist. Der Satz ist in der Fachliteratur unter dem Namen „Piling-up Lemma" bekannt.

Satz 6.5.1
Seien $\mathcal{X}_i$ ($i \in \{1,\ldots,n\}$) unabhängige Zufallsgrößen, die die Werte ($\mathcal{X}_i = 0$) oder ($\mathcal{X}_i = 1$) mit den Wahrscheinlichkeiten $P(\mathcal{X}_i = 0) = p_i$ und $P(\mathcal{X}_i = 1) = 1 - p_i$ annehmen. Dann ist

$$
P(\mathcal{X}_1 \oplus \mathcal{X}_2 \oplus \cdots \oplus \mathcal{X}_n = 0) = \frac{1}{2} + 2^{n-1} \prod_{i=1}^{n} \left(p_i - \frac{1}{2}\right).
$$

Beweis:
Der Satz wird durch vollständige Induktion nach n bewiesen.
   Induktionsanfang:
   Es ist zu zeigen, daß die Behauptung für $n = 1$ korrekt ist.

$$
\begin{aligned}
P(\mathcal{X}_1 = 0) = p_1 &= \frac{1}{2} + 2^0 \cdot \left(p_1 - \frac{1}{2}\right) \\
&= \frac{1}{2} + 2^{n-1} \prod_{i=1}^{n} \left(p_i - \frac{1}{2}\right) \text{ für } n = 1.
\end{aligned}
$$

Induktionsschritt:
Unter der Annahme, daß die Behauptung für $n - 1$ Zufallsgrößen gilt, ist zu zeigen, daß die Behauptung auch für n Zufallsgrößen gilt.

Aus Lemma 6.4.1 wissen wir, daß die Beziehung

$$P(\mathcal{X}_1 \oplus \mathcal{X}_2 \oplus \cdots \oplus \mathcal{X}_{n-1} \oplus \mathcal{X}_n) =$$
$$P(\mathcal{X}_1 \oplus \mathcal{X}_2 \oplus \cdots \oplus \mathcal{X}_{n-1}) \cdot P(\mathcal{X}_n) +$$
$$(1 - P(\mathcal{X}_1 \oplus \mathcal{X}_2 \oplus \cdots \oplus \mathcal{X}_{n-1})) \cdot (1 - P(\mathcal{X}_n))$$

gilt. Unter Verwendung der Induktionsannahme und einiger Umformungen folgt dann die Behauptung

$$
\begin{aligned}
P(\mathcal{X}_1 \oplus \mathcal{X}_2 \oplus \cdots \oplus \mathcal{X}_{n-1} \oplus \mathcal{X}_n) &= \frac{1}{2} + 2^{n-2} \prod_{i=1}^{n-1} (p_i - \frac{1}{2}) \cdot p_n + \\
&\quad (1 - \frac{1}{2} + 2^{n-2} \prod_{i=1}^{n-1} (p_i - \frac{1}{2})) \cdot (1 - p_n) \\
&= \cdots \\
&= \frac{1}{2} + 2^{n-1} \prod_{i=1}^{n} (p_i - \frac{1}{2}).
\end{aligned}
$$

$\diamond$

Setzen wir die Eintrittswahrscheinlichkeiten der Gleichungen 6.5, 6.6, 6.7 und 6.8 ein, so erhalten wir, daß die Gleichung 6.9 mit der Wahrscheinlichkeit $p = 1/2 + 2^3 (10/64)^2 (20/64)^2 \approx 0,519$ eintritt. Spätestens hier stellt sich die Frage, wieviel Klartext-/Geheimtextpaare man auswerten muß, um eine zuverlässige Aussage über die Schlüsselbits zu erhalten.[3] In Abschnitt 6.8 wird diese Frage aufgegriffen und beantwortet.

Zunächst wird jedoch eine weitere Problematik behandelt. Die bisherigen Analysen ermöglichten nur die Bestimmung eines einzelnen Schlüsselbits bzw. die Summe einzelner Schlüsselbits. Eine Methode, die lineare Kryptoanalyse diesbezüglich zu verbessern, wird nun am Beispiel des DES mit acht Runden demonstriert.

6.6 Analyse des DES mit acht Runden

Zur Analyse des DES mit acht Runden wird eine zusätzliche Technik verwendet, mit der es möglich ist, mehr als ein Schlüsselbit zu finden.

Zur Approximation der ersten sieben Runden wird die in Abbildung 6.5 dargestellte Approximation verwendet.

---

[3]Bei der Auswertung von 3000 Klartext-/Geheimtextpaaren erhält man das richtige Schlüsselbit mit einer Zuverlässigkeit, die größer als 98% ist.

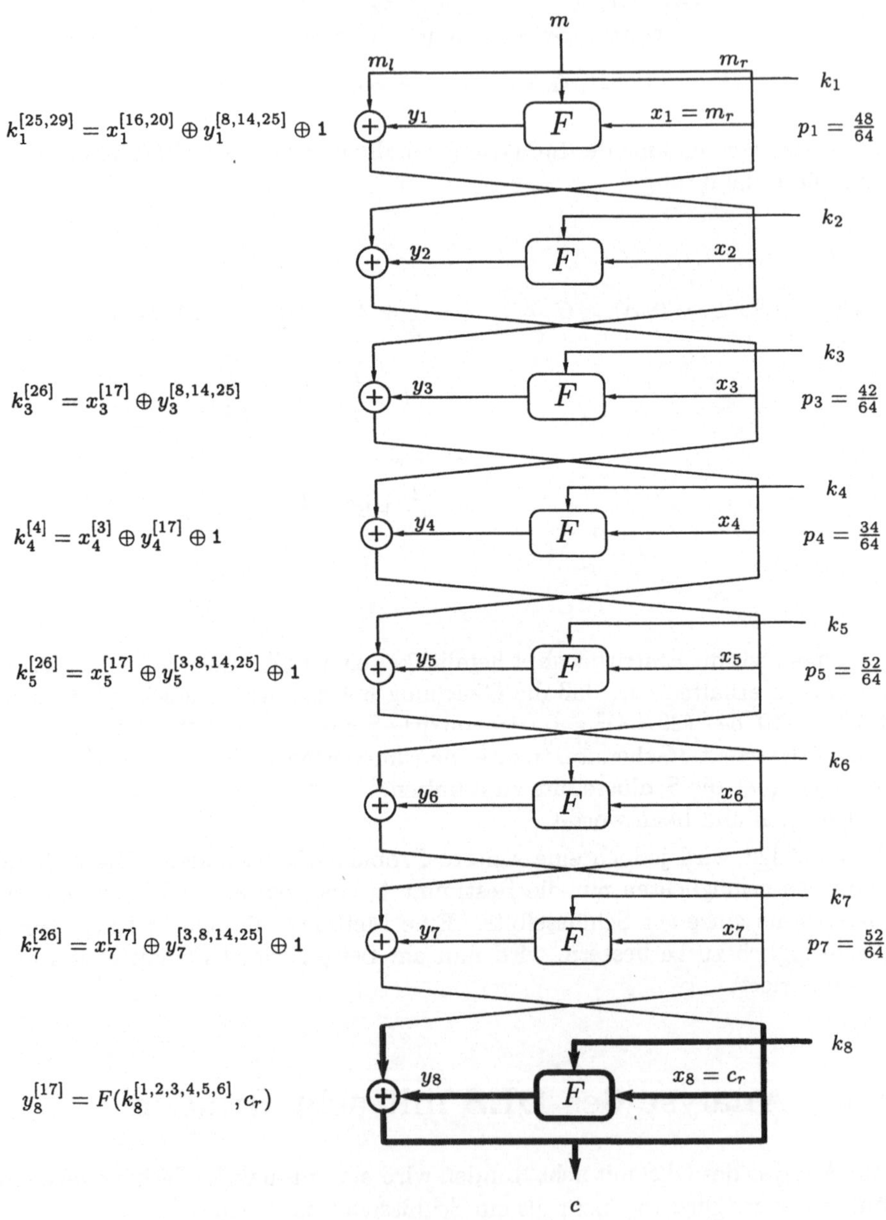

Abbildung 6.5: Approximation des DES mit acht Runden (1)

Durch Zusammenfassen der Approximationen für die einzelnen Rundenfunktionen unter Berücksichtigung der DES-Struktur ergibt sich folgende Approximationsgleichung:

$$
\begin{aligned}
k_1^{[25,29]} &\oplus k_3^{[26]} \oplus k_4^{[4]} \oplus k_5^{[26]} \oplus k_7^{[26]} \\
&= m^{[8,14,25,48,52]} \oplus c^{[17,35,40,46,57]} \\
&\oplus F(k_8^{[1,2,3,4,5,6]}, c_r)^{[17]}.
\end{aligned}
\tag{6.10}
$$

Dabei wurde berücksichtigt, daß das Ausgabebit Nr. 17 der letzten Rundenfunktion nur von den Schlüsselbits beeinflußt wird, die Eingabewerte der Substitution S1 sind.

Bei der Bestimmung der Güte für die Approximationsgleichung 6.10 müssen zwei Fälle unterschieden werden.

Fall 1: (korrekter Teilschlüssel)

Wenn für die Berechnung von $k_8^{[1,\dots,6]}$ der korrekte Teilschlüssel verwendet wird, wird die Güte der Approximation durch die letzte Runde nicht verändert. In diesem Fall kann die Güte aus den Werten für p_1, p_3, p_4, p_5 und p_7 gemäß Satz 6.5.1 bestimmt werden. Man erhält

$$
\begin{aligned}
p &= \frac{1}{2} + 2^4 (\frac{48}{64} - \frac{1}{2})(\frac{42}{64} - \frac{1}{2})(\frac{34}{64} - \frac{1}{2})(\frac{52}{64} - \frac{1}{2})(\frac{52}{64} - \frac{1}{2}) \\
&\approx \frac{1}{2} + 1,95 \cdot 2^{-11} \approx 0,50190.
\end{aligned}
$$

Fall 2: (falscher Teilschlüssel)

Da die Güte der Approximation von dem konkreten Wert für $k_8^{[1,\dots,6]}$ abhängt, ist es schwer, eine allgemeine Aussage zu treffen. Es ist jedoch plausibel anzunehmen, daß die Güte in jedem Fall kleiner als $p = \frac{1}{2} + 1,95 \cdot 2^{-11}$ ist. Experimentelle Beobachtungen bestätigen diese Annahme.

Für die Wahl der ersten sechs Bits des Rundenschlüssels k_8 gibt es nur 64 Möglichkeiten. Führt man für jeden dieser Teilschlüssel eine lineare Analyse gemäß dem Algorithmus für ein Schlüsselbit (siehe Seite 201) durch, ist zu erwarten, daß nur für den korrekten Teilschlüssel in ca. 50,19% aller Fälle auch der korrekte Wert für die linke Seite der Approximationsgleichung berechnet wird. Bei allen anderen Teilschlüssel ist mit einer niedrigeren Erfolgsquote zu rechnen. Der korrekte Teilschlüssel kann also erkannt werden. Zusammenfassend ergibt sich damit folgender Algorithmus.

Algorithmus für mehrere Schlüsselbits

Schritt 1: Wir gehen davon aus, daß N verschiedene Klartext-/ Geheimtextpaare vorliegen.

0: Unter der Annahme, daß der gesuchte Teilschlüssel 000000 ist, wird
die linke Seite der Approximationsgleichung 6.10 für alle N Klartext-
Geheimtextpaare berechnet. Dabei zählt man, wie oft das Resultat
0 erzielt wird. Diese Anzahl ist im weiteren relevant und wird mit
Z_0 bezeichnet.

1: Es wird wie in Schritt 1 verfahren, wobei nun der Teilschlüssel 000001
zur Berechnung der linken Seite von Gleichung 6.10 verwendet wird.
Die Anzahl der Klartext-/Geheimtextpaare, für die sich das Resultat
0 ergibt, wird mit Z_1 bezeichnet.

...

63: Als letztes werden die Berechnungen mit dem Teilschlüssel 111111
durchgeführt. Durch Zählen erhält man Z_{63}.

Schritt 2: Suche das Maximum und das Minimum der Werte Z_0 bis Z_{63}.
$$Z_{max} := max\{Z_0, \ldots, Z_{63}\}$$
$$Z_{min} := min\{Z_0, \ldots, Z_{63}\}$$

Resultat: Es können nun zwei Fälle unterschieden werden:

Fall 1: $|Z_{max} - \frac{N}{2}| > |Z_{min} - \frac{N}{2}|$
In diesem Fall ist es am wahrscheinlichsten, daß der zu Z_{max} gehörende Teilschlüssel die richtige Wahl für die ersten sechs Bits des
Rundenschlüssels k_8 ist. Gemäß der Approximationsgleichung 6.10
ist
$$k_1^{[25,29]} \oplus k_3^{[26]} \oplus k_4^{[4]} \oplus k_5^{[26]} \oplus k_7^{[26]} = 0.$$

Fall 2: $|Z_{max} - \frac{N}{2}| < |Z_{min} - \frac{N}{2}|$
In diesem Fall ist es am wahrscheinlichsten, daß der zu Z_{min} gehörende Teilschlüssel die richtige Wahl für die ersten sechs Bits des
Rundenschlüssels k_8 ist. Für den Wert der linken Seite der Approximationsgleichung gilt:
$$k_1^{[25,29]} \oplus k_3^{[26]} \oplus k_4^{[4]} \oplus k_5^{[26]} \oplus k_7^{[26]} = 1.$$

Eine theoretische Untersuchung der Erfolgswahrscheinlichkeit dieses Angrif-
fes erfolgt im nächsten Abschnitt. An dieser Stelle werden zunächst die Resultate der Analyse für 400.000 synthetische Klartext-/Geheimtextpaare vorgestellt.
Der Rechenaufwand dieser Analyse ist vergleichsweise gering und kann mit jedem PC durchgeführt werden.

Zunächst wurden 400.000 pseudozufällige Klartextblöcke $m_1, \ldots, m_{400\,000}$
nach folgender Vorschrift (Pseudozufallsbits gemäß ANSI X9.17 [Ins95]) erzeugt:

Als erstes müssen einige Initialisierungswerte und Parameter für den Pseudo-
zufallsbit-Generator festgelegt werden. Die hier verwendeten Werte stehen in
Tabelle 6.6.

Tabelle 6.6: Parameter für die Generierung der Zufallsklartexte

k:	1010 1010 1010 1010 1010 1010 1010 1010 1010 1010 1010 1010 1010 1010 1010 1010
$\tilde{k}$:	1100 1100 1100 1100 1100 1100 1100 1100 1100 1100 1100 1100 1100 1100 1100 1100
s_1:	1110 0011 1000 1110 0011 1000 1110 0011 1000 1110 0011 1000 1110 0011 1000 1110
D:	1111 0000 1111 0000 1111 0000 1111 0000 1111 0000 1111 0000 1111 0000 1111 0000

Die Berechnung der Klartextblöcke geschieht dann wie folgt:

$$I \;:=\; \mathrm{DES}(k,\ \mathrm{DES}^{-1}(\tilde{k},\ \mathrm{DES}(k,(D))))$$

$$m_1 \;:=\; \mathrm{DES}(k,\ \mathrm{DES}^{-1}(\tilde{k},\ \mathrm{DES}(k,(I \oplus s_1)))),$$

$$s_{i+1} \;:=\; \mathrm{DES}(k,\ \mathrm{DES}^{-1}(\tilde{k},\ \mathrm{DES}(k,(m_i \oplus s_i)))),$$

$$m_i \;:=\; \mathrm{DES}(k,\ \mathrm{DES}^{-1}(\tilde{k},\ \mathrm{DES}(k,(I \oplus s_i)))).$$

Die Geheimtexte wurden durch 8-Runden DES-Verschlüsselung berechnet.
Dabei wurden die Eingangs- und Ausgangspermutationen des DES außer acht
gelassen. Der verwendete Schlüssel K sowie die entsprechenden Rundenschlüssel
k_1 bis k_8 sind in Tabelle 6.7 aufgeführt. Tabelle 6.8 zeigt die ersten fünf Klartexte mit den dazugehörigen Geheimtexten, die gemäß dem beschriebenen Vorgehen berechnet wurden.

Tabelle 6.7: Schlüssel und Rundenschlüssel

K:	1100 1010 0001 0110 1101 0110 1101 1111 1100 1101 0001 1001 0001 0110 0000 0010
k_1:	0010 0110 1000 0011 1001 0010 1101 1001 1011 0011 1111 0011
k_2:	1011 0010 0101 0011 0000 0001 1110 1101 1110 0011 1110 1101
k_3:	0000 1001 0001 1011 0100 0001 0011 0010 1101 1110 1100 1111
k_4:	0000 0001 0111 0000 1101 1101 1101 1110 1001 0101 1011 0111
k_5:	0001 0101 0100 0101 1100 0000 1000 1111 0110 1111 1110 1001
k_6:	0101 0010 0100 1001 1010 0001 0111 1010 1111 1011 0101 0001
k_7:	1001 1001 1010 0001 0000 0101 1111 0011 1100 0101 0011 1110
k_8:	0000 0001 0000 0110 1000 1111 1100 1101 0011 1111 1000 1010

Tabelle 6.9 zeigt noch einmal die Approximationsgleichung in ausführlicher
Darstellung. Eine Auswertung der rechten Seite dieser Gleichung mit 200.000
und allen 400.000 Klar- und Geheimtexten für jeden der 64 möglichen Teilschlüssel ergab das in Tabelle 6.10 dargestellte Resultat. Abbildung 6.6 zeigt
diese Resultate in graphisch aufbereiteter Form. Man sieht, daß der richtige
Teilschlüssel 000000 mit einer relativen Häufigkeit von 0,5034 das Resultat 0
liefert, deutlich häufiger als alle anderen Teilschlüssel.

Tabelle 6.8: Klartexte und Geheimtexte (Ausschnitt)

m_1:	0001110101010010111001010111010111101111000001111010011001101110
c_1:	1111010010000000110111001101001000011010011001111110000101000101
m_2:	1100010111011101001101010010101101001111101100011010110001000111
c_2:	0111101100111000011010011011010010101100001101011011011110010000
m_3:	0100111011111111011110011001110001101011000110001110101000110111
c_3:	0100010111111010000110011100011110010101011111110110000101010000
m_4:	1110101100011101010111000011101001001100001111101010111001101011
c_4:	0000010011110011011110110101110000010101100110011100010000100111
m_5:	1000010111000111000011011000001000111010100101101000100001001011
c_5:	1010100100001101110110010111011000100011000001101111110000101100
...	usw.

Tabelle 6.9: Klartexte und Geheimtexte (Ausschnitt)

linke Seite: rechte Seite:	$k_1^{[25,29]} \oplus k_3^{[26]} \oplus k_4^{[4]} \oplus k_5^{[26]} \oplus k_7^{[26]}$ $= m^{[8,14,25,48,52]}$ $\oplus c^{[17,35,40,46,57]}$ $\oplus F(c^{[33,\ldots,64]}, k_6^{[1,\ldots,6]})^{[17]}$
Güte:	$p \approx 0,5019$
Auswahlvektor für m_i: 0000000100000100000000001000000000000000000000010001000000000000	
Auswahlvektor für c_i: 0000000000000001000000000000000001000010000010000000000010000000	
Auswahlvektor für k_8: 111111000000000000000000000000000000000000000000	
Auswahlvektor für $y_8 = F(c_r, k_8)$: 00000000000000010000000000000000	

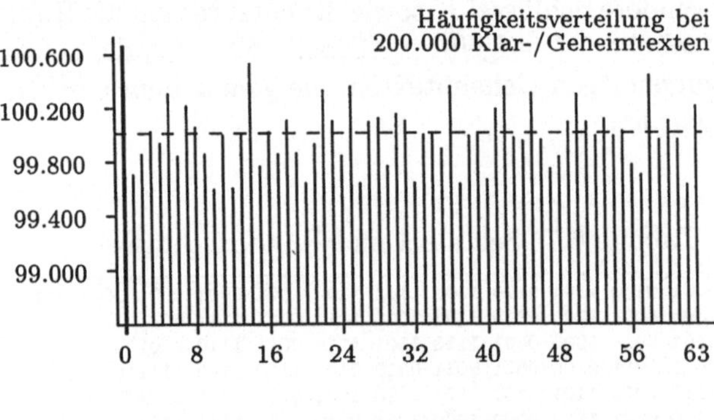

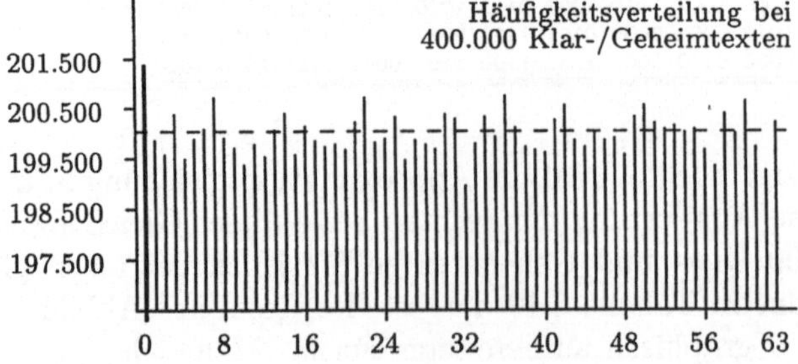

Abbildung 6.6: Graphische Darstellung der Schlüsselhäufigkeiten

Tabelle 6.10: Häufigkeitsverteilungen der Teilschlüssel bei der DES_8-Analyse

Teil-schlüssel	Häufigkeiten 200.000	400.000	Teil-schlüssel	Häufigkeiten 200.000	400.000
000000	100617	201373	100000	99651	198970
000001	99726	199850	100001	99995	199805
000010	99867	199568	100010	99995	200379
000011	100058	200337	100011	99900	200021
000100	99948	199512	100100	100356	200731
000101	100285	199900	100101	99657	200108
000110	99844	200110	100110	99997	199763
000111	100210	200683	100111	99992	199731
001000	100079	199977	101000	99666	199712
001001	99860	199696	101001	100199	200319
001010	99603	199428	101010	100332	200530
001011	100006	199812	101011	99979	199911
001100	99595	199543	101100	99958	199715
001101	100011	200123	101101	100312	200009
001110	100535	200445	101110	99975	199910
001111	99788	199618	101111	99756	199927
010000	100036	200179	110000	99831	199608
010001	99872	199879	110001	100076	200335
010010	100113	199780	110010	100307	200525
010011	99857	199796	110011	100102	200200
010100	99647	199754	110100	99989	200109
010101	99926	200222	110101	100127	200159
010110	100332	200746	110110	100002	200039
010111	100088	199850	110111	100041	200144
011000	99836	199887	111000	99788	199655
011001	100361	200331	111001	99705	199357
011010	99643	199485	111010	100444	200440
011011	100088	199879	111011	99970	200020
011100	100132	199834	111100	100071	200667
011101	99757	199739	111101	99965	199764
011110	100173	200379	111110	99638	199247
011111	100107	200285	111111	100224	200190

Wegen der Rundensymmetrie des DES können die Approximationen aus Abbildung 6.5 auch in umgekehrter Reihenfolge verwendet werden (siehe Abbildung 6.7). Dies führt zu der Approximationsgleichung

$$k_8^{[25,29]} \oplus k_6^{[26]} \oplus k_5^{[4]} \oplus k_4^{[26]} \oplus k_2^{[26]} \tag{6.11}$$
$$= m^{[17,35,40,46,57]} \oplus c^{[8,14,25,48,52]}$$
$$\oplus F(k_1^{[1,2,3,4,5,6]}, m_r)^{[17]}.$$

Damit ist es dann möglich, die ersten sechs Bits des Rundenschlüssels k_1 zu bestimmen. Insgesamt erhält man also $12 + 2$ Schlüsselbits. Die restlichen 42 Schlüsselbits können durch exhaustive Suche gefunden werden.

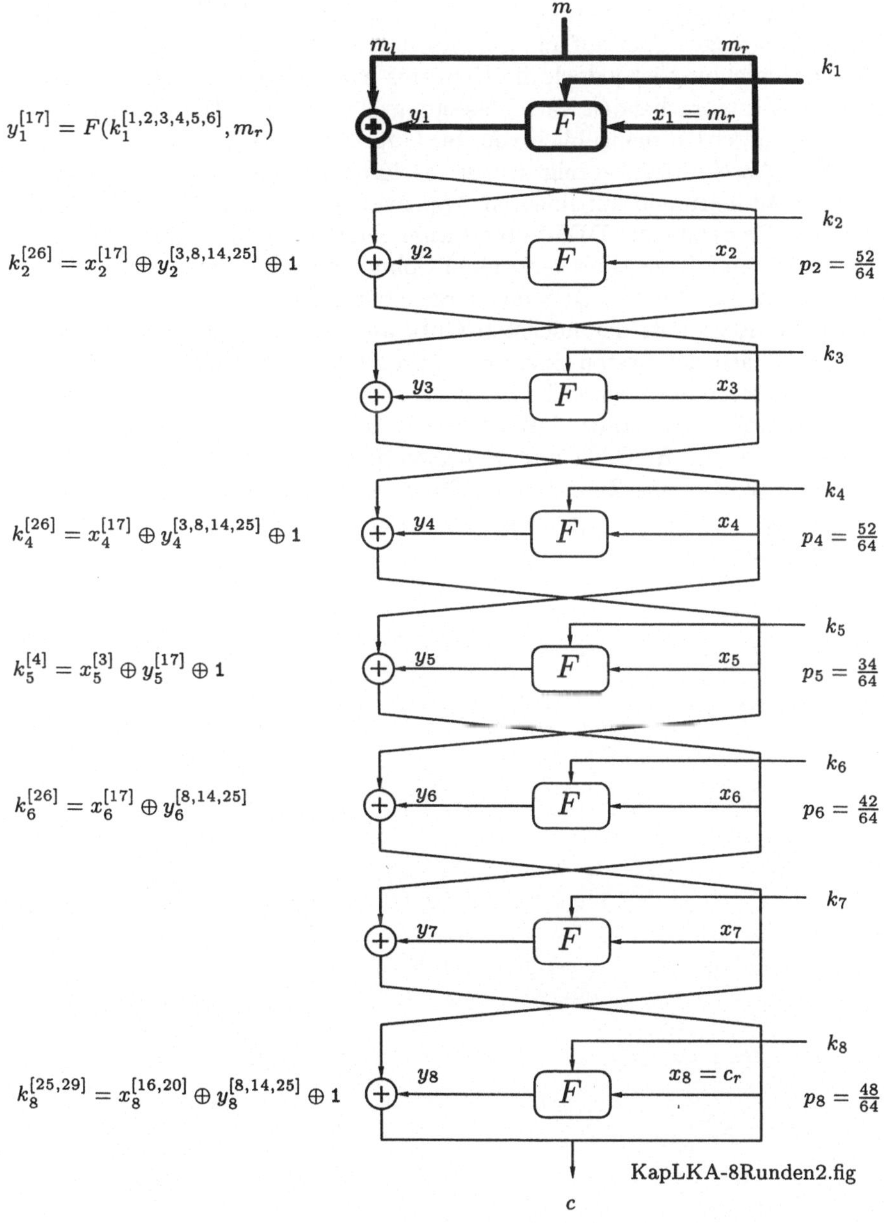

Abbildung 6.7: Approximation des DES mit acht Runden

6.7   Analyse des DES mit mehr als acht Runden

Die Methoden der linearen Kryptoanalyse, so, wie sie in den vorhergehenden
Abschnitten vorgestellt wurden, können auch auf den DES mit mehr als acht
Runden übertragen oder auf andere Verschlüsselungsverfahren angewendet werden. Voraussetzung ist jedoch die Kenntnis einer geeigneten linearen Approximation des entsprechenden Verschlüsselungsalgorithmus. Die Erfolgsaussichten
der Analyse werden maßgeblich von der Güte dieser Approximation bestimmt.

Wie in Abschnitt 6.3 gezeigt wurde, basieren die Approximationsgleichungen
der Rundenfunktionen auf linearen Approximationen der DES Substitutionen
S1 bis S8. Da es zu einer DES-Substitution „nur" 1024 lineare Approximationen
gibt, kann man mittels eines geeigneten Computerprogramms systematisch nach
Approximationen für den DES mit vorgegebener Rundenanzahl suchen und die
Approximationen mit der höchsten Güte auswählen. Geeignete Algorithmen
zur Suche nach der besten linearen Approximation können basierend auf der
Walsh-Transformation entwickelt werden (siehe z.B.: [Rue86] oder [DR02]).

Dabei stellt sich heraus, daß die besten DES-Approximationen auf den Approximationen A, B, C, D und E basieren, die in Tabelle 6.5 auf Seite 201
aufgeführt sind. Eine Zusammenstellung, wie diese Approximationen für die
Analyse des DES mit vorgegebener Rundenzahl genutzt werden, ist in Tabelle
6.11 aufgeführt.

Tabelle 6.11: DES-Approximationen

Runden-anzahl	Approximation	Güte
3	A-A	$\frac{1}{2} + 1,56 \cdot 2^{-3}$
4	A-AB	$\frac{1}{2} + 1,95 \cdot 2^{-5}$
4	BA-A	$\frac{1}{2} + 1,95 \cdot 2^{-5}$
5	BA-AB	$\frac{1}{2} + 1,22 \cdot 2^{-6}$
6	-DCA-A	$\frac{1}{2} + 1,95 \cdot 2^{-9}$
6	A-ACD-	$\frac{1}{2} + 1,95 \cdot 2^{-9}$
7	E-DCA-A	$\frac{1}{2} + 1,95 \cdot 2^{-10}$
7	A-ACD-E	$\frac{1}{2} + 1,95 \cdot 2^{-10}$
8	E-DCA-AB	$\frac{1}{2} + 1,22 \cdot 2^{-11}$
8	BA-ACD-E	$\frac{1}{2} + 1,22 \cdot 2^{-11}$
9	BD-DCA-AB	$\frac{1}{2} + 1,91 \cdot 2^{-14}$
9	BA-ACD-DB	$\frac{1}{2} + 1,91 \cdot 2^{-14}$
10	-ACD-DCA-A	$\frac{1}{2} + 1,53 \cdot 2^{-15}$
10	A-ACD-DCA-	$\frac{1}{2} + 1,53 \cdot 2^{-15}$
11	A-ACD-DCA-A	$\frac{1}{2} + 1,91 \cdot 2^{-16}$
12	A-ACD-DCA-AB	$\frac{1}{2} + 1,19 \cdot 2^{-17}$
12	BA-ACD-DCA-A	$\frac{1}{2} + 1,19 \cdot 2^{-17}$
13	BA-ACD-DCA-AB	$\frac{1}{2} + 1,49 \cdot 2^{-19}$
14	-DCA-ACD-DCA-A	$\frac{1}{2} + 1,19 \cdot 2^{-21}$
14	A-ACD-DCA-ACD-	$\frac{1}{2} + 1,19 \cdot 2^{-21}$
15	E-DCA-ACD-DCA-A	$\frac{1}{2} + 1,19 \cdot 2^{-22}$
15	A-ACD-DCA-ACD-E	$\frac{1}{2} + 1,19 \cdot 2^{-22}$
16	E-DCA-ACD-DCA-AB	$\frac{1}{2} + 1,49 \cdot 2^{-24}$
16	BA-ACD-DCA-ACD-E	$\frac{1}{2} + 1,49 \cdot 2^{-24}$
17	BD-DCA-ACD-DCA-AB	$\frac{1}{2} + 1,16 \cdot 2^{-26}$
17	BA-ACD-DCA-ACD-DB	$\frac{1}{2} + 1,16 \cdot 2^{-26}$
18	-ACD-DCA-ACD-DCA-A	$\frac{1}{2} + 1,86 \cdot 2^{-28}$
18	A-ACD-DCA-ACD-DCA-	$\frac{1}{2} + 1,86 \cdot 2^{-28}$
19	A-ACD-DCA-ACD-DCA-A	$\frac{1}{2} + 1,16 \cdot 2^{-28}$
20	A-ACD-DCA-ACD-DCA-AB	$\frac{1}{2} + 1,46 \cdot 2^{-30}$
20	BA-ACD-DCA-ACD-DCA-A	$\frac{1}{2} + 1,46 \cdot 2^{-30}$

6.8 Aufwand und Erfolgswahrscheinlichkeit der linearen Analyse

Bei der folgenden Aufwandsanalyse werden zwei Fälle unterschieden. Zunächst wird der Algorithmus zur Bestimmung eines Schlüsselbits (siehe Seite 201) untersucht. Anschließend wird der Aufwand zur Analyse mehrerer Schlüsselbits gemäß dem Algorithmus von Seite 210 betrachtet.

Bestimmung eines Schlüsselbits

Die Vorgehensweise zur Bestimmung eines Schlüsselbits besteht darin, daß eine Approximationsgleichung der Art

$$k^{[l_1,l_2,\ldots l_t]} = m^{[i_1,i_2,\ldots,i_r]} \oplus c^{[j_1,j_2,\ldots,j_s]}$$

gefunden wird, von der man weiß, daß sie für einen bestimmten Anteil $p > 1/2$ aller Klartext-/ Geheimtextpaare (m,c) eine korrekte Information $k^{[l_1,l_2,\ldots l_t]}$ über den unbekannten Schlüssel liefert. Man berechnet also für eine möglichst große Anzahl N von Klartext-/ Geheimtextpaaren die rechte Seite dieser Gleichung und erhält eine Reihe von Werten für $k^{[l_1,l_2,\ldots l_t]}$. Jeder dieser Werte entspricht mit einer bestimmten Wahrscheinlichkeit p der entsprechenden Parität des richtigen Schlüssels.

Wenn wir davon ausgehen, daß zufällig gewählte Klartext-/ Geheimtextpaare verwendet wurden, kann man diese Vorgehensweise mit einem Bernoulli Experiment (siehe Abschnitt 8.3.5, Seite 278) vergleichen. Die Wahrscheinlichkeit bei N Auswertungen, x-mal das richtige Schlüsselinformationsbit zu erhalten, kann gemäß der Formel (Binomialverteilung)

$$P(\mathcal{X} = k) = \binom{N}{x} p^x (1-p)^{N-x}$$

bestimmt werden. Da wir uns letztlich für den Wert als Schlüsselinformationsbit entscheiden, der bei unseren Auswertungen am häufigsten auftritt, kann die Wahrscheinlichkeit, daß dieser Wert korrekt ist, gemäß der Formel

$$P(\frac{N}{2} < x \leq N) = \sum_{x=N/2}^{N} \binom{N}{x} p^x (1-p)^{N-x}$$

abgeschätzt werden. Dabei ist jedoch zu berücksichtigen, daß N in den meisten Fällen sehr groß ist, was die praktische Berechnung des Binomialkoeffizienten erschwert. Nach dem Grenzwertsatz von Moivre und Laplace (siehe 8.3.26) wird die gesuchte Wahrscheinlichkeit mittels der Standard-Normalverteilung approximativ berechnet.

Damit erhalten wir, daß

$$P(\frac{N}{2} < x \leq N) \approx \frac{1}{\sqrt{2\pi}} \int_a^b e^{-x^2/2}\, dx = \Phi(a) - \Phi(b)$$

ist, wobei die Integrationsgrenzen durch

$$a = \frac{N/2 - Np}{\sqrt{Np(1-p)}} \quad \text{und} \quad b = \frac{N - Np}{\sqrt{Np(1-p)}}$$

gegeben sind.

Wenn man davon ausgeht, daß $p \approx 1/2$ ist und $N \gg 1000$, dann können die Ausdrücke für $\Phi(a)$ und $\Phi(b)$ wie folgt vereinfacht werden:

$$\begin{aligned}
\Phi(a) &= \Phi(\frac{N/2 - Np}{\sqrt{Np(1-p)}}) \approx \Phi(\frac{-N(p-1/2)}{\sqrt{N}\sqrt{1/4}}) = \Phi(-2\sqrt{N}(p-1/2)) \\
&= \Phi(-2\sqrt{N}|p-1/2|) \quad \text{und}
\end{aligned}$$

$$\begin{aligned}
\Phi(b) &= \Phi(\frac{N - Np}{\sqrt{Np(1-p)}}) \approx \Phi(\frac{N(1-p)}{\sqrt{N}\sqrt{1/4}}) \\
&\approx \Phi(\sqrt{N}) \approx 1.
\end{aligned}$$

Damit ergibt sich für die Berechnung der Erfolgswahrscheinlichkeit PE einer linearen Kryptoanalyse, daß

$$PE \approx 1 - \Phi(-2\sqrt{N}|p-1/2|)$$

ist, und mit $\Phi(-t) = 1-\Phi(t)$ für $t \in \mathbf{R}^+$ ergibt sich die leicht zu berechnende Formel

$$PE \approx \Phi(2\sqrt{N}|p-1/2|).$$

Die Funktionswerte der Standardnormalverteilung sind in Form einer Tabelle in den meisten Formelsammlungen aufgeführt, auch viele Taschenrechner haben eine entsprechende Funktion. Tabelle 6.12 stammt aus [Mat93] und ermöglicht die Abschätzung von N für bestimmte Erfolgsraten bei gegebener Güte p.

Tabelle 6.12: DES-Approximationen

N:	$\frac{1}{4}\|p - \frac{1}{2}\|^{-2}$	$\frac{1}{2}\|p - \frac{1}{2}\|^{-2}$	$\|p - \frac{1}{2}\|^{-2}$	$2\|p - \frac{1}{2}\|^{-2}$
Erfolgsrate:	$84,1\%$	$92,1\%$	$97,7\%$	$99,8\%$

Bestimmung mehrerer Schlüsselbits

Für die erweiterte lineare Analyse benötigt man eine Approximationsgleichung
der Art

$$k^{[l_1,l_2,\ldots l_t]} = m^{[i_1,i_2,\ldots,i_r]} \oplus c^{[j_1,j_2,\ldots,j_s]} \oplus F_n(k_t,x_n)^{[u_1,u_2,\ldots u_v]}.$$

Die Güte dieser Approximation ist davon abhängig, ob für k_t der richtige
Teilschlüssel $k_t = k$ eingesetzt wird. Es können nun zwei Fälle unterschieden
werden.

Richtiger Teilschlüssel: $(k_t = k)$

Die Güte der Approximation kann mit der Formal aus Satz 6.5.1 (Seite
206) berechnet werden und wird im weiteren mit p bezeichnet.

Falscher Teilschlüssel: $(k_t \neq k)$

In diesem Fall wird die Wahrscheinlichkeit, daß

$$F_n(k,x_n)^{[u_1,u_2,\ldots u_v]} = F_n(k_t,x_n)^{[u_1,u_2,\ldots u_v]}$$

ist, mit q_t bezeichnet. Die Güte p_t der Approximation hängt von der Wahl
des Teilschlüssels ab und kann gemäß Satz 6.4.1 (Seite 204) berechnet
werden. Es gilt:

$$p_t = pq_t + (1-p)(1-q_t).$$

Die Erfolgswahrscheinlichkeit des Algorithmus ist analytisch schwer zu bestimmen. Geht man jedoch von der Annahme aus, daß die q_t unabhängige Zu-
fallsvariablen sind, dann kann man folgenden Satz über die Erfolgswahrscheinlichkeit des erweiterten Algorithmus formulieren:

Satz 6.8.1

Mit den oben eingeführten Bezeichnungen und unter den Annahmen, daß $p \approx$
$\frac{1}{2}$, $p_t \approx \frac{1}{2}$, $N \gg 1000$ und die q_t unabhängig voneinander sind, gilt für die
Erfolgswahrscheinlichkeit der erweiterten linearen Analyse

$$PE \approx \int_{x=-2\sqrt{N}(p-1/2)}^{\sqrt{N}} \left(\prod_{k_t \neq k} \int_{-x-4\sqrt{N}(p-\frac{1}{2})q_t}^{x+4\sqrt{N}(p-\frac{1}{2})(1-q_t)} \frac{1}{\sqrt{2\pi}} e^{-\frac{y^2}{2}} dy \right) \frac{1}{\sqrt{2\pi}} e^{-\frac{x^2}{2}} dx.$$

Beweis:

Damit der Algorithmus erfolgreich ist, müssen für den richtigen Teilschlüssel k
mehr als die Hälfte aller durch die Approximationsgleichung berechneten Werte
das korrekte Resultat liefern. Die Wahrscheinlichkeit hierfür kann wie folgt
geschätzt werden::

$$P(\frac{N}{2} < x <= N) = \sum_{x=N/2}^{N} \binom{N}{x} p^x (1-p)^{N-x}$$

$$\approx \frac{1}{\sqrt{2\pi}} \int_{-2\sqrt{N}(p-\frac{1}{2})}^{\sqrt{N}} e^{-\frac{x^2}{2}} dx.$$

Liefert die Approximationsgleichung mit k genau x-mal das richtige Resultat, wird k nur dann erkannt und ausgewählt, wenn für die Häufigkeiten y_t aller anderen Teilschlüssel die Bedingung

$$N - x < y_t < x$$

gilt.

Für die Wahrscheinlichkeit, daß y_t in diesen Grenzen liegt, gilt:

$$P(N - x < y_t < x) \;=\; \sum_{y_t = N-x}^{x} \binom{N}{y_t} p_t^{y_t} (1 - p_t)^{N - y_t}$$

$$\approx \; \frac{1}{\sqrt{2\pi}} \int_a^b e^{-\frac{y_t^2}{2}} \, dy_t.$$

Dabei sind die Integrationsgrenzen durch

$$a = \frac{(N - x) - Np_t}{\sqrt{Np_t(1 - p_t)}} \quad \text{und} \quad b = \frac{x - Np_t}{\sqrt{Np_t(1 - p_t)}}$$

gegeben.

Wenn wir nun davon ausgehen, daß $p_t \approx 1/2$ ist und $N \gg 1000$, dann können die Ausdrücke für a und b wie folgt vereinfacht werden:

$$a \;=\; \frac{-x + N(1 - p_t)}{\sqrt{N} \cdot 1/2} = -\frac{2x}{\sqrt{N}} + 2\sqrt{N}(1 - p_t) \quad \text{und}$$

$$b \;=\; \frac{2x}{\sqrt{N}} - 2\sqrt{N}p_t$$

Berücksichtigt man noch, daß $x \approx N/2$ ist und außerdem

$$p_t = pq_t + (1 - p)(1 - q_t) \quad \text{bzw.} \quad (1 - p_t) = \frac{1}{2} - 2(p - \frac{1}{2})(p_t - \frac{1}{2}),$$

erhält man für a und b:

$$a \;\approx\; 2\sqrt{N}(p - \frac{1}{2}) - 4\sqrt{N}(p - \frac{1}{2})q_t \quad \text{und}$$

$$b \;\approx\; -2\sqrt{N}(p - \frac{1}{2}) + 4\sqrt{N}(p - \frac{1}{2})(1 - q_t).$$

Folglich gilt für die Erfolgswahrscheinlichkeit PE:

$$PE \approx \int_{x=-2\sqrt{N}(p-1/2)}^{\sqrt{N}} \left(\prod_{k_t \neq k} \int_{-x-4\sqrt{N}(p-\frac{1}{2})q_t}^{x+4\sqrt{N}(p-\frac{1}{2})(1-q_t)} \frac{1}{\sqrt{2\pi}} e^{-\frac{y^2}{2}} \, dy \right) \frac{1}{\sqrt{2\pi}} e^{-\frac{x^2}{2}} \, dx.$$

$\diamond$

Kapitel 7

Advanced Encryption Standard

Aufgrund der kurzen Schlüssellänge des DES und den immer leistungsfähigeren Computern wurden 1997 erstmals ernsthafte Aktivitäten unternommen, den DES als Verschlüsselungsstandard durch ein neues Verfahren abzulösen. Dieses neue Verfahren sollte den Namen AES (Advanced Encryption Standard) bekommen. Eine Ausschreibung und das entsprechende Auswahlverfahren wurde — ebenso wie beim DES — von der US-Standardisierungsbehörde NIST durchgeführt. Ein kurzer Einblick in die Geschichte des AES und eine ausführliche Darstellung des neuen Verschlüsselungsalgorithmus sind Gegenstand dieses Kapitels.

Im ersten Abschnitt wird kurz auf die vom NIST geforderten Eigenschaften und das Auswahlverfahren eingegangen. Anschließend werden die 15 Vorschläge, die den formalen Kriterien des Ausschreibungsverfahrens genügten, vorgestellt.

Im zweiten Abschnitt wird die grobe Struktur des vom NIST ausgewählten Algorithmus (Rijndael) präsentiert.

Um die Details des Algorithmus zu verstehen, ist es vorteilhaft, bestimmte mathematische Strukturen zu kennen. Diese Strukturen (Galois-Felder und Polynomringe) sowie die hier verwendete Notation werden in den Abschnitten 7.3 und 7.4 dargestellt.

Abschnitt 7.5 beschreibt die einzelnen Verschlüsselungsschritte im AES. Diese Beschreibung ist so ausgeführt, daß man auch ohne mathematische Vorkenntnisse eine Vorstellung bezüglich der Funktionsweise des Algorithmus bekommt, die zumindest für eine Implementierung des Verschlüsselungsalgorithmus ausreicht.

Da es sich beim AES nicht um eine Feistel-Chiffre handelt, ist es notwendig, ein besonderes Augenmerk auf den Entschlüsselungsalgorithmus zu werfen, da hier nicht der gleiche Algorithmus wie zum Verschlüsseln einer Nachricht verwendet wird. Die Struktur dieses Algorithmus wird in Abschnitt 7.6 beschrieben.

Ähnlich wie beim DES werden beim AES-Algorithmus verschiedene „Runden" durchlaufen. Für jede Runde wird ein sogenannter Rundenschlüssel benötigt, der aus dem AES-Schlüssel berechnet wird. Dazu verwendet man ein bestimmtes Verfahren, das in Abschnitt 7.7 dargestellt wird.

Im letzten Abschnitt wird die AES-Verschlüsselung an einem konkreten Beispiel demonstriert. Dabei werden alle Zwischenresultate angegeben, so daß es möglich ist, eigene Implementierungen zu testen.

7.1   Geschichte des AES

In den 80er und 90er Jahren hat ein erfreulicher Fortschritt bei der Entwicklung von Mikroprozessoren und Speicherbausteinen stattgefunden. Auch deren Preise sind drastisch gesunken. Da der Schlüsselraum des DES mit 56 Bits sehr klein ist, hatte das zur Folge, daß es immer einfacher und auch billiger wurde, Maschinen zu bauen, die DES Kryptogramme entschlüsseln. So entstand die Notwendigkeit, den DES durch einen neuen Verschlüsselungs-Standard zu ersetzen.

Am 12. September 1997 hat die amerikanische Normierungsbehörde NIST (National Institut of Standards and Technology) einen öffentlichen Wettbewerb für einen „Advanced Encryption Standard" kurz AES ausgeschrieben. Dieser DES-Nachfolger soll eine symmetrische Blockverschlüsselung mit einer Blocklänge von 128 Bits und Schlüssellängen von 128, 192 und 256 Bits bieten. Außerdem soll der AES folgende Kriterien erfüllen:

Sicherheit:
> Der neue Algorithmus muß bestmögliche Sicherheit bieten. Die Kryptogramme dürfen sich nicht von Zufallsbits unterscheiden. Ferner soll der Algorithmus resistent gegen alle kryptoanalytischen Angriffe sein, die bekannt sind. Das Design des Algorithmus soll nachvollziehbar und mathematisch fundiert sein.

Kosten:
> AES soll weltweit ohne Einschränkungen und ohne Lizenzgebühren verfügbar sein.

Performance:
> Sowohl Hardware- als auch Softwareimplementierungen des Algorithmus sollen möglichst effizient ausführbar sein. Das heißt, daß die Anzahl der benötigten CPU-Zyklen und die Menge des benötigten Speicherplatzes möglichst gering sein sollten.

Algorithmische Eigenschaften:
> Der Algorithmus soll klar strukturiert, flexibel und für möglichst viele Anwendungen einsetzbar sein (verschiedene Schlüssellängen, Softwareimplementierung, Hardwareimplementierung, Implementierung auf Chipkarten usw.).

Des weiteren wurden eine Menge formaler Kriterien vorgegeben, die zu berücksichtigen waren. Die Angebotsfrist lief am 15. Juni 1998 ab. Von den eingereichten Vorschlägen erfüllten 15 die formalen Bedingungen und wurden zur ersten Verfahrensrunde zugelassen. Diese Algorithmen werden im folgenden kurz vorgestellt.

CAST-256 (Kanada):
Der Algorithmus ist eine Weiterentwicklung von CAST-128. Es handelt sich um ein modifiziertes Feistel-Netzwerk mit 48 Runden. Eingereicht wurde der Vorschlag von Carlisle Adams, Howard Heys, Stafford Tavares und Michael Wiener.

Crypton (Korea):
Crypton wurde von Chae Hoon Lim eingereicht. Es handelt sich um ein SP-Netzwerk[1] mit 12 Runden.

DEAL (Kanada/Norwegen):
Bei diesem Vorschlag handelt es sich um eine Weiterentwicklung des DES. Eingereicht wurde der Algorithmus von Richard Outerbridge und Lars Knudsen.

DFC (Frankreich):
Serge Vaudenay hat diesen Vorschlag eingereicht. DFC ist ein Feistel-Algorithmus mit 8 Runden.

E2 (Japan):
E2 wurde von Masayuki Kanda und anderen eingereicht. Es handelt sich um einen Feistel-Algorithmus mit 12 Runden.

Frog (Costa Rica):
Eingereicht wurde dieser Vorschlag von Dianelos Georgoudis und anderen.

HPC (USA)
HPC wurde von Richard Schroeppel eingereicht.

Loki97 (Australien):
Lawrie Brown, Josef Pieprzyk und Jennifer Seberry haben Loki97 als AES Kandidat eingereicht. Der Algorithmus ist eine Weiterentwicklung von Loki89 und Loki91; ein Feistel-Algorithmus mit 16 Runden.

Magenta (Deutschland):
Magenta wurde von einem Team der Deutsche Telekom entwickelt und eingereicht. Ein Feistel-Algorithmus, der mit 6 oder 8 Runden betrieben werden kann.

---

[1]Ein SP-Netzwerk ist eine Produktchiffre, die aus mehreren Schichten von Substitutionen und Permutationen besteht.

Mars (USA):
> Mars ist ein Algorithmus, der von einem elfköpfigen Team bei IBM ent-
> wickelt wurde. Ein vergleichsweise komplexes Verfahren mit 32 Runden,
> das vom Feistel Algorithmus abgeleitet wurde.

RC6 (USA):
> An der Entwicklung von RC6 (**R**ons **C**ode) waren Ron Rivest, Matthew
> Robshaw und andere beteiligt. RC6 ist eine Weiterentwicklung von RC5
> und basiert auf einem Feistel-Netzwerk mit 20 Runden.

Rijndael (Belgien):
> Joan Daemen und Vincent Rijmen haben den Algorithmus „Rijndael" ent-
> wickelt und eingereicht. Es handelt sich um ein SP-Netzwerk mit wahl-
> weise 10, 12 oder 14 Runden. Rijndael ist eine Weiterentwicklung von
> „Safer".

Safer+ (USA/Armenien):
> An der Entwicklung von SAFER+ waren James Massey und andere betei-
> ligt. Es handelt sich um eine Weiterentwicklung von Safer. Safer+ basiert
> auf einem SP-Netzwerk mit 8, 12 oder 16 Runden.

Serpent (GB/Israel/Norwegen):
> Entwickelt wurde der Algorithmus von Ross Anderson, Eli Biham und
> Lars Knudsen. Ein SP-Netzwerk mit 32 Runden.

Twofish (USA):
> Twofish stammt aus dem Hause „Counterpane" und wurde von Bruce
> Schneier und anderen entwickelt. Twofish ist eine Weiterentwicklung von
> Blowfish. Ein Feistel-Algorithmus mit 16 Runden.

Bereits während der ersten AES-Konferenz im August 1998 wurden erfolgreiche kryptoanalytische Angriffe gegen DEAL, Frog, Loki97 und Magenta vor-
getragen. Diese Algorithmen waren damit aus dem Rennen. Nach langen Tests
und Untersuchungen benannte das NIST ein Jahr später fünf Kandidaten für
die zweite AES Runde. Dabei handelte es sich um Mars, RC6, Rijndael, Serpent und Twofish. Bei diesen Algorithmen konnten keine Sicherheitsmängel
festgestellt werden. Im Rahmen der zweiten Runde wurden die Algorithmen
hauptsächlich bezüglich der Effizienz verschiedener Implementierungen untersucht und verglichen. Letztlich hat sich der Algorithmus Rijndael als Sieger
des Wettbewerbs herausgestellt. Dieser Algorithmus wurde im Herbst 2001 als
FIPS Standard „Specification for the Advanced Encryption Standard" [FIP01]
publiziert.

Literaturhinweis:
Der gesamte Auswahlprozess wurde sorgfältig dokumentiert. Die Ausschrei-
bungsunterlagen, detaillierte Beschreibungen der oben aufgeführten Algorithmen mit Referenzimplementierung, Resultaten von Performancetests, Angriffs-
methoden, die gegen einzelne Algorithmen entwickelt wurden sowie die Tagungs-

berichte der AES Konferenzen sind auf der AES-Hompage des NIST [oST] kostenlos erhältlich. Die wichtigsten Informationen hiervon können auch in den NIST-Publikationen [NBD$^+$99, DR99, Dwo99, NIS00] nachgelesen werden.

7.2 Grobstruktur des Verschlüsselungsalgorithmus

Ebenso wie der DES ist auch der AES eine symmetrische Blockchiffre. In einem AES-Verschlüsselungsschritt kann ein 128-Bit Klartextblock chiffriert werden. Auch die resultierenden Geheimtextblöcke sind 128 Bit groß. Der zur Ver- und Entschlüsselung notwendige Schlüssel besteht wahlweise aus 128 Bits, 192 Bits oder 256 Bits.

Der von J. Daemen und V. Rijmen vorgeschlagene Algorithmus Rijndael erlaubt auch die Verschlüsselung von 192 und 256 Bit großen Klartextblöcken. Diese Möglichkeiten wurden vom NIST für den AES *nicht* standardisiert. Ansonsten wurde der Rijndael-Algorithmus jedoch unverändert übernommen. In der weiteren Beschreibung des AES werden die Möglichkeiten der Verschlüsselung von 192 und 256 Bit großen Klartextblöcken dargestellt, da es sich nur um minimale Veränderungen bzw. Erweiterungen des AES handelt.

Die Verschlüsselung eines Klartextblocks geschieht, ähnlich wie beim DES und vielen anderen Chiffrierverfahren, in mehreren Runden. Der Theorie Shannons folgend werden in jeder Runde eine Folge von Substitutionen, Permutationen und Schlüsseladdition durchgeführt. Die Anzahl der Runden ist abhängig von der gewählten Schlüssellange und wird in Tabelle 7.1 dargestellt.

Tabelle 7.1: Anzahl der Runden abhängig von Schlüssel- und Klartextlänge

Schlüssel-länge:	Blocklänge des Klartextes		
	128 Bit	192 Bit	256 Bit
128 Bit	10	12	14
192 Bit	12	12	14
256 Bit	14	14	14

Im weiteren wird die Länge des gewählten Schlüssels mit $\tilde{n}_k$, die Länge eines Klar-/ Geheimtextblocks mit $\tilde{n}_b$ und die Anzahl der durchzuführenden Runden mit n_r bezeichnet. Abbildung 7.1 zeigt die Grobstruktur des AES-Algorithmus für den Fall $\tilde{n}_k = \tilde{n}_b = 256$.

Für jede AES-Runde wird ein Eingabeblock der Größe $\tilde{n}_b$ und ein *Rundenschlüssel* der Größe $\tilde{n}_b$ benötigt. Das Resultat einer AES-Runde ist ein $\tilde{n}_b$ Bit großer Ausgabeblock. Zwischen den einzelnen Runden findet keine Operation statt, so daß der Ausgabeblock der i-ten Runde auch Eingabeblock der $(i+1)$-ten Runde ist.

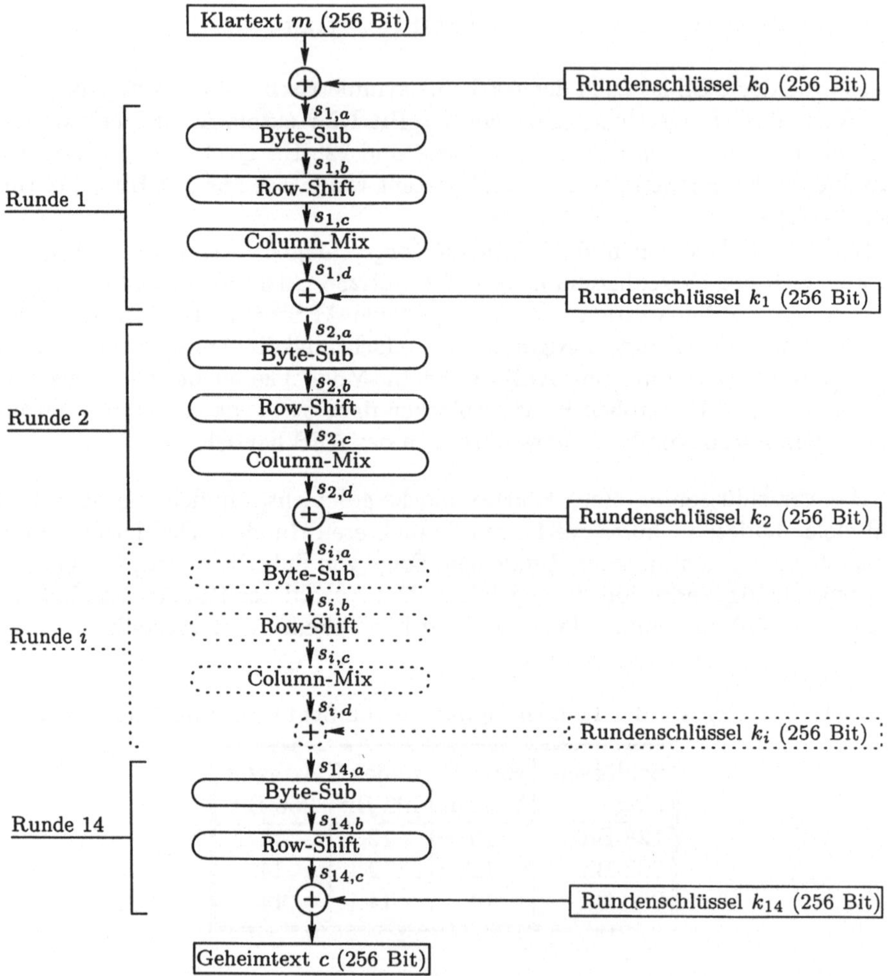

Abbildung 7.1: Grobstruktur des AES (256 Bit Klartext, 256 Bit Schlüssel)

Der Eingabeblock der i-ten Runde wird im weiteren mit s_i, der Ausgabeblock mit s_{i+1} und der verwendete Rundenschlüssel mit k_i bezeichnet. Der Index i steht hier für die Nummer der jeweiligen Runde.

Im Rahmen einer AES-Runde werden vier Schritte durchgeführt:

Byte-Sub

Hier wird jedes Byte des Eingabeblocks einer 8-Bit Substitution unterzogen.

Row-Shift

Im Rahmen dieses Schritts werden bestimmte Bytes zyklisch verschoben. Streng genommen handelt es sich also um eine Permutation.

Column-Mix

Im Rahmen dieses Schritts werden jeweils 4 Bytes einer 32-Bit Substitution unterzogen.

Key-Add

Hier wird der Rundenschlüssel mit einem Ein-/Ausgabeblock Bit für Bit addiert (XOR).

Für jeden dieser vier Schritte wird ein $\tilde{n}_b$-Bit Eingabeblock benötigt. Das Resultat der einzelnen Schritte ist ein Ausgabeblock, der ebenfalls $\tilde{n}_b$-Bit groß ist. Für den vierten Schritt einer Runde (Key-Add) wird zusätzlich der Rundenschlüssel k_i als Eingabe benötigt. Dieser Rundenschlüssel wird aus dem AES-Schlüssel k abgeleitet und ist ebenfalls $\tilde{n}_b$ Bit groß.

Im Rahmen der folgenden Darstellung werden die Ein- und Ausgabeblöcke der einzelnen Schritte innerhalb einer Runde nach folgendem Schema bezeichnet:

Der Eingabeblock der i-ten Runde entspricht dem Eingabeblock des ersten Schritts in Runde i und wird — je nach Kontext — mit s_i oder $s_{i,a}$ bezeichnet. Der Ausgabeblock des ersten Schritts (Byte-Sub) wird als Eingabeblock für den zweiten Schritt verwendet und mit $s_{i,b}$ bezeichnet. Der Block $s_{i,c}$ ist Ausgabe von Schritt zwei (Row-Shift) und Eingabe von Schritt drei (Column-Mix). Analog dazu ist $s_{i,d}$ das Resultat aus Schritt drei und Eingabeblock für Schritt vier (Key-Add).

Der Ausgabeblock des vierten Schritts in der i−ten Runde ist auch der Ausgabeblock der i-ten Runde und wird mit s_{i+1} oder $s_{i+1,a}$ bezeichnet. Ausnahmen gibt es nur bei der ersten und letzten Runde.

Vor den vier Schritten der ersten Runde wird der Klartextblock m mit einem Rundenschlüssel k_0 addiert (XOR). Das Resultat dieser Schlüsseladdition dient dann als Eingabeblock s_1 bzw. $s_{1,a}$ der ersten AES-Runde.

In der letzten Runde des AES entfällt Schritt drei (Column-Mix). Das Resultat der letzten AES-Runde ist der Geheimtextblock c.

7.3   Notation

Für die Operationen im AES-Algorithmus ist es günstig, die acht Bits eines Bytes von rechts nach links mit Null beginnend zu numerieren. Um ein Byte $a = a_7a_6a_5a_4a_3a_2a_1a_0$ zu repräsentieren, werden im weiteren — je nach Kontext — eine von drei verschiedenen Schreibweisen verwendet.

Als Folge von Bits:
> Diese Darstellung eine Bytes wird letztlich für die Implementierung benötigt. Wir schreiben $a = a_7a_6a_5a_4a_3a_2a_1a_0$, wobei die $a_i \in \{0,1\}$ sind. Beispiel: $a = 1001\ 0111$.

Als Polynom mit Koeffizienten in $\mathbb{F}_2$:
> Die Darstellung als Polynom eignet sich besonders zur Erklärung bestimmter Operationen, die im Rahmen des AES durchgeführt werden. Ein Byte $a = a_7a_6a_5a_4a_3a_2a_1a_0$ wird in der Form $a = \sum_{i=0}^{7} a_i x^i$ notiert. Beispiel: $a = x^7 + x^4 + x^2 + x + 1$.

Als Hexadezimalzahl:
> Die Darstellung als (zweistellige) Hexadezimalzahl ist platzsparend und eignet sich deshalb besonders für Tabellen und Abbildungen. Beispiel: $a = 97$.

> Für die angegebenen Beispiele gilt:

$$1001\ 0111 \ \hat{=}\ 97 \ \hat{=}\ x^7 + x^4 + x^2 + x + 1.$$

Weiterhin werden, je nach Größe der Eingabeblöcke, Byte-Folgen der Länge 16 (128 Bit), 24 (192 Bit) und 32 (256 Bit) betrachtet. Die Bytes dieser Blöcke werden von links nach rechts mit Null beginnend numeriert. Für eine Bytefolge s der Länge 16 gilt dann

$$s = a^{(0)}a^{(1)}a^{(2)} \dots a^{(15)}.$$

Im weiteren werden solche Folgen auch als „Byte-Matrix" mit 4 Zeilen und 4 bzw. 6 oder 8 Spalten notiert. Die einzelnen Bytes werden dabei wie folgt auf die Matrix verteilt:

$$s = \begin{pmatrix} a^{(0)} & a^{(4)} & \dots \\ a^{(1)} & a^{(5)} & \dots \\ a^{(2)} & a^{(6)} & \dots \\ a^{(3)} & a^{(7)} & \dots \end{pmatrix}.$$

Die Indizierung der einzelnen Bytes wird dahingehend verändert, daß

$$s = \begin{pmatrix} a^{(0)} & a^{(4)} & \dots \\ a^{(1)} & a^{(5)} & \dots \\ a^{(2)} & a^{(6)} & \dots \\ a^{(3)} & a^{(7)} & \dots \end{pmatrix} = \begin{pmatrix} a^{(0,0)} & a^{(0,1)} & \dots \\ a^{(1,0)} & a^{(1,1)} & \dots \\ a^{(2,0)} & a^{(2,1)} & \dots \\ a^{(3,0)} & a^{(3,1)} & \dots \end{pmatrix}$$

ist. Die Indizierung $a^{(z,s)}$ (z für Zeile und s für Spalte) gibt an, an welcher Stelle das entsprechende Byte in der Matrix steht.

Handelt es sich um einen Eingabeblock (Byte-Matrix) für den ersten Schritt einer Runde, dann werden die einzelnen Bytes mit a bezeichnet, also

$$s_{i,a} = \begin{pmatrix} a^{(0,0)} & a^{(0,1)} & \dots \\ a^{(1,0)} & a^{(1,1)} & \dots \\ a^{(2,0)} & a^{(2,1)} & \dots \\ a^{(3,0)} & a^{(3,1)} & \dots \end{pmatrix}.$$

Für Eingabeblöcke des zweiten Schritts werden die einzelnen Bytes mit b bezeichnet. Die Byte-Matrix wird dann mit

$$s_{i,b} = \begin{pmatrix} b^{(0,0)} & b^{(0,1)} & \dots \\ b^{(1,0)} & b^{(1,1)} & \dots \\ b^{(2,0)} & b^{(2,1)} & \dots \\ b^{(3,0)} & b^{(3,1)} & \dots \end{pmatrix}$$

beschrieben. Beim dritten Schritt wird c und beim vierten Schritt wird d verwendet.

Die Indizierung der einzelnen Bytes läßt keinen Rückschluß auf die Nummer der jeweiligen AES-Runde zu, was im weiteren jedoch nicht zu Schwierigkeiten führen wird.

Bezeichnungen:

M, m: Der gesamte Klartext wird mit M bezeichnet, einzelne Klartextblöcke werden mit m oder — falls notwendig — mit m_1, m_2 usw. bezeichnet.

C, c: Der gesamte Geheimtext wird mit C bezeichnet, einzelne Geheimtextblöcke werden mit c oder c_1, c_2 usw. bezeichnet.

k_i: Bezeichnet den Rundenschlüssel der i-ten Runde. In der Regel werden diese Rundenschlüssel als Byte-Matrix notiert.

$\tilde{n}_k$: Schlüssellänge (Anzahl der Bits)

$\tilde{n}_b$: Größe für Klartextblöcke, Geheimtextblöcke und Byte-Matrix (Anzahl der Bits)

n_b: Spaltenanzahl der Bytematrix. Es ist $n_b = \tilde{n}_b/32$.

n_r: Anzahl der Runden

$s_{i,a}$: Beim AES werden sämtliche Zwischenresultate in *einer* Byte-Matrix abgelegt. Die Byte-Matrix wird mit s (State) bezeichnet. Der erste Index kennzeichnet, in welcher Runde ein Zwischenresultat erzeugt wurde, und der zweite Index kennzeichnet, in welchem Verschlüsselungsschritt das Zwischenresultat erzeugt wurde.

$a^{(z,s)}$: Die Einträge der Byte-Matrix vor dem ersten Schritt einer Runde werden mit $a^{(z,s)}$ bezeichnet, die Einträge vor dem zweiten Schritt einer Runde mit $b^{(z,s)}$ usw. Der Erste Index (z) kennzeichnet die Zeile des entsprechenden Eintrags, der zweite Index (s) die Spalte.

S_8: $S_8 : \mathbf{F}_2^8 \to \mathbf{F}_2^8$, Substitutionsabbildung des AES (8 Bit).

S_{32}: $S_{32} : \mathbf{F}_2^{32} \to \mathbf{F}_2^{32}$, Substitutionsabbildung des AES (32 Bit).

7.4 Mathematische Grundlagen

Im Gegensatz zum DES wurden die Designkriterien der einzelnen AES-Verschlüsselungsschritte — und insbesondere der darin enthaltenen Substitutionsboxen — veröffentlicht. Dabei handelt es sich um klare mathematische Strukturen, die in Abschnitt 7.5 auch dargestellt werden. Alle Verschlüsselungsschritte im AES basieren auf Operationen in endlichen Körpern. Für Leser mit entsprechend guten mathematischen Vorkenntnissen werden die verwendeten Strukturen im weiteren kurz dargestellt. Die notwendigen algebraischen Grundlagen bezüglich endlicher Körper sind in Kapitel 8 Abschnitt 8.2 (Algebra) beschrieben.

Rechnen im Körper $\mathbf{GF}_{256}$

Im Rahmen der Verschlüsselungsschritte des AES können alle Bytes als Elemente des Körpers $\mathbf{GF}_{256}$ interpretiert werden. Darstellung der Körperelemente, Addition und Multiplikation gestalten sich dann wie folgt:

Darstellung der Elemente:

Ein Byte $(a_7 a_6 a_5 a_4 a_3 a_2 a_1 a_0)$ wird als Element

$$a_7 x^7 + a_6 x^6 + a_5 x^5 + a_4 x^4 + a_3 x^3 + a_2 x^2 + a_1 x^1 + a_0 x^0 \ \text{MOD} \ m(x)$$

des endlichen Körpers $\mathbf{GF}_{256} := \mathbf{F}_2[x]/m(x)$ interpretiert.
Als Modul $m(x)$ wird das irreduzible Polynom

$$m(x) = x^8 + x^4 + x^3 + x + 1$$

verwendet.

Für die Addition in $\mathbf{GF}_{256}$ wird im weiteren das $\oplus$-Zeichen und für die Multiplikation das $\odot$-Zeichen verwendet.

Addition:

Zwei Bytes $a = (a_7 a_6 a_5 a_4 a_3 a_2 a_1 a_0)$ und $b = (b_7 b_6 b_5 b_4 b_3 b_2 b_1 b_0)$ werden komponentenweise addiert (XOR). Für die Summe $c = (c_7 c_6 c_5 c_4 c_3 c_2 c_1 c_0) := a \oplus b$ gilt $c_0 = a_0 \oplus b_0$, $c_1 = a_1 \oplus b_1$ usw.

Beispiel 7.4.1
Polynom: $\quad (x^6 + x^4 + x^2 + x + 1) \oplus (x^7 + x + 1) = (x^7 + x^6 + x^4 + x^2)$
Binär: $\qquad$ 01010111 $\oplus$ 10000011 = 11010100
Hexadezimal: $\quad$ 57 $\oplus$ 83 = D4

Multiplikation:

Verwendet man die Darstellung der Bytes als Polynom mit Koeffizienten in $\mathbf{F}_2$, ergibt sich die Multiplikation als Polynommultiplikation modulo dem irreduziblen Polynom $m(x) = x^8 + x^4 + x^3 + x + 1$.

Beispiel 7.4.2
Gesucht ist das Produkt $57 \odot 83 = 57 \cdot 83 \;\mathrm{MOD}\; m(x)$. Wir berechnen dieses Produkt in zwei Schritten:
1. Polynommultiplikation:

$$
\begin{aligned}
57 \cdot 83 \;&\hat{=}\; 01010111 \cdot 1000001 \hat{=} \\
(x^6 + x^4 + x^2 + x + 1) \cdot (x^7 + x + 1) \;=\; & x^{13} + x^{11} + x^9 + x^8 + x^7 + \\
& x^7 + x^5 + x^3 + x^2 + x + \\
& x^6 + x^4 + x^2 + x + 1 \\
=\; & x^{13} + x^{11} + x^9 + x^8 + x^6 + \\
& x^5 + x^4 + x^3 + 1
\end{aligned}
$$

2. Reduktion modulo $m(x)$:
Die Reduktion kann mittels einer Polynomdivision durchgeführt werden und ergibt:

```
(x¹³+x¹¹+x⁹+x⁸     +x⁶+x⁵+x⁴+x³+1) : x⁸ + x⁴ + x³ + x + 1 = x⁵ + x³
 x¹³       +x⁹+x⁸      +x⁶+x⁵
 ─────────────────────────────
      x¹¹                   +x⁴+x³+1
      x¹¹         +x⁷+x⁶     +x⁴+x³
 ─────────────────────────────
           x⁷ +x⁶              +1
```

Folglich gilt:

$$
x^{13} + x^{11} + x^9 + x^8 + x^6 + x^5 + x^4 + x^3 + 1 \quad \mathrm{MOD} \quad x^8 + x^4 + x^3 + x + 1
$$
$$
= \quad x^7 + x^6 + 1
$$
$$
\hat{=} \quad 1100\ 0001 \hat{=} \mathrm{C1}.
$$

Insgesamt erhält man das Resultat:

$$57 \odot 83 = C1.$$

Polynomringe über dem Körper $\mathbf{GF}_{256}$

Darstellung der Elemente:

Wir betrachten den Polynomring $\mathbf{GF}_{256}[x]/(x^4+1)$. Ein Element dieses Rings kann als Polynom vierten Grades, dessen Koeffizienten Elemente des Körpers $\mathbf{GF}_{256}$ sind, dargestellt werden. Jedes Element besteht also aus vier Bytes. Für $c(x) = [c^{(0)}, c^{(1)}, c^{(2)}, c^{(3)}] \in \mathbf{GF}_{256}[x]/(x^4+1)$ schreiben wir:

$$c(x) = c_0 + c_1 x + c_2 x^2 + c_3 x^3 \text{ mit } c_0, c_1, c_2, c_3 \in \mathbf{GF}_{256}.$$

Das folgende Beispiel demonstriert die verschiedenen Notationsweisen eines Elements des Polynomrings $\mathbf{GF}_{256}[x]/(x^4+1)$.

Beispiel 7.4.3

Polynom:	$c(x) = 02 + \mathtt{A1}x + 03x^2 + 01x^3$
Binär:	[00000010, 10100001, 00000011, 00000001]
Hexadezimal:	[02, A1, 03, 01]

Für die Addition in $\mathbf{GF}_{256}[x]/(x^4+1)$ wird im weiteren das $\oplus$-Zeichen und für die Multiplikation das $\otimes$-Zeichen verwendet.

Addition:

Seien $a(x), b(x) \in \mathbf{GF}_{256}[x]/(x^4+1)$. Dann gilt für die Addition:

$$a(x) \oplus b(x) = (a_0 \oplus b_0 + (a_1 \oplus b_1)x + (a_2 \oplus b_2)x^2 + (a_3 \oplus b_3)x^3.$$

Beispiel 7.4.4

$$
\begin{aligned}
[02, \mathtt{A1}, 03, 01] \oplus [\mathtt{FF}, 01, 00, 02] \ &\hat{=}\ (02 + \mathtt{A1}x + 03x^2 + 01x^3)\ \oplus \\
&\quad (\mathtt{FF} + 01x + 00x^2 + 02x^3) \\
&=\ (02 \oplus \mathtt{FF}) \\
&\quad (\mathtt{A1} \oplus 01)x + \\
&\quad (03 \oplus 00)x^2 + \\
&\quad (01 \oplus 02)x^3 + \\
&=\ \mathtt{FD} + \mathtt{A2}x + 03x^2 + 03x^3 \\
&\hat{=}\ [\mathtt{FD}, \mathtt{A2}, 03, 03].
\end{aligned}
$$

Multiplikation:

Verwendet man die Darstellung der vier Bytes als Polynom, dann kann die Multiplikation $a(x) \otimes b(x)$ in zwei Schritten durchgeführt werden.

- Polynommultiplikation $c(x) := a(x) \odot b(x)$ mit

$$c(x) = c_0 + c_1 x + c_2 x^2 + c_3 x^3 + c_4 x^4 + c_4 x^5 + c_6 x^6$$

und

$$
\begin{aligned}
c_0 &= (a_0 \odot b_0), \\
c_1 &= (a_1 \odot b_0) \oplus (a_0 \odot b_1), \\
c_2 &= (a_2 \odot b_0) \oplus (a_1 \odot b_1) \oplus (a_0 \odot b_2), \\
c_3 &= (a_3 \odot b_0) \oplus (a_2 \odot b_1) \oplus (a_1 \odot b_2) \oplus (a_0 \odot b_3), \\
c_4 &= (a_3 \odot b_1) \oplus (a_2 \odot b_2) \oplus (a_1 \odot b_3), \\
c_5 &= (a_3 \odot b_2) \oplus (a_2 \odot b_3), \\
c_6 &= (a_3 \odot b_3).
\end{aligned}
$$

- Reduktion modulo $x^4 + 1$.
  Berücksichtigt man, daß

$$x^i \text{ MOD } (x^4 + 1) = x^i \text{ MOD } 4$$

ist, dann ergibt sich für das modulare Produkt

$$
\begin{aligned}
d(x) &= a(x) \cdot b(x) \text{ MOD } (x^4 + 1), \text{ das} \\
d(x) &= d_3 x^3 + d_2 x^2 + d_1 x + d_0
\end{aligned}
$$

ist und für die Koeffizienten

$$
\begin{aligned}
d_0 &= (a_0 \odot b_0) \oplus (a_3 \odot b_1) \oplus (a_2 \odot b_2) \oplus (a_1 \odot b_3) \\
d_1 &= (a_1 \odot b_0) \oplus (a_0 \odot b_1) \oplus (a_3 \odot b_2) \oplus (a_2 \odot b_3) \\
d_2 &= (a_2 \odot b_0) \oplus (a_1 \odot b_1) \oplus (a_0 \odot b_2) \oplus (a_3 \odot b_3) \\
d_3 &= (a_3 \odot b_0) \oplus (a_2 \odot b_1) \oplus (a_1 \odot b_2) \oplus (a_0 \odot b_3)
\end{aligned}
$$

gilt. Hierfür wird auch die folgende Matrixschreibweise verwendet:

$$
\begin{pmatrix} d_0 \\ d_1 \\ d_2 \\ d_3 \end{pmatrix} =
\begin{pmatrix}
a_0 & a_3 & a_2 & a_1 \\
a_1 & a_0 & a_3 & a_2 \\
a_2 & a_1 & a_0 & a_3 \\
a_3 & a_2 & a_1 & a_0
\end{pmatrix}
\begin{pmatrix} b_0 \\ b_1 \\ b_2 \\ b_3 \end{pmatrix}.
$$

Beispiel 7.4.5

$$[00,00,00,01] \otimes [47,08,1F,2B]$$

$$\hat{=} \begin{pmatrix} 00 & 01 & 00 & 00 \\ 00 & 00 & 01 & 00 \\ 00 & 00 & 00 & 01 \\ 01 & 00 & 00 & 00 \end{pmatrix} \cdot \begin{pmatrix} 47 \\ 08 \\ 1F \\ 2B \end{pmatrix} = \begin{pmatrix} 08 \\ 1F \\ 2B \\ 47 \end{pmatrix}$$

$$\hat{=} \quad [08,1F,2B,47].$$

In einem Polynomring muß es nicht zu jedem Element ein inverses Element bezüglich der Multiplikation geben. Im Rahmen der 32-Bit Substitution des AES-Algorithmus wird das Element

$$a(x) = 02 + 01x + 01x^2 + 03x^3$$

als Multiplikator verwendet. Dieser Multiplikator wurde jedoch so ausgewählt, daß es ein entsprechendes inverses Element gibt, nämlich

$$a^{-1}(x) = 0E + 09x + 0Dx^2 + 0Bx^3.$$

7.5 Beschreibung der einzelnen Verschlüsselungsschritte

Die folgende Beschreibung der Verschlüsselungsschritte Byte-Sub, Row-Shift, Column-Mix und Key-Add besteht aus jeweils zwei Teilen. Der erste Teil (Darstellung) beschreibt alle Einzelheiten des Verschlüsselungsschritts, die zum Beispiel für eine Implementierung benötigt werden. Im zweiten Teil (mathematischer Hintergrund) wird auf die Designkriterien und mathematischen Hintergründe des jeweiligen Verschlüsselungsschritts eingegangen.

Byte-Sub

Darstellung

In diesem ersten Schritt einer Runde werden die einzelnen Einträge $a^{(z,s)}$ der Byte-Matrix gemäß der in Tabelle 7.2 dargestellten Substitution S_8 ersetzt. Es gilt: $b^{(z,s)} := S_8(a^{(z,s)})$ für alle $z \in \{0,1,2,3\}$ und $s \in \{0,1,\ldots n_b - 1\}$ (siehe auch Abbildung 7.2).

Tabelle 7.2 wird zur Ermittlung von $S_8(a^{(z,s)}) = S_8(a_7a_6a_5\ldots a_0)$ wie folgt angewendet. Die niederwertigen Bits $a_3a_2a_1a_0$ werden als Hexadezimalzahl dargestellt und geben an, in welcher Spalte der gesuchte Wert steht. Die höherwertigen Bits $a_7a_6a_5a_4$ werden ebenfalls als Hexadezimalzahl dargestellt und geben an, in welcher Zeile der gesuchte Wert steht.

Tabelle 7.2: 8-Bit Substitutionstabelle des AES

$a_7a_6a_5a_4$	$S_8(a_7a_6a_5a_4a_3a_2a_1a_0)$							$a_3a_2a_1a_0$								
	00	01	02	03	04	05	06	07	08	09	A	B	C	D	E	F
0	63	7C	77	7B	F2	6B	6F	C5	30	01	67	2B	FE	D7	AB	76
1	CA	82	C9	7D	FA	59	47	F0	AD	D4	A2	AF	9C	A4	72	C0
2	B7	FD	93	26	36	3F	F7	CC	34	A5	E5	F1	71	D8	31	15
3	04	C7	23	C3	18	96	05	9A	07	12	80	E2	EB	27	B2	75
4	09	83	2C	1A	1B	6E	5A	A0	52	3B	D6	B3	29	E3	2F	84
5	53	D1	00	ED	20	FC	B1	5B	6A	CB	BE	39	4A	4C	58	CF
6	D0	EF	AA	FB	43	4D	33	85	45	F9	02	7F	50	3C	9F	A8
7	51	A3	40	8F	92	9D	38	F5	BC	B6	DA	21	10	FF	F3	D2
8	CD	0C	13	EC	5F	97	44	17	C4	A7	7E	3D	64	5D	19	73
9	60	81	4F	DC	22	2A	90	88	46	EE	B8	14	DE	5E	0B	DB
A	E0	32	3A	0A	49	06	24	5C	C2	D3	AC	62	91	95	E4	79
B	E7	C8	37	6D	8D	D5	4E	A9	6C	56	F4	EA	65	7A	AE	08
C	BA	78	25	2E	1C	A6	B4	C6	E8	DD	74	1F	4B	BD	8B	8A
D	70	3E	B5	66	48	03	F6	0E	61	35	57	B9	86	C1	1D	9E
E	E1	F8	98	11	69	D9	8E	94	9B	1E	87	E9	CE	55	28	DF
F	8C	A1	89	0D	BF	E6	42	68	41	99	2D	0F	B0	54	BB	16

Beispiel: $S_8(1011\ 0101) = ??$

Spalte: $0101 = 5$
Zeile: $1011 = B$

In Zeile B und Spalte 5 der Substitutionstabelle steht D5 $\,\hat{=}\,$ 1101 0101. Also ist $S_8(1011\ 0101) - 1101\ 0101$.

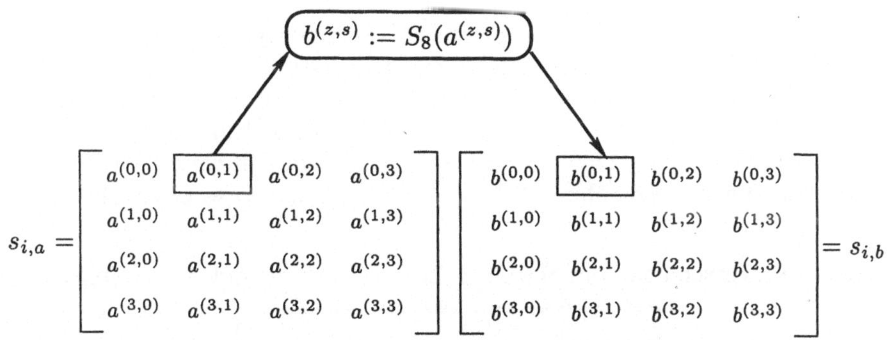

Abbildung 7.2: Anwendung der 8-Bit Substitution im Rahmen des Schritts „Byte-Sub"

Mathematischer Hintergrund

Die angegebene 8-Bit Substitution wurde aus zwei Transformationen konstruiert.

1. Zu einem Eingabewert $a^{(z,s)}$ wird zunächst das multiplikative inverse Ele-

ment $(a^{(z,s)})^{-1}$ über dem Körper $\mathbf{GF}_{256}$ berechnet. Für den Fall, daß $a^{(z,s)}$ $=00$ ist, setzt man $(a^{(z,s)})^{-1}=00$.

2. Aus dem Zwischenwert $(a^{(z,s)})^{-1} = \tilde{a}_7\tilde{a}_6\tilde{a}_5\tilde{a}_4\tilde{a}_3\tilde{a}_2\tilde{a}_1\tilde{a}_0$ wird das Substitutionsresultat $b^{(z,s)} = b_7b_6b_5b_4b_3b_2b_1b_0$ mittels der folgenden affinen Abbildung über dem Körper $\mathbf{GF}_2$ bestimmt.

$$
\begin{pmatrix} b_0 \\ b_1 \\ b_2 \\ b_3 \\ b_4 \\ b_5 \\ b_6 \\ b_7 \end{pmatrix}
=
\begin{pmatrix}
1 & 0 & 0 & 0 & 1 & 1 & 1 & 1 \\
1 & 1 & 0 & 0 & 0 & 1 & 1 & 1 \\
1 & 1 & 1 & 0 & 0 & 0 & 1 & 1 \\
1 & 1 & 1 & 1 & 0 & 0 & 0 & 1 \\
1 & 1 & 1 & 1 & 1 & 0 & 0 & 0 \\
0 & 1 & 1 & 1 & 1 & 1 & 0 & 0 \\
0 & 0 & 1 & 1 & 1 & 1 & 1 & 0 \\
0 & 0 & 0 & 1 & 1 & 1 & 1 & 1
\end{pmatrix}
\cdot
\begin{pmatrix} \tilde{a}_0 \\ \tilde{a}_1 \\ \tilde{a}_2 \\ \tilde{a}_3 \\ \tilde{a}_4 \\ \tilde{a}_5 \\ \tilde{a}_6 \\ \tilde{a}_7 \end{pmatrix}
+
\begin{pmatrix} 1 \\ 1 \\ 0 \\ 0 \\ 0 \\ 1 \\ 1 \\ 0 \end{pmatrix}
$$

Anmerkung: Die hier angegebene affine Abbildung kann auch als Abbildung über dem Polynomring $\mathbf{F}_2[x]/(x^8+1)$ verstanden werden. Es gilt:

$$(b_0b_1b_2b_3b_4b_5b_6b_7) = (11111000) \cdot (\tilde{a}_0\tilde{a}_1\tilde{a}_2\tilde{a}_3\tilde{a}_4\tilde{a}_5\tilde{a}_6\tilde{a}_7) + (11000110).$$

Row-Shift

Darstellung

Im Rahmen dieses zweiten Schritts werden die Einträge der Byte-Matrix $s_{i,b}$ zeilenweise zyklisch nach links verschoben. Die erste Zeile (Zeile 0) bleibt unverändert, in Zeile 1 werden die Einträge um eine Position verschoben, in Zeile 2 um zwei Positionen und in Zeile 3 um drei Positionen. Eine Ausnahme gibt es nur, wenn die Blocklänge 256 Bits beträgt. In diesem Fall wird Zeile 3 zyklisch um vier Positionen verschoben. Tabelle 7.3 zeigt hierzu eine Übersicht.

Tabelle 7.3: Verschieben der einzelnen Zeilen in Abhängigkeit der Blocklänge

	$z=0$	$z=1$	$z=2$	$z=3$
$n_b = 4$	0	1	2	3
$n_b = 6$	0	1	2	3
$n_b = 8$	0	1	3	4

Abbildung 7.3 zeigt das zyklische Verschieben der Zeilen für den Fall $n_b = 4$.

Mathematischer Hintergrund

Das zyklische Verschieben der Bytes um eine Position nach links kann auch als Multiplikation im Polynomring $\mathbf{GF}_{256}[x]/(x^4+1)$ aufgefaßt werden. Als

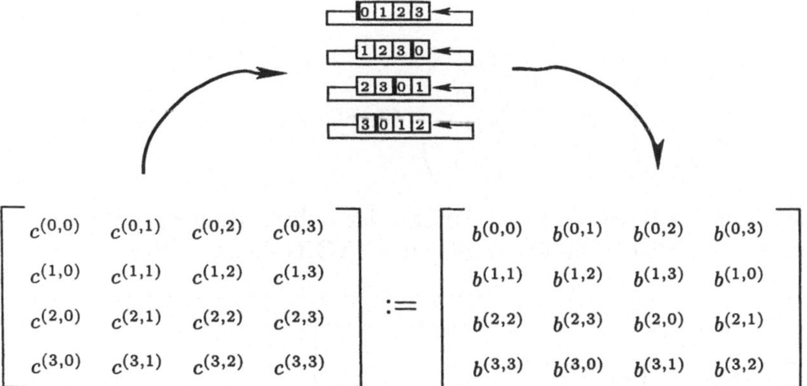

Abbildung 7.3: Verschieben der einzelnen Zeilen

Multiplikator dient das Polynom $r_1(x) = 01x^3$ (siehe Beispiel 7.4.5 auf Seite 236). Zyklisches Verschieben um zwei Positionen nach links entspricht einer Multiplikation mit $r_2(x) = 01x^2$, und für das Verschieben um drei Positionen wird das Polynom $r_3(x) = 01x$ als Multiplikator verwendet.

Insgesamt gilt:

$$
\begin{aligned}
\left[c^{(0,0)}, c^{(0,1)}, c^{(0,2)}, c^{(0,3)}\right] &= \left[b^{(0,0)}, b^{(0,1)}, b^{(0,2)}, b^{(0,3)}\right] \\
\left[c^{(1,0)}, c^{(1,1)}, c^{(1,2)}, c^{(1,3)}\right] &= \left[b^{(1,0)}, b^{(1,1)}, b^{(1,2)}, b^{(1,3)}\right] \otimes [00, 00, 00, 01] \\
\left[c^{(2,0)}, c^{(2,1)}, c^{(2,2)}, c^{(2,3)}\right] &= \left[b^{(2,0)}, b^{(2,1)}, b^{(2,2)}, b^{(2,3)}\right] \otimes [00, 00, 01, 00] \\
\left[c^{(3,0)}, c^{(3,1)}, c^{(3,2)}, c^{(3,3)}\right] &= \left[b^{(3,0)}, b^{(3,1)}, b^{(3,2)}, b^{(3,3)}\right] \otimes [00, 01, 00, 00]
\end{aligned}
$$

Column-Mix

Darstellung

Im dritten Schritt einer AES-Runde wird auf jede Spalte der Byte-Matrix eine Substitution — die im weiteren mit S_{32} bezeichnet wird — angewendet. Für die Eingabe-Matrix

$$
s_{i,c} = \begin{pmatrix}
c^{(0,0)} & c^{(0,1)} & \dots & c^{(0,n_b-1)} \\
c^{(1,0)} & c^{(1,1)} & \dots & c^{(1,n_b-1)} \\
c^{(2,0)} & c^{(2,1)} & \dots & c^{(2,n_b-1)} \\
c^{(3,0)} & c^{(3,1)} & \dots & c^{(3,n_b-1)}
\end{pmatrix} \cdot
$$

und die Ausgabe-Matrix

$$
s_{i,d} = \begin{pmatrix}
d^{(0,0)} & d^{(0,1)} & \dots & d^{(0,n_b-1)} \\
d^{(1,0)} & d^{(1,1)} & \dots & d^{(1,n_b-1)} \\
d^{(2,0)} & d^{(2,1)} & \dots & d^{(2,n_b-1)} \\
d^{(3,0)} & d^{(3,1)} & \dots & d^{(3,n_b-1)}
\end{pmatrix}
$$

gilt dann:

$$\begin{pmatrix} d^{(0,s)} \\ d^{(1,s)} \\ d^{(2,s)} \\ d^{(3,s)} \end{pmatrix} = S_{32} \begin{pmatrix} c^{(0,s)} \\ c^{(1,s)} \\ c^{(2,s)} \\ c^{(3,s)} \end{pmatrix} \quad \text{für alle } s \in \{0, 1, \dots, n_b - 1\}$$

Abbildung 7.4 beschreibt den Aufbau der Substitution S_{32}. Wie man sieht, werden im wesentlichen binäre Additionen (XOR) durchgeführt.

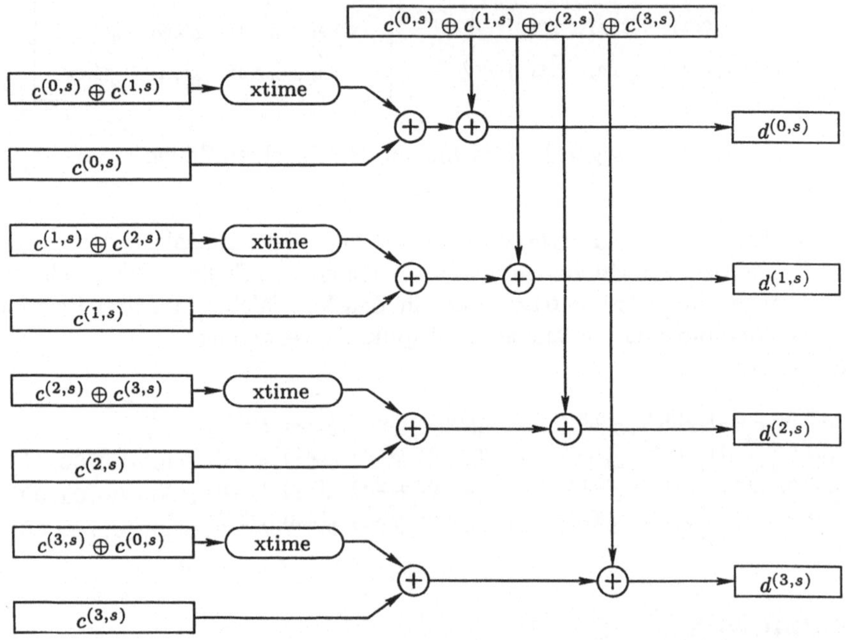

Abbildung 7.4: 32-Bit Substitution des AES

Zur vollständigen Beschreibung der Substitutionsabbildung S_{32} bleibt noch die Funktion xtime($\cdot$) zu beschreiben. Diese benötigt einen 8-Bit Eingabeblock und liefert einen 8-Bit Ausgabeblock. Mit den Bezeichnungen

$$y_7 y_6 y_5 y_4 y_3 y_2 y_1 y_0 = \text{xtime}(x_7 x_6 x_5 x_4 x_3 x_2 x_1 x_0) \qquad (x_i, y_i \in \{0, 1\})$$

gilt:

Erster Fall: $x_7 = 0$

$$y_7 y_6 y_5 y_4 y_3 y_2 y_1 y_0 := (x_6 x_5 x_4 x_3 x_2 x_1 x_0 0)$$

Zweiter Fall: $x_7 = 1$

$$y_7 y_6 y_5 y_4 y_3 y_2 y_1 y_0 := (x_6 x_5 x_4 x_3 x_2 x_1 x_0 0) \oplus 0001\ 1011$$

Die Funktion xtime($\cdot$) kann auch als Substitutionstabelle dargestellt werden (siehe Tabelle 7.4).

Tabelle 7.4: Berechnungstabelle zu der Funktion xtime(x)

	$xtime(x_7x_6x_5x_4x_3x_2x_1x_0)$															
								$x_3x_2x_1x_0$								
$x_7x_6x_5x_4$	00	01	02	03	04	05	06	07	08	09	A	B	C	D	E	F
0	00	02	04	06	08	0A	0C	0E	10	12	14	16	18	1A	1C	1E
1	20	22	24	26	28	2A	2C	2E	30	32	34	36	38	3A	3C	3E
2	40	42	44	46	48	4A	4C	4E	50	52	54	56	58	5A	5C	5E
3	60	62	64	66	68	6A	6C	6E	70	72	74	76	78	7A	7C	7E
4	80	82	84	86	88	8A	8C	8E	90	92	94	96	98	9A	9C	9E
5	A0	A2	A4	A6	A8	AA	AC	AE	B0	B2	B4	B6	B8	BA	BC	BE
6	C0	C2	C4	C6	C8	CA	CC	CE	D0	D2	D4	D6	D8	DA	DC	DE
7	E0	E2	E4	E6	E8	EA	EC	EE	F0	F2	F4	F6	F8	FA	FC	FE
8	1B	19	1F	1D	13	11	17	15	0B	09	0F	0D	03	01	07	05
9	3B	39	3F	3D	33	31	37	35	2B	29	2F	2D	23	21	27	25
A	5B	59	5F	5D	53	51	57	55	4B	49	4F	4D	43	41	47	45
B	7B	79	7F	7D	73	71	77	75	6B	69	6F	6D	63	61	67	65
C	9B	99	9F	9D	93	91	97	95	8B	89	8F	8D	83	81	87	85
D	BB	B9	BF	BD	B3	B1	B7	B5	AB	A9	AF	AD	A3	A1	A7	A5
E	DB	D9	DF	DD	D3	D1	D7	D5	CB	C9	CF	CD	C3	C1	C7	C5
F	FB	F9	FF	FD	F3	F1	F7	F5	EB	E9	EF	ED	E3	E1	E7	E5

Mathematischer Hintergrund

Die beschriebene 32-Bit Substitution ist durch eine Multiplikation des Eingabewerts $[c^{(0,s)}, c^{(1,s)}, c^{(2,s)}, c^{(3,s)}]$ mit dem Wert $[02, 01, 01, 03]$ in $\mathbf{GF}_{256}[x]/(x^4+1)$ definiert. Es gilt:

$$[d^{(0,s)}, d^{(1,s)}, d^{(2,s)}, d^{(3,s)}] = [c^{(0,s)}, c^{(1,s)}, c^{(2,s)}, c^{(3,s)}] \otimes [02, 01, 01, 03]$$

In Matrixschreibweise gestaltet sich diese Multiplikation wie folgt:

$$
\begin{pmatrix} d^{(0,s)} \\ d^{(1,s)} \\ d^{(2,s)} \\ d^{(3,s)} \end{pmatrix}
=
\begin{pmatrix} 02 & 03 & 01 & 01 \\ 01 & 02 & 03 & 01 \\ 01 & 01 & 02 & 03 \\ 03 & 01 & 01 & 02 \end{pmatrix}
\cdot
\begin{pmatrix} c^{(0,s)} \\ c^{(1,s)} \\ c^{(2,s)} \\ c^{(3,s)} \end{pmatrix}
$$

$$
=
\begin{pmatrix}
02c^{(0,s)} \oplus 03c^{(1,s)} \oplus 01c^{(2,s)} \oplus 01c^{(3,s)} \\
01c^{(0,s)} \oplus 02c^{(1,s)} \oplus 03c^{(2,s)} \oplus 01c^{(3,s)} \\
01c^{(0,s)} \oplus 01c^{(1,s)} \oplus 02c^{(2,s)} \oplus 03c^{(3,s)} \\
03c^{(0,s)} \oplus 01c^{(1,s)} \oplus 01c^{(2,s)} \oplus 02c^{(3,s)}
\end{pmatrix}
$$

$$
=
\begin{pmatrix}
02(c^{(0,s)} \oplus c^{(1,s)}) \oplus c^{(1,s)} \oplus c^{(2,s)} \oplus c^{(3,s)} \\
02(c^{(1,s)} \oplus c^{(2,s)}) \oplus c^{(2,s)} \oplus c^{(0,s)} \oplus c^{(3,s)} \\
02(c^{(2,s)} \oplus c^{(3,s)}) \oplus c^{(3,s)} \oplus c^{(0,s)} \oplus c^{(1,s)} \\
02(c^{(3,s)} \oplus c^{(0,s)}) \oplus c^{(0,s)} \oplus c^{(1,s)} \oplus c^{(0,s)}
\end{pmatrix}
$$

Da der Wert 02 dem Polynom x entspricht, wird für die Multiplikation $02 \odot (\cdot)$ auch „xtime$(\cdot)$" geschrieben. Diese Funktion wurde oben schon beschrieben. Sie ergibt sich als Multiplikation in $\mathbf{GF}_{256}$ (modulo 1 0001 1011).

Insgesamt gilt:

$$
\begin{aligned}
d^{(0,s)} &= \text{xtime}(c^{(0,s)} \oplus c^{(1,s)}) \oplus c^{(1,s)} \oplus c^{(2,s)} \oplus c^{(3,s)}, \\
d^{(1,s)} &= \text{xtime}(c^{(1,s)} \oplus c^{(2,s)}) \oplus c^{(0,s)} \oplus c^{(2,s)} \oplus c^{(3,s)}, \\
d^{(2,s)} &= \text{xtime}(c^{(2,s)} \oplus c^{(3,s)}) \oplus c^{(0,s)} \oplus c^{(1,s)} \oplus c^{(3,s)}, \\
d^{(3,s)} &= \text{xtime}(c^{(3,s)} \oplus c^{(0,s)}) \oplus c^{(0,s)} \oplus c^{(1,s)} \oplus c^{(2,s)}.
\end{aligned}
$$

Schlüsseladdition (Key-Add)

In diesem vierten Schritt wird der entsprechende Rundenschlüssel, welcher ebenso groß wie die Byte-Matrix ist, Bit für Bit mit der Byte-Matrix addiert (XOR). Als Formel:

$$
s_{i+1,a} = s_{i,d} \oplus k_i.
$$

Wie die einzelnen Rundenschlüssel aus dem AES-Schlüssel k abgeleitet werden, wird in Abschnitt 7.7 beschrieben.

7.6   Struktur des Entschlüsselungsalgorithmus

Der AES-Algorithmus besteht aus einer Folge von Runden und in jeder Runde werden die Schritte

a) Byte-Sub,

b) Row-Shift,

c) Column-Mix und

d) Key-Add

ausgeführt. Im weiteren betrachten wir zunächst die „inversen" Schritte. Diese werden mit

a) Byte-Sub^{-1},

b) Row-Shift^{-1},

c) Column-Mix^{-1} bzw.

d) Key-Add^{-1}

bezeichnet und so gewählt, daß

- Byte-Sub^{-1}(Byte-Sub(x)) = x,

- Row-Shift^{-1}(Row-Shift(x)) = x,

- Column-Mix^{-1}(Column-Mix(x)) = x und

- $\text{Key-Add}^{-1}(\text{Key-Add}(x, k_i), k_i) = x$

für alle x ist.

Die zu **Byte-Sub inverse Abbildung** Byte-Sub^{-1} erhält man, indem die einzelnen Einträge der Byte-Matrix mit der zu S_8 inversen Abbildung S_8^{-1} substituiert werden. Dazu wendet man die Substitutionstabelle zu S_8 (Tabelle 7.2 auf Seite 237) „umgekehrt" an. Also erst den gegebenen Wert suchen, Zeile und Spalte feststellen und die entsprechenden Bits hintereinander schreiben. Da diese Art der Anwendung von Tabelle 7.2 etwas aufwendig ist, ist eine entsprechende Substitutionstabelle für S_8^{-1} in Tabelle 7.5 angegeben.

Tabelle 7.5: Inverse der 8-Bit Substitutionstabelle

| | $S_1^{-1}(b_7 b_6 b_5 b_4 b_3 b_2 b_1 b_0)$ | | | | | | | | | | | | | | | |
$b_7 b_6 b_5 b_4$	00	01	02	03	04	05	06	07	08	09	A	B	C	D	E	F
0	52	09	6A	D5	30	36	A5	38	BF	40	A3	9E	81	F3	D7	FB
1	7C	E3	39	82	9B	2F	FF	87	34	8E	43	44	C4	DE	E9	CB
2	54	7B	94	32	A6	C2	23	3D	EE	4C	95	0B	42	FA	C3	4E
3	08	2E	A1	66	28	D9	24	B2	76	5B	A2	49	6D	8B	D1	25
4	72	F8	F6	64	86	68	98	16	D4	A4	5C	CC	5D	65	B6	92
5	6C	70	48	50	FD	ED	B9	DA	5E	15	46	57	A7	8D	9D	84
6	90	D8	AB	00	8C	BC	D3	0A	F7	E4	58	05	B8	B3	45	06
7	D0	2C	1E	8F	CA	3F	0F	02	C1	AF	BD	03	01	13	8A	6B
8	3A	91	11	41	4F	67	DC	EA	97	F2	CF	CE	F0	B4	E6	73
9	96	AC	74	22	E7	AD	35	85	E2	F9	37	E8	1C	75	DF	6E
A	47	F1	1A	71	1D	29	C5	89	6F	B7	62	0E	AA	18	BE	1B
B	FC	56	3E	4B	C0	D2	70	20	9A	DB	C0	FE	78	CD	5A	F4
C	1F	DD	A8	33	88	07	C7	31	B1	12	10	59	27	80	EC	5F
D	60	51	7F	A9	19	B5	4A	0D	2D	E5	7A	9F	93	C9	0C	EF
E	A0	E0	3B	4D	AE	2A	F5	B0	C8	EB	BB	3C	83	53	99	61
F	17	2B	04	7E	BA	77	D6	26	E1	69	14	63	55	21	0C	7D

Eine zu **Row-Shift inverse Abbildung** erhält man, indem die Bytes in den einzelnen Zeilen nicht um 1,2 und 3 Stellen nach links — so wie bei Row-Shift —, sondern nach rechts verschoben werden.

Die in **Column-Mix** verwendete Substitution S_{32} ist als Multiplikation mit dem Wert [02, 01, 01, 03] in $\mathbf{GF}_{256}[x]/(x^4 + 1)$ definiert. Da es zu [02, 01, 01, 03] ein inverses Element gibt (siehe Seite 236), nämlich [0E, 09, 0D, 0B], kann auch die zu S_{32} inverse Substitution als Multiplikation in $\mathbf{GF}_{256}[x]/(x^4 + 1)$ definiert werden. Für zwei Spaltenvektoren mit

$$\begin{pmatrix} d^{(0,s)} \\ d^{(1,s)} \\ d^{(2,s)} \\ d^{(3,s)} \end{pmatrix} = S_{32} \begin{pmatrix} c^{(0,s)} \\ c^{(1,s)} \\ c^{(2,s)} \\ c^{(3,s)} \end{pmatrix}$$

gilt dann

$$
\begin{pmatrix} c^{(0,s)} \\ c^{(1,s)} \\ c^{(2,s)} \\ c^{(3,s)} \end{pmatrix} = S_{32}^{-1} \begin{pmatrix} d^{(0,s)} \\ d^{(1,s)} \\ d^{(2,s)} \\ d^{(3,s)} \end{pmatrix} = \begin{pmatrix} \text{0E} & \text{0B} & \text{0D} & \text{09} \\ \text{09} & \text{0E} & \text{0B} & \text{0D} \\ \text{0D} & \text{09} & \text{0E} & \text{0B} \\ \text{0B} & \text{0D} & \text{09} & \text{0E} \end{pmatrix} \cdot \begin{pmatrix} d_{(0,s)} \\ d_{(1,s)} \\ d_{(2,s)} \\ d_{(3,s)} \end{pmatrix}.
$$

Leider läßt sich diese Operation nicht auf wenige Anwendungen der Funktion xtime($\cdot$) und einige binäre Additionen zurückführen, so wie bei der Substitution S_{32}. Um dennoch eine möglichst effiziente Implementierung von S_{32}^{-1} zu erhalten, können zwei Strategien verfolgt werden.

1. Verwendung von Multiplikationstabellen

Zur Berechnung von S_{32}^{-1} müssen die einzelnen Bytes mit den Werten 09, 0B, 0D beziehungsweise 0E multipliziert werden (in **GF$_{256}$**). Wenn genügend Speicherplatz vorhanden ist (ca. 1 KByte), können vier Substitutionstabellen für diese Multiplikationen erstellt werden. Diese sind in den Tabellen 7.6, 7.7, 7.8 und 7.9 angegeben.

Tabelle 7.6: Multiplikationstabelle 09

$d_7 d_6 d_5 d_4$	\multicolumn{16}{c}{$(d_7 d_6 d_5 d_4 d_3 d_2 d_1 d_0) \odot 09$}

$d_7 d_6 d_5 d_4$	00	01	02	03	04	05	06	07	08	09	A	B	C	D	E	F
0	00	09	12	1B	24	2D	36	3F	48	41	5A	53	6C	65	7E	77
1	90	99	82	8B	B4	BD	A6	AF	D8	D1	CA	C3	FC	F5	EE	E7
2	3B	32	29	20	1F	16	0D	04	73	7A	61	68	57	5E	45	4C
3	AB	A2	B9	B0	8F	86	9D	94	E3	EA	F1	F8	C7	CE	D5	DC
4	76	7F	64	6D	52	5B	40	49	3E	37	2C	25	1A	13	08	01
5	E6	EF	F4	FD	C2	CB	D0	D9	AE	A7	BC	B5	8A	83	98	91
6	4D	44	5F	56	69	60	7B	72	05	0C	17	1E	21	28	33	3A
7	DD	D4	CF	C6	F9	F0	EB	E2	95	9C	87	8E	B1	B8	A3	AA
8	EC	E5	FE	F7	C8	C1	DA	D3	A4	AD	B6	BF	80	89	92	9B
9	7C	75	6E	67	58	51	4A	43	34	3D	26	2F	10	19	02	0B
A	D7	DE	C5	CC	F3	FA	E1	E8	9F	96	8D	84	BB	B2	A9	A0
B	47	4E	55	5C	63	6A	71	78	0F	06	1D	14	2B	22	39	30
C	9A	93	88	81	BE	B7	AC	A5	D2	DB	C0	C9	F6	FF	E4	ED
D	0A	03	18	11	2E	27	3C	35	42	4B	50	59	66	6F	74	7D
E	A1	A8	B3	BA	85	8C	97	9E	E9	E0	FB	F2	CD	C4	DF	D6
F	31	38	23	2A	15	1C	07	0E	79	70	6B	62	5D	54	4F	46

2. Verwendung von Logarithmentafeln

Ebenso wie für reelle Zahlen gilt auch in **GF$_{256}$** die Formel

$$
\log_b(x \cdot y) = \log_b(x) + \log_b(y).
$$

Mit Hilfe entsprechender Logarithmentafeln kann so die Multiplikation auf eine Addition zurückgeführt werden. Die Logarithmentafeln für **GF$_{256}$** sind in den Tabellen 7.10 und 7.11 angegeben. Als Basis b wurde der Wert 03 gewählt.

Die Abbildung **Key-Add ist zu sich selbst invers**, da hier lediglich die einzelnen Bits der Byte-Matrix mit den entsprechenden Bits des Rundenschlüssels addiert (XOR) werden.

Tabelle 7.7: Multiplikationstabelle 0B

| $d_7d_6d_5d_4$ | $(d_7d_6d_5d_4d_3d_2d_1d_0) \odot$ 0B | | | | | | | | | | | | | | | |
| | $d_3d_2d_1d_0$ | | | | | | | | | | | | | | | |
	00	01	02	03	04	05	06	07	08	09	A	B	C	D	E	F
0	00	0B	16	1D	2C	27	3A	31	58	53	4E	45	74	7F	62	69
1	B0	BB	A6	AD	9C	97	8A	81	E8	E3	FE	F5	C4	CF	D2	D9
2	7B	70	6D	66	57	5C	41	4A	23	28	35	3E	0F	04	19	12
3	CB	C0	DD	D6	E7	EC	F1	FA	93	98	85	8E	BF	B4	A9	A2
4	F6	FD	E0	EB	DA	D1	CC	C7	AE	A5	B8	B3	82	89	94	9F
5	46	4D	50	5B	6A	61	7C	77	1E	15	08	03	32	39	24	2F
6	8D	86	9B	90	A1	AA	B7	BC	D5	DE	C3	C8	F9	F2	EF	E4
7	3D	36	2B	20	11	1A	07	0C	65	6E	73	78	49	42	5F	54
8	F7	FC	E1	EA	DB	D0	CD	C6	AF	A4	B9	B2	83	88	95	9E
9	47	4C	51	5A	6B	60	7D	76	1F	14	09	02	33	38	25	2E
A	8C	87	9A	91	A0	AB	B6	BD	D4	DF	C2	C9	F8	F3	EE	E5
B	3C	37	2A	21	10	1B	06	0D	64	6F	72	79	48	43	5E	55
C	01	0A	17	1C	2D	26	3B	30	59	52	4F	44	75	7E	63	68
D	B1	BA	A7	AC	9D	96	8B	80	E9	E2	FF	F4	C5	CE	D3	D8
E	7A	71	6C	67	56	5D	40	4B	22	29	34	3F	0E	05	18	13
F	CA	C1	DC	D7	E6	ED	F0	FB	92	99	84	8F	BE	B5	A8	A3

Tabelle 7.8: Multiplikationstabelle 0D

| $d_7d_6d_5d_4$ | $(d_7d_6d_5d_4d_3d_2d_1d_0) \odot$ 0D | | | | | | | | | | | | | | | |
| | $d_3d_2d_1d_0$ | | | | | | | | | | | | | | | |
	00	01	02	03	04	05	06	07	08	09	A	B	C	D	E	F
0	00	0D	1A	17	34	39	2E	23	68	65	72	7F	5C	51	46	4B
1	D0	DD	CA	C7	E4	E9	FE	F3	B8	B5	A2	AF	8C	81	96	9B
2	BB	B6	A1	AC	8F	82	95	98	D3	DE	C9	C4	E7	EA	FD	F0
3	6B	66	71	7C	5F	52	45	48	03	0E	19	14	37	3A	2D	20
4	6D	60	77	7A	59	54	43	4E	05	08	1F	12	31	3C	2B	26
5	BD	B0	A7	AA	89	84	93	9E	D5	D8	CF	C2	E1	EC	FB	F6
6	D6	DB	CC	C1	E2	EF	F8	F5	BE	B3	A4	A9	8A	87	90	9D
7	06	0B	1C	11	32	3F	28	25	6E	63	74	79	5A	57	40	4D
8	DA	D7	C0	CD	EE	E3	F4	F9	B2	BF	A8	A5	86	8B	9C	91
9	0A	07	10	1D	3E	33	24	29	62	6F	78	75	56	5B	4C	41
A	61	6C	7B	76	55	58	4F	42	09	04	13	1E	3D	30	27	2A
B	B1	BC	AB	A6	85	88	9F	92	D9	D4	C3	CE	ED	E0	F7	FA
C	B7	BA	AD	A0	83	8E	99	94	DF	D2	C5	C8	EB	E6	F1	FC
D	67	6A	7D	70	53	5E	49	44	0F	02	15	18	3B	36	21	2C
E	0C	01	16	1B	38	35	22	2F	64	69	7E	73	50	5D	4A	47
F	DC	D1	C6	CB	E8	E5	F2	FF	B4	B9	AE	A3	80	8D	9A	97

Tabelle 7.9: Multiplikationstabelle 0E

$d_7 d_6 d_5 d_4$	\begin{center}$(d_7 d_6 d_5 d_4 d_3 d_2 d_1 d_0) \odot$ 0E\end{center} $d_3 d_2 d_1 d_0$														
	00	01	02	03	04	05	06	07	08	09	A	B	C	D	E	F
0	00	0E	1C	12	38	36	24	2A	70	7E	6C	62	48	46	54	5A
1	E0	EE	FC	F2	D8	D6	C4	CA	90	9E	8C	82	A8	A6	B4	BA
2	DB	D5	C7	C9	E3	ED	FF	F1	AB	A5	B7	B9	93	9D	8F	81
3	3B	35	27	29	03	0D	1F	11	4B	45	57	59	73	7D	6F	61
4	AD	A3	B1	BF	95	9B	89	87	DD	D3	C1	CF	E5	EB	F9	F7
5	4D	43	51	5F	75	7B	69	67	3D	33	21	2F	05	0B	19	17
6	76	78	6A	64	4E	40	52	5C	06	08	1A	14	3E	30	22	2C
7	96	98	8A	84	AE	A0	B2	BC	E6	E8	FA	F4	DE	D0	C2	CC
8	41	4F	5D	53	79	77	65	6B	31	3F	2D	23	09	07	15	1B
9	A1	AF	BD	B3	99	97	85	8B	D1	DF	CD	C3	E9	E7	F5	FB
A	9A	94	86	88	A2	AC	BE	B0	EA	E4	F6	F8	D2	DC	CE	C0
B	7A	74	66	68	42	4C	5E	50	0A	04	16	18	32	3C	2E	20
C	EC	E2	F0	FE	D4	DA	C8	C6	9C	92	80	8E	A4	AA	B8	B6
D	0C	02	10	1E	34	3A	28	26	7C	72	60	6E	44	4A	58	56
E	37	39	2B	25	0F	01	13	1D	47	49	5B	55	7F	71	63	6D
F	D7	D9	CB	C5	EF	E1	F3	FD	A7	A9	BB	B5	9F	91	83	8D

Tabelle 7.10: Logarithmus zur Basis 03

$x_7 x_6 x_5 x_4$	\begin{center}$\log_{03}(x_7 x_6 x_5 x_4 x_3 x_2 x_1 x_0)$\end{center} $x_3 x_2 x_1 x_0$														
	00	01	02	03	04	05	06	07	08	09	A	B	C	D	E	F
0	00	00	19	01	32	02	1A	C6	4B	C7	1B	68	33	EE	DF	03
1	64	04	E0	0E	34	8D	81	EF	4C	71	08	C8	F8	69	1C	C1
2	7D	C2	1D	B5	F9	B9	27	6A	4D	E4	A6	72	9A	C9	09	78
3	65	2F	8A	05	21	0F	E1	24	12	F0	82	45	35	93	DA	8E
4	96	8F	DB	BD	36	D0	CE	94	13	5C	D2	F1	40	46	83	38
5	66	DD	FD	30	BF	06	8B	62	B3	25	E2	98	22	88	91	10
6	7E	6E	48	C3	A3	B6	1E	42	3A	6B	28	54	FA	85	3D	BA
7	2B	79	0A	15	9B	9F	5E	CA	4E	D4	AC	E5	F3	73	A7	57
8	AF	58	A8	50	F4	EA	D6	74	4F	AE	E9	D5	E7	E6	AD	E8
9	2C	D7	75	7A	EB	16	0B	F5	59	CB	5F	B0	9C	A9	51	A0
A	7F	0C	F6	6F	17	C4	49	EC	D8	43	1F	2D	A4	76	7B	B7
B	CC	BB	3E	5A	FB	60	B1	86	3B	52	A1	6C	AA	55	29	9D
C	97	B2	87	90	61	BE	DC	FC	BC	95	CF	CD	37	3F	5B	D1
D	53	39	84	3C	41	A2	6D	47	14	2A	9E	5D	56	F2	D3	AB
E	44	11	92	D9	23	20	2E	89	B4	7C	B8	26	77	99	E3	A5
F	67	4A	ED	DE	C5	31	FE	18	0D	63	8C	80	C0	F7	70	07

Tabelle 7.11: Potenzieren zu Basis 03

$y_7y_6y_5y_4$	00	01	02	03	04	05	06	07	08	09	A	B	C	D	E	F
0	01	03	05	0F	11	33	55	FF	1A	2E	72	96	A1	F8	13	35
1	5F	E1	38	48	D8	73	95	A4	F7	02	06	0A	1E	22	66	AA
2	E5	34	5C	E4	37	59	EB	26	6A	BE	D9	70	90	AB	E6	31
3	53	F5	04	0C	14	3C	44	CC	4F	D1	68	B8	D3	6E	B2	CD
4	4C	D4	67	A9	E0	3B	4D	D7	62	A6	F1	08	18	28	78	88
5	83	9E	B9	D0	6B	BD	DC	7F	81	98	B3	CE	49	DB	76	9A
6	B5	C4	57	F9	10	30	50	F0	0B	1D	27	69	BB	D6	61	A3
7	FE	19	2B	7D	87	92	AD	EC	2F	71	93	AE	E9	20	60	A0
8	FB	16	3A	4E	D2	6D	B7	C2	5D	E7	32	56	FA	15	3F	41
9	C3	5E	E2	3D	47	C9	40	C0	5B	ED	2C	74	9C	BF	DA	75
A	9F	BA	D5	64	AC	EF	2A	7E	82	9D	BC	DF	7A	8E	89	80
B	9B	B6	C1	58	E8	23	65	AF	EA	25	6F	B1	C8	43	C5	54
C	FC	1F	21	63	A5	F4	07	09	1B	2D	77	99	B0	CB	46	CA
D	45	CF	4A	DE	79	8B	86	91	A8	E3	3E	42	C6	51	F3	0E
E	12	36	5A	EE	29	7B	8D	8C	8F	8A	85	94	A7	F2	0D	17
F	39	4B	DD	7C	84	97	A2	FD	1C	24	6C	B4	C7	52	F6	01

(Tabellenkopf: $03^{(y_7y_6y_5y_4y_3y_2y_1y_0)}$; Spaltenindex $y_3y_2y_1y_0$)

Mittels der oben beschriebenen inversen Abbildungen kann man den AES-Algorithmus zum Dechiffrieren formulieren, indem man die inversen Schritte in umgekehrter Reihenfolge wie im Verschlüsselungsalgorithmus aufführt. Tabelle 7.12 zeigt dies für den AES mit drei Runden. Für den AES mit mehr als drei Runden kann man analog vorgehen.

In Tabelle 7.12 fällt auf, daß der Verschlüsselungsalgorithmus und der Entschlüsselungsalgorithmus scheinbar nicht die gleiche Struktur haben, was unpraktisch wäre.

Betrachten wir also zunächst die Abbildungen Row-Shift^{-1} und Byte-Sub^{-1}. Row-Shift verändert lediglich die Position einzelner Bytes in der Byte-Matrix, nicht aber deren Wert. Byte-Sub verändert den Wert der einzelnen Bytes, jedoch unabhängig davon, an welcher Position sie stehen. Folglich kann man die Folge der Schritte:

$$BM_i = \text{Row-Shift}^{-1}(BM_{i+1}) \quad \text{und}$$
$$BM_{i-1} = \text{Byte-Sub}^{-1}(BM_i)$$

durch die umgekehrte Folge

$$BM_i = \text{Byte-Sub}^{-1}(BM_{i+1}) \quad \text{und}$$
$$BM_{i-1} = \text{Row-Shift}^{-1}(BM_i)$$

ersetzen.

Tabelle 7.12: Verschlüsselung und Entschlüsselung

Verschlüsselung: $\text{AES}(m,k)$	Entschlüsselung: $\text{AES}^{-1}(c,k)$
$BM_0 = \text{Key-Add}(m, k_0)$	$\text{Key-Add}^{-1}(c, k_3) = BM_{10}$
$BM_1 = \text{Byte-Sub}(BM_0)$	$\text{Row-Shift}^{-1}(BM_{10}) = BM_9$
$BM_2 = \text{Row-Shift}(BM_1)$	$\text{Byte-Sub}^{-1}(BM_9) = BM_8$
$BM_3 = \text{Column-Mix}(BM_2)$	$\text{Key-Add}^{-1}(BM_8, k_2) = BM_7$
$BM_4 = \text{Key-Add}(BM_3, k_1)$	$\text{Column-Mix}^{-1}(BM_7) = BM_6$
$BM_5 = \text{Byte-Sub}(BM_4)$	$\text{Row-Shift}^{-1}(BM_6) = BM_5$
$BM_6 = \text{Row-Shift}(BM_5)$	$\text{Byte-Sub}^{-1}(BM_5) = BM_4$
$BM_7 = \text{Column-Mix}(BM_6)$	$\text{Key-Add}^{-1}(BM_4, k_1) = BM_3$
$BM_8 = \text{Key-Add}(BM_7, k_2)$	$\text{Column-Mix}^{-1}(BM_3) = BM_2$
$BM_9 = \text{Byte-Sub}(BM_8)$	$\text{Row-Shift}^{-1}(BM_2) = BM_1$
$BM_{10} = \text{Row-Shift}(BM_9)$	$\text{Byte-Sub}^{-1}(BM_1) = BM_0$
$c = \text{Key-Add}(BM_{10}, k_3)$	$\text{Key-Add}^{-1}(BM_0, k_0) = m$

Berücksichtigt man noch, daß Column-Mix^{-1} eine lineare Abbildung ist, für die gilt, daß

$$\text{Column-Mix}^{-1}(BM_{i+1} \oplus k_j) = \text{Column-Mix}^{-1}(BM_{i+1}) \oplus \text{Column-Mix}^{-1}(k_j)$$

ist, können auch die Schritte

$$\begin{aligned}
BM_i &= \text{Key-Add}^{-1}(BM_{i+1}, k_j) \\
BM_{i-1} &= \text{Column-Mix}^{-1}(BM_i)
\end{aligned}$$

durch die Folge

$$\begin{aligned}
BM_i &= \text{Column-Mix}^{-1}(BM_{i+1}) \\
BM_{i-1} &= \text{Key-Add}^{-1}(BM_i, \text{Column-Mix}^{-1}(k_j))
\end{aligned}$$

ersetzt werden.

Mit diesen Überlegungen ergibt sich die in Tabelle 7.13 aufgeführte Darstellung des zu $AES(m, k)$ inversen Algorithmus.

Wie man sieht, ist der Dechiffrieralgorithmus etwas aufwendiger als der Chiffrieralgorithmus, da zur Berechnung von ColumnMix^{-1} wesentlich mehr Elementaroperationen notwendig sind als für die Berechnung von ColumnMix. Außerdem muß ColumnMix^{-1} noch auf alle Rundenschlüssel angewendet werden. Für die Praxis ist dies jedoch von untergeordneter Bedeutung, da auch die

Tabelle 7.13: Verschlüsselung und Entschlüsselung

Verschlüsselung: $\text{AES}(m, k)$	**Entschlüsselung:** $\text{AES}^{-1}(c, k)$
$BM_0 = \text{Key-Add}(m, k_0)$	$\text{Key-Add}^{-1}(c, k_3) = BM_{10}$
$BM_1 = \text{Byte-Sub}(BM_0)$	$\text{Byte-Sub}^{-1}(BM_{10}) = BM_9$
$BM_2 = \text{Row-Shift}(BM_1)$	$\text{Row-Shift}^{-1}(BM_9) = BM_8$
$BM_3 = \text{Column-Mix}(BM_2)$	$\text{Column-Mix}^{-1}(BM_8) = BM_7$
$BM_4 = \text{Key-Add}(BM_3, k_1)$	$\text{Key-Add}^{-1}(BM_7 \tilde{k}_2) = BM_6$
$BM_5 = \text{Byte-Sub}(BM_4)$	$\text{Byte-Sub}^{-1}(BM_6) = BM_5$
$BM_6 = \text{Row-Shift}(BM_5)$	$\text{Row-Shift}^{-1}(BM_5) = BM_4$
$BM_7 = \text{Column-Mix}(BM_6)$	$\text{Column-Mix}^{-1}(BM_4) = BM_3$
$BM_8 = \text{Key-Add}(BM_7, k_2)$	$\text{Key-Add}^{-1}(BM_3, \tilde{k}_1) = BM_2$
$BM_9 = \text{Byte-Sub}(BM_8)$	$\text{Byte-Sub}^{-1}(BM_2) = BM_1$
$BM_{10} = \text{Row-Shift}(BM_9)$	$\text{Row-Shift}^{-1}(BM_1) = BM_0$
$c = \text{Key-Add}(BM_{10}, k_3)$	$\text{Key-Add}^{-1}(BM_0, k_0) = m$
$\tilde{k}_i := \text{Column-Mix}^{-1}(k_i)$	

Implementierung von AES^{-1} vergleichsweise wenig Speicherplatz benötigt und schnell ausführbar ist. Ferner wird für viele Anwendungen nur der Chiffrieralgorithmus benötigt (CFB-Mode, OFB-Mode, Einsatz als Zufallszahlengenerator, Berechnung von MAC usw.).

7.7 Auswahl der Rundenschlüssel

Das Erzeugen der Rundenschlüssel geschieht in zwei Schritten. Zunächst wird der eigentliche AES-Schlüssel mittels eines „Schlüssel-Expansions-Algorithmus" vergrößert. Dabei ist es günstig, Blöcke, die aus jeweils 4 Bytes bestehen (Anzahl der Zeilen der Byte-Matrix) zu betrachten. Der expandierte Schlüssel wird dann als Folge von 4-Byte Blöcken $k^{(0)}k^{(1)}k^{(2)}\ldots$ dargestellt. Die Größe des expandierten Schlüssels ist von der Blocklänge des Klartextes und der Länge des Originalschlüssels abhängig. Tabelle 7.14 gibt hierzu eine Übersicht.

Im zweiten Schritt werden die einzelnen Rundenschlüssel $k_0, k_1, \ldots, k_{n_r}$ aus dem expandierten Schlüssel ausgewählt. Für k_0 werden die ersten n_b-Byte ausgewählt, für k_1 die nächsten n_b-Byte usw. (siehe Abbildung 7.5).

Beim Expansionsalgorithmus werden drei Fälle unterschieden. Abbildung 7.6 zeigt einen Schritt des Expansionsalgorithmus, der verwendet wird, wenn der AES-Schlüssel 128 Bit groß ist. Abbildung 7.7 zeigt einen Schritt des Expansionsalgorithmus für einen 192 Bit großen Schlüssel und Abbildung 7.8 für einen 256-Bit Schlüssel.

Tabelle 7.14: Anzahl der Bytes des expandierten Schlüssels

Schlüssellänge:	Blocklänge des Klartextes		
	128 Bit	192 Bit	256 Bit
128 Bit	$16 \cdot 11$	$24 \cdot 13$	$32 \cdot 15$
192 Bit	$16 \cdot 13$	$24 \cdot 13$	$32 \cdot 15$
256 Bit	$16 \cdot 15$	$24 \cdot 15$	$32 \cdot 15$

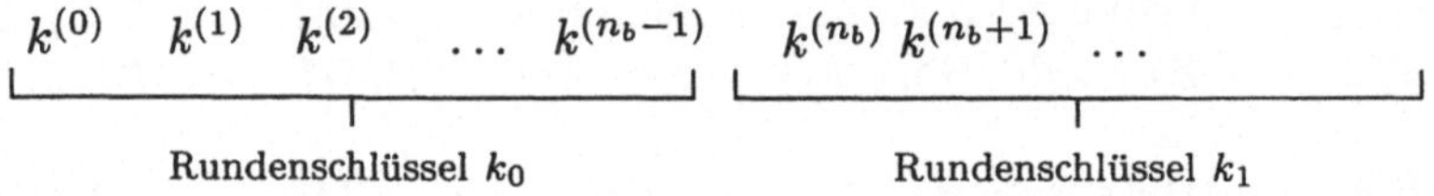

$$k^{(0)} \quad k^{(1)} \quad k^{(2)} \quad \ldots \quad k^{(n_b-1)} \qquad k^{(n_b)} \; k^{(n_b+1)} \quad \ldots$$

Rundenschlüssel k_0 Rundenschlüssel k_1

Abbildung 7.5: Zuordnung der Bytes des expandierten Schlüssels zu den Rundenschlüsseln

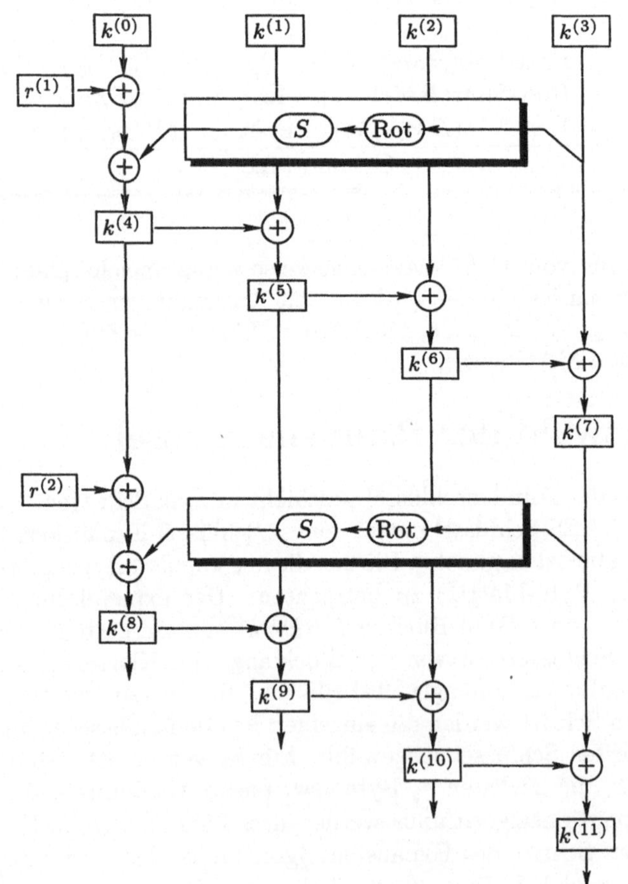

Abbildung 7.6: Schlüsselexpansions-Algorithmus für 128-Bit Schlüssel

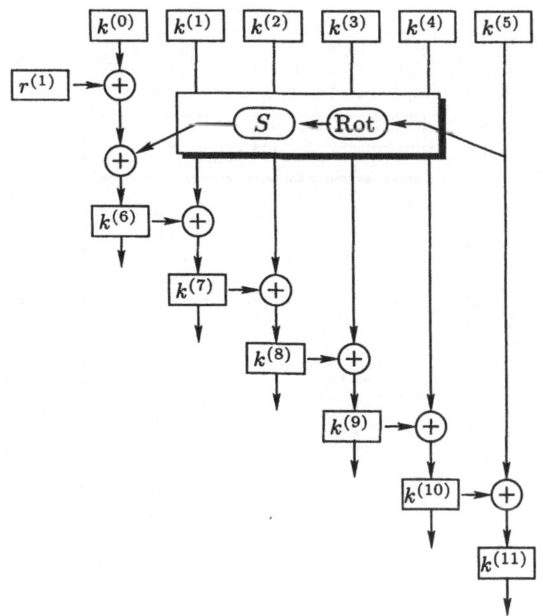

Abbildung 7.7: Schlüsselexpansions-Algorithmus für 192-Bit Schlüssel

Wie oft die einzelnen Schritte wiederholt werden, ist von der Wahl der AES-Schlüssellänge, der Blocklänge und somit auch von der Rundenzahl abhängig. Insgesamt werden für jede Runde $n_b/4$ Schlüsselbytes benötigt, also $n_b/4 \cdot (n_r+1)$ Schlüsselbytes insgesamt.

Es bleibt noch die Wirkung der Funktionen „Rot" und „S" sowie die Werte der Konstanten $r_1, \ldots, r_n$ zu beschreiben. Die Konstanten $r_1, \ldots, r_n$ können rekursiv berechnet werden. Es gilt:

$$
\begin{aligned}
r_i &= (r_{c_i} 00\ 00\ 00), \\
r_{c_1} &= 01, \\
r_{c_{i+1}} &= \mathrm{xtime}(r_{c_i}).
\end{aligned}
$$

Tabelle 7.15 zeigt die entsprechenden Werte für r_1 bis r_{29}.

Die Funktion $\mathrm{Rot}(\cdot)$ bewirkt ein zyklisches Vertauschen der 4 Bytes um eine Stelle. Es gilt also

$$\mathrm{Rot}(Byte_1, Byte_2, Byte_3, Byte_4) = (Byte_2, Byte_3, Byte_4, Byte_1).$$

Durch die Substitutionsabbidung S wird jedes der vier Bytes gemäß Tabelle 7.2 (Seite 237) substituiert. Dabei handelt es sich um die gleiche 8-Bit Substitution, die auch für die Rundenfunktion Byte-Sub verwendet wird.

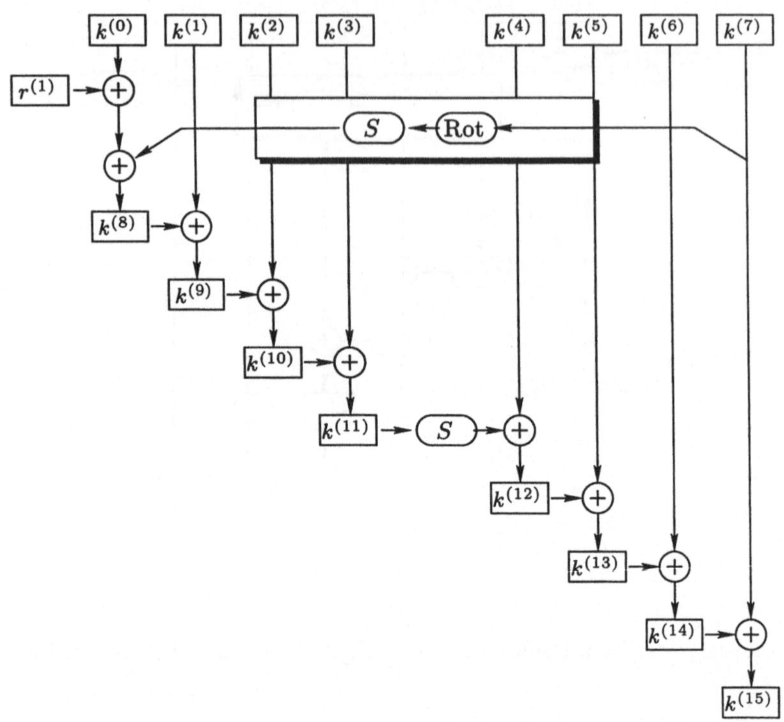

Abbildung 7.8: Schlüsselexpansions-Algorithmus für 256-Bit Schlüssel

Tabelle 7.15: Konstanten der Schlüsselerzeugung

r_1	=	01 00 00 00		r_{16}	=	2F 00 00 00		
r_2	=	02 00 00 00		r_{17}	=	5E 00 00 00		
r_3	=	04 00 00 00		r_{18}	=	BC 00 00 00		
r_4	=	08 00 00 00		r_{19}	=	63 00 00 00		
r_5	=	10 00 00 00		r_{20}	=	C6 00 00 00		
r_6	=	20 00 00 00		r_{21}	=	97 00 00 00		
r_7	=	40 00 00 00		r_{22}	=	35 00 00 00		
r_8	=	80 00 00 00		r_{23}	=	6A 00 00 00		
r_9	=	1b 00 00 00		r_{24}	=	D4 00 00 00		
r_{10}	=	36 00 00 00		r_{25}	=	B3 00 00 00		
r_{11}	=	6C 00 00 00		r_{26}	=	7D 00 00 00		
r_{12}	=	D8 00 00 00		r_{27}	=	FA 00 00 00		
r_{13}	=	AB 00 00 00		r_{28}	=	EF 00 00 00		
r_{14}	=	4D 00 00 00		r_{29}	=	C5 00 00 00		
r_{15}	=	9A 00 00 00						

7.8 Beispiel einer AES-Verschlüsselung

Im folgenden wird die Berechnung eines AES-Kryptogramms an einem konkreten Beispiel demonstriert. Die Tabelle 7.17 zeigt für 10 Runden jeweils die Werte der Byte-Matrix $s_{i,a}$, $s_{i,b}$, $s_{i,c}$ und $s_{i,d}$. Tabelle 7.16 zeigt weitere Klartext-/Geheimtextpaare mit den dazugehörigen Schlüsseln. Zum Testen eigener AES-Implementierungen sollten auch die in [FIP01] oder [DR02] aufgeführten Klartexte, Schlüssel und Kryptogramme verwendet werden.

Tabelle 7.16: AES-Kryptogramme

Klartext:	32	43	f6	A8	88	5A	30	8D	31	31	98	A2	E0	37	07	34
Schlüssel:	2B	7E	15	16	28	AE	D2	A6	AB	F7	15	88	09	CF	4F	3C
Kryptogramm:	39	25	84	1D	02	DC	09	FB	DC	11	85	97	19	6A	0B	32
Klartext:	11	11	11	11	22	22	22	22	33	33	33	33	44	44	44	44
Schlüssel:	AA	AA	AA	AA	BB	BB	BB	BB	CC	CC	CC	CC	DD	DD	DD	DD
Kryptogramm:	01	1B	3E	AE	BE	43	67	1E	F9	7B	FB	2E	53	B6	7A	5A
Klartext:	01	01	01	01	02	02	02	02	03	03	03	03	04	04	04	04
Schlüssel:	00	00	00	00	00	00	00	00	00	00	00	00	00	00	00	00
Kryptogramm:	EC	B4	CC	87	C3	86	C4	75	A0	C8	68	E5	67	87	78	AF
Klartext:	00	00	00	00	00	00	00	00	00	00	00	00	00	00	00	00
Schlüssel:	00	00	00	00	00	00	00	00	00	00	00	00	00	00	00	00
Kryptogramm:	66	E9	4D	D4	EF	8A	2C	3B	88	4C	FA	59	CA	34	2B	2E

Tabelle 7.17: Berechnung eines AES-Kryptogramms

Klartext:	m	00	11	22	33	44	55	66	77	88	99	AA	BB	CC	DD	EE	FF
Schlüssel:	k	00	01	02	03	04	05	06	07	08	09	0A	0B	0C	0D	0E	0F
Vor Runde 1:																	
Key:	k_0	00	01	02	03	04	05	06	07	08	09	0A	0B	0C	0D	0E	0F
Key-Add:	$s_{1,a}$	00	10	20	30	40	50	60	70	80	90	A0	B0	C0	D0	E0	F0
Runde 1:																	
Byte-Sub:	$s_{1,b}$	63	CA	B7	04	09	53	D0	51	CD	60	E0	E7	BA	70	E1	8C
Row-Shift:	$s_{1,c}$	63	53	E0	8C	09	60	E1	04	CD	70	B7	51	BA	CA	D0	E7
Column-Mix:	$s_{1,d}$	5F	72	64	15	57	F5	BC	92	F7	BE	3B	29	1D	B9	F9	1A
Key:	k_1	D6	AA	74	FD	D2	AF	72	FA	DA	A6	78	F1	D6	AB	76	FE
Key-Add:	$s_{2,a}$	89	D8	10	E8	85	5A	CE	68	2D	18	43	D8	CB	12	8F	E4
Runde 2:																	
Byte-Sub:	$s_{2,b}$	A7	61	CA	9B	97	BE	8B	45	D8	AD	1A	61	1F	C9	73	69
Row-Shift:	$s_{2,c}$	A7	BE	1A	69	97	AD	73	9B	D8	C9	CA	45	1F	61	8B	61
Column-Mix:	$s_{2,d}$	FF	87	96	84	31	D8	6A	51	64	51	51	FA	77	3A	D0	09
Key:	k_2	B6	92	CF	0B	64	3D	BD	F1	BE	9B	C5	00	68	30	B3	FE
Key-Add:	$s_{3,a}$	49	15	59	8F	55	E5	D7	A0	DA	CA	94	FA	1F	0A	63	F7
Runde 3:																	
Byte-Sub:	$s_{3,b}$	3B	59	CB	73	FC	D9	0E	E0	57	74	22	2D	C0	67	FB	68
Row-Shift:	$s_{3,c}$	3B	D9	22	68	FC	74	FB	73	57	67	CB	E0	C0	59	0E	2D
Column-Mix:	$s_{3,d}$	4C	9C	1E	66	F7	71	F0	76	2C	3F	86	8E	53	4D	F2	56
Key:	k_3	B6	FF	74	4E	D2	C2	C9	BF	6C	59	0C	BF	04	69	BF	41
Key-Add:	$s_{4,a}$	FA	63	6A	28	25	B3	39	C9	40	66	8A	31	57	24	4D	17
Runde 4:																	
Byte-Sub:	$s_{4,b}$	2D	FB	02	34	3F	6D	12	DD	09	33	7E	C7	5B	36	E3	F0
Row-Shift:	$s_{4,c}$	2D	6D	7E	F0	3F	33	E3	34	09	36	02	DD	5B	FB	12	C7
Column-Mix:	$s_{4,d}$	63	85	B7	9F	FC	53	8D	F9	97	BE	47	8E	75	47	D6	91
Key:	k_4	47	F7	F7	BC	95	35	3E	03	F9	6C	32	BC	FD	05	8D	FD
Key-Add:	$s_{5,a}$	24	72	40	23	69	66	B3	FA	6E	D2	75	32	88	42	5B	6C
Runde 5:																	
Byte-Sub:	$s_{5,b}$	36	40	09	26	F9	33	6D	2D	9F	B5	9D	23	C4	2C	39	50
Row-Shift:	$s_{5,c}$	36	33	9D	50	F9	B5	39	26	9F	2C	09	2D	C4	40	6D	23
Column-Mix:	$s_{5,d}$	F4	BC	D4	54	32	E5	54	D0	75	F1	D6	C5	1D	D0	3B	3C
Key:	k_5	3C	AA	A3	E8	A9	9F	9D	EB	50	F3	AF	57	AD	F6	22	AA
Key-Add:	$s_{6,a}$	C8	16	77	BC	9B	7A	C9	3B	25	02	79	92	B0	26	19	96
Runde 6:																	
Byte-Sub:	$s_{6,b}$	E8	47	F5	65	14	DA	DD	E2	3F	77	B6	4F	E7	F7	D4	90
Row-Shift:	$s_{6,c}$	E8	DA	B6	90	14	77	D4	65	3F	F7	F5	E2	E7	47	DD	4F
Column-Mix:	$s_{6,d}$	98	16	EE	74	00	F8	7F	55	6B	2C	04	9C	8E	5A	D0	36
Key:	k_6	5E	39	0F	7D	F7	A6	92	96	A7	55	3D	C1	0A	A3	1F	6B
Key-Add:	$s_{7,a}$	C6	2F	E1	09	F7	5E	ED	C3	CC	79	39	5D	84	F9	CF	5D
Runde 7:																	
Byte-Sub:	$s_{7,b}$	B4	15	F8	01	68	58	55	2E	4B	B6	12	4C	5F	99	8A	4C
Row-Shift:	$s_{7,c}$	B4	58	12	4C	68	B6	8A	01	4B	99	F8	2E	5F	15	55	4C
Column-Mix:	$s_{7,d}$	C5	7E	1C	15	9A	9B	D2	86	F0	5F	4B	E0	98	C6	34	39
Key:	k_7	14	F9	70	1A	E3	5F	E2	8C	44	0A	DF	4D	4E	A9	C0	26
Key-Add:	$s_{8,a}$	D1	87	6C	0F	79	C4	30	0A	B4	55	94	AD	D6	6F	F4	1F
Runde 8:																	
Byte-Sub:	$s_{8,b}$	3E	17	50	76	B6	1C	04	67	8D	FC	22	95	F6	A8	BF	C0
Row-Shift:	$s_{8,c}$	3E	1C	22	C0	B6	FC	BF	76	8D	A8	50	67	F6	17	04	95
Column-Mix:	$s_{8,d}$	BA	A0	3D	E7	A1	F9	B5	6E	D5	51	2C	BA	5F	41	4D	23
Key:	k_8	47	43	87	35	A4	1C	65	B9	E0	16	BA	F4	AE	BF	7A	D2
Key-Add:	$s_{9,a}$	FD	E3	BA	D2	05	E5	D0	D7	35	47	96	4E	F1	FE	37	F1
Runde 9:																	
Byte-Sub:	$s_{9,b}$	54	11	F4	B5	6B	D9	70	0E	96	A0	90	2F	A1	BB	9A	A1
Row-Shift:	$s_{9,c}$	54	D9	90	A1	6B	A0	9A	B5	96	BB	F4	0E	A1	11	70	2F
Column-Mix:	$s_{9,d}$	E9	F7	4E	EC	02	30	20	F6	1B	F2	CC	F2	35	3C	21	C7
Key:	k_9	54	99	32	D1	F0	85	57	68	10	93	ED	9C	BE	2C	97	4E
Key-Add:	$s_{10,a}$	BD	6E	7C	3D	F2	B5	77	9E	0B	61	21	6E	8B	10	B6	89
Runde 10:																	
Byte-Sub:	$s_{10,b}$	7A	9F	10	27	89	D5	F5	0B	2B	EF	FD	9F	3D	CA	4E	A7
Row-Shift:	$s_{10,c}$	7A	D5	FD	A7	89	EF	4E	27	2B	CA	10	0B	3D	9F	F5	9F
Key:	k_{10}	13	11	1D	7F	E3	94	4A	17	F3	07	A7	8B	4D	2B	30	C5
Key-Add:	c	69	C4	E0	D8	6A	7B	04	30	D8	CD	B7	80	70	B4	C5	5A
Geheimtext:	$s_{1,c}$	69	C4	E0	D8	6A	7B	04	30	D8	CD	B7	80	70	B4	C5	5A

Kapitel 8

Mathematische Grundlagen

Im vorliegenden Kapitel werden mathematische Grundlagen aufgeführt, die von zentraler Bedeutung für das Verständnis kryptographischer Verfahren sind. Es wird jedoch nicht versucht, wirklich in die Feinheiten der Mathematik einzudringen. Die Darstellung der relevanten Tatsachen ist vergleichsweise knapp gehalten und wird in Form von *Definitionen, Sätzen* und *Beispielen* präsentiert, so, wie es in der Mathematik seit Jahrzehnten üblich ist. Viele Sätze werden jedoch ohne Beweis angegeben, stattdessen werden am Anfang der einzelnen Abschnitte Verweise auf die entsprechenden Lehrbücher der Mathematik aufgeführt.

Im ersten Abschnitt werden Grundlagen aus dem Bereich der Zahlentheorie präsentiert. Dabei wird das Ziel verfolgt, das Rechnen mit einer modularen Arithmetik zu motivieren.

Diese Grundlagen werden im darrauf folgenden Abschnitt benötigt. Hier werden die wichtigsten algebraischen Strukturen vorgestellt. Das Design vieler moderner Verschlüsselungsalgorithmen — insbesondere des AES — basiert auf diesen Strukturen.

Im dritten und letzten Abschnitt wird in die grundlegenden Begriffe der Wahrscheinlichkeitsrechnung eingeführt.

8.1 Zahlentheorie

Viele moderne Verschlüsselungsalgorithmen basieren auf *endlichen* Strukturen (Gruppen, Ringe und Körper). Diese werden in der Regel mit Hilfe der natürlichen oder ganzen Zahlen beschrieben. Da man bei endlichen Strukturen in der Regel nur einen (endlichen) Teil dieser Zahlen benötigt, wird auf die allgemein bekannte Arithmetik ganzer Zahlen verzichtet und statt dessen eine „modulare Arithmetik" verwendet. Die Grundlagen hierzu werden im weiteren aufgeführt. Details kann man zum Beispiel in [Wol96] oder [Fre84] nachlesen.

8.1.1 Natürliche Zahlen und ganze Zahlen

Definition 8.1.1 (Zahlen)
Die Menge der natürlichen Zahlen wird hier mit $\mathbf{N}$ und die Menge der ganzen Zahlen mit $\mathbf{Z}$ bezeichnet.

$$\begin{aligned} \mathbf{N} &:= \{1,2,3,\ldots\}, \\ \mathbf{Z} &:= \{\ldots,-3,-2,-1,0,1,2,3,\ldots\}. \end{aligned}$$

Definition 8.1.2 (Teiler, Primzahl)

  i) Seien a und b ganze Zahlen. Wir sagen *a ist ein Teiler von b* oder *b ist durch a teilbar* (Kurzschreibweise: $a|b$), wenn es eine ganze Zahl c gibt, so daß $b = a \cdot c$ ist.

  ii) Eine natürliche Zahl $p > 1$ heißt *Primzahl*, wenn sie nur durch p und 1 teilbar ist.

Satz 8.1.3 (Division mit Rest)
Seien a, b ganze Zahlen und $b > 0$. Dann gibt es eindeutig bestimmte ganze Zahlen q und r mit den Eigenschaften:

- $0 \leq r < b$ und

- $a = qb + r$.

Die Zahl q heißt *Quotient* und r der *Rest* der ganzzahligen Division „a durch b". Es wird folgende Schreibweise verwendet:

$$\begin{aligned} a \text{ DIV } b &:= q \quad \text{und} \\ a \text{ MOD } b &:= r. \end{aligned}$$

8.1.2 Modulare Arithmetik

Definition 8.1.4 (Kongruenz)
Sei n eine natürliche Zahl. Zwei ganze Zahlen a und b heißen *kongruent modulo n*, wenn n ein Teiler von $(a - b)$ ist. Es wird die Schreibweise

$$a \equiv b \pmod{n}$$

(sprich: a ist kongruent b modulo n) verwendet. Die Zahl n wird der Modul der Kongruenz genannt.

Satz 8.1.5 (Eigenschaften der Kongruenz)
Für alle $a, a_1, b, b_1, c \in \mathbf{Z}$ und $n \in \mathbf{N}$ gilt:

i) $\quad a \equiv b \pmod{n}$
$\quad\quad \Leftrightarrow \quad a \text{ MOD } n = b \text{ MOD } n \quad \Leftrightarrow \quad (a - b) \text{ MOD } n = 0$

ii) $\quad a \;\equiv\; a \quad (\mathrm{mod}\ n)$

iii) $\quad a \;\equiv\; b \quad (\mathrm{mod}\ n) \quad \Leftrightarrow \quad b \equiv a \quad (\mathrm{mod}\ n)$

iv) $\quad \left.\begin{array}{l} a \;\equiv\; b \quad (\mathrm{mod}\ n) \\ b \;\equiv\; c \quad (\mathrm{mod}\ n) \end{array}\right\} \Rightarrow a \equiv c \quad (\mathrm{mod}\ n)$

v) $\quad \left.\begin{array}{l} a \;\equiv\; a_1 \quad (\mathrm{mod}\ n) \\ b \;\equiv\; b_1 \quad (\mathrm{mod}\ n) \end{array}\right\} \Rightarrow \left\{\begin{array}{l} a + b \;\equiv\; a_1 + b_1 \quad (\mathrm{mod}\ n) \\ a \cdot b \;\equiv\; a_1 \cdot b_1 \quad (\mathrm{mod}\ n) \end{array}\right.$

8.2 Algebra

Drei plus eins ergibt vier und eins plus drei ergibt ebenfalls vier! Diese Tatsache ist allgemein bekannt und akzeptiert. In der Sprache der Mathematik nennt man dies „Kommutativität" und wenn man es genau nimmt, kann man zum Beispiel sagen: „Die Menge der ganzen Zahlen ist kommutativ bezüglich der gewöhnlichen Addition." Niemand kann mathematisch beweisen, daß diese Aussage richtig ist. Es handelt sich um ein Axiom. Man geht einfach davon aus, daß Kommutativität eine grundlegende Struktur in der Menge der ganzen Zahlen bezüglich der Operation „+" ist. In diesem Zusammenhang kann man sich (mindestens) drei Fragen stellen:

1. Gibt es weitere grundlegende Strukturen, die das Rechnen mit Zahlen charakterisieren?

2. Gibt es, neben der Menge der reellen Zahlen mit den üblichen Rechenoperationen, noch andere Mengen und Operationen, die ähnliche oder sogar die gleichen grundlegenden Strukturen haben?

3. Welche Strukturen sind so grundlegend, daß man sie nicht beweisen muß (kann)?

Die Lehrbücher der Mathematik liefern Antworten auf solche Fragen.

Im Rahmen der Kryptologie befaßt man sich unter anderem deshalb mit diesen Strukturen, weil man es vermeiden möchte, beim Verschlüsseln mit reellen Zahlen zu rechnen. Wie man weiß, gibt es unendlich viele reelle Zahlen und auch die Darstellung einiger dieser Zahlen (z.B. $\sqrt{2}$) ist mit Schwierigkeiten verbunden, da es sich um Zahlen mit unendlich vielen Dezimalstellen handelt. Aufgrund solcher Überlegungen erscheint es günstiger, mit endlichen Mengen zu arbeiten statt mit reellen Zahlen. Geeignete Mengen, Operationen und deren Struktur liefert die Algebra (siehe z.B.: [Beu95] oder [LN00]).

8.2.1 Gruppen

Definition 8.2.1 (Verknüpfung, Operation)
Sei G eine nichtleere Menge. Eine Verknüpfung (oder Operation) auf G ist eine Vorschrift, die jedem Paar von Elementen aus G ein Element aus G zuordnet.

Gelegentlich verwendet man auch den Begriff *binäre* Verknüpfung bzw. *binäre* Operation, um zu betonen, daß es *zwei* Elemente sind, denen ein Element aus G zugeordnet wird.

Definition 8.2.2 (Gruppe)
Sei G eine nichtleere Menge und $*$ eine binäre Verknüpfung. Das Paar $(G, *)$ heißt *Gruppe*, wenn folgende drei Axiome erfüllt werden:

i) **Assoziativität:**
   Für alle $a, b, c \in G$ gilt:

$$a * (b * c) = (a * b) * c.$$

ii) **Existenz eines neutralen Elements:**
   Es gibt ein Element e in der Menge G, so daß für alle $g \in G$ die Gleichung

$$e * g = g * e = g$$

gilt. Man nennt e das neutrale Element der Gruppe.

iii) **Existenz inverser Elemente:**
   Zu jedem $g \in G$ gibt es ein Element $g^{-1} \in G$, für das die Gleichung

$$g * g^{-1} = g^{-1} * g = e$$

gilt. Man nennt g^{-1} das inverse Element zu g.

Eine Gruppe heißt *abelsche Gruppe* oder *kommutative Gruppe*, wenn zusätzlich das folgende Axiom erfüllt wird:

iv) **Kommutativität:**
   Für je zwei Elemente $a, b \in G$ gilt:

$$a * b = b * a.$$

Definition 8.2.3 (Ordnung einer Gruppe)
Eine Gruppe $(G, *)$ heißt *endliche Gruppe*, wenn die Menge G nur endlich viele Elemente enthält. Die Anzahl der Elemente in G nennt man die *Ordnung der Gruppe.*

Beispiel 8.2.4
   a) Die Menge der ganzen Zahlen $\mathbf{Z}$ ist eine Gruppe bezüglich der Operation $+$ (gewöhnliche Addition). Das neutrale Element dieser Gruppe ist die Zahl 0. Das inverse Element zu einer gegebenen Zahl $a \in \mathbf{Z}$ ist die Zahl $(-a)$.

   b) Die Menge der ganzen Zahlen $\mathbf{Z}$ ist keine Gruppe bezüglich der Operation $\cdot$ (gewöhnliche Multiplikation). Als neutrales Element kommt nur die Zahl 1 in Frage, da $1 \cdot a = a$ für alle $a \in \mathbf{Z}$ ist. Inverse Elemente gibt es jedoch nicht, da zum Beispiel $3 \cdot \frac{1}{3} = 1$, aber $\frac{1}{3}$ keine ganze Zahl ist.

Beispiel 8.2.5

a) Die Menge der rationalen Zahlen $\mathbf{Q}$ ist eine Gruppe bezüglich der Operation $+$ (gewöhnliche Addition). Das neutrale Element ist die Zahl 0. Das inverse Element zu einer Zahl $q \in \mathbf{Q}$ ist die Zahl $(-q)$.

b) Die Menge $\mathbf{Q} - \{0\}$ (Menge der rationalen Zahlen ohne Null) ist eine Gruppe bezüglich der Operation $\cdot$ (gewöhnliche Multiplikation). Das neutrale Element ist die Zahl 1. Das inverse Element zu einer Zahl $q \in \mathbf{Q}$ ist die Zahl $\frac{1}{q}$.

Beispiel 8.2.6

Die Menge $\mathbf{F}_2 := \{0,1\}$ ist bezüglich der Verknüpfung $\oplus$ (XOR) eine Gruppe. Für die Operation $\oplus$ gilt:

$$\begin{aligned}
0 \oplus 0 &= 0, \\
0 \oplus 1 &= 1, \\
1 \oplus 0 &= 1 \quad \text{und} \\
1 \oplus 1 &= 0.
\end{aligned}$$

Das neutrale Element ist 0. Das inverse Element zu 1 ist 1. Die Gruppe $(\mathbf{F}_2, \oplus)$ ist folglich eine kommutative und endliche Gruppe der Ordnung 2.

8.2.2 Ringe

Definition 8.2.7 (Ring)

Ein Ring $(R, +, \cdot)$ besteht aus einer Menge R, auf der zwei Operationen $+$ (Addition) und $\cdot$ (Multiplikation) definiert sind, die folgende Axiome erfüllen:

i) R ist eine kommutative Gruppe bezüglich der Addition. Das neutrale Element wird im weiteren mit 0 bezeichnet.

ii) Die Multiplikation ist assoziativ. Für alle $a, b, c \in R$ gilt also:

$$a \cdot (b \cdot c) = (a \cdot b) \cdot c.$$

iii) Es existiert ein neutrales Element bezüglich der Multiplikation, das mit 1 bezeichnet wird[1]. Ferner soll $1 \neq 0$ gelten. Für alle $a \in R$ gilt also:

$$a \cdot 1 = 1 \cdot a = a.$$

iv) Bezüglich der Operationen $+$ und $\cdot$ gelten die Distributivgesetze. Für alle $a, b, c \in R$ gilt also:

$$a \cdot (b + c) = (a \cdot b) + (a \cdot c) \quad \text{und} \quad (b + c) \cdot a = (b \cdot a) + (c \cdot a).$$

---

[1] Es ist nicht notwendig zu fordern, daß ein Ring ein neutrales Element bezüglich der Multiplikation enthält. Man spricht dann von einem „Ring ohne Einselement" bzw. von einem „Ring mit Einselement". Hier werden ausschließlich Ringe mit Einselement betrachtet.

Ein Ring heißt *kommutativer Ring*, wenn das Kommutativgesetz bezüglich der Multiplikation erfüllt wird. Für alle $a, b \in R$ gilt also:

$$a \cdot b = b \cdot a.$$

Beispiel 8.2.8

    a) Die Menge der ganzen Zahlen $\mathbf{Z}$ ist ein kommutativer Ring bezüglich der gewöhnlichen Addition und Multiplikation.

    b) Die Menge der rationalen Zahlen $\mathbf{Q}$ ist ein kommutativer Ring bezüglich der gewöhnlichen Addition und Multiplikation.

Beispiel 8.2.9

Die Menge $\mathbf{F}_2 = \{0, 1\}$ ist bezüglich der Addition $\oplus$ (XOR) und der Multiplikation $\odot$ (AND) ein kommutativer Ring. Für die Operation $\oplus$ gilt:

$$\begin{aligned}
0 \oplus 0 &= 0, \\
0 \oplus 1 &= 1, \\
1 \oplus 0 &= 1 \quad \text{und} \\
1 \oplus 1 &= 0.
\end{aligned}$$

Für die Operation $\odot$ gilt:

$$\begin{aligned}
0 \odot 0 &= 0, \\
0 \odot 1 &= 0, \\
1 \odot 0 &= 0 \quad \text{und} \\
1 \odot 1 &= 1.
\end{aligned}$$

Beispiel 8.2.10

Die Menge $\mathbf{Z}_n = \{0, 1, 2, \ldots, n-1\}$ ist bezüglich der Addition modulo n $(+_n)$ und der Multiplikation modulo n $(\cdot_n)$ ein kommutativer Ring (siehe Def 8.1.4 und Satz 8.1.5 bezüglich des Rechnens modulo n).

8.2.3 Körper

Definition 8.2.11 (Körper)

Ein Körper ist ein kommutativer Ring (mit Einselement) $(K, +, \cdot)$, in dem es zu jedem Element $k \in K - \{0\}$ ein inverses Element k^{-1} gibt, so daß gilt:

$$k \cdot k^{-1} = 1.$$

Da Körper von zentraler Bedeutung sind, folgt eine weitere Definition, in der alle relevanten Eigenschaften noch einmal einzeln aufgeführt sind.

Definition 8.2.12 (Körper)

Ein Körper $(K, +, \cdot)$ besteht aus einer Menge K auf der zwei Operationen $+$ (Addition) und $\cdot$ (Multiplikation) definiert sind, die folgende Axiome erfüllen:

Axiome bezüglich der Addition:

i) **Assoziativität:**
   Für alle $a, b, c \in K$ gilt:

$$a + (b + c) = (a + b) + c.$$

ii) **Existenz eines neutralen Elements:**
   Es gibt ein Element 0 in K (Nullelement), so daß für alle $k \in K$ gilt:

$$0 + k = k + 0 = k.$$

iii) **Existenz inverser Elemente:**
   Zu jedem $k \in K$ gibt es ein inverses Element $-k \in K$, so daß gilt:

$$k + (-k) = (-k) + k = 0.$$

iv) **Kommutativität:**
   Für alle $k, l \in K$ gilt:

$$k + l = l + k.$$

Axiome bezüglich der Multiplikation:

i) **Assoziativität:**
   Für alle $a, b, c \in K$ gilt:

$$a \cdot (b \cdot c) = (a \cdot b) \cdot c.$$

ii) **Existenz eines neutralen Elements:**
   Es gibt ein Element $1 \neq 0$ in K (Einselement), so daß für alle $k \in K$ gilt:

$$1 \cdot k = k \cdot 1 = k.$$

iii) **Existenz inverser Elemente:**
   Zu jedem $k \in K - \{0\}$ gibt es ein inverses Element $k^{-1} \in K$, so daß gilt:

$$k \cdot k^{-1} = k^{-1} \cdot k = 1.$$

iv) **Kommutativität:**
   Für alle $k, l \in K$ gilt:

$$k \cdot l = l \cdot k.$$

Distributivgesetze:
Für alle $a, b, c \in K$ gilt:

$$a \cdot (b + c) = (a \cdot b) + (a \cdot c) \quad \text{bzw.} \quad (b + c) \cdot a = (b \cdot a) + (c \cdot a).$$

Beispiel 8.2.13

a) Die Menge der ganzen Zahlen **Z** ist bezüglich der gewöhnlichen Addition und Multiplikation kein Körper, da es lediglich zu den Elementen $+1$ und -1 ein inverses Element bezüglich der Multiplikation gibt.

b) Die rationalen Zahlen **Q**, die reellen Zahlen **R** und die komplexen Zahlen **C** sind bezüglich der jeweils üblichen Addition und Multiplikation ein Körper.

Beispiel 8.2.14

Die Menge $\mathbf{F}_2 = \{1,0\}$ ist bezüglich der Addition $\oplus$ (XOR) und der Multiplikation $\odot$ (AND) ein Körper.

Satz 8.2.15

Die Menge $\mathbf{Z}_n = \{0,1,2,\ldots,n-1\}$ ist bezüglich der Addition modulo n ($+_n$) und der Multiplikation modulo n ($\cdot_n$) genau dann ein Körper, wenn n eine Primzahl ist.

8.2.4 Polynomringe

Definition 8.2.16 (Polynom)

Sei $(R,+,\cdot)$ ein kommutativer Ring. Ein Term der Form

$$f(x) = a_n x^n + a_{n-1} x^{n-1} + \ldots + a_2 x^2 + a_1 x + a_0$$

heißt Polynom mit der Unbekannten x über dem Ring R. Dabei ist $n \in \mathbf{N}$, und $a_i \in R$ für alle $i \in \{0,\ldots,n\}$.

- Man sagt, $f(x)$ ist ein Polynom vom Grad n, falls $a_n \neq 0$ ist. Kurzschreibweise: $n = \mathrm{grad}(f(x))$.

- Die Elemente a_i werden *Koeffizienten* des Polynoms genannt.

- Ein Polynom der Form $f(x) = a_0$ heißt *konstantes Polynom*.

- Wenn alle Koeffizienten eines Polynoms Null sind, wird das Polynom *Nullpolynom* genannt.

Definition 8.2.17 (Polynom-Addition)

Sei $(R,+,\cdot)$ ein kommutativer Ring und

$$
\begin{aligned}
f(x) &= a_n x^n + a_{n-1} x^{n-1} + \ldots + a_2 x^2 + a_1 x + a_0 \\
g(x) &= b_m x^m + b_{m-1} x^{m-1} + \ldots + b_2 x^2 + b_1 x + b_0
\end{aligned}
$$

zwei Polynome über R und o.B.d.A. sei $n \geq m$. Dann heißt

$$
\begin{array}{rl}
f(x) = & a_n x^n + \ldots + a_{m+1} x^{m+1} + \quad a_m x^m + \ldots + \quad a_0 \\
+ \quad g(x) = & b_m x^m + \ldots + \quad b_0 \\
\hline
f(x) +_p g(x) = & a_n x^n + \ldots + a_{m+1} x^{m+1} + (a_m + b_m) x^m + \ldots + (a_0 + b_0)
\end{array}
$$

die *Summe der Polynome* $f(x)$ und $g(x)$. Dabei wird für die Addition der Koeffizienten die zu $(R, +, \cdot)$ gehörende Addition verwendet. Im weiteren wird auch für die Polynomaddition statt $+_p$ das Zeichen $+$ verwendet, was nicht zu Schwierigkeiten führen wird.

Definition 8.2.18 (Polynom-Multiplikation)

Sei $(R, +, \cdot)$ ein kommutativer Ring und

$$\begin{aligned}
f(x) &= a_n x^n + a_{n-1} x^{n-1} + \ldots + a_2 x^2 + a_1 x + a_0 \\
g(x) &= b_m x^m + b_{m-1} x^{m-1} + \ldots + b_2 x^2 + b_1 x + b_0
\end{aligned}$$

zwei Polynome über R und o.B.d.A. sei $n \geq m$ und $a_n, b_m \neq 0$.

Das Produkt der Polynome $f(x)$ und $g(x)$ ist ein Polynom

$$f(x) \cdot_p g(x) := c_{n+m} x^{n+m} + c_{n+m-1} x^{n+m-1} + \ldots + c_1 x + c_0$$

mit den Koeffizienten

$$c_k := \sum_{i=0}^{k} a_i b_{k-i} \quad \text{für alle } k \in \{0, 1, \ldots, m + n\}.$$

Satz 8.2.19

Sei $R[x]$ die Menge aller Polynome über einem kommutativen Ring R. Mit den oben beschriebenen Vorschriften zur Addition und Multiplikation von Polynomen ist $(R[x], +_p, \cdot_p)$ ein kommutativer Ring.

Definition 8.2.20

$(R[x], +_p, \cdot_p)$ heißt *Polynomring* in der Unbekannten x.

Beispiel 8.2.21

Wir betrachten den Polynomring über den reellen Zahlen und die Polynome

$$\begin{aligned}
f(x) &= 4x^3 + 2x^2 + x + 5 \quad \text{und} \\
g(x) &= 3x^2 + 2x + 1.
\end{aligned}$$

Dann ist

$$f(x) + g(x) = 4x^3 + 5x^2 + 3x + 6 \quad \text{und}$$

$$\begin{aligned}
f(x) \cdot g(x) &= 12x^5 + 6x^4 + 3x^3 + 15x^2 + \\
&\quad\; 8x^4 + 4x^3 + 2x^2 + 10x + \\
&\quad\; 4x^3 + 2x^2 + x + 5 \\
&= 12x^5 + 14x^4 + 11x^3 + 19x^2 + 11x + 5.
\end{aligned}$$

Beispiel 8.2.22
Seien $f(x)$ und $g(x)$ Polynome über dem Ring $(\mathbf{F}_2, \oplus, \odot)$ mit

$$
\begin{aligned}
f(x) &= 1x^3 + 0x^2 + 1x + 1 \quad \text{und} \\
g(x) &= 1x^2 + 1x + 1.
\end{aligned}
$$

Dann ist

$$
f(x) + g(x) = 1x^3 + 1x^2 \quad \text{und}
$$

$$
\begin{aligned}
f(x) \cdot g(x) &= 1x^5 + 0x^4 + 1x^3 + 1x^2 + \\
&\quad\ 1x^4 + 0x^3 + 1x^2 + 1x + \\
&\quad\ 1x^3 + 0x^2 + 1x + 1 \\
&= 1x^5 + 1x^4 + 1.
\end{aligned}
$$

Im weiteren betrachten wir Polynomringe über einem Körper K und bezeichnen diese mit $K[x]$. Auch die Polynomringe aus den Beispielen 8.2.21 und 8.2.22 sind Polynomringe über einem Körper, denn $\mathbf{R}$ und $\mathbf{F}_2$ sind Körper.

Satz 8.2.23
Wir betrachten zwei Polynome $g(x), h(x) \in K[x]$. Wenn $h(x) \neq 0$ ist, dann gibt es eindeutig bestimmte Polynome $q(x)$ und $r(x)$, die folgende Bedingungen erfüllen:

i) $g(x) = q(x) \cdot h(x) + r(x)$

ii) $\mathrm{grad}(r(x)) \leq \mathrm{grad}(h(x))$

Das Polynom $q(x)$ wird *Quotient* und das Poynom $r(x)$ wird *Rest* genannt. Im weiteren verwenden wir folgende Schreibweise:

$$
\begin{aligned}
g(x) \ \text{DIV} \ h(x) &:= \ q(x) \quad \text{und} \\
g(x) \ \text{MOD} \ h(x) &:= \ r(x).
\end{aligned}
$$

Anmerkung: Vergleichen Sie diese Schreibweise mit der Schreibweise aus Satz 8.1.3 (Seite 256).

Beispiel 8.2.24
Wir betrachten die Polynome

$$
\begin{aligned}
g(x) &= 3x^3 + 2x^2 + 4x + 1 \quad \text{und} \\
h(x) &= 1x^2 + 2x
\end{aligned}
$$

über dem Körper der reellen Zahlen. Für den Quotienten $q(x)$ und den Rest $r(x)$ mit $g(x) = q(x) \cdot h(x) + r(x)$ gilt dann:

$$
\begin{aligned}
q(x) &= \ g(x) \ \text{DIV} \ h(x) = 3x - 4 \quad \text{und} \\
r(x) &= \ g(x) \ \text{MOD} \ h(x) = 12x + 1.
\end{aligned}
$$

Zur praktischen Berechnung der Polynome $q(x)$ und $r(x)$ kann ein Verfahren verwendet werden, das dem Verfahren der „schriftlichen Division" gleicht und unter dem Stichwort *Polynomdivision* in den Lehrbüchern der Mathematik aufgeführt ist. Im folgenden wird eine Polynomdivision am Beispiel demonstriert.

$$
\begin{array}{l}
3x^3+2x^2+\ 4x+1 \quad : \quad x^2+2x = 3x-4 \\
\underline{3x^3+6x^2} \\
\qquad -4x^2+\ 4x \\
\qquad \underline{-4x^2-\ 8x} \\
\qquad\qquad 12x+1
\end{array}
$$

Probe:

$$
\begin{aligned}
(3x-4)\cdot(x^2+2x) &= 3x^2-4x^2+ \\
&\qquad 6x^2-8x \\
&= 3x^2+2x^2-8x \quad \text{und}
\end{aligned}
$$

$$
(3x^2+2x^2-8x)+(12x+1) = 3x^3+2x^2+4x+1.
$$

Beispiel 8.2.25

Wir betrachten die Polynome

$$
\begin{aligned}
g(x) &= 1x^6+1x^5+0x^4+1x^3+1x^2+1x+1 \quad \text{und} \\
h(x) &= 1x^4+1x^3+0x^2+0x+1
\end{aligned}
$$

über dem Körper $(\mathbf{F}_2, \oplus, \odot)$. Für den Quotienten $q(x)$ und den Rest $r(x)$ mit $g(x) = q(x)\cdot h(x) + r(x)$ gilt dann:

$$
\begin{aligned}
q(x) &= g(x)\ \text{DIV}\ h(x) = 1x^2 \quad \text{und} \\
r(x) &= g(x)\ \text{MOD}\ h(x) = 1x^3+1x+1.
\end{aligned}
$$

Auch hier kann die Polynomdivision zur Berechnung von $q(x)$ und $r(x)$ verwendet werden. Es ist jedoch zu beachten, daß beim Addieren und Multiplizieren der Koeffizienten die Operationen $\oplus$ und $\odot$ zu verwenden sind.

$$
\begin{array}{l}
1x^6+1x^5+0x^4+1x^3+1x^2+1x+1 \quad : \quad 1x^4+1x^3+0x^2+0x+1 = 1x^2 \\
\underline{1x^6+1x^5+0x^4+0x^3+1x^2} \\
\qquad\qquad 1x^3+0x^2+1x+1
\end{array}
$$

Probe:

$$
(1x^4+1x^3+1)\cdot x^2 = 1x^6+1x^5+1x^2 \quad \text{und}
$$

$$
(1x^6+1x^5+1x^2)+(1x^3+1x+1) = 1x^6+1x^5+1x^3+1x^2+1x+1.
$$

Definition 8.2.26 (irreduzible Polynome)
Ein Polynom $f(x) \in K[x]$ mit $\mathrm{grad}(f(x)) > 0$ heißt *irreduzibel*, wenn es keine Polynome $g(h), h(x)$ mit $\mathrm{grad}(g(x)) > 0$ und $\mathrm{grad}(h(x)) > 0$ gibt, so daß $f(x) = g(x) \cdot h(x)$ ist.

Definition 8.2.27 (Teilbarkeit)
Seien $g(x), h(x) \in K[x]$. Wir sagen „$h(x)$ teilt g(x)" und schreiben $h(x)|g(x)$, falls $g(x)$ MOD $h(x) = 0$ ist.

Definition 8.2.28 (Kongruenzen)
Seien $g(x), h(x) \in K[x]$. Wir sagen „$g(x)$ ist kongruent zu $h(x)$ modulo $m(x)$" und schreiben

$$g(x) \equiv h(x) \quad (\mathrm{mod}\ m(x)),$$

falls $m(x)$ ein Teiler von $(g(x) - h(x))$ ist.

Satz 8.2.29 (Rechenregeln für Kongruenzen)
Seien $g_1(x), g_2(x), h_1(x), h_2(x), s(x), m(x) \in K[x]$. Dann gilt:

i)
$$\begin{aligned} g_1(x) &\equiv h_1(x) \quad (\mathrm{mod}\ m(x)) \\ &\Leftrightarrow g_1(x)\ \mathrm{MOD}\ m(x) = h_1(x)\ \mathrm{MOD}\ m(x) \end{aligned}$$

ii) $g_1(x) \equiv g_1(x) \quad (\mathrm{mod}\ m(x))$

iii) $g_1(x) \equiv h_1(x) \quad (\mathrm{mod}\ m(x)) \iff h_1(x) \equiv g_1(x) \quad (\mathrm{mod}\ m(x))$

vi)
$$\left. \begin{aligned} g_1(x) &\equiv h_1(x) \quad (\mathrm{mod}\ m(x)) \\ h_1(x) &\equiv s(x) \quad (\mathrm{mod}\ m(x)) \end{aligned} \right\} \Rightarrow g_1(x) \equiv s(x) \quad (\mathrm{mod}\ m(x))$$

v)   Wenn

$$\begin{aligned} g_1(x) &\equiv g_2(x) \quad (\mathrm{mod}\ m(x)) \quad \text{und} \\ h_1(x) &\equiv h_2(x) \quad (\mathrm{mod}\ m(x)) \end{aligned}$$

ist, dann gilt:

$$\begin{aligned} g_1(x) + h_1(x) &\equiv g_2(x) + h_2(x) \quad (\mathrm{mod}\ m(x)) \quad \text{und} \\ g_1(x) \cdot h_1(x) &\equiv g_2(x) \cdot h_2(x) \quad (\mathrm{mod}\ m(x)). \end{aligned}$$

Bemerkung 8.2.30
Kongruenz modulo $m(x)$ ist eine Äquivalenzrelation auf $K[x]$. Im weiteren wird jede Äquivalenzklasse durch ein Polynom $r(x)$ mit $\mathrm{grad}(r(x)) < \mathrm{grad}(m(x))$ repräsentiert. Ein Polynom $f(x)$ gehört dann zur Äquivalenzklasse $r(x)$, falls $f(x)$ MOD $m(x) = r(x)$ bzw. $f(x) \equiv r(x) \quad (\mathrm{mod}\ m(x))$ ist.

Definition 8.2.31
Die Menge aller Äquivalenzklassen in $K[x]$ zur Relation „Kongruenz modulo $m(x)$" wird mit $K[x]/m(x)$ bezeichnet.

Satz 8.2.32

$K[x]/m(x)$ ist ein kommutativer Ring.

Satz 8.2.33

$K[x]/m(x)$ ist genau dann ein Körper, wenn $m(x)$ ein irreduzibles Polynom ist.

8.2.5 Vektorräume

Definition 8.2.34

Sei K ein Körper und V eine Menge. Im weiteren werden die Elemente von K *Skalare* und die Elemente von V *Vektoren* genannt. Die Menge V heißt Vektorraum über dem Körper K (kurz K-Vektorraum), falls die Elemente von K und V folgenden Gesetzen genügen:

Vektoraddition

Auf der Menge V ist eine Verknüpfung „+" definiert, und V ist bezüglich + eine kommutative Gruppe.

Skalare Multiplikation

Für jedes $v \in V$ und jedes $k \in K$ ist genau ein Element $k \cdot v \in V$ definiert. Dabei gilt:

   i) Ist 1 das Einselement von K, so ist $1v = v$ für alle $v \in V$.

   ii) Für alle $k_1, k_2 \in K$ und alle $v \in V$ ist

$$\begin{aligned} (k_1 + k_2)v &= k_1 v + k_2 v \quad \text{und} \\ (k_1 \cdot k_2)v &= k_1 \cdot (k_2 v). \end{aligned}$$

   iii) Für alle $v_1, v_2 \in V$ und alle $k \in K$ ist

$$k(v_1 + v_2) = kv_1 + kv_2.$$

Beispiel 8.2.35 (Der Vektorraum $\mathbf{R}^n$)

Der zugrunde liegende Körper sei hier die Menge der reellen Zahlen mit den Verknüpfungen + (Addition) und · (Multiplikation). Ferner sei n irgendeine natürliche Zahl. Die Menge

$$\mathbf{R}^n := \{(r_1, r_2, \ldots, r_n) | r_i \in \mathbf{R}\}$$

ergibt einen Vektorraum, wenn die Vektoraddition und skalare Multiplikation komponentenweise definiert sind:

Vektoraddition:

Seien $(r_1, r_2, \ldots, r_n), (s_1, s_2, \ldots, s_n) \in \mathbf{R}^n$:

$$(r_1, r_2, \ldots, r_n) + (s_1, s_2, \ldots, s_n) := (r_1 + s_1, r_2 + s_2, \ldots, r_n + s_n).$$

Skalare Multiplikation:
Sei $(r_1, r_2, \ldots, r_n) \in \mathbf{R}^n$ und $k \in \mathbf{R}$:

$$k(r_1, r_2, \ldots, r_n) := (kr_1, kr_2, \ldots, kr_n).$$

Beispiel 8.2.36 (Der Vektorraum $\mathbf{F}_2^n$)
Der zugrunde liegende Körper sei hier die Menge $\mathbf{F}_2 = \{0, 1\}$ mit den Verknüpfungen $\oplus$ und $\odot$ (siehe Beispiel 8.2.14 auf Seite 262). Ferner sei n irgendeine natürliche Zahl. Die Menge

$$\mathbf{F}_2^n := \{(b_1, b_2, \ldots, b_n) | b_i \in \mathbf{F}_2\}$$

ergibt einen Vektorraum, wenn die Vektoraddition und skalare Multiplikation komponentenweise definiert sind:

Vektoraddition:
Seien $(b_1, b_2, \ldots, b_n), (c_1, c_2, \ldots, c_n) \in \mathbf{F}_2^n$:

$$(b_1, b_2, \ldots, b_n) + (c_1, c_2, \ldots, c_n) := (b_1 \oplus c_1, b_2 \oplus c_2, \ldots, b_n \oplus c_n).$$

Skalare Multiplikation:
Sei $(b_1, b_2, \ldots, b_n) \in \mathbf{F}_2^n$ und $k \in \mathbf{F}_2$:

$$k(b_1, b_2, \ldots, b_n) := (k \odot b_1, k \odot b_2, \ldots, k \odot b_n).$$

Definition 8.2.37
Sei V ein K-Vektorraum und $B = \{v_1, v_2, \ldots, v_n\}$ eine endliche Teilmenge von V.

i) Seien $k_1, k_2, \ldots k_n \in K$, dann heißt der Vektor

$$v = k_1 v_1 + k_2 v_2 + \ldots + k_n v_n$$

eine *Linearkombination* von B.

ii) Die Menge aller Linearkombinationen von B heißt *Erzeugnis* von B und wird mit $< B >$ bezeichnet.

iii) Die Vektoren in B heißen *linear abhängig*, wenn es Skalare $k_1, k_2, \ldots, k_n \in K$ gibt, die nicht alle null sind, so daß

$$k_1 v_1 + k_2 v_2 + \ldots + k_n v_n = 0$$

ist. Wenn solche Skalare nicht existieren, dann nennt man die Vektoren in B *linear unabhängig*.

iv) Wenn $< B >= V$ ist und die Vektoren in B linear unabhängig sind, wird B eine *Basis* von V genannt.

Satz 8.2.38
Seien B_1, B_2 Basen des K-Vektorraums V, dann haben die Mengen B_1 und B_2 gleich viele Elemente.

Beispiel 8.2.39
Die Menge

$$B = \left\{ \begin{pmatrix} 1 \\ 0 \\ 0 \\ 0 \end{pmatrix}, \begin{pmatrix} 0 \\ 1 \\ 0 \\ 0 \end{pmatrix}, \begin{pmatrix} 0 \\ 0 \\ 1 \\ 0 \end{pmatrix}, \begin{pmatrix} 0 \\ 0 \\ 0 \\ 1 \end{pmatrix} \right\}$$

ist eine Basis des Vektorraums $\mathbf{F}_2^4$.

8.3 Wahrscheinlichkeitsrechnung

Auch in diesem Abschnitt werden nur die notwendigsten Grundbegriffe vorgestellt. Eine ausführliche Beschreibung der relevanten Zusammenhänge findet man zum Beispiel in [Kre79] oder [BHPT95].

8.3.1 Definition der Wahrscheinlichkeit

Im vorliegenden Abschnitt werden einige grundlegende Begriffe zum Thema „Wahrscheinlichkeitsrechnung" erläutert. Um überhaupt von einer Wahrscheinlichkeit sprechen zu können, werden drei Dinge benötigt. Ein Zufallsversuch, eine Ereignismenge und ein Ereignis.

Unter einem **Zufallsversuch**, einem Zufallsexperiment oder einer Zufallsbeobachtung versteht man einen beliebig oft wiederholbaren Vorgang, der nach einer ganz bestimmten Vorschrift ausgeführt wird und dessen Ergebnis „vom Zufall abhängt", das soll heißen, nicht im voraus eindeutig bestimmt werden kann.

Beispiele sind das Werfen eines Würfels, das Ziehen einer Spielkarte, technische Messungen, die zufällige Auswahl einer Person und die Feststellung ihres Blutdrucks, ihrer Größe, ihrer Ansicht über zeitgenössische Musik, die zufällige Auswahl einer Kuh und die Bestimmung ihres Milchertrages, das zufällige Herausgreifen und Prüfen einer Glühbirne aus einer Produktion usw.

Bei jedem Zufallsversuch kann man verschiedene **Ereignisse** unterscheiden, deren Eintreffen vom Zufall abhängt.

Beim Werfen eines Würfels führt jeder Wurf zu einer der Zahlen 1, 2, 3, 4, 5, 6. Beim Münzwurf kann man zwischen den Ereignissen „Kopf" und „Zahl" unterscheiden, bei der Prüfung einer Glühbirne zwischen „brauchbar" und „unbrauchbar".

Zusammenfassend kann man dies in Form der folgenden Definition ausdrücken:

Definition 8.3.1 (Zufallsversuch, Ereignismenge)
Ein (zumindest in der Vorstellung) beliebig oft wiederholbarer Vorgang, dessen
Ergebnis sich nicht mit Sicherheit vorhersagen läßt, heißt *Zufallsversuch.*

Ein beobachtetes Ergebnis des Zufallsversuches wird *Ereignis* genannt, und
die Menge aller möglichen Ereignisse wird *Ereignismenge* oder *Ereignisraum*
genannt und im weiteren mit Ω bezeichnet.

Bei der Untersuchung von Problemen mit den Methoden der Wahrscheinlichkeitsrechnung ist es nicht ausreichend, wenn nur die im Ergebnis eines Zufallsversuches auftretenden Ereignisse angegeben werden. Wir werden die Zufälligkeit
ihres Eintretens, den Grad der Bestimmtheit in irgendeiner Weise quantifizieren
müssen, um Aussagen über Gesetzmäßigkeiten der betrachteten Ereignisse machen zu können. Dazu hat es sich bewährt, die *relativen Häufigkeiten* einzelner
Ereignisse zu betrachten.

Definition 8.3.2 (absolute und relative Häufigkeit)
Irgendein Zufallsexperiment wird n-mal nacheinander ausgeführt. Trifft dabei
ein Ereignis A genau k-mal ein, so heißt k die **absolute Häufigkeit** (kurz:
$H(A)$) und k/n die **relative Häufigkeit** des Ereignisses A bei der entsprechenden Versuchsreihe. Die relative Häufigkeit des Ereignisses A wird im weiteren
mit $h(A)$ bezeichnet. Es ist also

$$h(A) = \frac{\text{Anzahl der Versuche, bei denen } A \text{ eintritt}}{\text{Gesamtanzahl der Versuche}}.$$

Da k in jedem Fall mindestens gleich 0 sein muß und höchstens gleich n sein
kann, gilt:

$$0 \leq h(A) \leq 1.$$

Um den Umgang und das Rechnen mit relativen Häufigkeiten etwas detaillierter ausführen zu können, werden zwei Verknüpfungen für Ereignisse vorgestellt. Dabei handelt es sich um die „UND-" und „ODER-Verknüpfung", die
auch im Umgang mit Wahrscheinlichkeiten von großer Bedeutung sind.

Definition 8.3.3 (UND- und ODER-Ereignis)
Seien A und B Ereignisse, die bei einem Zufallsexperiment eintreffen können.
Dann bezeichnen wir mit

i) $A \cap B$ (sprich: A und B) das Ereignis, das genau dann eintrifft, wenn A
   und B gleichzeitig eintreffen, und

ii) $A \cup B$ (sprich: A oder B) das Ereignis, das genau dann eintrifft, wenn A
   oder B eintrifft oder wenn beide Ereignisse gleichzeitig eintreffen.

Das Bilden von UND- bzw. ODER-Ereignissen kann man sich durch geeignete Skizzen (Venn-Diagramme) erleichtern. Das Prinzip wird hier an einem
einfachen Beispiel erläutert.

Beispiel 8.3.4 (Würfeln)
Wir würfeln mit einem Würfel und betrachten die Ereignisse:

A: Würfeln einer geraden Zahl
B: Würfeln einer durch 3 teilbaren Zahl
C: Würfeln einer 1
$A \cup B$:   Würfeln einer geraden oder einer durch 3 teilbaren Zahl
$A \cap B$:   Würfeln einer geraden durch drei teilbaren Zahl

Eine graphische Darstellung dieser Ereignisse zeigt Abbildung 8.1.

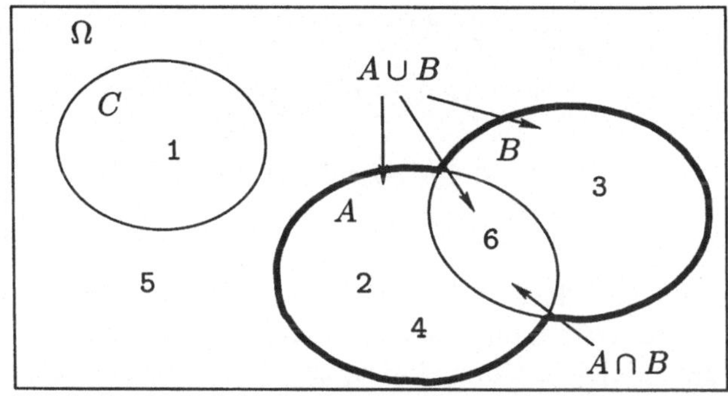

Abbildung 8.1: Graphische Darstellung von UND- und ODER-Ereignissen

Satz 8.3.5
Die Ereignisse A und B treten in einer Versuchsreihe mit den relativen Häufigkeiten $h(A)$ und $h(B)$ auf. Dann hat das Ereignis $A \cup B$ die relative Häufigkeit

$$h(A \cup B) = h(A) + h(B) - h(A \cap B).$$

Schließen sich A und B gegenseitig aus, so ist $h(A \cap B) = 0$, und es gilt:

$$h(A \cup B) = h(A) + h(B).$$

Beweis:
Die Versuchsreihe besteht aus n Versuchen. Hinsichtlich der n Versuche gibt es vier Fälle, die sich gegenseitig ausschließen und mit den absoluten Häufigkeiten n_1, n_2, n_3 und n_4 auftreten:

F1: A und B sind gleichzeitig eingetroffen; $H(F1) := n_1$.

F2: A ist eingetroffen, B nicht; $H(F2) := n_2$.

F3: B ist eingetroffen, A nicht; $H(F3) := n_3$.

F4: Weder A noch B ist eingetroffen; $H(F4) := n_4$.

Für die relativen Häufigkeiten von A, B, $A \cap B$ und $A \cup B$ gilt dann:

$$h(A) \;=\; \frac{n_1 + n_2}{n},$$

$$h(B) \;=\; \frac{n_1 + n_3}{n},$$

$$h(A \cap B) \;=\; \frac{n_1}{n} \quad \text{und}$$

$$h(A \cup B) \;=\; \frac{n_1 + n_2 + n_3}{n}.$$

Hieraus folgt:

$$\begin{aligned}
h(A \cup B) \;&=\; \frac{n_1 + n_2 + n_3}{n} \\[1ex]
&=\; \frac{n_1 + n_2}{n} + \frac{n_1 + n_3}{n} - \frac{n_1}{n} \\[1ex]
&=\; h(A) + h(B) - h(A \cap B).
\end{aligned}$$

$\Diamond$

Bei den meisten Zufallsversuchen sind die relativen Häufigkeiten der einzelnen Ereignisse nahezu konstant, wenn man lange Versuchsreihen betrachtet, im Gegensatz zu der zufälligen Unregelmäßigkeit der einzelnen Ereignisse.

Es liegt also die Vermutung nahe, daß die relative Häufigkeit eines bestimmten Ereignisses A bei oftmaliger Ausführung des entsprechenden Zufallsversuches praktisch mit Gewißheit ungefähr einer angebbaren Zahl $p(A)$ ist.

Deshalb postuliert man die Existenz dieser Zahl $p(A)$ und nennt sie die *Wahrscheinlichkeit* (probability) des Ereignisses A. Für das Rechnen mit Wahrscheinlichkeiten sollen die gleichen Regeln wie für das Rechnen mit relativen Häufigkeiten gelten.

Die Aussage „A hat bei einem Zufallsversuch die Wahrscheinlichkeit p" bedeutet dann konkret: Bei häufiger Ausführung des Versuches ist es praktisch gewiß, daß die relative Häufigkeit $h(A)$ ungefähr gleich p ist.

Die folgende (vereinfacht dargestellte) axiomatische Definition der Wahrscheinlichkeit basiert auf den Arbeiten des russischen Mathematikers Andrej Nikolajewitsch Kolmogoroff (1903 – 1987) [Kol33].

Definition 8.3.6 (Wahrscheinlichkeit)
Sei Ω eine Ereignismenge und $p : \Omega \to [0, 1]$ eine Funktion. Wir nennen p eine Wahrscheinlichkeit, wenn folgende Axiome erfüllt werden.

Axiom 1: Die Wahrscheinlichkeit $p(A)$ eines Ereignisses A bei einem Zufallsversuch ist eine eindeutig bestimmte reelle nichtnegative Zahl, die höchstens gleich 1 sein kann.

$$0 \leq p(A) \leq 1.$$

Axiom 2: Für ein sicheres Ereignis S bei einem Experiment gilt:

$$p(S) = 1.$$

Axiom 3: Schließen sich zwei Ereignisse A und B bei einem Zufallsversuch gegenseitig aus, so gilt bei diesem Zufallsversuch

$$p(A \cup B) = p(A) + p(B).$$

Diese axiomatische Definition der Wahrscheinlichkeit ist vergleichsweise abstrakt, was dazu führt, daß bei der konkreten Bestimmung von Wahrscheinlichkeiten auch für einfache Zufallsexperimente diverse Schwierigkeiten auftreten.

Bei allen Fragestellungen, die im Rahmen dieses Buches aufgegriffen werden, ist es jedoch möglich, mit sogenannten „Laplace-Wahrscheinlichkeiten" zu arbeiten. Das Bestimmen der Wahrscheinlichkeit bestimmter Ereignisse ist dann relativ einfach. Im folgenden wird beschrieben, wie dabei vorgegangen wird.

8.3.2 Laplace-Wahrscheinlichkeiten

Beim Werfen eines Würfels führt jeder Wurf zu einer der Zahlen 1, 2, 3, 4, 5 oder 6. Diese sechs Ereignisse schließen einander aus. Ist der Würfel homogen und von genau kubischer Gestalt, so ist bei ordnungsgemäßem Würfeln keines dieser sechs Ereignisse hinsichtlich des Eintreffens vor den anderen Ereignissen ausgezeichnet. Man sagt, es gibt bei dem Zufallsexperiment „Würfeln" sechs *gleichmögliche* oder *gleichwahrscheinliche* Ereignisse.

In ähnlicher Weise kann man auch bei anderen Zufallsexperimenten einen Ereignisraum, bestehend aus endlich vielen einander ausschließenden und gleichmöglichen Ereignissen, angeben.

Die folgende Definition der Wahrscheinlichkeit bezieht sich ausschließlich auf Zufallsversuche, die der oben genannten Bedingungen genügen. Man spricht von der *klassischen Wahrscheinlichkeit* oder auch von *Laplace-Wahrscheinlichkeit*. Die Definition stammt von Pierre Simon Laplace (1749 – 1827).

Definition 8.3.7 (Laplace-Wahrscheinlichkeit)
Ein Zufallsversuch habe n mögliche Ereignisse. Wenn wir annehmen, daß alle Ereignisse gleichmöglich sind, dann ordnen wir jedem Ereignis die Zahl $1/n$ als Wahrscheinlichkeit zu. Im weiteren werden diese Ereignisse *Elementarereignisse* genannt.

Die Wahrscheinlichkeit $p(A)$ eines aus Elementarereignissen zusammengesetzten Ereignisses A ist dann durch

$$p(A) = \frac{n_A}{n}$$

gegeben. Hierbei ist

- n_A die Anzahl der Elementarereignisse, bei denen A eintritt, und

- n ist die Anzahl aller gleichmöglichen Elementarereignisse

bei dem entsprechenden Zufallsversuch.

8.3.3 Bedingte Wahrscheinlichkeit

Beispiel 8.3.8
Wir betrachten ein Zufallsexperiment, in dem ein Würfel zweimal hintereinander geworfen wird. Wie groß ist die Wahrscheinlichkeit, daß die Summe der geworfenen Zahlen (Augensumme) 12 ist?

Zählen der Elementarereignisse und Anwenden der Formel aus Definition 8.3.7 liefert die gesuchte Wahrscheinlichkeit $p(\text{Augensumme} = 12) = \frac{1}{36}$.

Diese Wahrscheinlichkeit kann man vor der Ausführung des Zufallsexperiments bestimmen. Bestimmt man die gesuchte Wahrscheinlichkeit jedoch erst nach dem ersten Wurf (aber vor dem zweiten), kann man zwei Fälle unterscheiden:

Erster Fall: Augenzahl beim ersten Wurf $= 6$.

Zweiter Fall: Augenzahl beim ersten Wurf $\neq 6$.

Bestimmt man nun die Wahrscheinlichkeit der Augensumme 12 unter Berücksichtigung des Resultates beim ersten Wurf, spricht man von einer *bedingten Wahrscheinlichkeit* und erhält:

$p = 1/6$ für die Wahrscheinlichkeit der Augensumme 12 unter der Bedingung: „Augenzahl beim ersten Wurf $= 6$" bzw.

$p = 0$ für die Wahrscheinlichkeit der Augensumme 12 unter der Bedingung: „Augenzahl beim ersten Wurf $\neq 6$".

Da bedingte Wahrscheinlichkeiten in der Praxis von zentraler Bedeutung sind, folgt eine formale Definition sowie einige Schlußfolgerungen.

Definition 8.3.9 (bedingte Wahrscheinlichkeit)
Gegeben seien die Ereignisse A und B eines Zufallsversuches, und es gelte $p(B) > 0$. Dann wird

$$p(A|B) := \frac{p(A \cap B)}{p(B)}$$

als die *bedingte Wahrscheinlichkeit* des Ereignisses A unter der Bedingung des Ereignisses B bezeichnet.

Satz 8.3.10 (Multiplikationssatz)
Haben zwei Ereignisse A und B bei einem Zufallsversuch die Wahrscheinlichkeiten $p(A)$ und $p(B)$, so beträgt die Wahrscheinlichkeit des gleichzeitigen Eintreffens von A und B bei diesem Zufallsversuch

$$p(A \cap B) = p(A) \cdot p(B|A) = p(B) \cdot p(A|B).$$

Beweis:
Die Aussage ist eine unmittelbar Folgerung aus Definition 8.3.9. $\Diamond$

Satz 8.3.11 (totale Wahrscheinlichkeit, Formel von Bayes)
Seien $A_1, A_2, \ldots, A_n$ und B Ereignisse eines Zufallsversuches, die folgende Voraussetzungen erfüllen:

i) $A_1 \cup A_2 \cup \ldots \cup A_n = \Omega$,

ii) $A_i \cap A_j = \{\}$ $\quad \forall i, j \in \{1, \ldots, n\}$ und $i \neq j$,

iii) $p(A_i) > 0$ $\quad \forall i \in \{1, \ldots n\}$ $\quad$ und

iv) $p(B) > 0$.

Dann gilt:
Formel für die totale Wahrscheinlichkeit:

$$p(B) = \sum_{i=1}^{n} p(B|A_i) \cdot p(A_i).$$

Formel von Bayes[2]:

$$p(A_i|B) = \frac{p(B|A_i) \cdot p(A_i)}{\sum_{k=1}^{n} p(B|A_k) \cdot p(A_k)} \quad \forall i \in \{1, \ldots, n\}.$$

Beweis:
Formel für die totale Wahrscheinlichkeit:

$$
\begin{array}{lll}
B = B \cap \Omega & \Rightarrow \quad B = B \cap (\cup_{i=1}^{n} A_i) & \text{Vor. (i)} \\
\Rightarrow \quad B = \cup_{i=1}^{n}(B \cap A_i) & \Rightarrow \quad p(B) = p\left(\cup_{i=1}^{n}(B \cap A_i)\right) & \\
\Rightarrow \quad p(B) = \sum_{i=1}^{n} p(B \cap A_i) & = \quad \sum_{i=1}^{n} p(B|A_i) \cdot p(A_i) &
\end{array}
$$

Formel von Bayes:
Aus dem Multiplikationssatz 8.3.10 folgt

$$p(B|A_i)p(A_i) = p(A_i|B)p(B) \quad \forall i \in \{1, \ldots, n\}.$$

Auflösen nach der gesuchten Wahrscheinlichkeit $p(A_i|B)$ ergibt:

$$p(A_i|B) = \frac{p(B|A_i)p(A_i)}{p(B)} \quad \forall i \in \{1, \ldots, n\}.$$

Verwendet man nun die Formel für die totale Wahrscheinlichkeit und ersetzt $p(B)$, folgt:

$$p(A_i|B) = \frac{p(B|A_i) \cdot p(A_i)}{\sum_{k=1}^{n} p(B|A_k) \cdot p(A_k)} \quad \forall i \in \{1, \ldots, n\}.$$

$\Diamond$

---

[2]Thomas Bayes (1702 –1763), britischer Theologe

Definition 8.3.12 (unabhängige Ereignisse)
Gilt für zwei Ereignisse A und B eines Zufallsversuches die Beziehung

$$p(A|B) = p(A),$$

dann heiß das Ereignis A *unabhängig* vom Ereignis B.

Wegen der Beziehung

$$p(A|B)p(B) = p(A \cap B) = p(B \cap A) = p(B|A)p(A)$$

gilt für unabhängige Ereignisse der folgende Satz:

Satz 8.3.13

$$p(A|B) = p(A) \Leftrightarrow p(A \cap B) = p(A)p(B) \Leftrightarrow p(B|A) = p(B).$$

8.3.4   Definition einer Verteilung

Definition 8.3.14 (Zufallsvariable)
Eine Funktion $X : \Omega \to \mathbf{R}$ heißt *Zufallsvariable*, wenn sie einem Zufallsversuch
zugeordnet ist und folgende Eigenschaften hat:

  i) Die Werte von X sind reelle Zahlen.

  ii) Für jede Zahl a und für jedes Intervall I auf der Zahlengeraden ist die
  Wahrscheinlichkeit des Ereignisses „X hat den Wert a" bzw. „X liegt im
  Intervall I" im Einklang mit den Axiomen aus Definition 8.3.6 erklärt.

Die Wahrscheinlichkeit, daß X den Wert a annimmt, bezeichnet man mit
$p(X = a)$. Die Wahrscheinlichkeit des Ereignisses „X nimmt irgendeinen Wert
im Intervall $]a, b]$ an" bezeichnet man mit $p(a < X \leq b)$. Entsprechend bezeichnet $p(X \leq c)$ die Wahrscheinlichkeit des Ereignisses „X nimmt irgendeinen Wert
an, der höchstens gleich c ist".
   Mit dieser Art der Bezeichnung und unter Berücksichtigung der Definition 8.3.14 sowie der Axiome aus Definition 8.3.6 erhält man die für die Praxis
wichtige Beziehung

$$p(X > c) = 1 - p(X \leq c) \quad \forall c \in \mathbf{R}.$$

Definition 8.3.15 (Verteilungsfunktion)
Die Funktion

$$F_X(t) := p(X \leq t)$$

der reellen Variablen t bezeichnet man als *Verteilungsfunktion* der Zufallsgröße
X.

Definition 8.3.16 (diskrete Zufallsgrößen, Einzelwahrscheinlichkeiten)
Eine Zufallsgröße heißt *diskret*, wenn ihr Wertebereich $\{x_1, x_2, \ldots\}$ eine endliche oder höchstens abzählbare Menge ist. Die Wahrscheinlichkeiten

$$p_i = p(X = x_i) \quad (i = 1, 2, 3, \ldots)$$

nennt man *Einzelwahrscheinlichkeiten* der Zufallsgröße X.

Definition 8.3.17 (stetige Zufallsgrößen, Dichtefunktion)
Eine Zufallsgröße heißt *stetig*, wenn die dazugehörige Verteilungsfunktion $F_X(t) = p(X \leq t)$ in der Integralform

$$F_X(t) = \int_{-\infty}^{t} f_X(x)dx$$

darstellbar ist. Die Funktion $f_X(x)$, von der wir fordern, daß

$$\int_{-\infty}^{\infty} f_X(x)dx = 1$$

ist, bezeichnet man als *Dichtefunktion* von X.

Definition 8.3.18 (Erwartungswert)
Für diskrete Zufallsgrößen:
> Ist X eine diskrete Zufallsgröße mit den Werten x_i und den Einzelwahrscheinlichkeiten $p_i = p(X = x_i)$ $(i = 1, 2, 3, \ldots)$, dann nennt man

$$E(X) := \sum_{i=1}^{\infty} x_i \cdot p_i$$

den *Erwartungswert* der Zufallsgröße X.

Für stetige Zufallsgrößen:
> Ist X eine stetige Zufallsgröße mit der Dichtefunktion $f_X(x)$, dann nennt man

$$E(X) := \int_{-\infty}^{\infty} x_i \cdot f_X(x)dx$$

den *Erwartungswert* der Zufallsgröße X.

Definition 8.3.19 (Varianz, Standardabweichung)
Ist X eine Zufallsgröße, dann nennt man die Zahl

$$D^2(X) := E\left((X - E(X))^2\right)$$

die *Varianz* von X. Die Größe $\sqrt{D^2(X)}$ wird *Standardabweichung* genannt.

Satz 8.3.20 (Varianzberechnung)
Ist X eine Zufallsgröße, dann kann man die Varianz gemäß folgender Formelen berechnen:

Im diskreten Fall:

$$D^2(X) = \sum_{i=1}^{\infty} (x_i - E(X))^2 \cdot p_i.$$

Im stetigen Fall:

$$D^2(X) = \int_{-\infty}^{\infty} (x - E(X))^2 \cdot f_X(x)dx.$$

Es gibt verschiedene Zufallsgrößen und Verteilungsfunktionen, die in der Praxis benötigt werden. Im Rahmen dieses Buches wird jedoch lediglich auf die *Binomialverteilung* und die *Normalverteilung* zurückgegriffen. Im weiteren werden die wichtigsten Fakten zu diesen Verteilungen aufgeführt.

8.3.5 Binomial- und Normalverteilung

Definition 8.3.21 (Bernoulli-Versuch)
Ein einstufiger *Bernoulli-Versuch*[3] ist ein Zufallsversuch mit nur zwei möglichen Versuchsergebnissen, die man mit *Erfolg* bzw. *Mißerfolg* bezeichnet. Die Wahrscheinlichkeit für einen Erfolg wird im weiteren mit p, die für einen Mißerfolg mit $q = 1 - p$ bezeichnet.

Ein n-stufiger Bernoulli-Versuch (*Bernoulli-Kette*) ist die Abfolge von n voneinander unabhängigen einstufigen Bernoulli-Versuchen mit derselben Erfolgswahrscheinlichkeit auf allen Stufen.

Satz 8.3.22
Die Wahrscheinlichkeit für genau k Erfolge bei einem n-stufigen Bernoulli-Versuch mit Erfolgswahrscheinlichkeit p und Mißerfolgswahrscheinlichkeit $q = 1 - p$ ist

$$p(X = k) = \binom{n}{k} \cdot p^k \cdot q^{n-k}.$$

Der Ausdruck $\binom{n}{k}$ bezeichnet hier den sogenannten Binomialkoeffizienten und ist eine Kurzschreibweise. Es gilt:

$$\binom{n}{k} = \frac{n!}{k! \cdot (n - k)!}.$$

Satz 8.3.23 (Binomialverteilung)
Sei X eine Zufallsgröße, die einer Binomialverteilung mit den Parametern n (Anzahl der Versuche) und p (Erfolgswahrscheinlichkeit) unterliegt. Dann gilt:

Einzelwahrscheinlichkeiten:
(Wahrscheinlichkeit für k Erfolge bei n Versuchen)

$$p(X = k) = \binom{n}{k} \cdot p^k \cdot q^{n-k}.$$

---

[3]Jacob Bernoulli (1654–1705), schweizer Mathematiker

Verteilungsfunktion:

(Wahrscheinlichkeit für höchstens k Erfolge bei n Versuchen)

$$p(X \leq k) = \sum_{i=0}^{k} \binom{n}{i} \cdot p^i \cdot q^{n-i}.$$

Erwartungswert:

$$E(X) = \sum_{k=0}^{n} k \cdot \binom{n}{k} \cdot p^k \cdot q^{n-k} \quad = \quad n \cdot p.$$

Standardabweichung:

$$D(X) = \sum_{k=0}^{n} k^2 \cdot \binom{n}{k} \cdot p^k \cdot q^{n-k} - n^2 p^2. \quad = \quad \sqrt{np(1-p)}$$

Definition 8.3.24 (Normalverteilung)

Eine stetige Zufallsgröße X unterliegt einer *Normalverteilung* (auch *Gaußverteilung*[4] genannt) mit den Parametern $\mu \in \mathbf{R}$ und $0 < \sigma \in \mathbf{R}$, wenn ihre Dichtefunktion durch

$$f_X(x) = \frac{1}{\sigma\sqrt{2\pi}} \cdot e^{\left(-\frac{(x-\mu)^2}{2\sigma^2}\right)}$$

gegeben ist.

Satz 8.3.25 (Normalverteilung)

Sei X eine Zufallsgröße, die einer Normalverteilung mit den Parametern μ (Erwartungswert) und σ (Standardabweichung) unterliegt. Dann gilt:

Dichtefunktion:

$$f_X(x) = \frac{1}{\sigma\sqrt{2\pi}} \cdot e^{\left(-\frac{(x-\mu)^2}{2\sigma^2}\right)}.$$

Verteilungsfunktion:

$$F_X(t) = \frac{1}{\sigma\sqrt{2\pi}} \cdot \int_{-\infty}^{t} e^{\left(-\frac{(x-\mu)^2}{2\sigma^2}\right)} dx.$$

Erwartungswert:

$$E(X) = \frac{1}{\sigma\sqrt{2\pi}} \cdot \int_{-\infty}^{\infty} x \cdot e^{\left(-\frac{(x-\mu)^2}{2\sigma^2}\right)} dx \quad = \quad \mu.$$

---

[4]benannt nach Carl Friedrich Gauß (1777–1855), deutscher Mathematiker

Standardabweichung:

$$D(X) = \sqrt{\frac{1}{\sigma\sqrt{2\pi}} \cdot \int_{-\infty}^{\infty} (x-\mu)^2 \cdot e^{\left(-\frac{(x-\mu)^2}{2\sigma^2}\right)} dx} \quad = \quad \sigma.$$

Das Integral in der Verteilungsfunktion einer Normalverteilung läßt sich zwar nicht mehr elementar auswerten, kann aber — mittels geeigneter Substitutionen — stets durch das Integral der *Standard-Normalverteilung*

$$\Phi(x) = \frac{1}{\sqrt{2\pi}} \int_{-\infty}^{x} e^{\left(-\frac{t^2}{2}\right)} dt,$$

also durch die Verteilungsfunktion der Normalverteilung mit dem Erwartungswert 0 und der Standardabweichung 1, ausgedrückt werden. Die Funktionswerte $\Phi(x)$ können in entsprechenden Tabellen nachgeschlagen werden. Auch viele Taschenrechner liefern diese Werte.

Satz 8.3.26 (Grenzwertsatz von Moivre und Laplace)
Eine Binomialverteilung mit den Parametern n und p kann man für große Werte von n durch eine Normalverteilung mit dem Erwartungswert $\mu = n \cdot p$ und der Standardabweichung $\sigma = \sqrt{n \cdot p \cdot (1-p)}$ annähern. Für $x = 0, 1, \ldots, n$ ist dann

$$\binom{n}{x} p^x (1-p)^{n-x} \quad \approx \quad \frac{1}{\sqrt{np(1-p)}\sqrt{2\pi}} \cdot e^{\left(-\frac{(x-np)^2}{2 \cdot np(1-p)}\right)}.$$

Weiterhin gilt:

$$p(a \le X \le b) = \sum_{x=a}^{b} \binom{n}{x} p^x (1-p)^{n-x} \approx \Phi(\beta) - \Phi(\alpha)$$

mit

$$\alpha = \frac{a-np}{\sqrt{np(1-p)}} \quad \text{und} \quad \beta = \frac{b-np}{\sqrt{np(1-p)}}.$$

8.3.6 Maximum Likelihood Schätzung

Die Maximum-Likelihood-Methode (Methode der maximalen Mutmaßlichkeit) ist eines der wichtigsten Verfahren zur Bestimmung brauchbarer Schätzwerte für die Parameter einer Verteilung.

Wir betrachten diese Methode hier nur für den einfachsten Fall, nämlich für die Verteilung einer diskreten Zufallsgröße X mit einer Wahrscheinlichkeitsfunktion $p(x)$, die nur von einem einzelnen Parameter m abhängt.

Das betreffende Experiment werde n-mal ausgeführt. Die so erhaltene Stichprobe S, bestehend aus n Werten, sei

$$x_1, x_2, \ldots, x_n.$$

Wir setzen nun voraus, daß die n Ausführungen des Experiments voneinander unabhängig sind. Die Wahrscheinlichkeit, eine Stichprobe zu erhalten, die gerade aus den oben aufgeführten Werten besteht, ist

$$p(S) = p(x_1) \cdot p(x_2) \cdot \ldots \cdot p(x_n),$$

wobei $p(x_i)$ die Wahrscheinlichkeit ist, mit der X den Wert x_i annimmt.

Die Werte $p(x_i)$ hängen von m ab. Demnach ist $p(S)$ eine Funktion, die von $x_1, x_2, \ldots, x_n$ und m abhängt. Denken wir uns $x_1, x_2, \ldots, x_n$ fest vorgegeben, dann ist $p(S)$ eine Funktion, die nur noch von m abhängt und als *Likelihood-Funktion* bezeichnet wird.

Die *Maximum-Likelihood-Methode* besteht nun darin, daß man als Näherung für den unbekannten Parameter m einen Wert sucht, für den $p(S)$ maximal wird. Diesen Wert findet man, wenn man die Nullstellen der ersten Ableitung der Likelihood-Funktion bestimmt.

Beispiel 8.3.27
Ein Bernoulli-Experiment wird n-mal unabhängig voneinander ausgeführt, wobei genau k-mal das Ereignis „Erfolg" und somit $(n-k)$-mal das Ereignis „Mißerfolg" eintritt. Gemäß Satz 8.3.23 ist die Gesamtwahrscheinlichkeit für genau k Erfolge durch das Produkt

$$p(S) = \binom{n}{k} p^k \cdot (1-p)^{(n-k)}$$

gegeben. Dieser Ausdruck liefert zugleich die benötigte Likelihood-Funktion.

Es geht nun darum, herauszufinden für welches p die Likelihood-Funktion ihr Maximum annimmt. Dazu ist die erste Ableitung dieser Funktion zu bestimmen. Um den Rechenaufwand zu reduzieren ist es jedoch zweckmäßig, die logarithmierte Form der Likelihood-Funktion zu betrachten. Der Faktor $\binom{n}{k}$ wird ignoriert.

Durch die Anwendung elementarer logarithmischer Rechenregeln erhält man:

$$
\begin{aligned}
ln(p(S)) &= ln\left(p^k \cdot (1-p)^{(n-k)}\right) \\
&= k \cdot ln(p) + (n-k) \cdot ln(1-p).
\end{aligned}
$$

Berechnen der ersten Ableitung nach p:

$$\frac{dp(S)}{dp} = \frac{k}{p} - \frac{n-k}{1-p}.$$

Diese Ableitungsfunktion hat nur ein Nullstelle bei $p = k/n$. Somit ist k/n der *Maximum Likelihood Schätzwert* für den unbekannten Parameter p der Binomialverteilung.

Anhang A

Glossar

A5

Stromchiffre, welche innerhalb des GSM-Standards, also im Mobilfunkbereich verwendet wird.

Advanced Encryption Standard (AES)

Der AES ist ein symmetrisches Verschlüsselungssystem mit Schlüssellängen von 128, 192 oder 256 Bits. Der AES ist im Jahr 2000 als Nachfolger des DES ausgewählt worden.

affine Abbildung

Eine Transformation, die die Multiplikation mit einer Matrix gefolgt von der Addition mit einem Vektor beinhaltet.

Algorithmus

Eindeutig bestimmtes Verfahren/Prozedur. Ein kryptographischer Algorithmus definiert eine Prozedur zur Ver- und Entschlüsselung von Daten.

Alice und Bob

Wohl die beiden bekanntesten Anwender der Kryptographie. Werden in technischen Beschreibungen die Endpunkte einer Kommunikationsverbindung oft mit A und B bezeichnet, ist es bei der Beschreibung kryptographischer Verfahren üblich, die Namen „Alice" und „Bob" zu verwenden. Weitere, öfters anzutreffende Personen sind: die Lauscherin Eve (von eavesdropper) und der Angreifer Mallory (von malicious).

American National Standards Institute (ANSI)

Amerikanische Organisation, die Standards für verschiedene Branchen definiert und veröffentlicht.

Angriff

Als Angriff werden alle Versuche bezeichnet, aus gegebenen Geheimtexten die Klartexte oder den zugehörigen Schlüssel mit Hilfe von kryptoanalytischen Methoden zu ermitteln.

asymmetrische Verschlüsselung

Diese Chiffrierverfahren werden auch Public-Key-Verfahren genannt. Es handelt sich um Verschlüsselungsverfahren, bei denen für die Ver- und Entschlüsselung unterschiedliche Schlüssel verwendet werden — und zwar ein öffentlicher (public) und ein geheimer (privat) Schlüssel. Die öffentlichen Schlüssel der Kommunikationsteilnehmer sind frei verfügbar. Mit dem öffentlichen Schlüssel des Empfängers läßt sich eine Nachricht zwar verschlüsseln aber nicht wieder entschlüsseln. Dazu benötigt der Empfänger den nur ihm bekannten geheimen Schlüssel. Der geheime Schlüssel ist aus dem öffentlichen Schlüssel nicht mit vertretbarem Aufwand abzuleiten.

Neben der eigentlichen Verschlüsselung von Klartexten können asymmetrische Verfahren auch zur Authentifizierung und insbesondere zur Erstellung digitaler Signaturen verwendet werden. Hier wird mit dem geheimen Schlüssel des Absenders eine Nachricht chiffriert, die nur mit dem entsprechenden öffentlichen Schlüssel des Absenders beim Adressaten entschlüsselt werden kann. Dadurch ist der Absender eindeutig identifizierbar.

Authentifizierung

Unter Authentifizierung versteht man die Feststellung der Identität einer Person, um den Zugang zu technischen Systemen zu kontrollieren. Außerdem wird die Prüfung der Authentizität von elektronischen Dokumenten als Authentifizierung bezeichnet.

Authentizität

Die Authentizität (Echtheit) eines elektronischen Dokumentes umfasst seine Integrität und seine Urheberschaft.

Baud

Anzahl der Statusveränderungen eines Mediums bei der Datenübertragung. Ein Modem mit 14 400 Baud verändert das Signal, das es an die Telefonleitung abgibt, 14 400 mal pro Sekunde.

Birthday Attack

siehe *Geburtstagsangriff*

Bit

Eine binäre Stelle, die den Wert 0 oder 1 annehmen kann.

Bletchley Park

Im 2. Weltkrieg streng abgeschirmtes Gebiet in Großbritannien, auf dem die massenhafte Dechiffrierung vor allem Enigma-verschlüsselter Nachrichten der deutschen Wehrmacht vorgenommen wurde. Anfang 1944 arbeiten bereits ca. 7 000 Menschen dort; bis zu 90 000 Nachrichten entzifferten die Mitarbeiter monatlich.

Blockchiffre

Eine Blockchiffre setzt immer auf Klartextblöcken fester Länge auf. Falls

erforderlich wird die zu verschlüsselnde Nachricht mit Füllzeichen auf ein
Vielfaches der Blockgröße aufgefüllt und dann in gleichgroße Blöcke aufgeteilt. Die Verschlüsselung der Klartextblöcke erfolgt typischerweise unabhängig von der Position in der Nachricht und bei Verwendung des stets
gleichen Schlüssels. Einige Varianten stellen Verknüpfungen zwischen be-
nachbarten Blöcken her, um die Schwäche zu umgehen, dass gleiche Klartextblöcke immer zum gleichen Chiffretextblock führen könnten.

Brechen eines Verfahrens

Auffinden einer Methode, mit einem gegebenen Chiffrierverfahren verschlüsselte Nachrichten zu entziffern, ohne den geheimen Schlüssel zu kennen. Ein Verfahren gilt jedoch nicht als gebrochen, wenn die effektivste
bekannte Angriffsmethode im Durchprobieren aller möglichen Schlüssel
besteht.

Brute Force-Attacke

Ein Angriff auf einen kryptographischen Algorithmus, bei dem man den
gesamten Schlüsselraum systematisch absucht.

Byte

Eine Gruppe von acht Bits.

CBC

siehe *Cipher Block Chaining*

CFB

siehe *Cipher Feedback*

Chiffrat

Synonym für Geheimtext.

Chiffre

Eine Chiffre ist das Verfahren, bzw. der Algorithmus zum Ver- und Entschlüsseln von Daten. Es wird weiter unterschieden in asymmetrische
und symmetrische Chiffre, diese unterteilen sich wiederum in Block- und
Stromchiffren.

Chosen Plaintext Attack

Bezeichnung für die Situation, dass ein Angreifer beim Angriff auf eine
Chiffre in der Lage ist, den zu verschlüsselnden Text frei zu wählen.

Cipher Block Chaining (CBC)

Blockchiffriermodus, der den vorangehenden Chiffretextblock mit dem ak-
tuellen Klartextblock kombiniert, bevor er ihn verschlüsselt; dieser Modus
wird sehr häufig benutzt.

Cipher Feedback (CFB)

Blockchiffriermodus, bei dem der zuletzt verschlüsselte Chiffretextblock in
die Blockchiffrierung einbezogen wird, um den Schlüssel zu erzeugen, mit
dem der nächste Chiffretextblock chiffriert wird.

Ciphertext Only-Attack
siehe *Geheimtextangriff*

Data Encryption Algorithm (DEA)
Verschlüsselungsalgorithmus, der beim DES verwendet wird.

Data Encryption Standard (DES)
Symmetrisches Verschlüsselungsverfahren mit 56-Bit-Schlüssel. Im Jahr
1974 von IBM im Auftrag der US-Regierung entwickelt, anschließend von
der National Security Agency (NSA) leicht modifiziert veröffentlicht und
1977 zum Standard ernannt. Ein Vorteil des DES liegt in der hohen
Performance. Das Verfahren ist durch den AES ersetzt worden.

differentielle Kryptoanalyse
Angriffsmethode auf eine Chiffre. Es werden Paare von Geheimtexten untersucht, deren Klartexte bestimmte Differenzen aufweisen. Dabei geht
es darum, aus den Unterschieden im Klartext auf Unterschiede im verschlüsselten Text zu stoßen und damit Rückschlüsse auf den verwendeten
Schlüssel ziehen zu können.

Diffusion
Neben der Konfusion eines der beiden grundlegenden Prinzipien beim Design von Verschlüsselungsalgorithmen. Man versucht (z.B. durch Permutation, d.h. Vertauschen von Klartextteilen) die Redundanz des Klartexts
über den Chiffretext zu verteilen.

digitale Signatur
Das Gegenstück zu einer handschriftlichen Unterschrift für Dokumente,
die in digitaler Form vorliegen. Die digitale Signatur soll Sicherheit bei
den folgenden Fragestellungen erbringen:

- Die Authentifizierung, d.h. die Sicherheit über den Absender des
  Dokumentes

- Die Integrität des Dokumentes soll gewährleistet werden

- Die Verbindlichkeit; d.h. der Absender soll die Erstellung nicht be-
  streiten können

Diese Eigenschaften können mit Hilfe asymmetrischer Verfahren erreicht
werden. Mit Hilfe des geheimen Schlüssels werden Informationen erzeugt, anhand derer eine dritte Person sich unter Kenntnis des zugehörigen
öffentlichen Schlüssels von der Korrektheit überzeugen kann. Für die bekannten asymmetrischen Verschlüsselungsverfahren, wie z.B. RSA, existieren Protokolle, um sie zur Erstellung von digitalen Signaturen einzusetzen.

Electronic Code Book (ECB)
Beim ECB-Modus einer Blockchiffre wird jeder Klartextblock einfach in
den entsprechenden Chiffreblock verschlüsselt. Die Konsequenz ist, dass

identische Nachrichtenblöcke auch in gleiche Chiffretexte überführt werden, weshalb diese Vorgehensweise nur unter bestimmten Umständen als sicher gelten kann.

endlicher Körper

Eine mathematische Struktur mit endlich vielen Elementen, in denen die üblicherweise bekannten Rechenregeln für Addition, Subtraktion, Multiplikation und Division gelten.

Enigma

Berühmte deutsche Chiffriermaschine, mit deren Hilfe ein erheblicher Teil des deutschen Nachrichtenverkehrs (insbesondere der deutschen U-Boote) im 2. Weltkrieg chiffriert wurde.

Entropie

Die Entropie einer Nachrichtenquelle mißt die Informationen, die man durch Beobachten der Quelle durchschnittlich bekommen kann, oder umgekehrt die Unbestimmtheit, die über die erzeugte Nachricht herrscht, wenn man die Quelle nicht beobachten kann.

Entschlüsselung

Als Entschlüsselung bezeichnet man die Transformation des Geheimtextes in den Klartext. Die unbefugte Entschlüsselung wird auch als Brechen des Codes bezeichnet.

exhaustive Schlüsselsuche

Unter dem exhaustiven Durchsuchen des Schlüsselraums versteht man die Methode der Kryptonanalyse, alle Schlüssel durchzuprobieren.

Fast Encryption Algorithm (FEAL)

Blockalgorithmus, der ursprünglich als DES-Ersatz gedacht war, sich aber als unsicher herausstellte.

Federal Information Processing Standard (FIPS)

Vom NIST herausgegebene Standards, denen die Computersysteme der US-Regierung genügen sollen.

Feistel-Chiffre

Ein wesentliches Problem bei der Chiffrierung von Daten ist, dass die Verschlüsselungsfunktion umkehrbar sein muss, um eine korrekte Entschlüsselung von Texten zu ermöglichen. Bei Feistel-Chiffren wird diese Anforderung durch ein bestimmtes Design sichergestellt.

F-Funktion

Die Hauptoperation in einer Runde eines DES-ähnlichen Kryptosystems wird F-Funktion genannt. Es ist die Rolle der F-Funktion, die Daten mit den Unterschlüsseln zu mischen.

FIPS

siehe *Federal Information Processing Standard*

Geburtstagsangriff

Kryptanalytischer Angriff, der das sogenannte Geburtstagsparadox nutzt: Die Wahrscheinlichkeit, dass in einer Gruppe von 23 Personen zwei oder mehr am gleichen Tag Geburtstag haben, ist größer als 0,5!

geheimer Schlüssel

Bei symmetrischen Verschlüsselungsverfahren wird der verwendete Schlüssel auch als geheimer Schlüssel bezeichnet. Bei asymmetrischen Verschlüsselungsverfahren wird der geheime Schlüssel im Gegensatz zum öffentlichen Schlüssel vom Inhaber geheimgehalten.

Geheimtext

Der Geheimtext ist das Ergebnis der Verschlüsselung eines Dokumentes. Das unverschlüsselte Dokument bezeichnet man als Klartext.

Geheimtextangriff

Sofern für eine Kryptoanalyse nur Geheimtexte herangezogen werden, wird dies als Geheimtextangriff (engl. ciphertext-only-attack) bezeichnet. Der Angreifer muss versuchen, auf die zugehörigen Klartexte zu schließen und möglichst auch den benutzten Schlüssel bestimmen. Hierfür werden insbesondere statistische Analysen des Geheimtextes herangezogen.

Integrität

Entstammt dem lateinischen Wortschatz und ist abgeleitet von „integer", das soviel bedeutet wie unangetastet, unverletzt, unbefleckt, rein. Der Begriff steht im Kontext der Verschlüsselung für die Unversehrtheit von kommunizierten Informationen. Dies bedeutet, dass der Informationsinhalt während eines Kommunikationsvorgangs keine Veränderung erfahren hat und damit auf Sender- und Empfängerseite absolut identisch ist.

International Data Encryption Algorithm

IDEA (International Data Encryption Algorithm) ist eine symmetrische Blockchiffre mit 64 Bit Blocklänge und einer Schlüssellänge von 128 Bit. Er wurde Anfang der 90er Jahre von X. Lai und J. Massey entwickelt. Bekannt geworden ist dieser Algorithmus vor allem durch die Verwendung innerhalb von PGP.

iteratives Kryptosystem

Ein Kryptosystem, das auf der vielfachen Iteration einer relativ schwachen Rundenfunktion basiert.

Kerckhoffs Maxime

Ein wichtiges Prinzip bei der Beurteilung von kryptographischen Algorithmen: Die Sicherheit des Verfahrens sollte nicht darauf beruhen, dass dieses geheim gehalten wird, sondern einzig und allein auf dem verwendeten Schlüssel.

Klartext

Die Original- oder Klarform verschlüsselter Daten, die durch die Benutzung eines Kryptosystems und eines Schlüssels in einen Geheimtext umgewandelt wird.

Klartextangriff

Ein Angriff der Kryptonanalyse, bei dem zusätzlich zum Geheimtext der Klartext zur Verfügung steht, wird als Klartextangriff bezeichnet.

Konfusion

Neben der Diffusion eines der beiden grundlegenden Prinzipien beim Design von Verschlüsselungsalgorithmen. Ziel ist das Verbergen von Redundanzen im Klartext. Eine Möglichkeit ist beispielsweise die Substitution von verschiedenen Klartextblöcken durch andere.

Kryptoanalyse

Abgeleitet wurde der Begriff aus dem Griechischen. Dabei steht „kryptos" für geheim und „analyein" für auflösen. Im ursprünglichen Sinne handelt es sich folglich um die Kunst des Auflösens von Geheimem, z.B. geheimer Schrift. Die Kryptoanalyse ist eine Teildisziplin der Kryptologie. Es handelt sich hierbei um die Kunst, Daten und Informationen aus Geheimtexten — auch ohne Kenntnis des verwendeten Schlüssels — zu rekonstruieren.

Kryptographie

Abgeleitet wurde der Begriff aus dem Griechischen. Dabei steht „kryptos" für geheim und „graphein" für schreiben. Im ursprünglichen Sinne handelt es sich folglich um die Kunst der Geheimschrift. Die Kryptographie ist eine Teildisziplin der Kryptologie. Es handelt sich hierbei um die Kunst, Daten und Informationen zu verschlüsseln. Das bedeutet, dass man aus einer Originalinformation, dem sogenannten Klartext, eine verschlüsselte Information, den sogenannten Chiffriertext, erzeugt. Zu diesem Zweck sind entsprechende Prozeduren, Verfahren und Systeme zu entwickeln.

Kryptologie

Kryptologie ist der Oberbegriff für Kryptographie und Kryptanalyse.

Lawineneffekt

Der Lawineneffekt (engl. avalanche effect) bezeichnet den Umstand, daß sich bei einer guten Chiffre Änderungen im Klartext möglichst schnell (innerhalb weniger Rundenfunktionen) auf den gesamten Chiffretext auswirken.

lineare Kryptoanalyse

Angriffsmethode auf eine Chiffre. Man versucht, lineare (einfache) Abhängigkeiten zwischen den Bits des Klartextes und des Chiffretextes zu entdecken und auszunutzen, um Informationen über den Schlüssel zu erhalten.

Lucifer
  Verschlüsselungsverfahren, das in den 70er Jahren von IBM entwickelt
  wurde. Der DES basiert auf Lucifer.

Mehrfachverschlüsselung
  Wiederholtes Verschlüsseln eines Textes mit dem gleichen oder mit verschiedenen Chiffrieralgorithmen. In den meisten Fällen erhöht sich dadurch vermutlich die Sicherheit. Bekanntestes Beispiel für Mehrfachverschlüsselung: Triple-DES.

National Bureau of Standards (NBS)
  Das US-Institut, das den DES-Algorithmus standardisiert hat. Später
  wurde der Name in National Institute of Standards and Technology (NIST)
  umgeändert.

National Institute of Standards and Technology (NIST)
  National Institute of Standards and Technology. US-amerikanisches In-
  stitut für die Technologie-Standardisierung. Vom NIST werden die FIPS-
  Standards herausgegeben.

National Security Agency (NSA)
  Die National Security Agency ist der Geheimdienst der USA, der für geheime Informationssicherung und -beschaffung zuständig ist.

negative Mustersuche
  Bei einigen Verschlüsselungsverfahren (z.B. Enigma) wird kein Zeichen in
  sich selbst überführt. Damit lassen sich gewisse Stellungen von Mustern im
  Klartext ausschließen, was manchmal schon die Kryptanalyse ermöglicht.
  Spielt in der klassischen Kryptologie eine Rolle; bei heutigen Algorithmen
  auf Grund des Lawineneffekts wahrscheinlich ohne Bedeutung.

OFB
  siehe *Output Feedback*

öffentlicher Schlüssel
  Ein Schlüssel des Schlüsselpaares bei asymmetrischen Verschlüsselungsverfahren, der öffentlich verteilt wird. Der öffentliche Schlüssel kann zur
  Chiffrierung von Daten verwendet werden, die aber nur sein Inhaber mit
  seinem privaten (geheimen) Schlüssel dechiffrieren kann.

One-Time-Pad
  Die einzig beweisbar sichere Art der Verschlüsselung von Daten, die auf
  einem nur einmal verwendeten, zufälligen Schlüssel basiert, der dieselbe
  Länge wie der zu verschlüsselnde Klartext hat. Die Klartextbits werden
  mit den entsprechenden Schlüsselbits addiert (XOR), um den Chiffretext
  zu erhalten; nochmalige Addition der Schlüsselbits ergibt wieder den Klartext.

Operationsmodi
Art und Weise, in der Kryptosysteme genutzt werden können, um viele Klartexte zu verschlüsseln. Der einfachste Modus ist der Electronic Code Book (ECB) Modus, in dem alle Klartextblöcke in einer Nachricht separat mit demselben Schlüssel verschlüsselt werden.

Output Feedback (OFB)
Blockchiffriermodus, bei dem das Verschlüsselungsverfahren zur Erzeugung des Schlüsselstroms verwendet wird.

Parität
Unter Parität bzw. Paritätsbits versteht man Zusatzinformationen zur Sicherung der Integrität von elektronischen Dokumenten.

Plaintext
Englisch für Klartext.

Pretty Good Privacy (PGP)
Pretty Good Privacy ist ein Programm von P. Zimmermann zum Verschlüsseln und Signieren von E-Mails; vor allem durch die Verbreitung dieses Programms wurde ab ungefähr 1994 der Gebrauch von Public Key-Verfahren populär.

Primzahl
Eine natürliche Zahl, die nur durch 1 und sich selbst ohne Rest teilbar ist.

Private Key
siehe *geheimer Schlüssel*

Private-Key-Verschlüsselungsverfahren
siehe *symmetrische Verschlüsselungsverfahren*

privater Schlüssel
siehe *geheimer Schlüssel*

Produktchiffre
Da einfache Transpositions- und Substitutionschiffren für sich genommen nicht sehr sicher sind, kommen in der Praxis Varianten zum Einsatz, die schwerer zu analysierende Abbildungen erzeugen. Oft werden auch beide Chiffrearten miteinander zu den sogenannten Produktchiffren kombiniert, um die Komplexität weiter zu steigern.

Public Key
siehe *öffentlicher Schlüssel*

Public Key Kryptographie
siehe *asymmetrische Verschlüsselungsverfahren*

Public Key Infrastruktur (PKI)

Das größte Problem beim Einsatz von asymmetrischen Verschlüsselungsverfahren stellt die Authentizität von Schlüsseln dar. Dahinter verbirgt
sich die Frage, wie gewährleistet werden kann, dass der vorliegende Schlüssel
wirklich vom gewünschten Kommunikationspartner stammt. Eine PKI
ist eine Kombination aus Hardware- und Software-Komponenten, Policen
und verschiedenen Prozeduren. Sie basiert hauptsächlich auf sogenannten Zertifikaten; diese sind ihrerseits durch digitale Signaturen von einer
vertrauenswürdigen Instanz beglaubigte Schlüssel der Kommunikationspartner.

Rijndael

Rijndael ist ein von Joan Daemen und Vincent Rijmen entwickeltes Verfahren zur Blockverschlüsselung, das im AES verwendet wird.

Rivest, Shamir, Adleman (RSA)

Asymmetrisches Verschlüsselungsverfahren, das Daten ver- und entschlüsseln sowie digitale Signaturen erstellen und überprüfen kann. Es ist das
bekannteste asymmetrische Verschlüsselungsverfahren und trägt die Namen seiner Erfinder. Die Vermarktungsrechte des RSA-Algorithmus liegen
bei der Firma RSA Data Security.

ROT13

Caesar-Verschlüsselung, bei der jeder Buchstabe durch seinen 13. Nachfolger ersetzt wird. Zweimalige Anwendung des Verfahrens liefert den
Ausgangstext zurück. ROT13 soll keine kryptologische Sicherheit bieten,
sondern das unerwünschte Herauslesen von Zeichenketten aus Programm-
texten etwas erschweren (Anwendung in Newsreadern).

Rundenschlüssel

Rundenschlüssel sind Werte, die aus dem Chiffrierschlüssel durch Anwendung einer Schlüsselerweiterungsroutine generiert werden; sie werden bei
den jeweiligen Runden der Chiffre und der inversen Chiffre angewandt.

S-Box

siehe *Substitutionsbox*

Schlüssel

Im Rahmen eines Verschlüsselungsverfahrens ist ein Schlüssel eine Information, die zur Verschlüsselung eines Klartextes bzw. zur Entschlüsselung
eines Geheimtextes verwendet wird.

Schlüsselaustausch

Der Einsatz symmetrischer Chiffrierverfahren verlangt, dass sich zwei Kommunikationspartner auf einen gemeinsamen, nur ihnen bekannten Schlüssel
einigen. Die Schwierigkeit dabei besteht darin, dass für den Austausch
solcher Informationen heutzutage meist nur bedingt sichere Kanäle vorhanden sind. Protokolle für den Schlüsselaustausch müssen also so ver-
faßt sein, dass nur Informationen ausgetauscht werden, aus deren Kenntnis

kein Wissen über das eigentliche Geheimnis (den Schlüssel) resultiert. Das bekannteste derartiger Protokolle ist das sog. Diffie-Hellman-Verfahren, dessen Vorstellung 1976 als Geburtsstunde der Public Key-Kryptographie bezeichnet werden kann.

Schlüsselraum

Als Schlüsselraum bezeichnet man die Menge aller Schlüssel, mit denen ein Verschlüsselungsverfahren arbeitet.

schwache Verschlüsselung

Im Gegensatz zu starker Verschlüsselung versteht man unter schwacher Verschlüsselung Verfahren, die mit vertretbarem Aufwand durch Verfahren der Kryptoanalyse gebrochen werden können.

Secret Key

siehe *geheimer Schlüssel*

Skipjack

Von der NSA entwickelte Blockchiffrierung, die in den Capstone- und Clipper-Chips und in der Fortezza-Karte verwendet wird.

starke Verschlüsselung

Im Gegensatz zu schwacher Verschlüsselung versteht man unter starker Verschlüsselung Verfahren, die nicht mit vertretbarem Aufwand durch Verfahren der Kryptoanalyse gebrochen werden können.

Steganographie

Steganographie ist die Wissenschaft vom Verbergen von Informationen in einer anderen Information. Die versteckte Information kann nur unter Zuhilfenahme von zusätzlichen Schlüsselinformationen sichtbar gemacht werden.

Stromchiffre

Bei einer Stromchiffre wird die zu verschlüsselnde Nachricht als Datenstrom aufgefasst und zeichenweise mit einem Schlüsselstrom verknüpft. Der Schlüsselstrom ist in der Regel eine Pseudozufallsfolge, die nur mit Kenntnis des geheimen Schlüssels erzeugt werden kann. Im Gegensatz zu Blockchiffren ist die Verschlüsselung bei Stromchiffren positionsabhängig. Ein beliebiger Abschnitt eines Chiffretextes kann nicht entschlüsselt werden, ohne den vorhergehenden Teil zu entschlüsseln.

Substitutionsbox (S-Box)

Durch eine S-Box werden Eingabezeichen durch Ausgabezeichen ersetzt, die dazu benutzten Umsetzungsfunktionen haben die unterschiedlichsten Komplexitäten. In der modernen Kryptografie werden S-Boxen von vielen Verfahren eingesetzt, wobei die interne Realisierung unterschiedlich ist. Eine S-Box ist beim Data Encryption Standard nichts weiter als eine Tabelle, die durch den Eingabewert indiziert wird. Die Tabelleneinträge sind konstant und durch den Standard definiert. In der Regel sind S-Boxen so konstruiert, dass sie leicht in Hardware zu implementieren sind.

Substitutionschiffre
Bei einer Substitutionschiffre wird ein Zeichen eines Klartextes durch ein zugeordnetes Chiffrezeichen ersetzt. Monoalphabetische Substitutionen sind sehr anfällig für Angriffe, die auf statistischen Analysen basieren. Etwas sicherer sind die polyalphabetischen Chiffren, sofern die Schlüsselwörter lang genug sind und nicht zu viele Nachrichten mit gleichem Schlüssel ausgetauscht werden.

symmetrische Chiffre
Verschlüsselungsverfahren, bei dem zur Chiffrierung und zur Dechiffrierung derselbe Schlüssel verwendet wird (oder bei dem diese zwei Schlüssel einfach voneinander ableitbar sind).

Timing Attack
Dieser Angriff basiert darauf, Rückschlüsse auf die Schlüsselgenerierung zu ziehen, in dem das zeitliche Verhalten der Verschlüsselungsprogramme analysiert wird. Einzusetzen ist diese Angriffsart bei allen Verschlüsselungsverfahren, insbesondere symmetrischen Verfahren, mit unterschiedlichem Zeitbedarf für die kryptografischen Basisoperationen. Hieraus können sich statistisch auswertbare Differenzen beispielsweise für Rotationen oder Tabellenzugriffe ergeben.

Transpositionschiffre
Mittels einer Transpositionschiffre wird ein Klartext in einen Chiffretext umgewandelt, indem nicht die einzelnen Zeichen ersetzt werden, sondern die Stellung der Zeichen zueinander, also die Anordnung der Zeichen verändert wird. Ein Beispiel für eine reine Transpositionschiffre ist die Skytala.

Triple-DES
Die Bezeichnung für Varianten des DES, welche die Probleme aufgrund der zu geringen Schlüssellänge beheben sollen; der DES-Algorithmus wird dabei dreimal hintereinander mit verschiedenen Schlüssel angewendet. Es gibt verschiedene Varianten welche sich z.B. in der Anzahl der verwendeten Schlüssel unterscheiden. Die gebräuchlichste (und auch durch ANSI standardisierte Methode) ist das EDE-Verfahren: Dabei wird mit dem ersten Schlüssel chiffriert (encrypted), mit dem zweiten Schlüssel dechiffriert (decrypted) und noch einmal mit dem ersten Schlüssel verschlüsselt (encrypted). Die effektive Schlüssellänge beträgt in diesem Fall also 112 Bit; es gibt aber auch Varianten mit 3 verschiedenen Schlüsseln, also 168 Bit Schlüssellänge.

Vernam-Chiffrierung
Chiffrierung, die zur Verschlüsselung von Fernschreiben entwickelt wurde, wobei die Datenbits mit den Schlüsselbits addiert (XOR) werden.

Verschlüsselung

Verschlüsselung ist die Transformation einer Nachricht, Klartext genannt, in eine andere, nicht ohne zusätzliche Schlüsselinformation lesbare Nachricht, den Geheimtext.

XOR-Verknüpfung

Rechenoperation auf Bits, bei der zwei Bits addiert werden und der Übertrag ignoriert wird.

Anhang B

Übungsaufgaben

Aufgabe B.1
Der folgende Text wurde mittels einer Verschiebe-Chiffre verschlüsselt.

a) Ermitteln Sie den Klartext und den verwendeten Schlüssel.

b) Führen Sie eine Häufigkeitsanalyse des Klartextes durch. Welche Besonderheit tritt in diesem Text auf?

```
FZMÜD IZGMZ ÄÄDPI ÜZÜHD MZGZG NAXCM PIBNO MDJIP GGPIÜ IDÖCO DBPIÜ
ÜZMPH QWGGD BZÄCV IBDBQ JHZHD OMPNO OZOÜP MÖCMP IÜAPI FPIÜK GZFZO
ZINÖC GZBFP IÜÜZY IZCMP IBNIJ OPIÜÜ ZHDOO JÜZPA NQJGF UPFJH HOÜZN
DNOKM JKZBZ IÜZBD AONZB OHZIÜ JÜCNÖ CJIÄZ GÜRZM ÏNKXM ÄZMRZ NHZIP
MNKMX IBGDÖ CIDÖC OBGZP ÄOÜZN QJGFB MDAAU PNOJÖ FPIÜU PÏJGÖ CCIDÖ
CÜBGZ PÄOUZ NQJGF BMDAA UPNOJ ÖFPIÜ UPÜJG ÖCÜNU PNÜJG ÖC
```

Aufgabe B.2
Der folgende Text wurde mittels einer monoalphabetischen Substitutionschiffre
verschlüsselt. Ermitteln Sie den Klartext und den verwendeten Schlüssel.

```
ÄMZVO SJLZV QLZMX VÜKIV ZMJQÄ ZVQLO SJLÄM ZVZMX VÜKZÜ ZQYßS SLIVZ
MÄVZL ZKßKL ßÖWZV LKßSS XZRZV QÜZTß QQKJQ ÄßTEZ OKVZM KVQÄZ MLOMß
ÖWZÄZ MRßKW ZRßKV TQZQQ KRßQÄ VZLTP RRJKß KVIVK DKJQÄ HZQQR ßQZLX
ZQßJQ VRRKT ßQQRß QEJRÜ ZVLOV ZSLßX ZQÄVZ RZQXZ ÄZMXß QEZQE ßWSZQ
VLKTP RRJKß KVIÜZ EBXSV ÖWÄZM XZHCW QSVÖW ZQßÄÄ VKVPQ QVZRß QÄTßQ
QRßKW ZRßKV LÖWÜZ HZVLZ QÄßLL ÄVZLZ ßJLLß XZMVÖ WKVXV LKZLW ßQÄZS
KLVÖW JRZVQ ßGVPR
```

Aufgabe B.3
Schreiben Sie ein Programm, das eine Wehrmachtsenigma simuliert.

Aufgabe B.4

Berechnen Sie die Entropie einer Nachrichtenquelle, die 10 voneinander unabhängige Zeichen mit folgenden Wahrscheinlichkeiten ausstößt:

$$p_1 = 0,01 \quad p_2 = 0,02 \quad p_3 = 0,03 \quad p_4 = 0,04 \quad p_5 = 0,05$$
$$p_6 = 0,19 \quad p_7 = 0,18 \quad p_8 = 0,17 \quad p_9 = 0,16 \quad p_{10} = 0,15$$

Aufgabe B.5

Schreiben Sie ein Pogramm, das die relativen Zeichenhäufigkeiten in Java-Programmen ermittelt und den mittleren Informationsgehalt dieser Programme bestimmt.

Aufgabe B.6

Eine Möglichkeit, die Sicherheit des DES zu erhöhen besteht darin, Klartexte zweifach zu verschlüsseln. Dabei verwendet man zwei verschiedene 56-Bit DES Schlüssel K_1 und K_2. Das Verschlüsseln geschieht dann gemäß folgende Vorschrift:

$$C := DES(K_1, DES(K_2, M)).$$

Verwenden Sie einen beliebigen Klartextblock M und verschlüsseln sie diesen gemäß der angegebenen Vorschrift mit den Schlüsseln (hexadezimale Notation mit Paritätsbits):

$$K_1 \;=\; \texttt{FE1F FE1F FE0E FE0E} \quad \text{und}$$
$$K_2 \;=\; \texttt{1FFE 1FFE 0EFE 0EFE}.$$

Aufgabe B.7

Beweisen Sie folgende Aussage:

Sei M ein 64-Bit Klartextblock und K ein DES Schlüssel. Dann gilt:

$$\overline{DES(K, M)} = DES(\overline{K}, \overline{M}).$$

Dabei bezeichnet $\overline{M}$ das bitweise Komplement von M, also

$$M \oplus \overline{M} = (0,0,0,\ldots,0).$$

Aufgabe B.8

Zeigen Sie, daß es genau vier DES-Schlüssel gibt, für die alle Rundenschlüssel gleich sind.

Aufgabe B.9

Welche der im DES verwendeten Operationen IP, FP, P, E, $S1, \ldots, S8$ und XOR sind linear und welche nicht? Beweisen Sie Ihre Behauptungen.

Aufgabe B.10

Implementieren Sie den AES-Algorithmus.

Literaturverzeichnis

[Alb]   Leo Baptista Alberti. *Der Chiffrentraktat des Leo Baptista Alberti*, Band II, Kapitel 1, S. 125 – 141. Alois Meister. Die Geheimschrift der päpstlichen Kurie, Druck und Verlag von Ferdinand Schöningh, Paderborn, 1906. Abschrift: Das Original von 1472 befindet sich im Geheimarchiv des Vatikans, Varia Politica LXXX f. 173 – 181.

[Arg]   Matteo Argenti. *Der Chiffrentraktat des Matteo Argenti*, Band II, Kapitel 3, S. 148 – 170. Aloys Meister, Die Geheimschrift im Dienste der päpstlichen Kurie, Druck und Verlag von Ferdinand Schöningh, Paderborn, 1906. Abschrift: Das Original von 1605 befindet sich vermutlich noch im Archiv des Vatikans.

[BG73]   F. L. Bauer und G. Goos. *Informatik: Erster Teil*, Band 1. Springer-Verlag, Berlin, 1973.

[BHPT95]   Otfried Beyer, Horst Hackel, Volkmar Pieper und Jürgen Tiedge. *Wahrscheinlichkeitsrechnung und mathematische Statistik*. D. G. Teubner Verlagsgesellschaft, Stuttgart · Leipzig, siebte Auflage, 1995.

[BP82]   H. Beker und F. Piper. *Cipher Systems*. Northwood Books, London, 1982.

[BS91a]   Eli Biham und Adi Shamir. Differential Cryptanalysis of DES-like Cryptosystems. In S. Vanstone, Herausgeber, *Advances in Cryptology: CRYPTO '90, Proceedings, Univ. of California, Santa Barbara 1990, Lecture Notes in Computer Science 537*, S. 2–21, Berlin · Heidelberg · New York, 1991. Springer Verlag.

[BS91b]   Eli Biham und Adi Shamir. Differential Cryptanalysis of DES-like Cryptosystems. *Journal of Cryptology*, 6(1):3–72, 1991.

[BS93]   Eli Biham und Adi Shamir. *Differential Cryptanalysis of the Data Encryption Standard*. Springer-Verlag, New York, 1993.

[Bau91]   F. L. Bauer. Scheribus und die ENIGMA. *Informatik Spektrum*, 14:211–214, 1991.

[Bau93]   Friedrich L. Bauer. *Kryptologie.* Springer-Verlag, Berlin · Heidelberg, 1993.

[Beu95]   Albrecht Beutelspacher. *Lineare Algebra: Eine Einführung in die Wissenschaft der Vektoren, Abbildungen und Matrizen.* Vieweg Verlag, Braunschweig · Wiesbaden, zweite Auflage, 1995.

[Bih94]   Eli Biham. On Matsui's Linear Cryptanalysis. In Alfredo De Santis, Herausgeber, *Advances in Cryptology: EUROCRYPT '94, Proceedings, Perugia, Italy, May, 1994, Lecture Notes in Computer Science 950*, S. 341–355, Berlin · Heidelberg · New York, 1994. Springer Verlag.

[Bor01]   Günter Born. *Dateiformate – Die Referenz: Tabellenkalkulation, Text, Grafik, Multimedia, Sound und Internet.* Galileo Computing, Bonn, 2001.

[CE86]   David Chaum und Jan-Hendrik Evertse. Cryptanalysis of DES with a reduced Number of Rounds: Sequences of Linear Factors in Block Ciphers. In Hugh C. Williams, Herausgeber, *Advances in Cryptology: CRYPTO '85, Proceedings, Univ. of California, Santa Barbara 1985, Lecture Notes in Computer Science 218*, S. 192–211, Berlin · Heidelberg · New York, 1986. Springer Verlag.

[Cop94]   D. Coppersmith. The Data Encryption Standard (DES) and its strength against attacks. *IBM Journal of Research and Development*, 38(3):243 – 250, Mai 1994.

[DDQ85]   Marc Davio, Yvo Desmedt und Jean-Jacques Quisquater. Propagation Characteristics of the DES. In T. Beth, N. Cot und I. Ingemarsson, Herausgeber, *Advances in Cryptology: EUROCRYPT '84, Proceedings, Paris, 9-11. April 1984, Lecture Notes in Computer Science 209*, S. 62–73, Berlin · Heidelberg · New York, 1985. Springer Verlag.

[DH77]   Whitfieldt Diffie und Martin E. Hellman. Exhaustive Cryptanalysis of the NBS Data Encryption Standard. *Computer*, 10:74–84, Juni 1977.

[DK85]   Cipher A. Deavours und Louis Kruh. *Machine Crytography and Modern Cryptanalysis.* Artech House, Norwood Mass., 1985.

[DQD85]   Yvo Desmedt, Jean-Jacques Quisquater und Marc Davio. Dependence of output on input in DES: Small avalanche characteristics. In George Robert Blakley und David Chaum, Herausgeber, *Advances in Cryptology: CRYPTO '84, Proceedings, Univ. of California, Santa Barbara 1984, Lecture Notes in Computer Science 196*, S. 359–375, Berlin · Heidelberg · New York, 1985. Springer Verlag.

[DR99]   Morris Dworkin und Edward Roback. Conference Report, First Advanced Encryption Standard (AES) Candidate Conference, Ventura, CA, August 20–22,1998. *Journal of Research of the National Institute of Standards and Technology*, 104(1), January–February 1999.

[DR02]   Joan Daemen und Vincent Rijmen. *The Design of Rijndael: AES – The Advanced Encryption Standard.* Springer-Verlag, New York, 2002.

[DT91]   M. H. Dawson und S. E. Tavares. An Expanded Set of S-box Design Criteria Based on Information Theory and its Relation to Differential-Like Attacks. In D. W. Davies, Herausgeber, *Advances in Cryptology: EUROCRYPT '91, Proceedings, Brighton, UK, April 1991, Lecture Notes in Computer Science 547*, S. 352–367, Berlin · Heidelberg · New York, 1991. Springer Verlag.

[Den83]   Dorothy E. Denning. *Cryptography and data security.* Addison-Wesley, Reading/Massachusetts · Menlo Park/California · London · Amsterdam · Don Mills · Ontario · Sydney, zweite Auflage, 1983.

[Dwo99]   Morris Dworkin. Conference Report, Second Advanced Encryption Standard Candidate Conference, Rome, Italy, March 22–23,1999. *Journal of Research of the National Institute of Standards and Technology*, 104(4), July–August 1999.

[Ene95]   Ted Enever. *Britain's Best Kept Secret: Ultra's Base at Bletchley Park.* Alan Sutton Publishing Inc., Dover, 1995.

[FIP88]   FIPS. U.S. Department of Commerce. Data Encryption Standard. *Federal Information Processing Standards Publication*, PUB 46-1, Januar 1988.

[FIP01]   FIPS. Specification for the Advanced Encryption Standard (AES). *Federal Information Processing Standards Publication*, PUB 197, November 2001.

[FNS75]   Horst Feistel, William A. Notz und J. Lynn Smith. Some Cryptographic Techniques for Machine-to-Machine Data Communications. *Proceedings of the IEEE*, 63(11):1545–1554, November 1975.

[FR94]   Walter Fumy und Hans Peter Rieß. *Kryptographie: Entwurf, Einsatz und Analyse symmetrischer Kryptoverfahren.* R. Oldenbourg Verlag, München · Wien, Zweite Auflage, 1994.

[Fei73]   Horst Feistel. Cryptography and Computer Privacy. *Scientific American*, 228(5):15–23, Mai 1973.

[Fel88]   Frank A. Feldman. Fast Spectral Tests for Measuring Nonrandom-
           ness and the DES. In Carl Pomerance, Herausgeber, *Advances in
           Cryptology: CRYPTO '87, Proceedings, Univ. of California, Santa
           Barbara 1987, Lecture Notes in Computer Science 293*, S. 243–253,
           Berlin · Heidelberg · New York, 1988. Springer Verlag.

[Fre84]   G. Frey. *Elementare Zahlentheorie.* Vieweg Verlag, Braunschweig ·
           Wiesbaden, 1984.

[Fri22]   W. F. Friedman. The Index of Coincidence and its Applications
           in Cryptography. Technischer Bericht, Riverbank Laboratories –
           Department of ciphers, Geneva/Ill., 1922.

[Gai56]   Helen Fouché Gaines. *Cryptanalysis.* Dover Publications, New York,
           1956.

[Gmb97]   Zeitverlag Gerd Bucerius GmbH. DIE ZEIT 1997. CD-ROM, 1997.
           Hamburg, Version 2.0.

[HMS76]   M. E. Hellman, R. C. Merkle und R. Schroeppel. Results of an In-
           itial Attempt to Cryptanalyze the NBS Data Encryption Standard.
           Technischer Bericht SEL 76-042, Stanford University, Stanford Elec-
           tronics Laboratories, Stanford, CA 94305, November 1976.

[Ham50]   R. W. Hamming. Error Detecting and Correcting Codes. *The Bell
           System Technical Journal*, 29:147–160, 1950.

[Har95]   Robert Harris. *Enigma.* Wilhelm Heyne Verlag, München, 1995.

[Hel79]   Martin E. Hellman. DES will be totally insecure within ten years.
           IEEE Spectrum, 16(7):32–39, 1979.

[Hel80]   Martin E. Hellman. A Cryptanalytic Time–Memory Trade-Off. *In-
           stitute of Electrical and Electronics Engineers Transactions on In-
           formation Theory*, IT-26(4):401–406, Juli 1980.

[Heu86]   Harro Heuser. *Lehrbuch der Analysis*, Band 1. B. G. Teubner Ver-
           lagsgesellschaft, Stuttgart, 4 Auflage, 1986.

[Hin94]   F. H. Hinsley und Alan Stripp, Herausgeber. *Codebreakers: The
           inside story of Bletchley Park.* Oxford University Press, New York
           · Oxford · Paris, zweite Auflage, 1994.

[Hod94]   Andrew Hodges. *Alan Turing, Enigma.* Springer-Verlag, Wien ·
           New York, zweite Auflage, 1994.

[Ins95]   American National Standards Institute. Financial Institution Key
           Management. *ANSI X9.17*, 1995.

[KPS96]   Herbert Klimant, Rudi Piotraschke und Dagmar Schönfeld. *Informations- und Kodierungstheorie*. B. G. Teubner Verlagsgesellschaft, Stuttgart · Leipzig, 1996.

[Kah67]   David Kahn. *The Codebreakers: The Story of Secret Writing*. Macmillan Publishing Company, New York, 1967.

[Kas63]   Friedrich Wilhelm Kasiski. *Die Geheimschriften und die Dechiffrier-Kunst: Mit besonderer Berücksichtigung der deutschen und der französischen Sprache*. Druck und Verlag von E. S. Mittler und Sohn, Berlin, Zimmerstraße 84-85, 1863.

[Ker83a] Auguste Kerckhoffs. La Cryptographie militaire. *Journal des Sciences Militaires*, Januar 1883.

[Ker83b] Auguste Kerckhoffs. La Cryptographie militaire. *Journal des Sciences Militaires*, Januar 1883.

[Klü09]   D. Joh. Ludw. Klüber. *Kryptographik: Lehrbuch der Geheimschreibekunst in Staats- und Privatgeschäften*. In der J. G. Cotta'schen Buchhandlung, Tübingen, 1809.

[Kol33]   Andrej N. Kolmogoroff. *Grundbegriffe der Wahrscheinlichkeitsrechnung*. Ergebnisse der Mathematik. Springer-Verlag, Berlin · Heidelberg · New York, 1933.

[Kon82]   Alan G. Konheim. Cryptanalysis of a Kryha machine. In Thomas Beth, Herausgeber, *Cryptography: Proceedings, Burg Feuerstein 1982, Lecture Notes in Computer Science 149*, S. 49–64, Berlin · Heidelberg · New York, 1982. Springer-Verlag.

[Koz79]   Władysław Kozaczuk. *Im Banne der Enigma*. Militärverlag der Deutschen Demokratischen Republik, Berlin, 1979.

[Kre79]   Erwin Kreyszig. *Statistische Methoden und ihre Anwendungen*. Vandenhoeck & Ruprecht, Göttingen, siebte Auflage, 1979.

[LH94]   Susan K. Langford und Martin E. Hellman. Differential-Linear Cryptanalysis. In Yvo G. Desmedt, Herausgeber, *Advances in Cryptology: CRYPTO '94, Proceedings, Univ. of California, Santa Barbara, USA, August 1994, Lecture Notes in Computer Science 839*, S. 17–25, Berlin · Heidelberg · New York, 1994. Springer Verlag.

[LM91]   Xuejia Lai und James L. Massey. Markov Ciphers and Differential Cryptanalysis. In D. W. Davies, Herausgeber, *Advances in Cryptology: EUROCRYPT '91, Proceedings, Brighton, UK, April 1991, Lecture Notes in Computer Science 547*, S. 17–38, Berlin · Heidelberg · New York, 1991. Springer Verlag.

[LN00]   Rudolf Lidl und Harald Niederreiter. *Introduction to finite fields and their applications.* Cambridge University Press, Cambridge, UK, 4. Auflage, 2000.

[MSW77]   Robert Morris, N. J. A. Sloane und A. D. Wyner. Assessment of the National Bureau of Standards Proposed Federal Data Encryption Standard. *Cryptologia*, 1(7):281–291, Juli 1977.

[Mat93]   Mitsuru Matsui. Linear Cryptanalysis Method for the DES Cipher. In Tor Helleseth, Herausgeber, *Advances in Cryptology: EUROCRYPT '93, Proceedings, Lofthus, Norway, May, 1993, Lecture Notes in Computer Science 765*, S. 386–397, Berlin · Heidelberg · New York, 1993. Springer Verlag.

[Mat94a]   Mitsuru Matsui. The First Experimental Cryptanalysis of the Data Encryption Standard. In Yvo G. Desmedt, Herausgeber, *Advances in Cryptology: CRYPTO '94, Proceedings, Univ. of California, Santa Barbara, USA, August 1994, Lecture Notes in Computer Science 839*, S. 1–11, Berlin · Heidelberg · New York, 1994. Springer Verlag.

[Mat94b]   Mitsuru Matsui. On Correlation Between the Order of S-boxes and the Strength of DES. In Alfredo De Santis, Herausgeber, *Advances in Cryptology: EUROCRYPT '94, Proceedings, Perugia, Italy, May, 1994, Lecture Notes in Computer Science 950*, S. 366–375, Berlin · Heidelberg · New York, 1994. Springer Verlag.

[Mei06]   Aloys Meister. *Die Geheimschrift im Dienste der päpstlichen Kurie: Von ihren Anfängen bis zum Ende des XVI. Jahrhunderts.* Druck und Verlag von Ferdinand Schöningh, Paderborn, 1906.

[NBD+99] James Nechvatal, Elaine Barker, Donna Dodson, Morris Dworkin, James Foti und Edward Roback. Status Report on the First Round of the Development of the Advanced Encryption Standard. *Journal of Research of the National Institute of Standards and Technology*, 104(5), September–October 1999.

[NIS00]   National Institute of Standards and Technology. *The Third Advanced Encryption Standard Candidate Conference*, Available at: http://www.nist.gov/aes, 2000.

[Nyb91]   Kaisa Nyberg. Perfect nonlinear S-boxes. In D. W. Davies, Herausgeber, *Advances in Cryptology: EUROCRYPT '91, Proceedings, Brighton, UK, April 1991, Lecture Notes in Computer Science 547*, S. 378–386, Berlin · Heidelberg · New York, 1991. Springer Verlag.

[Por96]   Giovanni Baptista Porta. *De occultis literarum notis seu artis animi occulte alijs significadi, aut ab alijs significata expiscandi enodandi que.* Republished for the EUROCRYPT '96 by the University of Zaragoza, 1996. Das Originalwerk stammt von 1593.

[QD88]   Jean-Jacques Quisquater und Jean-Paul Delescaille. Other Cycling
           Tests for DES. In Carl Pomerance, Herausgeber, *Advances in Cryp-
           tology: CRYPTO '87, Proceedings, Univ. of California, Santa Bar-
           bara 1987, Lecture Notes in Computer Science 293*, S. 255–256, Ber-
           lin · Heidelberg · New York, 1988. Springer Verlag.

[Rej81]   Marian Rejewski. How polish mathematicians deciphered the Enig-
           ma. *Annals of the History of Computing*, 3(3):213–234, Juli 1981.

[Rue86]   R. A. Rueppel. *Analysis and Design of Stream Ciphers*. Springer-
           Verlag, Berlin, 1986.

[Sch23a]   Arthur Scheribus. „Enigma" Chiffriermaschine. *Elektrotechnische
           Zeitschrift*, 44. Jahrgang(Heft 47/48):1035–1036, November 1923.

[Sch23b]   Arthur Scheribus. Radiotelegraphie und Geheimschrift. *Zeitschrift
           für Fernmeldetechnik*, 4. Jahrgang(Heft 7):70–74, Juli 1923.

[Sch96]   Bruce Schneier. *Angewandte Kryptographie: Protokolle, Algorith-
           men und Sourcecode in C*. Addison-Wesley, Bonn · New York ·
           Sydney, 1996.

[Sha48a]   C. E. Shannon. A Mathematical Theory of Communication. *The
           Bell System Technical Journal*, XXVII(3):379–423, Juli 1948.

[Sha48b]   C. E. Shannon. A Mathematical Theory of Communication. *The
           Bell System Technical Journal*, XXVII(4):623–656, Oktober 1948.

[Sha49]   C. E. Shannon. Communication Theory of Secrecy Systems. *The
           Bell System Technical Journal*, XXVIII(4):656–715, Oktober 1949.

[Sha86]   Adi Shamir. On the Security of DES. In Hugh C. Williams, Heraus-
           geber, *Advances in Cryptology: CRYPTO '85, Proceedings, Univ. of
           California, Santa Barbara 1985, Lecture Notes in Computer Science
           218*, S. 280–281, Berlin · Heidelberg · New York, 1986. Springer Ver-
           lag.

[Spi67]   Michael Spivak. *Calculus*. Publish or Perish, Inc., Berkeley CA, 2
           Auflage, 1967.

[Sti95]   Douglas R. Stinson. *Cryptography: Theory and Practice*. CRC
           Press, Inc., Boca Raton · London · Tokyo, 1995.

[Str95]   Alan Stripp. *Codebreaker in the Far East*. Oxford University Press,
           New York · Oxford · Paris, zweite Auflage, 1995.

[Tri18]   Johannes Trithemius. *Polygraphiae libri sex, Ioannis Trithemii ab-
           batis Peapolitani, quondam Spanheimensis, ad Maximilianeum Cae-
           sarem*, Band I – VI. Johannes Haselberg, 1518. Das Werk wurde
           1508 erstellt, aber erst 1518 gedruckt. Vermutlich das erste gedruck-
           te Werk über Kryptographie.

[Tü27]   Siegfried Türkel. *Chiffrieren mit Geräten und Maschinen.* Verlag von Ulr. Mosers Buchandlung (J. Meyerhoff), Graz, 1927.

[Tuc79]   Walter Tuchman. Hellman presents no shortcut solutions to the DES. *Institute of Electrical and Electronics Engineers Spectrum,* 16(7):40–41, 1979.

[VHVM88] Ingrid Verbauwhede, Frank Hoornaert, Joos Vandewalle und Hugo De Man. Security Considerations in the Design and Implementation of a new DES chip. In David Chaum und Wyn L. Price, Herausgeber, *Advances in Cryptology: EUROCRYPT '87, Proceedings, Amsterdam 1987, Lecture Notes in Computer Science 304,* S. 287–300, Berlin · Heidelberg · New York, 1988. Springer Verlag.

[Ver26]   G. S. Vernam. Cipher Printing Telegraph Systems for Secret Wire and Radio Telegraphic Communications. *Journal of the American Institute of Electrical Engineers,* XLV:109–115, February 1926.

[Wel82]   Gordon Welchman. *The Hut Six story: Breaking the Enigma Codes.* McGraw-Hill, New York, 1982.

[Wie93]   Michael J. Wiener. Efficient DES Key Search. Presented at the rump session of CRYPTO 1993., August 1993.

[Wie94]   Michael J. Wiener. Efficient DES Key Search. Technischer Bericht, TR-244, School of Computer Science, Carleton University, Mai 1994.

[Win74]   Frederick W. Winterbotham. *The Ultra Secret.* Weidenfeld and Nicolson, London, 1974.

[Win84]   Frederick W. Winterbotham. *Aktion Ultra: Deutschlands Code-Maschine half den Alliierten siegen.* Moewig Taschenbuch Verlag, Rastatt, 1984.

[Wol96]   Jürgen Wolfart. *Einführung in die Zahlentheorie und Algebra.* Vieweg Verlag, Braunschweig · Wiesbaden, 1996.

[dV87]   Blais de Vigenère. Traicte des Ciffres, 1587.

[oS80]   National Bureau of Standards. DES Modes of Operation. *Federal Information Processing Standards Publication,* FIPS-PUB 81, 1980.

[oST]   NIST (National Institute of Standards und Technology). AES home page: http://www.nist.gov/aes.

[vW81]   Eduard B. Fleissner v. Wostrowitz. *Handbuch der Kryptographie: Anleitung zum Chiffriren und Dechiffriren von Geheimschriften.* Im Selbstverlag des Verfassers. — In Kommission bei J. W. Seidel & Sohn, Wien, 1881.

Index

Weitere Titel bei Teubner

Horst-Günter Rubahn
Nanophysik und Nanotechnologie

2002. 246 S. Br. € 24,90
ISBN 3-519-00331-7

Inhalt: Mesoskopische und mikroskopische Physik - Strukturelle, elektronische und optische Eigenschaften - Organisiertes und selbstorganisiertes Wachstum von Nanostrukturen - Charakterisierung von Nanostrukturen - Dreidimensionalität - Anwendungen in Optik, Elektronik und Bionik

Klaus Sibold
Theorie der Elementarteilchen

2001. 197 S. Br. € 19,95
ISBN 3-519-03252-X

Inhalt: Grundbegriffe der Quantenfeldtheorie - Symmetrien - Die Elektromagnetische Wechselwirkung - Die schwache Wechselwirkung - Die starke Wechselwirkung: QCD - Renormierung - Experimentelle Tests - Offene Fragen - Einheiten - Die Dirac-Gleichung - Vektorfelder

B. G. Teubner
Abraham-Lincoln-Straße 46
65189 Wiesbaden
Fax 0611.7878-400
www.teubner.de

Stand 1.10.2002. Änderungen vorbehalten.
Erhältlich im Buchhandel oder im Verlag.